UFO vs. 調査報道ジャーナリスト

In Plain Sight : An investigation into UFOs and impossible science

彼らは何を隠しているのか

ロス・コーサート
Ross Coulthart
塩原通緒【訳】

作品社

Leased Wire
Associated Press

Roswell Daily Record

RECORD PHONES
Business Office 2288
News Department 2287

Movies as Usual

GRAND

Claims Army Is Stacking Courts Martial

Indiana Senator Lays Protest Before Patterson

RAAF Captures Flying Saucer On Ranch in Roswell Region

House Passes Tax Slash by Large Margin

Defeat Amendment By Demos to Remove Many From Rolls

Security Council Paves Way to Talks On Arms Reductions

No Details of Flying Disk Are Revealed

Roswell Hardware Man and Wife Report Disk Seen

Ex-King Carol Weds Mme. Lupescu

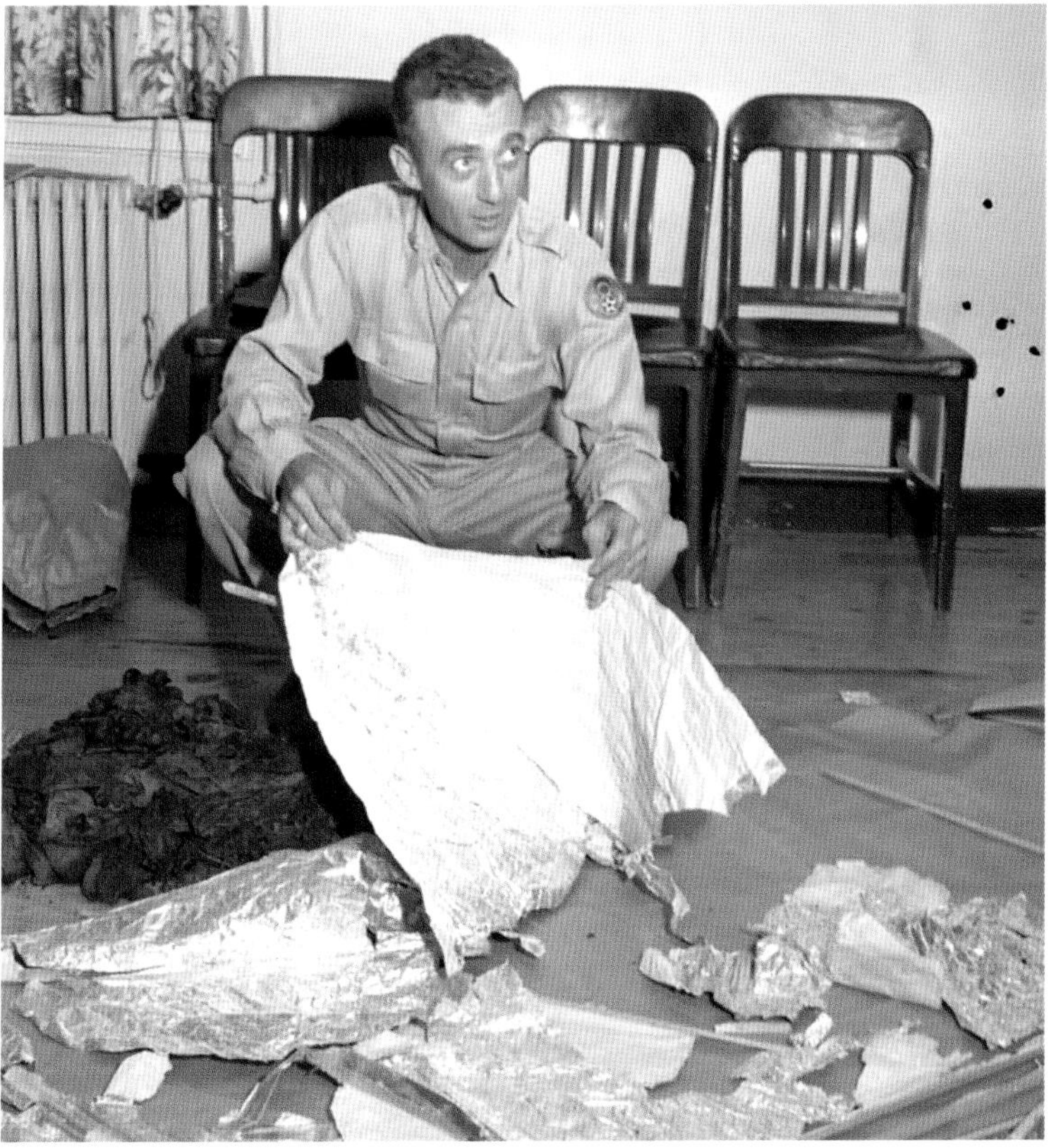

1947年7月、テキサス州フォートワースの第八空軍司令部で気象観測気球の残骸とともに写真に納まるアメリカ空軍情報将校ジェシー・マーセル少佐。30年後、マーセルは上からの命令で隠蔽工作に加担したのだと主張し、実際にロズウェル近辺から回収した残骸は地球外起源のものだったとも言い張った。*(University of Texas at Arlington Library)*

いわゆる「フー・ファイター」――この写真で言うと白く浮き上がって見える光球のようなもの――は、第二次世界大戦中に軍用機の先々に現れる謎の物体としておなじみの光景になった。アメリカ軍はこれをドイツか日本の秘密兵器だと思い、枢軸国側はアメリカの秘密兵器だと思った。ここに写っているフー・ファイターは、1945年に日本の中心部の上空を飛ぶ九八式直接協同偵察機（キ36）を追いかけまわしたという。*(Mary Evans Picture Library)*

1952年7月16日、マサチューセッツ州セーレムのウィンターアイランドに置かれたアメリカ合衆国沿岸警備隊の駐屯地から撮影された「セーレムの光」。この3日後に、いわゆる「ワシントンUFO乱舞事件」が起こり、首都の上空を多数の正体不明の物体が飛びかった。それから70年、どちらの現象もいまだ説明がついていない。*(Library of Congress)*

1950年代から60年代の初めにかけては、アメリカがいまにも画期的な反重力推進装置を実用化するのではないかという噂を、このようなアメリカの科学雑誌が堂々と喧伝していたが、やがてそのような話はまったく聞かれなくなった。しかしながら、反重力プログラムははたして本当に立ち消えになったのだろうか。*(Public Domain)*

アメリカ空軍が創設した「プロジェクト・ブルーブック」のメンバー。空軍の指令により1952年から1969年にかけてUAPの調査にあたったが、ほぼすべてのUAP目撃を無理やりにでも虚偽としてつぶすことに必死な集団だと受け取られ、愚弄されることも少なくなかった。*(Mary Evans Picture Library)*

円形状にぺしゃんこになった草地に立つ12歳のジョイ・クラーク。オーストラリア、メルボルンのウェストール・ハイスクールの生徒だった彼女をはじめ、同校の多くの生徒や教師が、1966年4月にエイリアンの宇宙船がこの「グレインジ」の林に着陸するのを目撃した。

かつて宇宙船を目撃したのと同じ場所に立つ現在のジョイ・クラーク。*(著者)*

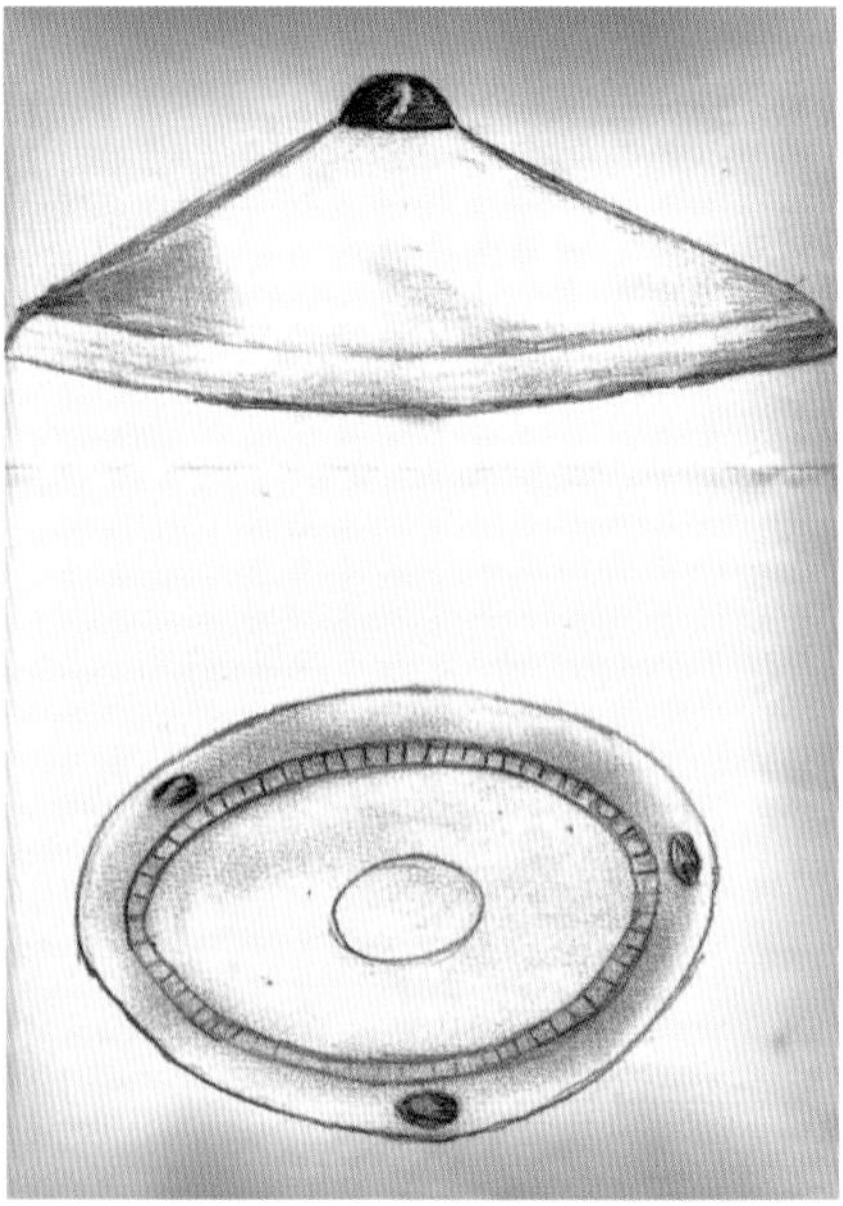

1966年4月にウェストールの上空を舞う宇宙船を目撃したヴィクター・ザックリーの説明をもとに、UFO研究家のビル・チョーカーが描いたスケッチ。*(Courtesy of Bill Chalker)*

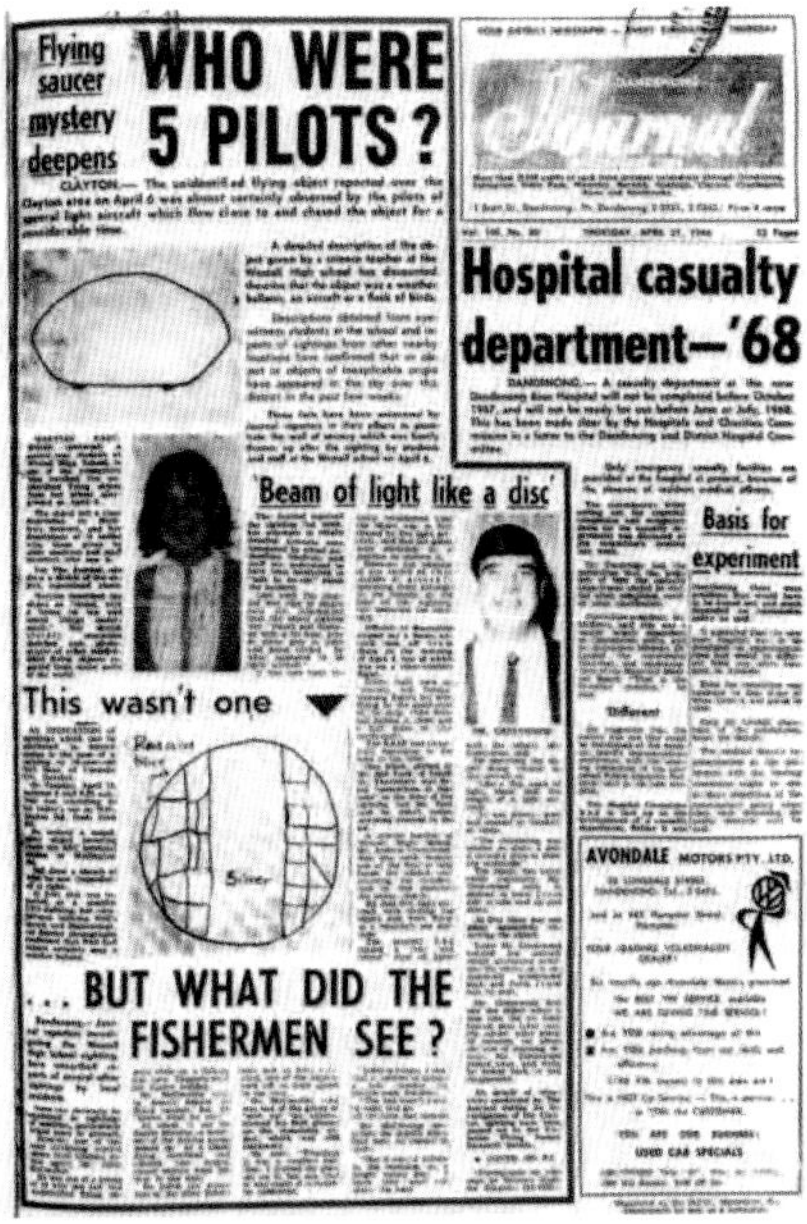

Flying saucer mystery deepens

WHO WERE 5 PILOTS?

CLAYTON.— The unidentified flying object reported over the Clayton area on April 6 was almost certainly observed by the pilots of several light aircraft which flew close to and chased the object for a considerable time.

Journal

Hospital casualty department—'68

'Beam of light like a disc'

Basis for experiment

This wasn't one

... BUT WHAT DID THE FISHERMEN SEE?

AVONDALE MOTORS PTY. LTD.

USED CAR SPECIALS

1966年のウェストール目撃事件について報じた希少な地元紙の記事。目撃者の一人である学校教師アンドルー・グリーンウッドの顔写真も掲載されている。グリーンウッドによれば、後日、おそらくこの記事を見たせいで政府と軍の関係者が彼の自宅にやってきて、見たことを口外しないようにと脅していったという。*(Courtesy of Shane Ryan)*

1966年4月、ウェストール・ハイスクールでの目撃事件が起こる直前にメルボルン郊外のバルウィンの住民(匿名希望)が撮影した写真。

左：1964年、カリフォルニア州ビッグサーの近くでロバート・ジェイコブズがミサイル発射を撮影するのに用いた望遠鏡。ジェイコブズがビッグサーから撮影を行なった事実はないとアメリカ空軍が虚偽の主張をした際に、ジェイコブズは撮影が事実であったことの証拠としてこの写真を提供した。*(Courtesy Dr Bob Jacobs)*

下：空軍中尉だったころ（左）と現在（右）のロバート・ジェイコブズ博士。1964年、バンデンバーグ空軍基地から発射されて猛スピードで飛ぶ大陸間弾道ミサイルに搭載のダミー核弾頭を、「空飛ぶ円盤」が光線を発して停止させたところをジェイコブズはたまたまフィルムに写し取っていた。空軍はこの事件を否定しようとしたが、ジェイコブズの上官は部下の言い分を公然と擁護した。*(Courtesy Dr Bob Jacobs)*

宇宙飛行士エドガー・ミッチェルのNASAによる公式写真。ミッチェルは親友の「スペースマン」(本書での仮名)に、地球外生命がアメリカの宇宙計画に関心を持っていたことを明かせば「反逆罪」になるので秘密にしていると話していた。*(NASA)*

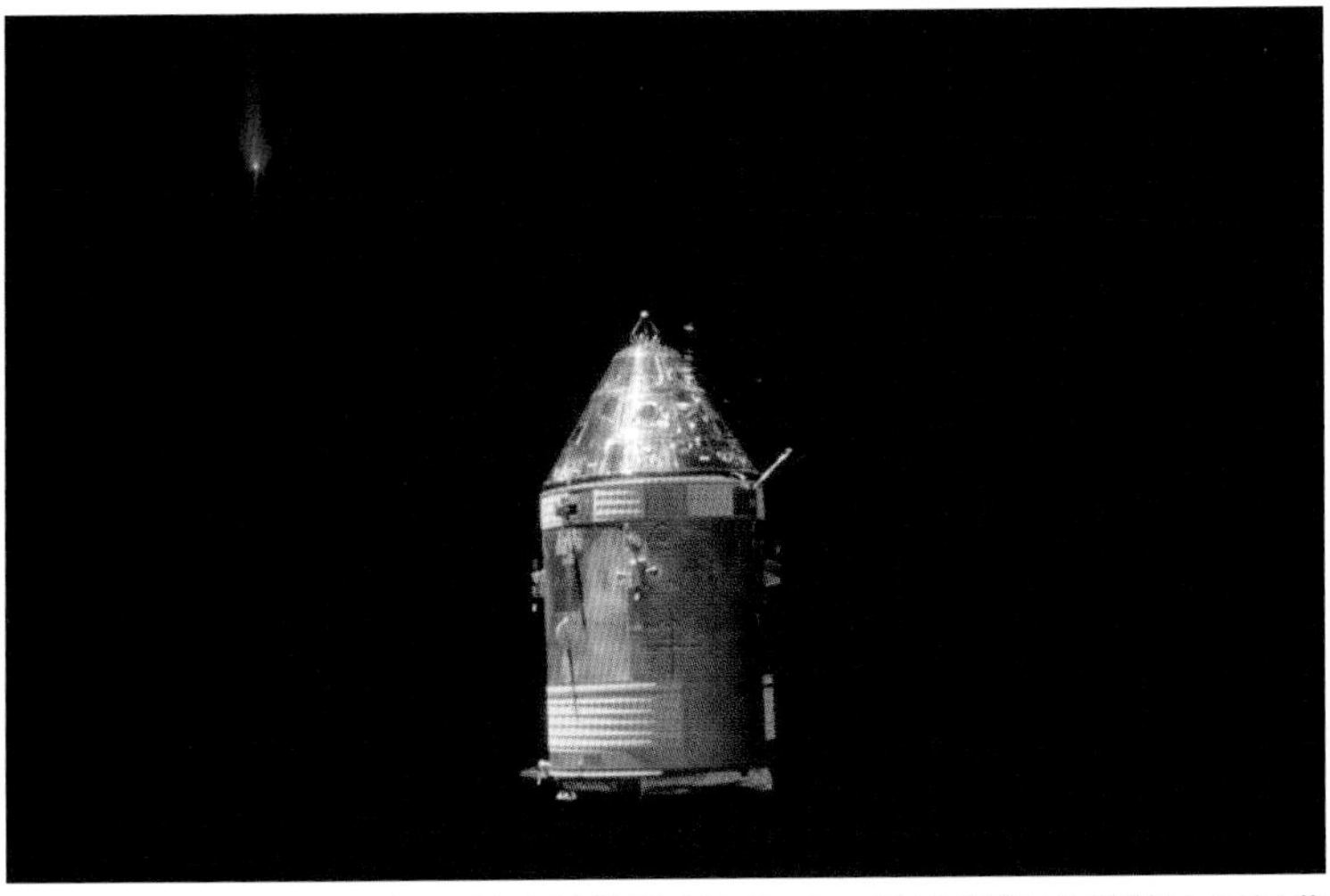

エドガー・ミッチェルがアポロ14号の司令船(中央)にドッキングする直前に月着陸船から見た物体の一つ(左上の青い光)。ミッチェルは常時、1971年の月へのミッション中にUFOを見たことは一度もないと言っていたが、じつは飛行中に奇妙な物体を見ていたことを「スペースマン」には打ち明けていた。*(NASA)*

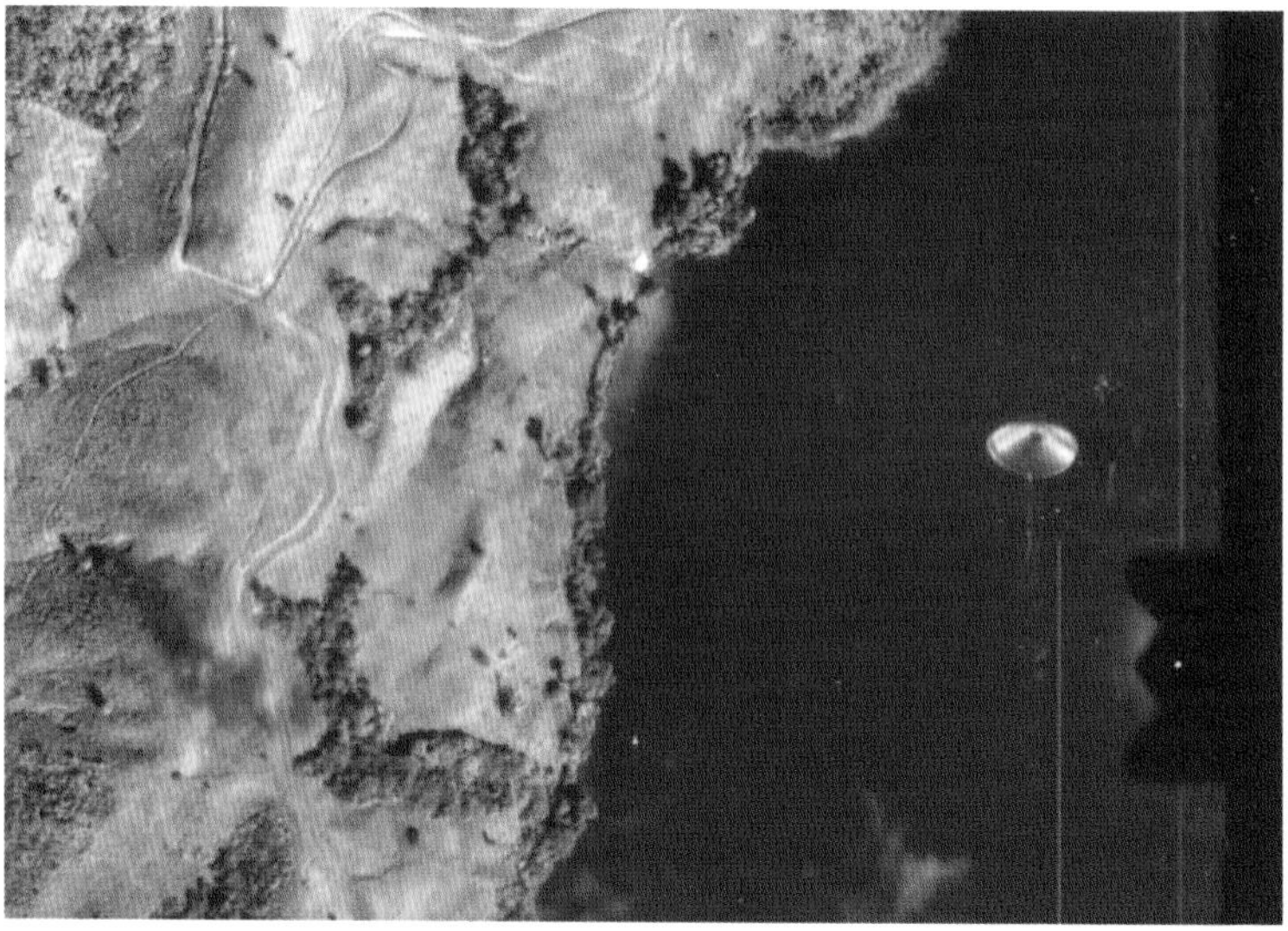

コスタリカのUAP。1971年9月、コスタリカ政府の地図用航空写真撮影チームが金属製の円盤状の物体を偶然に写真にとらえていた。しばしば史上最高のUFO写真と称えられる。*(Costa Rican National Geographic Institute / Sergio Loaiza)*

アメリカの人権弁護士ダニエル・シーハン。1977年当時。ジミー・カーター大統領の意向を受けてアメリカ政府がUFOに関して何を知っているかを調べていたあいだに、アメリカ軍によって回収されたという「空飛ぶ円盤」の衝撃的な写真が保管されていたことを発見した。その写真は現在もなお機密扱いのままである。*(Courtesy of Dan Sheehan)*

1978年12月、ニュージーランドのウェリントン空港の航空交通管制塔で、貨物機につきまとう「カイコウラのUFO」を目撃した2人の管制官、ジェフ・コーザー(手前)とジョン・コーディー(奥)。公式声明に反し、その晩のレーダーシステムに異常はなく、自分の見たものがなんであれ、それは実際にレーダーに映っていたのだから雲に反射した漁船の光などではなかったとコーディーは言う。*(Courtesy of John Cordy)*

メルボルン在住の20歳の飛行士フレデリック・ヴァレンティック。1978年、小型のセスナ機を操縦してバス海峡の上空を飛んでいたあいだに失踪した。機体もろとも姿を消す直前、ヴァレンティックがメルボルンの航空交通管制に、上空に浮遊する巨大な金属製の光り輝く機体に追いかけられていると報告した記録が残っている。

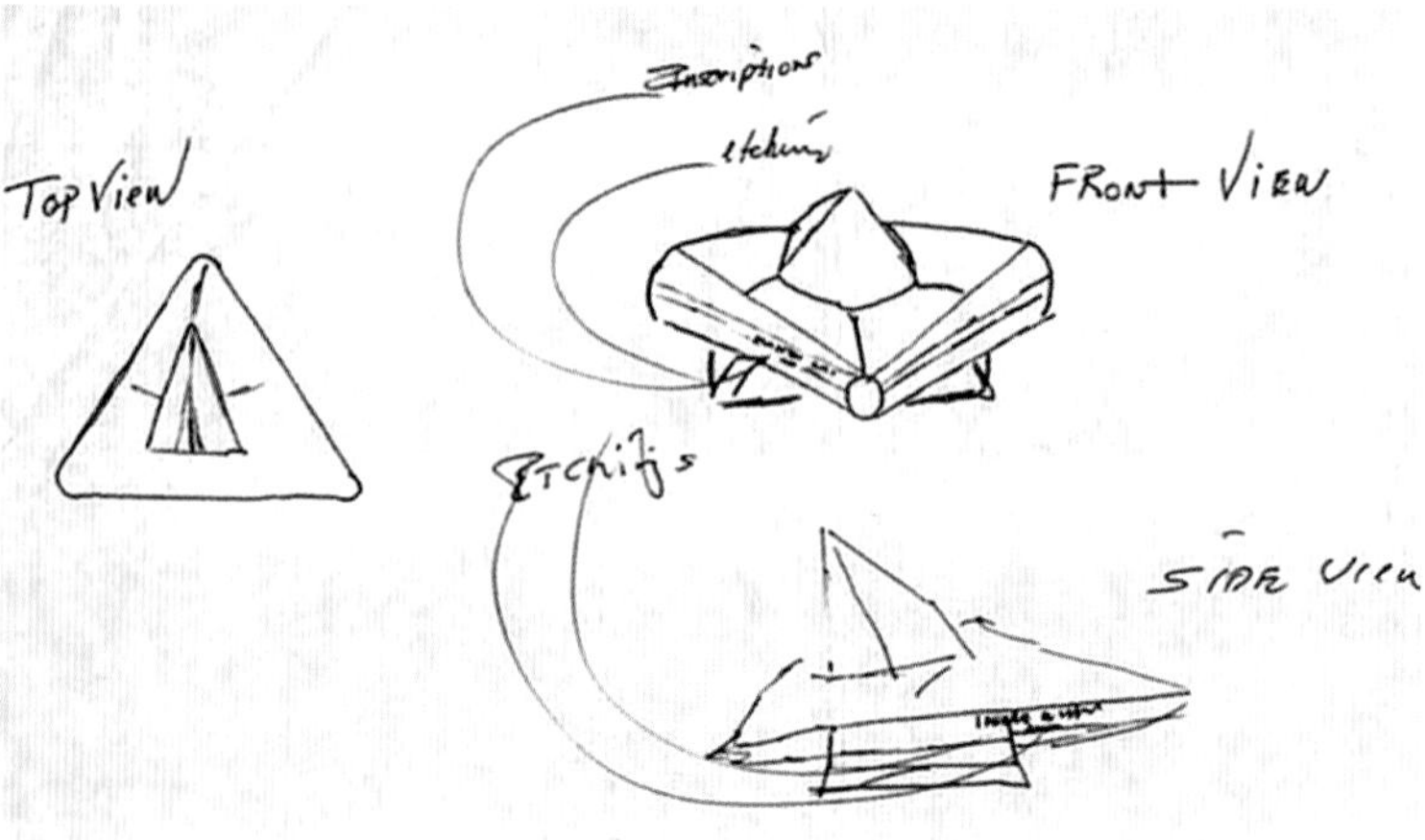

レンデルシャムの森に現れたというUAPを目撃者のジム・ペニストン三等軍曹が描写したスケッチ。ペニストン軍曹とジョン・バロウズ一等兵は、1980年12月26日にイギリスのサフォーク州にある英国空軍ウッドブリッジ基地の近くのレンデルシャムの森にこの機体が着陸するのを見たと主張した。

英国空軍ベントウォーターズ基地で副司令官を務めていたチャールズ・ホルト空軍中佐。巡視隊を率いてレンデルシャムの森に向かい、そこを飛びまわる物体を目撃した。それは「知的に制御された」ものだったとホルトは言う。

アニー・ファリナッチオ。1991年にオーストラリアのノースウェストケープで、当時アメリカの運営下にあったハロルド・E・ホルト海軍通信基地からの帰り道、2人のオーストラリア警官とともにUAPを目撃した。彼女が見た機体は底面から光を発し、とてつもなく機動性が高く、人類の既知のテクノロジーをはるかに超えるスピードに達していた。*(著者)*

機密防衛施設であるハロルド・E・ホルト海軍通信基地。もしも戦争が勃発した場合には、ここから核ミサイルを搭載したアメリカの潜水艦に発射信号が送られることになっていたため、ソ連の核攻撃の主要目標になるのは必至だった。この基地に何度か奇妙な訪問者が現れたのはそのためだったのだろうか。*(Alamy)*

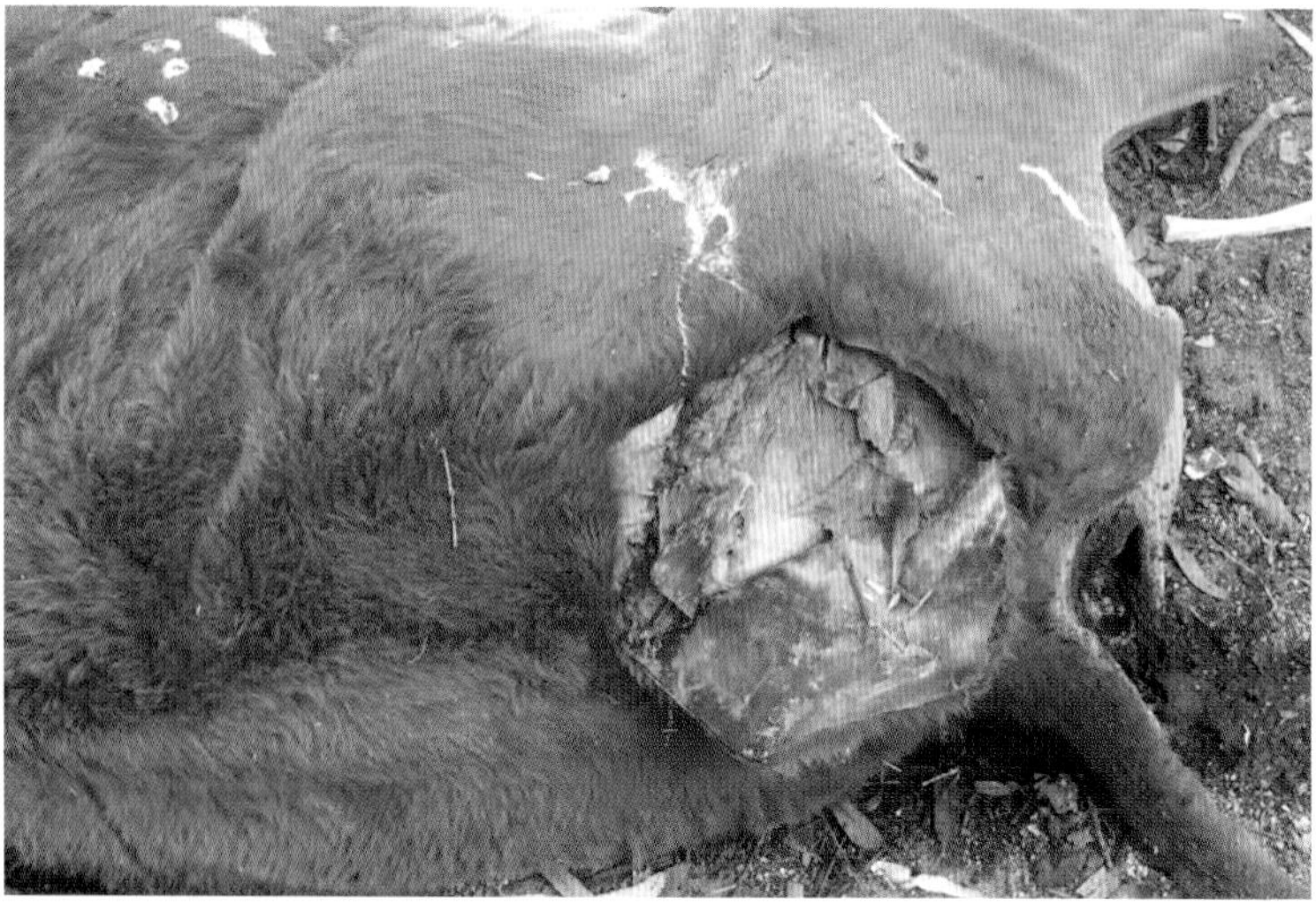

オーストラリアのクイーンズランド州マッカイの北西でクローバリーステーションという農場を営むミックとジュディのクック夫妻は、農場の上空に奇妙な光を目撃したうえに、少なくとも15頭の牛が外科的に切開されて器官を抜き取られて死んでいるのを発見した。この牛は体にきれいな六角形の穴をあけられていたが、不思議なことに血は一滴も落ちていなかった。*(Mick & Judy Cook)*

航空機や兵器の試験に使われているネバダ州のネリス試験訓練場の一画にある極秘のアメリカ空軍基地、エリア51。別名ホーミー空港、グルームレイク。回収されたエイリアンの宇宙船や重力に逆らうUAPの目撃に関する陰謀論にしばしば焦点として登場するのが、このエリア51である。*(DigitalGlobe / Getty Images)*

NASA副長官ローリー・ガーヴァーと対話する宇宙事業家で超常現象／UFO研究家のロバート・ビゲロー。NIDS（全米ディスカバリーサイエンス研究所）の創設者でもあり、一時期は、UAPが多数目撃されたことで知られるスキンウォーカー牧場も所有していた。*(NASA/Bill Ingalls via Getty Images)*

パンクロックスターのトム・デロング。UFO研究家でもあり、トゥ・ザ・スターズ・アカデミーを設立した。2016年のアメリカ大統領選の前には、おそらくUFO情報開示計画について話し合う目的で、ひそかに政府や軍の高官とも会っていた。*(Joby Sessions/Getty Images)*

退役した元海軍上等兵曹でレーダー専門家のケヴィン・デイは、一流の空中迎撃管制官として、2004年にアメリカ海軍の複数のパイロットが追尾、撮影した奇妙なチクタク型の機体をレーダーで追跡していた。この一件により、最終的にはアメリカ海軍もUAPが実在の現象であることを認めざるを得なくなった。*(著者)*

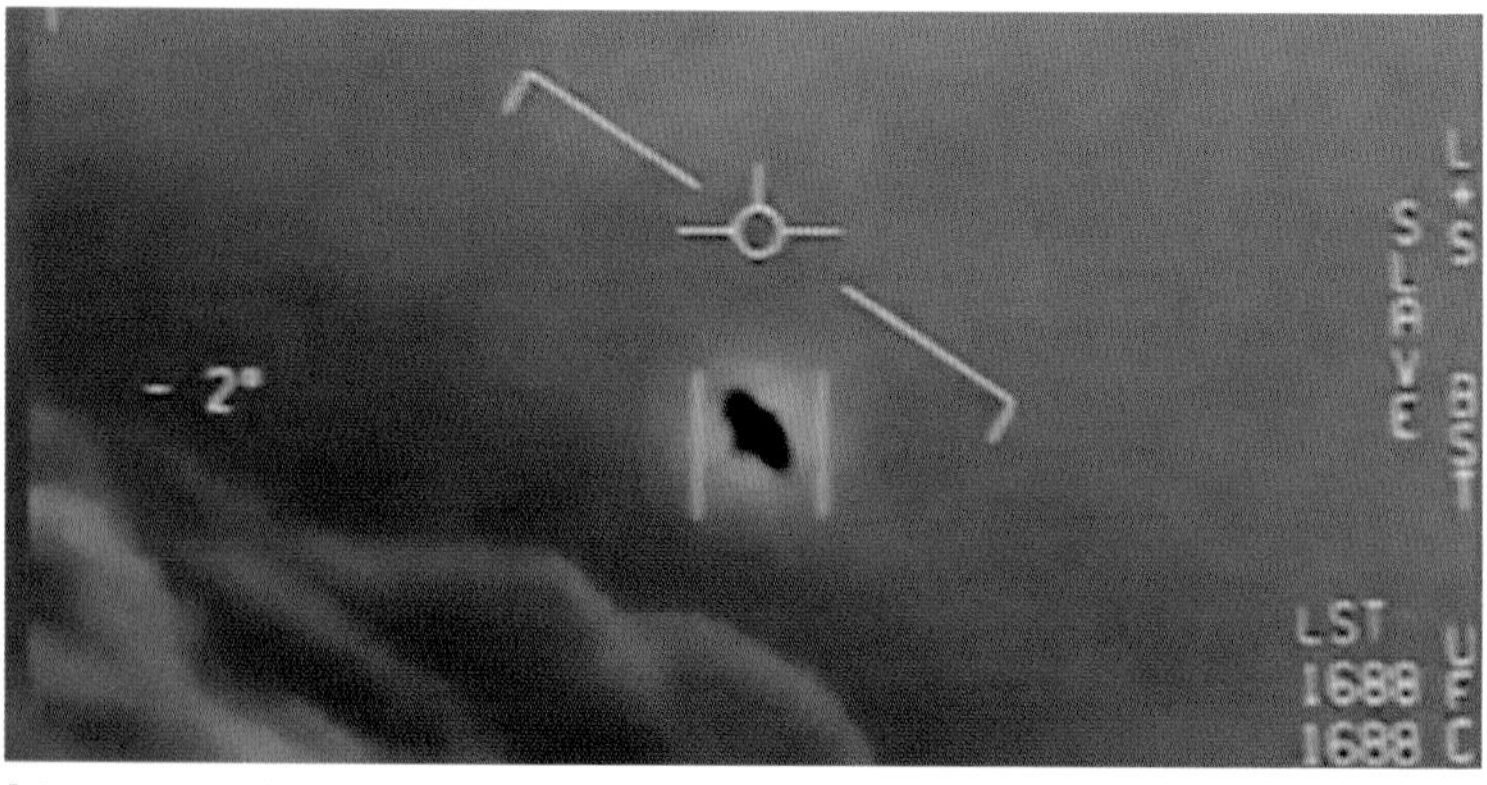

「ジンバル」と呼ばれるUAPの静止画。2014年か2015年の遭遇時に撮影されたアメリカ海軍の公式動画より。この動画は原子力空母セオドア・ルーズベルトから発進した海軍戦闘機により東海岸のフロリダ近くの沖合で撮影された。映像は本物だとペンタゴンも認めているが、公式にも、その正体は不明とされている。*(US Department of Defense)*

元アメリカ海軍科学技術開発部長のナット・コービッツ。エイリアンの宇宙船を回収して再設計をもくろむ秘密計画について聞いていたということを著者に認めた。また、起源不明の機体の一部とされる奇妙な金属製の隔壁を調べたこともあったという。回収されたエイリアンのテクノロジーについて公言したアメリカ国防総省の内部関係者のなかでも、コービッツはきわめて地位の高い人物のうちの一人だった。*(Courtesy of the Kobitz family)*

元情報担当国防副次官補のクリストファー・メロン。現在ではアメリカのUAPディスクロージャー運動の中心的な存在として、情報開示と透明性を国に求めている。*(著者)*

元アメリカ国防総省上級情報将校のルイス・エリゾンド。ペンタゴンの秘密UFO調査チームAATIP（先端航空宇宙脅威特定計画）を率いていた。彼の住まいはいみじくも、地球外生命をテーマにした映画『未知との遭遇』の舞台になったワイオミング州の岩山デビルスタワーの近くである。*（著者）*

著述家でジャーナリストのレスリー・キーン。ニューヨークの自宅にて。壁にかかっているのはニューヨーク・タイムズの一面スクープとして報じられた彼女の記事。ペンタゴンの秘密UFO調査計画の存在を明らかにし、リークされたチクタク映像について詳述した。*（著者）*

UFO vs. 調査報道ジャーナリスト

――彼らは何を隠しているのか

真実を語ろうとする世の人びとすべてに捧げる。暗闇に光を当てるべく勇気をもって内部告発に踏みきってくれた匿名希望のすべての人に格段の感謝を。そしていつものように、妻のケリー、娘のルーシーとミリーに心からの感謝と愛を。あなたたちのおかげで人生はこんなにも楽しい旅になる。

『UFO vs. 調査報道ジャーナリスト』目次

序章……7
第1章 彼らが友好的であることを祈ろう……14
第2章 ロズウェル事件――怪しい否定……24
第3章 プロジェクト・ブルーブックの開始……37
第4章 世界的現象……49
第5章 確かな証拠……60
第6章 隠蔽をこじあける……75
第7章 誤認か、それとも隠蔽か……91
第8章 黒の三角……103
第9章 ディスクロージャー・プロジェクト……124

第10章 スキンウォーカー牧場……140
第11章 宇宙から来たチクタク……156
第12章 「ビッグ・シークレット」狩り……170
第13章 大統領なら知っているか……184
第14章 われわれは真実を受けとめられる……197
第15章 罪深い秘密を漏らす……210
第16章 「トゥ・ザ・スターズ・アカデミー・オブ・アーツ・アンド・サイエンス」……225
第17章 検証される未確認物体……239
第18章 アートのパーツ……253
第19章 メタマテリアルという新たな科学……267
第20章 宇宙飛行士と「スペースマン」……280

第21章 人間の手によるものではない……294
第22章 ゴードン・ノヴェル――これは事実かフィクションか……310
第23章 サルヴァトア・パイス博士の不可解な特許……326
［改訂版への増補］
第24章 ドアに鍵を！……343
第25章 史上最大の秘話……362
謝辞……378
参考文献……383
注……412
略称一覧……413
訳者あとがき……414

〈凡例〉

・本書は、Ross Coulthart による著書 *In Plain Sight: An Investigation into Ufos and Impossible Science*（HarperCollins Australia, 2021）の全訳であり、二〇二三年九月刊行の改訂版への増補二章を追加した（第24、25章）。

・本文中の（　）と〔　〕は著者による補足を、〔　〕内の記述は邦訳版での補足を示す。ヤード・ポンド法のメートル法への換算については両者を区別せず（　）で示してある。

・原書のイタリックによる強調は傍点で示した。

序章

漆黒の闇に包まれた、オーストラリア大陸の片隅のノースウェストケープ。この岬にあるハロルド・E・ホルト米国海軍通信基地で深夜まで開かれていたパーティーをあとにして、アニー・ファリナッチオが真っ暗な外に出てきたのは午前二時半ごろのことだった。時は一九九一年の終わりごろで、アメリカはまもなくこの基地をオーストラリアに引き渡すことになっていた。移譲の背景には、基地のひそかな役割に対する懸念の高まりがあった。ここはアメリカの潜水艦発射核ミサイル防衛のかなめの一つであり、もしも核戦争が勃発した場合には、アメリカからの発射命令がこの基地の強力な送信機によって隣接するインド洋上の潜水艦に送られるのである。地元エクスマウスの住民は、自分たちののんびりした町が核攻撃の応酬で跡形もなく消え去ってしまう可能性があることなど知りもしなかった。この片田舎の町の地元経済に「ヤンクス」がもたらしてくれるものがただありがたく、彼らがいなくなってしまうのを残念にさえ思っていた。

その晩のパーティーは、基地の移譲にともなって母国に帰還する一部のアメリカの友人の送別会だった。しかしアニーは長居をしすぎて、気がつけば家に帰る手段はもう何もなかった。もともと数少ない地元のタクシーも、こんな夜中ではさすがに引きあげている。幸い、オーストラリア連邦警護局の顔見知りの警官が二人、五キロ南のエクスマウスまで車で送ろうと言ってきてくれた。アニーはありがたく、その申し出を受けた。

二人の警官、ケヴィンとアランのあいだにアニーが押し込まれるようにしてトヨタの四輪駆動警備車両のベンチシートに収まったところで、三人は町に向けて出発した。

殺風景な岬の人っ子一人いない海沿いの道路を走りはじめて数分後、ケヴィンが目線を上に向けた。「またあれだ。カメラ出せ」。アニーの記憶では、ケヴィンはそう言った。するとアランがそれにこたえて、車のフロントガラス越しにぱしゃぱしゃと写真を撮りはじめた。カメラのレンズは上を向いているが、いったい何を撮っているのかアニーにはまだわからない。

「とうとうケヴィンが私の頭を前に向けさせて、『ほら、あそこ!』と言いました。そうしたら、見えたんです。細長い菱形の乗り物が空に浮かんでました。後部の端は切れてましたけど、頂点のほうに向かって何本も光線が走ってて。暗い灰色で、でも夜空ほど真っ黒ではなく。せいぜい三〇メートルぐらいの上空だったでしょうか。『なによ、なんなの、あれ?』」。アニーは思わず声をあげた。

自分たちにもわからないが、昨日の晩もこの同じ物体に追いかけられたのだ、と二人の警官がアニーに説明したその瞬間、走る車の右手にあった物体がいきなり真上に飛躍したかと思うと、ほぼ同時に車の左手に降下した。

絶叫するアニー、加速する車。猛スピードで道路を突き進む三人を「宇宙船《クラフト》」が激しく追跡する。そのまま一キロメートルほどチェースが続いたところで、突然その物体が上空に舞い上がり、道路から数百メートル先の雑木林に着地した。いまや光は下から放たれている。

ケヴィンが車を停めて地上に降りたそれ《い》の写真を撮りに行こうとしたが、アニーが泣きながら止めたという。「もういや。家に帰して」

二人の警官はうなずいて、エクスマウスの町外れまで出せるかぎりのスピードで車を走らせ、そこでアニーを降ろすやいなや、せわしなく写真を撮りに戻っていった。

「私は町の反対側の自宅まで走りつづけ、家に駆け込むと同時にドアの鍵をかけました。そのぐらい怖かったのです」

アニーはいまもって、あの晩に三人の頭上に浮かんでいたものがありえない速さで移動する宇宙船だったと確信している。荒唐無稽なことを言っていると思われようがかまわない、と彼女は言う。「目で追いかけられないぐらい速く動いていたんです。私たちはみんな震えあがりました」

この二日後、米軍の二人の憲兵が市内のアニーの職場にやってきて、アニーに同行を求めた。法的には、アメリカにはなんの権限もなかったが、それでもアニーは彼らの言うことにしたがった。「その時点では、まさか私たちが見たものと関係があるなんて思ってもみませんでした」とアニーは言う。「夜中に基地でお酒を飲んでいたのがまずかったのかと思っていました」

無口な憲兵に車に乗せられて、アニーはまっすぐ米軍基地内の一画に連れていかれた。そこが最高機密セクションであることは知っていた。「この段階で私はつい不遜にも、『私、よほどまずいことをしたんですね』なんて言ってしまって」とアニーは笑う。

建物に入ると、アニーはある一室に案内された。軍服のアメリカ人の一団の前に、二人の警官が座らされていた。アランとケヴィンだった。アニーは基地のアメリカ人のほとんどの顔を知っていたが、いまここでわかるのは一人しかいない——米軍司令官だ。残りの面々は明らかに、どこかよそから来た人たちだった。軍服でない普通のスーツを着た人も三、四人いた。

「この時点で、私はちょっとむかついてきていました。一人が話しはじめて、『きみは何を見た?』と聞くので、『UFOです』と答えたんですけど、そうしたら私にその絵を描けとか、いろいろ聞いてきて。『きみもわかっているだろうが、きみが見たのは気象観測気球だよね？』と。笑いましたよ」。アニーは子供のころ、エクスマウスの町の外の気象台に住んでおり、父親がしょっちゅう観測気球を打ち上げていた。「観測気球はあんなかたちはしていませんよ。私が見たものとは全然違います」とアニーは答えたという。「そうしたら私の隣にいた連邦警護局の警官の一人が――二人ともうなだれて座っていたんですけど――言うんです。『頼むから黙ってくれよ……それ以上言ったら、俺たちみんな殺されてしまうよ』」

尋問はさらに数時間にわたった。二人のオーストラリア警官がもっと前から問い詰められていたのは明らかだった。見るからにおびえ、ぐったりしているのは、すでに何時間も取調べを受けてきたせいに違いなかった。アニーはアメリカ人が自分をねちねちと責めたてて、言わせたいことを言わせようとしているのに腹が立ったという。

アニーは自分で事業をしていたこともある大卒の聡明な女性だ。この目撃当時は、近くのローバーン刑務所で受刑者の就職を世話する仕事をしていた。したがって当然ながら、ちょっとやそっとのことでうろたえる人間ではなかった。「私は彼らに言いました。『何を言われようと私は曲げません。あれは観測気球じゃなかった。あれはUFOです。私はあなたたちのいいように話したりはしません。私が見たのはUFOなんですから』」

アメリカ人たちは明らかにとまどっていた。非協力的なオーストラリアの地元住民に対してこれ以上はどうしようもないと判断したのか、最後にはアニーを家に送り返してくれた。帰宅したアニーは真っ先に、前々から基地の内情に興味津々だった従兄弟に電話をかけた。さっそくエクスマウスまで車を走らせてきた従兄弟とともに、アニーはアランの自宅を訪ねた。

アランの話によると、彼はケヴィンと例の「宇宙船」の写真を基地内の印刷所でプリントし、それを仲間に見せたのだという。「すると気がつけば、二人は拘留されていました。あの人たちは写真印刷機を調べ、彼のカメラを押収し、写真もネガも持っていきました」とアニーは言う。彼女がアランから聞いたところでは、なんらかの知性によって誘導された宇宙船が厳密には着地せず、地面から少し上に浮かんでいるところが写真にはっきり写っていたらしい。しかしいずれにしても、撮影した画像はすべてカメラとともに没収されたとのことだった。

これをアニーに話したときのアランは、この一件に激しく動揺しており、もう二度と訪ねてくれるなとアニーと従兄弟に言ったという。

エクスマウスに住むアニーの高齢の母親も、この話の一部を鮮明な記憶で裏づけている。そもそも二人の憲兵が最初に訪ねてきたのはアニーの家だったので、母親自身が彼らをアニーの職場に向かわせたのだ。そしてその職場では、アニーが連れていかれるところを同僚たちが目撃していた。

＊＊＊

にわかには信じがたい話に聞こえるだろうと知りながら、それでもこれは真実なのだと、アニーは頑として主張する。そして、そう話すのは彼女だけではない。もう何十年ものあいだ、空に浮かぶ奇妙な物体の目撃者が同じような話を語ってきている。にもかかわらず、そうした目撃談がまじめに調査されたり報道されたりすることはめったにない。こうした話は無視するか、笑い飛ばすかするのが主流メディアの長いあいだの基本姿勢だった。なにしろいかれた話にしか聞こえないし、公式な裏づけもないのだからということで、この手のネタは人目に触れる前の段階でボツにされるのが落ちなのだ。

しかし、じつのところ、オーストラリアも含めて多くの国の政府はこうした未確認空中現象（UAP）の目撃をきわめて真剣に受けとめているらしく、それを示唆するあまたの証拠が存在している。世界中の機密解除された政府報告書や十分に確認された目撃報告から、オーストラリアのノースウェストケープの海軍通信基地のような国家機密を扱う軍事施設の周辺に奇妙な未確認物体がたびたび現れていることを、軍や諜報機関はしっかり把握していることがうかがえる。オーストラリア政府管轄の国立公文書館に収められている機密解除文書は、ノースウェストケープの兵士、旅行者、基地の米軍高官、地元の消防士らによる不可解な物体の異常な目撃が、何十年も前からオーストラリア空軍に公式に報告されていたことを明らかにしている。つまりアニーの不穏な目撃報告は決して例外的な一件ではないのだ。少なくとも、これはさらなる調査の正当な理由となる。

だが、私自身が調査をしてわかったように、未確認空中現象を目撃したという主張に自動的に向けられてきた世間一般の嘲笑と、長いあいだ秘匿されてきて、いまようやく明らかになってきた新たな現実とのあいだには、大きな断絶がある。

時代がくだるにつれ、UAP目撃の報告は、レーダーその他のセンサーシステムによってますます確証を与えられている。写真やビデオにも撮られている。そしてこれらの事象はたいてい多数の目撃証言によって裏づけられている。目撃の対象には、いまや米軍さえも普通の説明ができないと認めているものまで含まれている。実際、私が本書のために取材したアメリカの政府や軍の内部関係者たちも、それらは既知の人間の科学をはるかに超えたテクノロジーを駆使して地球の空や海や周回軌道を動いているようだと認めている。それはたいてい、知的に制御されているように見え、それをビデオに記録したりレーダーで追跡した人からすると、まさにある種の「乗り物《クラフト》」としか思われないのである。

大半のジャーナリストと同様、私も基本的には隠蔽や陰謀を手放しで信じるたちではない。しかしUAPに関しては、各国政府が国民にすべてを包み隠さず明かしているとも思わない。これらの「乗り物」はなんなのだ？　地球外生命説がいかに眉唾物だとはいえ、それならこんな奇天烈なものも説明できるのか？　そもそも、こんなに明瞭に見られているものがなぜ正体不明なのだろう？

第1章　彼らが友好的であることを祈ろう

オーストラリアでは、ヨーロッパ人がこの大陸に入植してきてまもない一九世紀のころから、空に浮かぶ奇妙な物体についての目撃記録が残っている。しかし、その何千年も前から先住民のアボリジニのあいだでは、洞窟壁画や「ドリームタイム」と呼ばれる神話伝承において、不気味な宇宙人のような顔をした雲と雨の精霊ワンジナの姿や、いまではミンミン・ライトの名で知られる謎の光球が描かれてきた。そして実際、後年にヨーロッパ人入植者のあいだから、オーストラリア大陸の奥地を移動中にそうした光の球に追いかけられたという報告があいついだ。それはたいてい、ぼんやりと空中に浮かぶ白い球だったが、多彩な光の球だったという報告もある。その光り輝く球体や円盤が最初にヨーロッパ人から報告されたのがクイーンズランド州ブーリアの近くのミンミンという集落の近辺で、伝承によればこれらは人間を追いかけたあと、すぐそこまで接近するとたいがい消え失せ、とたんにまた別の場所に現れるのだという。私はかつて、ファー・ノース・クイーンズランドのカーペンタリア湾でのできごとを報道したことがあり、その際に、この一帯を熟知しているブルー・ボブというアボリジニの長老に話を聞いた。あなたもミンミン・ライトをごらんになったことがあるのですか、と尋ねると、長老は含み笑いをして、円盤状や球形の物体なら大陸全土のアボリジニの絵画に描かれているではないかと私に思い出させた。「ああいうものならいつも見ているよ。昔からわれわれの話には付き物でね」と、こともなげに長老は言った。彼からすれば、最近になって科学者がああした光の謎を解き明かしたと主張しているのがおかしくてたまらないという。たしかに先般、ミンミン・ライトはただの光のいたずらで、遠くを走るトラックの明るいヘッドライトのしわざにすぎないとの宣言がなされていたところだった。「数千年前にここらにそんなに多くのトラックがいたとは思えないがね」と言って長老は高笑いした。

　昔のオーストラリアの新聞をめくれば、いかにも好奇心をくすぐる不思議な光についての記事はもちろん、空に浮かぶ金属製の飛行船のような乗り物についての記事まで見つかる。政府のファイルに残されている「謎の飛行船」騒ぎについての記録のうち、最も古いと思われるのは一九三〇年、オーストラリア空軍少佐ジョージ・ジョーンズがビクトリア州ワーナンブールに派遣され、沿岸部の内地上空を飛んでいた謎の飛行物体の目撃報告を調査したときのものだ。「それらはわが軍に属する航空機ではなかったうえに、当時の調査から言えるかぎり、ほかのどの国の軍に属する航空機でもなかった」とのちにジョーンズは語っている。[1] その後ジョーンズは順調に昇進を果たし、第二次世界大戦中にはオーストラリア空軍参謀長、最後には中将サー・ジョージ・ジョーンズとなった。中将は公然と、自らも現役中に「ＵＦＯ」を目撃したことを明かしている。「透明な気球のようなぼんやりとした形状の底から明るい白い光が発していた」そうで、その一件を機に、この現象を真剣に調査する必要があることを確信し、ビクトリアＵＦＯ研究会（ＶＵＦＯＲＳ）のような民間調査団体の支援までするようになった。

　一九三〇年代は、冒険飛行の華やかなりし時代でもあった。非常に興味深い目撃談の一つがこのときに生まれている。それは一九三一年、有名なイギリス人パイロットのフランシス・チチェスターが、ニュージーランドとオーストラリア間の世界初の単独飛行をめざしてタスマン海を渡っていたときだった。続けざまに「まばゆい閃光」が走ったあと、「灰白色の飛行船がのっそりと私のほうに向かってきた。何がなんだかわからなかった。……一つ二つの雲をのぞけば、ほかに空には何一つなかったのだ」。いつのまにかそれは消え失せていたが、次の瞬間、船首と後尾に鈍い閃光を発しながらふたたび現れた。これがなんだったのかはいまだ謎に包まれている。サー・フランシス・チチェスターの壮大な自伝『孤独の海と空』によれば、このとき彼が見たものは「以後、空飛ぶ円盤と騒がれるようになったものに非常によく似ていたような気がする」という。▼[2]

それから数十年後、私はニュージーランドに暮らす十代の少年だった。一九七八年のクリスマスの直前に、母国でも劇的な目撃事件があり、最終的にはがっかりさせられることになるものの、初めは私も興味津々だったものだ。ニュージーランド南島の北東部、カイコウラ山脈のそばを海岸に沿って飛んでいた貨物輸送機の乗員数名から、燃えたつようなＵＡＰ（未確認空中現象）の光が貨物機を追ってくるのを見たという刺激的な主張がなされた。この光はレーダーにとらえられ、複数の乗員に目撃されただけではない。帰路のフライトに同乗したカメラマンのデイヴィッド・クロケットがこれを撮影し、オーストラリアのテレビリポーター、クエンティン・フォガティが中継リポートしたのである。

この一件はクリスマス休暇のあいだにみるみる騒ぎとなった。重要な政治予定などがないためにニュース業界がネタ切れになりがちな時期なだけに、クエンティン・フォガティの機上リポートが世界中で放送されると、「集団ＵＦＯ目撃」が撮影されたというセンセーショナルな報告に各国の報道機関が飛びついた。「ちょうどいまウェリントンのレーダーから、当機の一マイル（一・六キロ）後方に物体があって当機を追跡しているとの報告が入りました」とフォガティは暗い機内から報じた。「彼らが友好的であることを祈りましょう。こちら少々やばいことになっております。未確認飛行物体の編隊がわれわれの後ろに迫っております」

貨物機のまわりを高速で飛びかう光をファインダー越しに追いかけていたカメラマンによれば、底面を明るく輝かせ、上部に透明な球体を乗せた古典的な「空飛ぶ円盤」状の物体が見えたとのことだった。しかし、いよいよそれが実際にテレビの画面に流れてみると、たしかに遠方に不思議な光が映っていたが、その映像は期待していたようなものではまったくなかった。矢のような光の後ろに乗り物のような物体がはっきりと見えるのかと思ったら、そんなものは何も映っていない——どこが「空飛ぶ円盤」だ。最初こそ多少は興奮していたものの、私もおおかたの例にもれず、しょせんこれは空騒ぎだった、どうせつまらない説明がつくような現象なんだと解釈した。

私が疑り深かったのにはわけがある。ちょうどこの二ヵ月ほど前の一九七八年一〇月に、タスマン海の先のオーストラリアで、メルボルン在住の二〇歳のパイロット、フレデリック・ヴァレンティックが小型セスナ機を操縦してバス海峡を渡り、タスマニア州のキング島に向かおうとする途中で失踪するという事件が起こっていた。飛行機もろとも行方不明になる直前、ヴァレンティックがメルボルンの航空管制に、上空に浮遊する光り輝く巨大な金属製の機体に追いかけられていると報告した記録が残っている。アイドリングしはじめていたエンジンの荒々しい音とともに、彼の最後の劇的な言葉が聞こえてきたそうだ。「あれは浮かんでいる、あれは航空機じゃない」。そこで奇妙なパルス音に交信がさえぎられ、以後、無線はつながらなくなった。ヴァレンティック事件はしばらくタブロイド紙の格好のネタになっており、数週間後にニュージーランドのカイコウラでの目撃のニュースがクリスマス休暇中の新聞やテレビを騒がせたときも、ヴァレンティックの失踪が火をつけた「UFOフィーバー」はいまだ収まっていなかった。ニュージーランドのカイコウラ事件やオーストラリアのヴァレンティック事件はまさにエイリアンの証拠ではないかという憶測が、報道機関で熱狂的に飛びかった。私はそれを冷めた目で見ていた。今回のカイコウラの目撃事件にしても、海の向こうのオーストラリアでいまだ未解決の謎だったヴァレンティックの失踪に対する大げさな過剰反応にほかならないとしか思えなかった。

大衆の関心を落ち着かせろという政治的圧力のほか、世界中のメディアからのうるさい詮索もあって、ニュージーランド空軍はカイコウラでの目撃から一ヵ月後、この事件に関する報告書を提出し、謎は解決された、機内にいた全員は「異例ではあるが自然の大気現象」を錯覚しただけだったと公式に発表した。[3] 空軍の調査官は一九七八年一二月の二〇日と三〇日の夜にこの遭遇にかかわった「全目撃者」にしっかりと聞き取り調査をしたそうだ。また、このときの大気条件がレーダーと可視光に異常効果をおよぼすものだったこともわかったという。報告書では、機上の目撃者はずっと下方の海上にいたイカ釣り漁船が強大な光を放っていたのを勘違いしたか、もしくはひときわ明るく輝く惑星、金星を見間違えた可能性もあると指摘されていた。金星説の問題点は、最初の目撃がなされたのが午前二時半で、明けの明星がその高度に現れる時間帯よりずっと前だったこと、そして金星の空での位置は、目撃された光の位置とはまったく角度が異なることだった。そのためニュージーランド科学相への報告書では、目撃者は全員「大気によって大幅に屈折させられた金星」を見たのではないかとの説明が加えられた。[4]

空軍はニュージーランドの善良なる市民に重ねて誓った。「［科学省は］エイリアンの宇宙船だの飛行機だのが……ニュージーランドに来ているという可能性をいっさい排除しており……防衛省も宇宙からの訪問者が来ていると信じる一部の人の見方にはまったく賛同していない」。ことニュージーランド空軍に関するかぎり、これをもって事件は完全に落着となり、私も国民の大半と同様に、その説明を受け入れて日常に戻った。しかしながら実際問題として、政府の公式調査まで行なわれたにもかかわらず、カイコウラの目撃事件はいまもって世界で最もよく記録された謎のUAP目撃の一つとされている。

それから時を経て一九九〇年代の初め、オーストラリア放送協会のドキュメンタリー番組「フォー・コーナーズ」の調査報道記者になっていた私は、オーストラリア空軍関係者からの話を聞いて、上空の未確認物体に対する自分の平素からの冷めた態度を再考してもいいのではないかと初めて思わせられた。私がつながりを持っていた空軍関係者の一人はかなりの高官だったが、驚いたことに、あるとき別のもう一人の高官とビールのグラスを傾けながら、「UFO」の話や、互いが職務中に経験した「空飛ぶ円盤目撃」の話をこまごまとしだしたのである。私は空軍のベテラン軍人たちから、UAPの謎をあらためて見直してみたらどうだい、この現象をメディアが過剰に疑うのも、この現象が――政府内においてさえ――いまだ適正に調査されていないからではないかね、と言われた。そのときの速記メモがいまも手元に残っている。一人は私にこう言っていた。「パイロットはこの手のことを報告しない。そんなものを見たと言ったら、そこでキャリアが終わりだからだ。しかし、無視できない奇妙なことが起こっているのは事実だ。あまりにも多くの軍人がその手の物体を見てきている」

未確認飛行物体を見たという主張にメディアが長らく懐疑的だったことには非常にもっともな理由がある。一九九〇年代当時、たいていの若手記者は、一般視聴者からの電話に対応するニュースデスクの夜番を務めていた。誰もいないニュース編集室で新米記者がたった一人で夜勤を勤め、先輩記者が自宅で家族と過ごしているあいだ、ひたすら警察や救急の無線傍受装置やニュース配信を監視する。しかしそれは、心躍る時間でもある。もしも夜間に大ニュースが飛び込んでくれば、スクープが自分のものになるからだ。少なからぬ記者がやましさを覚えながらも認めるだろう――深夜にニュースデスクに詰めているあいだ、夜勤の退屈を吹き飛ばすようなおぞましい犯罪や事故が起こるのを祈っていたと。

だが、夜が更けてバーが閉まり、テレビ放送も終わってしまうと、かかってくる電話の内容はたいてい決まっている。しばらく夜勤をしていれば、それがありがたくない電話であることはじきにわかる。なのにそういう電話は決まってこの深夜の時間帯、とくに満月の夜のあいだにかかってくるようなのだ。かといって電話を切ろうとでもすればもっとたいへんなことになる。相手はその狂気じみた高ぶりを激しくこちらにぶつけてくるに違いないからだ。そう、こうした電話や手紙のかなりの数は、エイリアンと空飛ぶ円盤に関するものだったのである。メディアが共謀してUAP調査の報道をしないようにしているだとか、わが国の諜報機関が秘密裡に異常な目撃に対する報道禁止令を出しているといった陰謀論を頭から信じ込んでいる人も一部にはいる。だが、私はそうした言い分を一瞬たりとも信じたことはない。メディアが未確認空中現象についての記事を出したがらないのは職業的な懐疑心からであり、この懐疑心のおおもとは、全編集者が持っている駆け出しのころの痛い記憶――月夜に浮かされた電話の主に長々と妄想を聞かされたことにある。

若手ジャーナリストとしてニュージーランドで働きはじめ、のちにオーストラリアに移った私は、その当時、自分が知っていると思っていることすべてに対して一抹の疑いも持っていなかった。お気に入りのSF作家、アイザック・アシモフの言葉をわざわざ部屋の壁に貼っていたほどだ。なぜならそれは、私のようなジャーナリストに電話をかけてきて、いかれた話を聞かせる人びと、UFOのような現象を見境なく信じてしまうおめでたい人びとに関して、私が思っていたことを一言でまとめていたからだ。アシモフは、そうした主張を荒唐無稽と見なしていた。そして白状するが、私は無神経にも、そうした主張をする人びとのことをもれなく狂人だと思っていた。アシモフはこう言っていた。「私は証拠を信じる。私は観察を、測定を、論理的説明を、これらが独立した観測者によって裏づけられている場合を信じる。私はどんな荒唐無稽なことであれ、それを裏づける証拠があるなら信じよう。しかし荒唐無稽であればあるほど、それを裏づける証拠は強固でなくてはならない」▼5

このように科学的知識とは、証拠が基盤にあることによる論難不能の権威を備えた、ただの妄信とは一線を画すものであり、おそらくこの考えは、かつての啓蒙運動から出てきた最も重要な成果だろう。われわれは批判的思考を忘れるべきでない。客観的にデータを集め、仮説を検証し、反証を探し、調査研究に対して査読を求め、実験の再現を試みて、自分が知っていると思っていることが本当に正しいのかを証明することが大切だ。適正な科学は、神秘主義や迷信に対する防波堤である。だが、『ニュートンの林檎とその他の科学神話』という本[6]に書かれているように、科学全般に通ずる一定の科学的手法があると断言するのは言いすぎである。何人もの科学者を一堂に集めれば、科学的に確実だという意味を厳密にどうとらえているかに関して、まったく同じ意見の科学者は二人といないだろう。ことに、それがUAPという大いなるタブーに関してとなればなおさらだ。これまでに何百万という人が謎の空中現象を見たと報告してきたが、その言い分を信じてもよいと、いわゆる科学的手法が是認してくれることなどあるのだろうか？著名な天文学者のカール・セーガンもアシモフと似たような、こんな忘れがたい言葉を残している。「尋常でない主張には、尋常でない証拠が必要だ[7]」

　しかし懐疑派はしばしば言い捨てる。UAPの目撃者についてはいっさい無視してよい、なぜなら目撃証言は信頼できないものと相場が決まっているからだ[8]、と。

　古生物学者のドナルド・プロセロによるTEDトークは、一流の科学的思考の実践者がこの問題にどう向きあっているかを示した格好の例である。「とくに科学には一定のルールがあります。科学を似非科学と区別しなければならないということです」とプロセロは言う。「科学は事実確認の最後の砦です。現在、メディアには嘘や誤った情報があふれています。インターネットは嘘ばかりで、ゴミより真実を見つけるほうが難しいでしょう」。残念ながら、ここまでの話はまったくそのとおりだ。しかしプロセロが次に言っていることは、科学者がUFO（未確認飛行物体）やUAP（未確認空中現象）について語るときにしばしば見られる言説の典型である（ちなみに未確認物体の呼び方についてだが、私はどちらかというと、あまり手垢のついていない「UAP」を好む。「UFO」というと、えてして空飛ぶ円盤や緑色の小人が想起されるからだ）。プロセロはこう言っていた。「実際のところ科学界の大半を納得させられる唯一の証拠は、実在の物理的UFOや実在の死骸で、生きたエイリアンであればなお結構でしょう」。つまり彼は無意識のうちに、「UFO」やUAPの目撃者はエイリアンやETの乗り物を見たと言っているのだと推断している。そして「われわれに言わせれば、目撃証言は証拠ではありません」とまで言いきっている。[9] まさに問答無用だが、これは科学的に厳密なのか？　たいていの場合、目撃者はそれがなんであるかわからないと言っているだけなのだ。

　UAPにかかわるものだからというだけで目撃証言をいっさい無視してよいと無条件に一般化するのは、明らかに健全な科学ではない。たとえば野生生物や自然現象を観察するなどして、科学者がもっとありふれたもののデータを集めるときに、人間の目撃証言は当てにならないと知られているからといって、その観察結果が科学的手法の名のもとに拒否されるなんてことがありうるだろうか。われわれの刑事司法制度はしばしば人を目撃証言だけで牢屋に送り込んでいる。目撃者が証言すれば、その証言には厳しい反対尋問がなされる。アメリカなどいくつかの国では目撃証言が文字どおり、被告の生死を分けることもある。UAPの最大の問題は、その奇妙な現象の目撃が再現可能ではないことだ。これは反復可能な実験ではない。一方、科学では、それこそが仮説を立証するにあたっての最も一般的に認められた必要条件の一つなのである。だが、観察者——目撃者——の証言も決して証拠としての価値がないわけではない。

　調査報道記者であることの特権の一つは、好奇心を満足させたいと思ったときに、必要なスキル一式がすでに常備されていることだ。謎が隠れている穴にもぐりこみ、情報源を当たり、文書をあさって、証拠にもとづいた結論に達する——それが少し前から私の始めたことだった。私がUAPという現象を追いかけたくなったのは、率直に言って、これこそ当代最大の未解決の謎だからである。私が接触した情報筋の大半は、話をすることの条件に匿名を求めたが、彼らが話してくれたことはじつに啓発的だった。それらの話によって、多くの国の政府がひそかにUAP問題を——公式にはきっと認めないだろうと思うほど——真剣に受けとめていたことがわかったのである。

世論調査によれば、アメリカ人の三分の二以上は、この現象について漏れ伝わってくる以上に多くのことを政府が把握していると思っている[10]（ただしもちろん、その見方が真実だとは限らない）。合衆国の軍部と産業界のトップのあいだに巨大な陰謀があり、回収した地球外生命（ET）の乗り物はおろか、ことによると実在のエイリアンまで隠しているのだと信じている人も大勢いる。私からすると、科学者がUAP問題に専門的にかかわろうとしないこと、この手の事件を小馬鹿にして、まともに調べもせずに即座に却下していることが、こうした陰謀論をかえって煽りたてているような気がしている。

　主流ジャーナリズムでは、そんな陰謀論はまったくもって支離滅裂だという考えがずっと前から当然視されており、おそらく今後もそうだろうから、その姿勢から逸脱しようものならたいへんなことになる。UAPやUFOというテーマはこれまでもこれからも、つねに「大いなる禁忌《グレート・タブー》」なのである[11]。それを記事にでもすれば、見た人は間違いなくいぶかしげな反応をするだろう。眉をひそめ、微妙な言い回しで、ことによると「Xファイル」のおどろおどろしいテーマ曲まで流して、これが話半分に聞くべき軽薄な記事であるのはわかっていると伝えるだろう。たしかに空飛ぶ円盤やエイリアンの話をメディアに持ちかける人の一部、もしくは大半が、気の毒にも勘違いをした人、だまされやすい人、あるいは精神的に問題のある人なのはほぼ疑いない。しかし実際、私は自分で調べてみるまで何もわかっていなかった――こんなにも多くのUAP目撃談が信頼できる筋から出されていたのか。そして、その目撃を裏づける証拠はこんなにもろくに出されていなかったのか。

第2章　ロズウェル事件——怪しい否定

「ドイツは自国の上空に何か新しいものを投入した——夜空に浮かぶ奇怪な火の玉『フー・ファイター』が、ドイツへの侵入作戦を実行中のアメリカの戦闘機ボーファイターの翼の横を追走している」。一九四五年一月、ニューヨーク・タイムズはそう報じた。[1] 第二次世界大戦が始まってから一九四〇年代後半まで、ヨーロッパ全土や太平洋戦域での作戦に参加した多くの飛行士が、俗に「フー・ファイター」と呼ばれる光り輝く円盤や球体を見たと報告した。ヨーロッパ上空を飛んだ爆撃機のパイロットからは定期的に、主翼も尾翼もない発光体に追いかけられたとの報告が入った。その謎の物体は「小さな円を描くように回転できる」のだという。当初、これはドイツの新しい秘密兵器に違いないと憶測された。しかし戦後、連合国がドイツの書類を徹底的に調べ、ドイツ人科学者を尋問した結果、それらの物体はドイツのものではなかったことが判明した。以後、フー・ファイター目撃に関して公式の説明はいっさいされていない。[2] 枢軸国のパイロットもこの謎に関しては、連合国と同じぐらい困惑していた。

第二次世界大戦直後の数年間に、未確認空中現象の目撃は世界中で多発した。これはある部分、エイリアンや空飛ぶ円盤が映画や漫画やSF小説の題材として、ますます人気になっていたことの影響だったかもしれない。すでに第二次世界大戦が始まってまもなくのころには、大人気SF連続活劇『フラッシュ・ゴードン』の一作「宇宙征服」が劇場公開されていたものだ。しかし逆に言えば、その当時、とくにアメリカの西部で、奇妙な物体の目撃が増えていたことにハリウッドの台本作家が目をつけたのだという可能性もある。ちょうど当時は空の新時代が始まったところで、飛行機による大量輸送が着実に手の届くものになりつつあった。現代科学によって宇宙での人類の位置に関する一般知識がぐっと広がるにつれ、この宇宙にいるのは地球人だけではないのかもしれないという考えも広まった。一九三八年には、オーソン・ウェルズがH・G・ウェルズの一八九七年の小説『宇宙戦争』をラジオドラマに脚色してニューヨークから放送したところ、エイリアンが本当に侵略に来ているのだと思いこんだ一部の聴取者が恐怖に陥れられた。ウェルズのラジオ番組がエイリアンの侵略に対する全国的な集団パニックを呼び起こしたというのは有名な話だが、じつは最近の研究から、これは誇張であったことがわかっている。放送後、競合メディアの「扇情報道」によってこの神話がでっちあげられたのである。▼3

スウェーデンでは一九四六年二月、「ゴースト・ロケット」と呼ばれたものが二〇〇〇回以上も目撃された。そのうち数百件はレーダー反射波によって確認されており、この謎の物体の破片だとされるものも回収された。ソ連のロケット試験だったのではないかという説もあったが、この物体が排ガスも音も出しておらず、しかも水平に飛んでいたり、編隊を組んで超低速で飛んでいたりするところも見られていたために、その説は却下された。スウェーデンの航空諜報機関はアメリカに対し、「この現象は明らかに高度な技術的技能の所産だが、現在知られている地球上の文化でここまで高い技能を実現できるところがあるとは考えにくい」と報告している。▼4

奇妙な物体は南半球でも目撃されていた。一九四七年二月、主翼も尾翼もない卵形の乗り物が五つ、編隊を組んでオーストラリア南部の上空を飛んでいるところが別々の目撃者によって三回確認された。いずれもしっかりとした目撃証言だったが、それは公式の説明にはそぐわないものだった。南オーストラリア州のエーア半島に住むある農夫は、先端が細くなった楕円形の奇妙な物体が五つ、くすんだ灰色のもやに包まれて海から浮かび上がってくるのを見たと報告した。「はっきりと見えました」とフラヴェル氏は地元のアデレード・アドバタイザー紙に語っている。「空中に浮いたまま北西から南東に向かって移動しているようで、影ができていました」。この説明は、その前になされた別の目撃を裏づけてもいる。こちらはエーア半島から二六〇キロ北東のポートオーガスタで起こり、目撃者の工員は、やはり白い卵形の物体が五つ編隊を組んで北から南に飛んでいたと報告していた。「その速度はすさまじく、数秒で視界から消えた」とアドバタイザー紙は報じている。[5]考えられる説明は、これらの正体が流星か蜃気楼だったというものだが、当時の南オーストラリア州政府の天文学者、ドッドウェル氏はその考えを否定した。その談話を報じたアドバタイザー紙は、「この現象はいかなる天文学的現象にも合致せず、ドッドウェル氏にとってもまったくの謎だという」と記した。「これはやはり実在の物体で、蜃気楼反射ではないと考えたほうがよさそうである[6]」

編隊を組んで高速で移動する奇妙な五つの卵形UAPの三回目の目撃は、二ヵ月後、東に一〇〇〇キロ離れたニューサウスウェールズ州で起こった。ゴーゲルドリーという町でイネの収穫をしていた一人の農夫がふと空を見上げると、やはりそこに「五つの金属の物体がVの字になって日の光を反射させながら飛んでいる」のが見えた。このネトルベック氏の見るところ、その物体の飛行速度は時速一〇〇〇マイル（一六〇〇キロ）ほどだったという。オーストラリア南部の差し渡し一二〇〇キロメートルにもわたる範囲で、三人の目撃者がそれぞれ別の場所に同じようなもの――高速で編隊飛行する五つの卵形の物体――を見るというのは、いかにも奇妙な偶然だった。そしてこのできごとの直後、アメリカのニューメキシコ州でも、とある目撃事件が起こる。地球外生命にかかわる現代の一大陰謀論の発端として多くの人に信じられるようになるもの――それがこのロズウェル事件である。

オーストラリア南部での目撃事件とほぼ同時期の一九四七年五月、地球の反対側のワシントンDCでは、海軍少将ロスコー・ヒレンケッターが新しい職に着任していた。その年のうちに中央情報局（CIA）に発展することになる中央情報部の長官という職務である。ヒレンケッターは戦艦ミズーリの元艦長だったが、その前に別の船に乗っていたときに真珠湾攻撃に遭って負傷していた。そして今度の新しい任務での大きな課題は、一九四一年に日本軍を探知できずに攻撃を許してしまったような諜報の不備を修正することだった。アメリカは領空内のあらゆる機体を探知して特定できるようになる必要がある――それが国家安全保障上の主要課題だった。

ヒレンケッターが情報部門の最高位職を引き継ぐのとほぼ同時に、アメリカのメディアで戦後の空飛ぶ円盤騒ぎが始まった。一九四七年六月二四日、実業家のケネス・アーノルドがあるものを目撃したのをきっかけに、それは報道によって「空飛ぶ円盤」の名で知られるようになった。アーノルドは民間飛行士で、墜落した米軍輸送機の目撃情報に掛けられた大枚五〇〇〇ドルの褒賞金を目当てに、自家用機を飛ばしてワシントン州シアトル南東のレーニア山の付近を捜索していた。その飛行中、明るい午後のさなかに、アーノルドはまず遠方に強い閃光を見た。一瞬、別の飛行機がいるのではないかと危ぶんだが、次いで三〇キロか四〇キロ遠くのレーニア山の北側から明るい閃光が連続して放たれているのに気がついた。いくつかの物体が山に向かって飛んできて、アーノルドが見ているあいだに雪に覆われた山の斜面の前方を通過していった。アーノルドによれば、それらは凸形状をしていたが、一つだけは三日月形をしていたという。アーノルドは飛行士として遠方の物体の速度の見積もり方も知っていたから、それらの物体が遠くの山の横幅を最大時速一七〇〇マイル（二七〇〇キロ）ほどで横断したと推定した。複数の地元民も地元の新聞に同じような物体を見たとの報告を送った。数日のうちに、シカゴ・サン紙に「超音速の空飛ぶ円盤をアイダホ州のパイロットが目撃」という見出しを掲げた記事が出た。[7] 目撃はその後も続いた。七月一日には円盤状のUAPがニューメキシコ州の上空をジグザグに飛んでいるところが目撃され、同月三日には、メイン州の天文学者が直径およそ一〇〇フィート（三〇メートル）の物体を見たと報告した。アメリカ陸軍航空資材軍団は、これらの正体が鳥か虫であるとの公式声明を出して幕引きを図ったが、のちの空軍による調査では、これらの目撃に妥当な説明はつけられないことが認められた[8]（アメリカ空軍が米軍内の独立部門として設立されたのは一九四七年九月のことである）。

アーノルドの目撃事件から一〇日後の七月四日、独立記念日の祝日には、ユナイテッド航空の乗員が、自分たちの機体と同じような速さで飛んでいる五つから九つの円盤状の物体を見たと報告した。[9] 同日、オレゴン州ポートランドの警官たちも上空に多数のUAPを見たと報告し、その近くを走っていた貨車の中にいた人びとも、四つの円盤状の乗り物がジェファーソン山を通過するのを見ていた。どうやらこの夏休みの期間、空飛ぶ円盤はいたるところに出没しているようだった。アメリカ陸軍も不本意ながら、「その正体は不明である」と認めざるを得なかった。[10]

このように、ちょうどこのときUAPに対する大衆の関心は異様なほど盛りあがっていた——それが次に起こったできごとにまったく影響をおよぼさなかったとは言えないだろう。一九四七年七月五日、ニューメキシコ州ロズウェルから一二〇キロ離れた牧場の敷地内に、墜落した機体の残骸らしきものが広く散乱しているのを牧場管理人のマック・ブレイゼルが発見した。現在のロズウェルは人口およそ五万人の成長著しい都市だが、一九四〇年代後半の時期にはまだずっと小さな町で、人口は約一万五〇〇〇人、そのほとんどが地元の農場と米軍基地で働いていた。一九三〇年代以降、ニューメキシコ州南東部の人けのない高原はアメリカの航空宇宙テクノロジーの試験場にされていた。したがってブレイゼルはロズウェルまで車を走らせて、いましがた見たものを報告した。最初の報告書によれば、ブレイゼルが見つけて拾い集めたものは、きわめて強靭かつ軽量の針金、金属薄片、奇妙な文字が書かれた金属材などだったとされている。ブレイゼルが地元の保安官にただならぬ事情を伝えると、近くのロズウェル陸軍航空軍基地にその報告が入り、情報将校のジェシー・マーセル少佐が調査に派遣された。

このあと起こるロズウェル論争の話に付け加えておきたいのが、その二年前の一九四五年に日本の広島と長崎に原爆を落としたのはマーセル少佐率いる第五〇九爆撃航空群だったということだ。事件現場から西に車で二時間のニューメキシコ州ホワイトサンズ試験場は、アメリカ陸軍が一九四五年七月一六日に人類史上初の核爆発実験となる「トリニティ実験」を実施した場所だった。一九四七年の時点でも、原子爆弾とロケットの試験はやはりそこで行なわれていた。このロズウェルの町が属していたニューメキシコ州の不毛の一帯は、新しい核の時代のグラウンドゼロだったのである。

UAPの正体は地球外生命(ET)だという説を信じている人の多くは、エイリアンの宇宙船がひそかにニューメキシコ州での原爆実験を監視していて、そうした宇宙船の一機が墜落したときに、米軍がそれに乗っていたエイリアンの死体のほか、生きたエイリアンまで秘密裡に回収したのに違いないと考えている。この陰謀論にもとづけば、ロズウェルでの機体墜落と、噂されているようなその後の回収作戦は、現在にいたるまでの重大な隠蔽工作の対象だったことになる。おかしなものだが、ロズウェル事件の最大の皮肉は、当時の米軍が下手な対応をとったせいで、かえってアメリカの大衆のかなりの割合に、実際になんらかの隠蔽があったのだという見方が刷り込まれてしまったことだ。一九四七年にロズウェルで起こったとされることについて、アメリカ空軍は四つの異なる説明を出してしまったのである。つまり当局は明らかに嘘をつき、隠蔽をしていた。しかし問題は、それがなぜだったかということだ。

現在わかっているのは、ロズウェルの牧場管理人マック・ブレイゼルが陸軍情報将校のジェシー・マーセル少佐とその同僚のシェリダン・キャヴィット大尉を墜落現場に連れていったこと、そしてマーセル少佐が軍に戻ったときには明らかに、地球外起源の空飛ぶ円盤が牧場に墜落したと確信していたことである。マーセルは、縦一二〇〇メートル、横六〇メートルから九〇メートルの広大な範囲にわたって残骸が散乱していたと説明した。そこには「何かが着陸してから弾むように飛んでいった」跡のような、長さ一五〇メートルにもおよぶ溝ができていたとの話もある。[11] マーセルはのちに自分の家族に奇妙な破片をいくつか見せて、「空飛ぶ円盤」の残骸だと言っている。[12] そのうちの一つは羽毛のように軽く、かつ信じられないほど頑丈な、どうやってもちぎれそうにない金属薄片だった。さらにマーセルは、奇妙な象形文字のようなものが書かれた軽金属材もあったと話している。

　マーセルとキャヴィットが回収した残骸をロズウェル基地に持ち帰ると、指揮官のウィリアム・ブランチャード大佐はただちにマーセルをテキサス州フォートワースの第八空軍司令部に向かわせ、その残骸を持ってロジャー・レイミー准将に会うよう命じた。一九四七年七月八日の正午、ブランチャード大佐の命を受けた基地の広報官ウォルター・ハウト中尉は、合衆国陸軍が飛行円盤を回収したと告げるプレスリリースを発表した。その一報は昼過ぎのうちに広まった。ちょうど数週にわたってUAP目撃があいついでいた直後にそんな発表が出たものだから、すでに異様なほど盛りあがっていた大衆の「UFOと空飛ぶ円盤」への関心にはさらに火がついた。地元の夕刊紙ロズウェル・デイリー・レコードは大慌てで、「本日正午、ロズウェル陸軍飛行場の第五〇九爆撃航空群の情報部が空飛ぶ円盤を入手したと発表」と報じた[13]（実際には軍は「空飛ぶ円盤《フライング・ソーサー》」とは言っていない。「円盤《ディスク》」と言っただけだ）。この記事には、数日前に上空を高速で飛んでいる円盤を見たと主張する地元のダン・ウィルモット夫妻の談話も掲載されていた。彼らによれば、その物体は「楕円形で、二枚のソーサーを引っくり返して重ね合わせたような格好になっていて……光が内側から発しているかのように全体が光り輝いていた」。これはまさにとんでもない展開だった。回収された「空飛ぶ円盤」が実在し、地球外生命と目されるものの存在をおそらく世界で初めて当局が公式に認めたのだという報道は、当然ながら、たちまち野火のように広がって世界中のメディアの関心を集めた。

その後、同じ日のうちにマーセルがテキサス州フォートワースに到着したころには、レイミー准将の司令部は当初の考えを変えていた。ロズウェルでの正午のプレスリリースからわずか三時間後、レイミー准将はAP通信を通じて、飛行円盤と見られたものはただの気象観測気球であったとする新しい声明を発表した。第二次世界大戦直後のアメリカが軍事においてどれだけ信頼されていたかがわかろうというものだが、数日後には、このなんでもなかったという説明を報道陣も受け入れていた。そしてそのまま三〇年以上にわたって、ロズウェルの「空飛ぶ円盤」事件は跡形もなく消え去っていた。

ジェシー・マーセルも長らく沈黙を守っていたが、一九七八年から一九八六年に亡くなるまでの八年間に、自分は隠蔽工作に加担するよう命じられたのだと主張するようになり、さまざまなインタビューで、自分があの日ロズウェルから持ち帰った本物の残骸はレイミー准将によって古い観測気球の残骸と置き換えられたのだ、自分はロズウェルに墜落したのが地球外生命の乗り物だったと確信している、と激白した。空飛ぶ円盤が墜落したという話が嘘であることを知らしめるための上からの命令で、やむなく観測気球の破片とともに写真に納まったこともあったという。マーセルは一九五八年に、叙勲も受けた中佐として空軍予備役を退役していた。そして退役後、核物理学者で自称「空飛ぶ円盤研究家」のスタントン・フリードマンに、ことの「真相」を話した。フリードマンはそれを聞いて、回収されたエイリアンの宇宙船と死体が隠蔽されている、これは「宇宙版ウォーターゲート事件」だと主張した。[14] 陰謀論は、一九八〇年に『ロズウェル事件』〔邦題は『ロズウェルUFO回収事件』〕という本が出版されたことでいっきに加速した。[15] この本は、ロズウェルで起こったことには墜落したエイリアンの宇宙船がかかわっているという主張を裏づける、目撃者だとされる人びとのインタビューを中心にしたものだ。

こうした陰謀論をまぎれもなくアシストしてしまったのが、一九九四年にアメリカ空軍によってなされた事情説明の再変更、つまり三つ目の説明の提出だった。ここにきて空軍は、一九四七年の観測気球という説明がまったくのごまかしだったと認めたのである。たしかにある種の隠蔽はあったが、それはＵＦＯ論者が主張しているような理由からではない、というのが空軍の言い分だった[16]。この一九九四年の空軍の報告書によれば、回収された残骸はじつのところ、当時ソ連の核実験を監視するために極秘で計画されていた気球プロジェクト、「モーガル計画」に使われた気球のものだったという。「空軍による調査の結果、『エイリアン』の死体や地球外起源の物質が回収されたという記録はいっさい出てこなかった」と報告書には述べられている[17]。ロズウェル事件に関してこのあと出てくる合衆国空軍の四つ目の、後方二回宙返りとえび型姿勢を決めたような非常に愉快な説明については、あらためて別の章で触れよう。

アメリカ陸軍による最初のプレスリリースは、回収された「飛行円盤《フライング・ディスク》」にはっきりと触れていた。声明はこう始まる。「飛行円盤に関して流れていた多くの噂は昨日、ロズウェル陸軍飛行場の第八空軍第五〇九爆撃航空群の情報部が幸運にも、円盤を入手したとともに現実になった[18]」。しかし最後まで満足な説明がなされていない問題は、なぜロズウェルの指揮官ブランチャード大佐があんなにも早く、墜落したものが「飛行円盤」だと結論したのかである。その時点では、マーセルとキャヴィットに基地で小さな残骸の断片を見せられただけのはずなのにだ。

モーガル偵察気球を持ち出してきた一九九四年の空軍の説明の難点の一つは、機密解除された当時のモーガル気球群の画像に円盤状のものなど見当たらないことだ。加えて、モーガル気球のレーダー反射器の残骸なら明らかに既存の素材が使われていたはずで、とくにマーセル少佐にならすぐにそれとわかっただろう。モーガル気球はおおむねゴム気球とバルサ材とアルミ箔でできていた。モーガル気球群に搭載されていたレーダー反射器は六角形で、円盤状ではなかった。では、なぜブランチャードは「飛行円盤」が回収されたと報告するプレスリリースの発表を、確実にそうだとわかってもいないのに認可したのだろう。

二人の経験豊富な陸軍将校が、本当に空飛ぶ円盤フィーバーにまんまとかつがれてしまったのだろうか？

ロズウェル事件に対する当局の反応には、いまだ答えの出ていない疑問が膨大にあり、それがまた疑惑を深めている。アメリカ連邦議会の会計検査院は一九九五年にこの事件の書類を見直している最中に、ロズウェル陸軍飛行場からの墜落当時の文書が一枚も残っていないことに気がついた。この一九四七年の事件に関する書類はすべて明確な認可もないままに破棄されていたのである。[19] 回収された残骸をじかに見たと主張する複数の目撃者の証言も、それらの残骸に非常に変わったところがあったことを示唆している。たとえばそのなかには、明らかにただの偵察気球の残骸ではない、きわめて高度なテクノロジーが駆使された破壊不可能な金属もあったという。果てはブランチャード大佐自身がロズウェル・モーニング・ディスパッチ紙の編集者をしていた友人に、「私が見たものは——あんなものは生まれてから一度も見たことがない」と打ち明けているのだ。[20]

さらに、元アメリカ陸軍広報官ウォルター・ハウト中尉が臨終の際に作成した驚くべき宣誓供述書がある。二〇〇二年、ハウトはその供述書で、ブランチャード大佐に基地の格納庫に連れていかれて回収された死体を見せられたと証言している。それは子供ぐらいの大きさで、頭部が異様に大きく、防水シートをかぶせられていたという。ハウトの死後に発表された声明では、格納庫でブランチャードにエイリアンの乗り物とおぼしきものを見せられたとも主張されていた。「長さ一二フィートから一五フィート（三・五〜四・五メートル）ぐらい、幅は狭く、高さは六フィート（一・八メートル）ほどで、卵形に近い。とくに発光はしていなかったが、表面は明らかに金属製に見えた」。そしてハウトはこう述べている。「私がこの目で見たものは、宇宙空間から来た一種の乗り物とその搭乗員だったと確信している」。[21] 加えて、ブランチャードのプレスリリースはある種の目くらましで、別の場所で行われていたもっと重大な宇宙船回収作戦から大衆の関心をそらせるための計略だったとも主張していた。

懐疑派はこれに関して、死の床にあったハウトは頭がしっかり働いていなかったのではないか、この宣誓供述書はじつのところ、出典の『ロズウェル目撃』〔邦題は『ロズウェルにUFOが墜落した』〕の著者であるドナルド・シュミットとトマス・キャリーが書いたのではないかと責め立てた。「ほかの誰よりウォルター・ハウトに働きかけて、ウォルター・ハウトとともに時間を過ごし、彼に口を開かせようとしたのはわれわれですよ」とシュミットは私に言った。[22] たしかにウォルターが話したことを書きとめて宣誓供述書にしたのは自分たちだとシュミットは認めたが、ハウトの頭はいたって明晰で、一語一語を自ら確認したという。「私たちはウォルターが何年もかけて提供してくれた情報にもとづいて、あの声明を作成しました。彼自身もそれを読んでいます。彼の娘さんもその場にいましたよ。きちんと公証人がいて、別の証人もいました。第一、娘さんも声明で書いていますが、もしウォルターが同意しない部分が一言でもあれば、彼はあれに署名しなかったでしょうよ」

ほら見たことか。UFO信者はそう思った。これで一件落着だ。公証人の認証した目撃証言が、一九四七年にロズウェルの格納庫にこっそり隠されたエイリアンの宇宙船らしきもの――のみならずエイリアンそのものまで――を見たと言っているではないか。しかしもちろん、ウォルター・ハウトの死後宣誓供述には一つ問題がある。彼はもうこの世にいないのだから、さらに何かを聞こうとしても答えられないし、以前の宣誓供述書では回収されたETや機体にいっさい触れていないのだ。ほかにも証人は出てきている。とくに多いのが、ロズウェル陸軍飛行場に勤務していた元軍人の家族であり、父やら何やらが家族だけにこっそり明かしたという、エイリアンの宇宙船説を立証するまた聞きの伝聞証拠を寄せている。しかしあいにく、回収された空飛ぶ円盤の機体点検をさせてもらえる日でも来ないかぎり、証拠はまったく不十分で、ロズウェル事件が本当に回収された宇宙船の隠蔽工作だったと断定できるには遠くおよばない。

ロズウェル関連の話にはよくあるように、ウォルター・ハウトの直接目撃証言に対しては、ほかのさまざまな理由からも難癖がつけられてきた。ハウトの宣誓供述書の証人となった娘のジュリー・シャスターは、父親が共同設立した地元の観光名所、ロズウェルUFO博物館に雇われていた。そこで言いだされたのが、彼女は地球外生命説を広めることに経済的動機があり、死を前にした父親も喜んで協力しただろうという見方だ。懐疑論者との衝突で何度も痛い目に遭った経験から、細心なまでの正確さと慎重さを身につけ、著名な「UFO研究家」の故J・アレン・ハイネック博士のもとで調査者としての訓練も積んでいたシュミットは、この言い分を笑い飛ばし、ジュリー（すでにこのときには乳がんで亡くなっていた）は最低賃金すれすれの普通の給料で博物館の存続に努めていたと話す。「彼女と父親が経済的動機のためにUFO説をでっちあげていたなんてありえませんよ」と彼は言う。「あの宣誓供述書でハウトが嘘偽りなく、本当のことを言っていたのだということは、誰も疑っていませんでした」

率直に言って、一九四七年にロズウェルで起こったことについて確固たる結論に達するのは不可能だ。たしかに何かは墜落したのだろう。そして空軍が国家機密にかかわる冷戦時の偵察計画を守るために隠蔽工作をしたと説明するのなら、それをそのまま受け取りたくもなる。私がこう言うのは単純に、ジャーナリストというものはつねにそうした偵察気球の墜落のような冷戦中の失敗を、エイリアンや回収機体を隠しているといったややこしい（そしてもちろん信じがたい）陰謀よりも信憑性があると思うように訓練されているからだ。これはオッカムの剃刀の原理である——最も単純な説明をつねに第一の仮定とすべし。UFO研究の世界においてさえ、ロズウェルのET回収説に関しては、それを信じている人と同じぐらい多くの手厳しい批判者がいるのである。とはいえ、とくにアメリカ空軍の下手な説明と虚偽の自白を踏まえれば、証言がある以上、ロズウェルで起こったことはいまだ確たる答えの出ていない問題として偏見なしに調査すべきだと思う。

とりあえず一つだけ確実なのは、このときにいったい何が秘匿されたのであれ、その秘密を守るために法外な措置がとられたということだ。それが冷戦時の偵察気球にすぎなかったというのでは、ずいぶんとちぐはぐに感じられる。

ロズウェル事件の話が広まるにつれ、ややこしいエイリアン隠蔽工作などという陰謀論を手放しで信じる人びとの過剰な信じやすさを問題にする、これまでにないタイプの攻撃的な懐疑論者も現れた。だが、これに関しては、そういう口やかましい懐疑論者の一人か二人の背後で誰かがその操作をしていたのでは、という疑念がいまもある。ハーバード大学の天文学者で「UFO懐疑論者」を自任するドナルド・メンゼルが、じつはひそかにアメリカの国家安全保障局、CIA、海軍と結びついていた（そして超最高機密の取り扱い資格を認定されていた）というのも、メンゼルの死後に初めて発覚したことだった。それは彼が誰にも明かさなかった、大学にさえも秘密の関係だった。UFO研究家のスタントン・フリードマンは、メンゼルがUAP説をつぶす任務を負って偽情報を流していた潜入工作員だったと非難している。[23]

懐疑論者による嘲笑は、たしかに主流報道機関の大半を黙らせて、この問題をまじめに受けとめないようにさせる効果を挙げた。だが、「空飛ぶ円盤」に対する大衆の関心はむしろ実際には高まって、UAPの目撃報告も急増した。折しもウォーターゲート事件とベトナム戦争によって多くのアメリカ人がそれまで抱いていた政府への信頼を削られつつあった時期であり、アメリカの大衆はかつてないほど国の機関に疑問を感じはじめていた。アメリカの軍部にかかる重圧は甚大だった――この謎に対する説明を誰の目にも明らかに示さなくてはならなかった。

第3章　プロジェクト・ブルーブックの開始

ロズウェル事件のあと、一九四七年のアメリカの「UFO騒動」は沈静化するどころか、いっそう大きくなっていった。折しもソ連と西側陣営の冷戦が始まっていた時期で、アメリカでは一般大衆もFBIも軍部も、共産主義者のスパイやアメリカ領土への侵入の気配に過剰なまでに敏感になっていた。それはつまり、空に見慣れない物体が飛んでいようものならすぐさま報告され、調査されるということだったから、軍部には空飛ぶ円盤の目撃報告が洪水のように押し寄せた。そんな状況を受けて、ついに一九四七年九月、元戦闘機パイロットで第二次世界大戦中には司令官も務めたアメリカ航空資材軍団トップのネイサン・トワイニング将軍が、いまや有名となった、空飛ぶ円盤についての書状をしたためた。トワイニングはそのなかで、この現象の正体がなんであれ、これは「幻覚でも作り話でもない、現実のこと」であると認めていた。それら「金属製」とおぼしき円盤の異常なほどの上昇速度や、感知されたときの回避行動を含めた尋常でない機動力にかんがみて、「これらの物体のいくつかは、手動であれ遠隔であれ、制御されている可能性を確信させる」とも書いていた。[1] このUAPの詳細な調査をするべきだというトワイニングの進言により、一九四七年一二月に始まったのが、のちに「プロジェクト・サイン」の名で知られるようになった調査計画である。当初「プロジェクト・ソーサー」と呼ばれたこの調査は、空軍の管理下で一年にわたって続いた。

プロジェクト・サインの内情に通じていた関係者の一人が、アメリカ空軍将校のエドワード・ルッペルトだった。彼はのちに、空飛ぶ円盤の目撃情報を調査したプロジェクト・サインの一九四八年の報告書を見たことがあると主張した。最高機密文書扱いだったその報告書には、「状況の評価」という題がつけられていたという。「状況とはＵＦＯのことだった。そして評価とは、それらが宇宙のものであるということだった」とルッペルトは簡潔に認めている。[2]追ってプロジェクト・ブルーブックのＵＡＰ調査を率いることになるルッペルトの主張によれば、この初期の報告書では、これらの機体を地球外起源と考えるのがこの現象の説明として最も自然であると結論されていた。だが、たとえオリジナルの文書にそのような所見が記されていたのだとしても、約四〇年後の一九八七年に公開された、無数の修正の入ったバージョンにはいっさい残っていない。一九四八年一二月に発表された空軍諜報部の報告書もかなり穏便で、こちらでは地球外起源説には最初から触れられておらず、その代わりに、アメリカ上空に見られた多数の奇妙な機体は、おそらくソ連にゆかりのものであるとの考えが示されていた。[3]同じころ、プロジェクト・サインは「プロジェクト・グラッジ」と改称された。

このときから、以後何十年と続く奇妙な慣行が始まった。アメリカ空軍があらゆるＵＡＰ目撃を公然と強く否定する一方で、アメリカの軍部と情報部では内々に、この問題がきわめて真剣に受けとめられていたのである。たとえば一九四九年末、空軍特別捜査局は、軍事施設の上空で目撃された緑色の火球を調査した結果として、「軍事機密施設の付近でこのような不可解な現象が頻発するのは懸念材料である」と内密に報告している。[4]

軍部には引き続き多数の目撃報告が寄せられていたが、一九四九年末に海兵隊の退役軍人ドナルド・

キーホーが「空飛ぶ円盤は実在する」と題した刺激的な記事を人気男性誌トゥルーで発表すると、目撃報告はまたいちだんと急増した。キーホーは同名のベストセラー本において[5]、アメリカ空軍はこれらの謎の物体が地球外起源であることを知りながら、国民がパニックに陥るのを避けるために報告を伏せているのだと主張した。おそらく大衆の騒ぎを鎮めようとしてのことだったと見られるが、その直後に空軍からプロジェクト・グラッジの最初の報告書が出され、プロジェクトが未確認飛行物体の調査を終了することが発表されるとともに、これらの目撃情報はすべて集団ヒステリーの産物か、でっちあげ、もしくは既存の物体の見誤りであると断言された。それでもプロジェクト・グラッジは表向き、真剣にUFOを調査していた。しかしプロジェクト関係者のエドワード・ルッペルトがのちに断言したように、もともとプロジェクト・グラッジはあらゆる目撃情報を否定せよとの指令のもとに運営されているという見方も広まっていた。[6]

　すると今度は一九五〇年一月九日付のタイム誌で、ニューメキシコ州での墜落事故から「空飛ぶ円盤」と「人間に似た小さな宇宙人の遺体」が回収されたとの噂があると報じられた。続いて一九五〇年三月には、連邦捜査局（FBI）長官のJ・エドガー・フーヴァーに、とある空軍捜査官が秘密を明かしたことを伝える驚くべき報告が提出された。その秘密とは、「ニューメキシコ州でいわゆる空飛ぶ円盤が三機回収されている。機体は円形で、中心部が盛り上がっており、直径は約五〇フィート（一五メートル）。各機にはそれぞれ三体の遺体が残されており、人間のような姿形をしているが身長は三フィートほど（一メートル弱）しかなく、非常に繊細な質感の金属製の衣服をまとっていた」というものだった。この報告書は、当時FBIのワシントンDC支局長だったガイ・ホッテルからのものだが、いまもってFBIのアーカイブのなかで最も議論を呼んでいる、最も人気の高い文書である。七〇年後、この文書に群がるUFO陰謀論者に間違いなくうんざりしたのだろうが、FBIはウェブサイトにおいて、ホッテルの報告書は事実確認も調査もされていないこと、この文書によってエイリアンの存在が立証されるものではないことを明言している。[7]

しかし、このあいだにも確かな筋からつぎつぎと、自然現象では説明のつかない奇妙な物体の至近距離からの目撃情報が記録された。一九五〇年四月には、ロスアラモス核兵器研究所の職員一五人が、上空二〇〇〇〇フィート（約六〇〇〇メートル）のあたりになんらかの物体が二〇分間にわたって浮遊しているのを目撃した。望遠鏡で見てみると、その物体は金属製のようであり、平らで、ほぼ円形、直径は約九フィート（二・七メートル）だったという。これを目撃した科学者の一人は、「既存のどんな航空機よりも速く」飛んでいったと証言した。[8] 一九五二年七月には、ロスアラモスで複数の目撃者が白い卵形の物体を見た。それはジェット機よりも大きく、空中でひととき停止していたかと思うと、とてつもない速さで飛んでいった。しかし信じがたいことに、空軍はこれを「紙」として片づけた。目撃者がこの物体の奇妙な動きを「はためく紙」になぞらえていたからだった。[9]

一般市民もこうした物体をカメラに収めていた。一九五〇年五月、オレゴン州マクミンビルで農業を営むポール・トレント夫妻は、まさに古典的な空飛ぶ円盤のようなものが農場の上空に出現したところを写真に撮り、鮮明な画像を残した。その後の空軍の調査でも、「これは数あるＵＦＯ証言のなかでも数少ない事例の一つだ。幾何学的にも、心理学的にも、物理学的にも、調査されたあらゆる要素が、二人の目撃者の目の前を尋常でない飛行物体――銀色で、金属製で、円盤状で、直径数十メートルで、明らかに人工の物体――が飛んでいったという主張に一致するものと見られる」と認めていた。[10]

ロズウェルＥＴ陰謀説の裏づけとしてしばしば使われるもう一つの驚くべき証拠は、カナダの無線技師ウィルバート・スミスが一九五〇年一一月にカナダ運輸省に宛てて書いた極秘メモで、これは後年、カナダの大学のアーカイブに収められていたスミスの公式文書のなかから発見された。スミスは当時、ソ連の通信を傍受する極秘プロジェクトに携わっていたことから、カナダ政府内でかなり大事にされていた。その年の九月、ある会議に参加するためワシントンDCを訪れていたスミスは、そこでちょうど出版されたばかりの『空飛ぶ円盤の背後で』〔邦題は『UFOの内幕』〕という本を読んだ。[11] 著者のフランク・スカリーはそのなかで、ETの空飛ぶ円盤の墜落と回収がニューメキシコ州で複数回あったと主張し、機体の推進力が電磁気であったこともわかったと書いていた。スミスは自らのつてを頼ってワシントンのカナダ大使館に仲介してもらい、アメリカ政府の研究開発委員会の顧問を務めるアメリカ人科学者のロバート・サーバッカー博士に面談を申し込んだ。スミスのメモによれば、[12] サーバッカーはこのときに空飛ぶ円盤に関して驚くべきことを明かしたとされている。いわく——

(a)……アメリカ政府内の最高機密の問題で、水爆よりも機密性が高い。

(b)空飛ぶ円盤は存在する。

(c)具体的な手法は不明だが、ヴァニーヴァー・ブッシュ博士を中心とする少人数のグループによって集中的な努力がなされている。

(d)この問題全体をアメリカ当局はきわめて重要なものと受けとめている。

ウィルバート・スミスの手書きの面談記録には、フランク・スカリーのUFO本で提示されている事実が〔エイリアンと宇宙船の回収も含めて〕「実質的に正しい」ことをサーバッカー博士が認めたと記されている。ウィルバート・スミスの息子のジェイムズも、この話に同意しているばかりか、父親からはもっと多くの話を聞かされたそうで、「父は回収された機体のなかにいた、回収された遺体を見せてもらった」のだとも言っている。その遺体は小さな人間のような姿をしていたらしい。[13] ウィルバート・スミスが聞き及んだというアメリカの「UFO回収」計画についてのスミス本人の記録に、アメリカ政府やカナダ政府が反駁しようとした形跡はいっさいない。この件について両国政府はいまもあからさまに口を閉ざしている。

　この報告をした当時、スミスがカナダ政府の高官であったのは事実だが、だからといって、その報告された調査結果が公式に認められたとは限らない。しかし、一九八六年に亡くなったサーバッカー博士はその三年前に、研究家のウィリアム・スタインマンにこう書き送っている。「回収された空飛ぶ円盤に関する私自身の経験という点では、私は回収にかかわった人間の誰ともつきあいはなかったし、回収の日付についても何も知らないが……空飛ぶ円盤の墜落現場からの回収物だという素材は非常に軽量で、非常に頑丈だった。……当時、当局の誰かと話したときの記憶では、この『エイリアン』は地球で見られるある種の昆虫のような構造をしているのかと思ったものだ。……なぜ（安全保障上の）機密度があれほど高かったのか、なぜあれらの装置の存在が否定されていたのか、いまでも私にはわからない」

　サーバッカーの書簡はなんの証拠にもならない、という意見もあるだろう。なにしろ彼の話はすべて伝聞で、直接の目撃証言ではないのだから。そしてそれは、彼の息子のロバート・サーバッカーの談話についても同様だ。[14] サーバッカー博士は生前、「時速六〇〇マイル（約九六五キロ）で飛行し、そのまま空中で減速することなく直角九〇度の方向転換をする……慣性と重力から完全に切り離されていることからして、［UAPが］実在する」のは自明であると息子に語っていたという。ウィルバート・スミスとロバート・サーバッカー博士の主張は、信頼のおける人物からの主張だという意味では興味をそそられるが、やはり伝聞証拠にすぎない以上、証明されることなく終わっている。

＊＊＊

一九五二年のCIAの文書は、当時の多くのUFO目撃に対して無味乾燥な説明をつけている。たとえば「集団ヒステリー、……幻覚、でっちあげ」。だが一方で、核兵器を扱う軍事機密施設であるロスアラモス研究所とオークリッジ研究所の上空で説明のつかない現象が目撃され、「それと同時に環境放射線の計測数値が不可解に上昇した」ことは認めている。もはや軍の捜査官もお手上げだった。「どうにか格好をつけられそうな『未知の領域の空』という説明さえ連発しすぎだというのに、われわれのもとにはあいかわらず、信頼できる筋からの信じがたい目撃報告が多数寄せられている」[15]

CIAの内部ではUAPに対する懸念が高まりつづけ、ついに一九五二年、CIA科学情報部の次長から勧告が出されるにいたった。「『空飛ぶ円盤』には国家安全保障にかかわる二つの危険因子がある。一つは大衆心理にかかわるもの、そしてもう一つは、空からの攻撃に対するわが国の脆弱性にかかわるものだ」[16]。現在では機密解除されているが、当時のこの極秘文書は明らかに、UAPが国家安全保障上のきわめて重要な懸念事項であることを認め、その問題に対して至急の科学的調査を要請していた。

同年、「プロジェクト・グラッジ」改め「プロジェクト・ブルーブック」が発足した。ブルーブックの任務は、UFOが国家安全保障への脅威なのかどうかを判定すること、そして収集したデータを科学的に分析することとされた。ちょうどたまたま一九五二年は、一九四七年に負けず劣らず、不可解な空飛ぶ円盤の当たり年だった。プロジェクト・ブルーブックには軍人から多数の詳細な目撃情報が寄せられた。信じられないような速さで飛行する物体がパイロットに目撃されたうえ、多くはレーダーでも追尾されていた。この空軍によるプロジェクトは最終的に、民間人と軍人の両方から寄せられた一万二六一八件のUAP目撃報告を調査し、その大多数を無味乾燥な説明によって誤認と片づけた。しかしごく一部は、厳密な分析を経てもなお「説明不能」と分類された。

プロジェクト・ブルーブックのコンサルタントに就いた民間科学者のジョーゼフ・アレン・ハイネック博士は、その前はプロジェクト・サインの顧問を務めていた。ハイネック博士は当初、いわゆる「UF

O」報告にきわめて懐疑的で、プロジェクト・サインにかかわった最初の年には、この問題全体が「じつに馬鹿げた話に見える」と言っていた[17]。しかし後年、やや見解を改め、民間からの報告を空軍が割り引いて受けとめるのはもっともだが、「訓練の行き届いた自分たちの仲間——軍関係者からの目撃証言をむげに否定することはできないだろう」と述べている[18]。ハイネックの見るところ、UAPを調査するにあたっての関係者の姿勢には、おもに二つの派があった。一つは、これらの現象がETの乗り物である可能性を認めて真剣に考慮すべきであるという考え方、そしてもう一つが、最終的にワシントンDCのお偉方に採用されることになる、こんなでたらめを許してはならないとする見方だった。一流の科学者で構成された空軍科学諮問委員会は、この現象が、わかっているかぎりのあらゆる面で科学に反すると断言した。「UFO」の特徴だとされているような動き方をなんらかの乗り物がすることは科学的にありえない、ということだった。「それは不可能だと科学が言っている、というわけで、のちに数々の面倒を引き起こすことになる空軍の定理が生まれた。『それはありえないのだから、したがって存在しない』となったのだ」とハイネック博士は嘆いた[19]。

プロジェクト・ブルーブックは重大な内輪揉めも引き起こした。空軍があらゆる空中目撃証言を独占的に収集する一方で、軍のほかの部門にはいっさい情報が伏せられていたために、それに対する不満が表面化したのだ。ことの起こりは一九五二年三月、海軍長官ダン・キンボールと、海軍大将アーサー・ラドフォードが、それぞれ別の飛行機でハワイからグアムに向かっていたときだった。その移動中、二機はともに謎の円盤状の物体に追跡されたという。キンボールはその体験を一九五二年五月に海軍士官と空軍士官候補生の前で語り、さらにその話がボストン・トラベラー・マガジン誌で報じられた[20]。この記事のコピーはプロジェクト・ブルーブックの機密解除文書アーカイブから発見されている。記事はキンボールのこのような発言を引用していた。「暗い太平洋の上空のどこかだった……操縦士が明らかに興奮した様子で客室にやってきて、空飛ぶ円盤がどこからともなく出現したという。円盤はしばらく長官機の真横を飛んだあと、急に猛スピードで前方に突進したかと思うと、そのまま空の彼方に飛んでいって見えなくなったそうだ。操縦士と副操縦士が二人ともこの現象を目撃していた」。操縦士はキンボールに、ハワイ真珠湾の米軍基地に通報する許可を求めたそうだが、おそらく基地は信じないだろう、とキンボールは答えた。そしてその代わりに、後方の海軍大将機に事情を伝えて警戒させるようにと進言した。すると「数分のうちに、後ろの飛行機から無線連絡が来た。たったいま空飛ぶ円盤が現れて、翼の先端と並ぶようにして飛んだあと、急に前方に突進して空の向こうに消えていったと、興奮して伝えてきた」とキンボールは語っている。

　民間のUFO研究団体「全米空中現象調査委員会」（NICAP）を共同創設した元海兵隊少佐のドナルド・キーホー〔前述の『空飛ぶ円盤は実在する』の著者〕が、のちにキンボールから直接聞いたという話を伝えている。それによれば、問題の円盤は最高時速二〇〇〇マイル（約三二〇〇キロ）で飛んでいたという。[21] キンボールは自らこの目撃報告を空軍に提出したが、それに対する応答もなく、その後の情報がキンボールに伝えられることもなかった。キンボールはこれに腹を立てたらしく、UAPに関する海軍独自の情報報告を――空軍のプロジェクト・ブルーブックとは別個に――まとめるよう指令を出した。すると今度は空軍が、独立した海軍調査機関を別個に設けるという考えに反対してきたため、担当の海軍研究局は公式な調査をとりやめざるを得なくなった。翌一九五三年、海軍大将ラドフォードは、統合参謀本部議長に昇進してペンタゴンに入った。こうしてアメリカ海軍で最も権力を持つ二人が空飛ぶ円盤にかかわる謎の直接体験を共有し、報告したことになったわけだが、この一件についての公式な記録も、円盤の正体に関する情報もいっさい開示されていない。

　プロジェクト・ブルーブックには、各地の重要な核兵器施設から報告された類似の目撃証言が多数記録されている。そうした施設の一つに、ワシントン州リッチランドの近くに位置するアメリカ原子力委員会管理下のハンフォード原爆製造施設があった。一九五二年七月、この警護の固い施設の上空に、まさに空飛ぶ円盤のような平らで円形の物体が浮かんでいるのを二人のパイロットが目撃し、さっそく翌日、地方紙のデイトン・デイリーニューズに「核施設付近の円盤を飛行士が報告」という見出しが躍った。このころにはすっかりブルーブックの調査に没頭していたJ・アレン・ハイネック博士によれば、空軍はプロジェクトの調査官にメディアの詮索をいかに「ごまかす」かを教え込んでおり、ハンフォードの一件にしろ、ほかの目撃事件にしろ、すべて「ノーコメントで」返すように指示していたという。[22]

そして直後に、ワシントンUFO乱舞事件が起こった。西海岸のハンフォードでの目撃事件と同じ月の七月一九日、反対側の東海岸のワシントンDCで、ナショナル空港のレーダーオペレーターがアンドリュース空軍基地の近くにUAPの大編隊がいるのを探知した。衝撃的にも、そのうちの一つがいきなり加速したかと思うと数秒のうちにレーダースコープの追跡範囲から消えたことからして、その時速は七〇〇〇マイル(一万一二六五キロ)に達していると見られた。一九五二年七月のワシントン「UFO乱舞事件」はメディアで大騒ぎとなった。六時間以上にわたって、少なくとも一〇個の正体不明の光り輝く物体がワシントンDCの上空を舞っていたというのである。これらの物体はレーダーでも探知された。首都の上空を飛んでいたパイロットも、これらをオレンジ色の光体として目撃した。謎の光体はアメリカの権力の中枢――すなわちホワイトハウスと連邦議会議事堂の真上を舞っていた。ホワイトハウスの芝生に着陸するとまではいかずとも、そこから遠く離れていたわけでもなかった。

この謎をさらに深めるかのごとく、ワシントンDCでの最初の目撃からちょうど一週間後、物体はふたたび出現した。七月二六日、一二個のUAPがまたもやレーダーにとらえられ、首都上空を低速飛行するパイロットにも目撃された。交戦のため戦闘機が出動すると、一群の物体はレーダーから消えた。連邦航空局の管制塔のスタッフによると、レーダー室にいた全員が、この標的は平凡な解釈では説明のつかない「堅固な金属製の物体である可能性が非常に高い」と考えていたという。[23] この事件は世界中で大ニュースとなり、トルーマン大統領までが回答を求めてきた。第二次世界大戦以降で最大の人数を集めたペンタゴンの記者会見で、空軍情報局長のジョン・サムフォード少将は、異常な「気象現象」が原因だったと説明してワシントン目撃事件を幕引きにした。

しかし専門家のあいだでは、ひそかに別の話が流れていた。同年一二月、アメリカ政府は物理学者のハワード・ロバートソン博士に協力を依頼し、問題の未確認物体がなんであるかを調査するための委員会に著名な科学者を集めてもらった。こうして発足したのがいわゆるロバートソン査問会だが、この委任をしたＣＩＡ長官のウォルター・ベデル・スミスは、事前に内密の進言を受けていた。「数々の事件の報告により、いまやわれわれは確信している――何か早急に注意を払わねばならないことが進行していると」。ＵＡＰ目撃は、国家安全保障上の深刻な懸念を引き起こしていた。そして「自然現象だとは考えられず、すでに知られているような種類の航空機だとも考えられない、そんな性質」もまた脅威だった。[24]

プロジェクト・ブルーブックのコンサルタント、Ｊ・アレン・ハイネック博士から見ると、ロバートソン査問会の第一の役割があらゆるＵＡＰ目撃報告を虚偽としてつぶすこと、そしてＵＡＰ調査の主導権をふたたび空軍に掌握させることであるのは明らかだった。ＣＩＡも目撃報告を軽視しはじめていた。ＣＩＡは明らかに方針を転換したのだ。「要するに、この査問会を招集した時点で、ＣＩＡはＵＦＯではなく、ＵＦＯの目撃報告を恐れるようになっていた」とハイネックは書いている。[25] ＣＩＡの一九五三年一月の報告書によると、ロバートソン査問会は、ＵＡＰのことを国家安全保障に対する脅威でもなんでもないと断言している。だが、これはＣＩＡ長官になされていた逆の進言に照らせば、とんでもない責任逃れだった。この査問会が実際にやったことといえば、一般市民がＵＡＰの「虚偽を見破れるようにすること」を目的とした、いかにも偉そうな教育プログラムの推奨だった。[26] まったく逆のことを示す強力な証言を前にして、なぜこのような否定的なアプローチをCIAが採用したのかは、いまもって説明されていない。

一九五三年七月、テキサス州北部のペリン空軍基地から、七個のUAPがZ型の編隊を組んで飛んでいるのを目撃したという報告があった。「どれも一筋の真っ赤な光を発しながら、推定高度五〇〇〇フィートから八〇〇〇フィート（約一五〇〇〜二五〇〇メートル）のところを舞っている」。その翌月、プロジェクト・ブルーブックはサウスダコタ州での大きな目撃事件の調査に呼ばれた。レーダーがとらえた「くっきりした固体の明るい」物体は、地上にいる人からも見えたという。迎撃のため戦闘機のパイロットが緊急発進したが、その物体はたちまち速度を上げて消え去った。その後、パイロットがエルズワース空軍基地に帰投しようとすると、なんとUAPがそのあとを追いかけてきたという。

プロジェクト・ブルーブックのファイルには、このような目撃報告が何千と記録された。その多くは、ついぞ解明されることがなかった。[27]

第4章　世界的現象

アメリカ空軍のプロジェクト・ブルーブックによる調査が下火になるどころかさらに活発化していたあいだ、UAPは、これに対する関心を抑えつけようとする当局の努力をからかうかのように、定期的に機密度の高い軍事防衛施設の上空に現れたり、民間航空機の上をすれすれに飛んだりしていた。しかもそれはアメリカだけのことでなく、世界各地でも同じだった。

鉄のカーテンの向こうでは、初めのうちは「UFO」の話をしようものなら鼻で笑われるのが落ちであり、そんな目撃はすべて虚偽として公然と否定するのがクレムリンのやり方だった。だが、ソ連のパイロットもやはり奇妙なものを目にしてはいた――ただ、それを報告するのがはばかられただけだ。[1] 一九五五年、ソ連を訪問していたアメリカの上院議員で、権限の大きな上院軍事委員長でもあったリチャード・ラッセルは、南コーカサス地方〔コーカサス山脈の南側のジョージア、アルメニア、アゼルバイジャンを含む地域〕を走る列車の窓から外を眺めていたときに、円盤状の物体がゆっくりと垂直に上昇するのを見た。物体の表面はゆっくりと回転しており、上部には二つの光が輝いていた。上空およそ六〇〇〇フィート〔約一八〇〇メートル〕まで昇ったところで、それはいきなり飛び去った。ラッセル上院議員と随行員が目を凝らしていると、一分後、また別の機体が同じ動きをしているのが見えた。同乗していたソ連側の職員があわてて列車の窓のカーテンを閉め、上院議員とその一行に、二度と外を見ないようにと告げたという。

この話は、かつて極秘扱いだったプラハのアメリカ大使館付き空軍武官の覚書に記されていたもので、三〇年後に情報公開法の求めによってようやく明るみに出た。[2] 二つ目の物体は、目撃者の一人の表現によると、三角形をしていて各頂点に一つずつ、合計三個の光が輝いていた。どちらの機体もサーチライトで追跡されているのが見えたとのことなので、このときラッセル上院議員はたまたま空飛ぶ円盤に関するソ連の秘密軍事プロジェクトに遭遇したのではないか、ソ連は捕虜にしたナチの科学者の力を借りて、空飛ぶ円盤の製造に乗り出していたのではないかとの懸念が引き起こされた。結局、この目撃談については何も説明がなされていない。

イギリスでは、上空の未知の物体が頻繁に発見されていた。そのうちのある一件は、調査にあたった物理学者に、「レーダーと目視の両方を含め、記録されている全UFO事件のなかでも最も奇妙で、最も不穏なものの一つ」と言わせたほどのものだった。[3] 一九五六年八月一三日、NATO拠点でもあるサフォーク州のベントウォーターズ空軍基地（核武装していることで知られる）のレーダーオペレーターが、基地に向かって最高時速九〇〇〇マイル（一万四五〇〇キロ）で飛来する物体を追尾していた。するといきなりレーダーに、十数個の物体の集団が現れた。位置は基地の南東で、三個が編隊の先頭を切り、三角形になって北東方向に進んでいる。その後、編隊は収束して一個の巨大な目標と化し、一五分ほど上空で静止していた。ベントウォーターズ空軍基地が近くのレイクンヒース空軍基地に警告を発し、地上にいた職員が空中で静止する光り輝く物体を見ていると、やがてそれらは高速で飛び去っていった。

イギリス空軍はこれを迎撃するべく戦闘機を緊急発進させた。パイロットがのちに語ったところでは、レーダー射撃統制装置を「それまで見たことがないぐらい明確なレーダー目標」に固定したものの、物体はたちまち消え去り、ふたたび現れたときには戦闘機の背後にまわっていたという。この遭遇は機密扱いとされ、ようやく一九六九年になってから、「コンドン委員会」の名で知られるコロラド大学のUAP調査プロジェクトで初めて報告された。コンドン委員会のためにイギリスの目撃報告を調査した物理学者のゴードン・セイヤーは、「UFOの合理的で知性的に見える挙動から察するに、なにやら起源不明の機械装置と見るのが、この目撃の説明として最も妥当であるように思われる」と断言した。[4] あるアメリカ空軍調査官はこの目撃について、三組のレーダーが同時にこの目標を捕捉している以上、これは「現実であって想像の産物ではない」と説明した。

また、とてつもないことを明かしている異例の公文書もある。それは一九五六年に、アフガニスタンのカブールに駐在するアメリカ大使館付き空軍武官が送ってきた一連の電報である。[5] 同年一月、アフガニスタン全域でUAPの目撃があいついだあと、一機の「空飛ぶ円盤」がタカラの町の近くに着陸したと、カタガン州(当時)の知事が報告してきたというのである。これらの電報の送り先は、アメリカのライト・パターソン空軍基地だった。当該機体は円周一五メートル、金属製で、「円盤状の移動物体の前縁に沿ってずらりと小さな分厚いガラス窓が」はめこまれていたという(円周が一五メートルであれば、直径は四・七メートルだ)。現地のアフガニスタン人は、これをカブールの国防大臣に輸送しようとしていた。アメリカ空軍武官の報告によれば、彼自身もその機体を確認するべく翌日に現地に飛ぼうとしたが、その後はいっさい情報が入ってこなくなった。一九五四年からソ連はアフガニスタンに多大な軍事支援をすることで、この国に並々ならぬ影響力をおよぼしていた。したがっておそらく、この機体回収レースにおいてソ連がアメリカを出し抜いたのだろう。このアメリカ空軍の電報の出所に疑義はない。これはアメリカ政府の公式文書であり、それがどうやら、巨大な空飛ぶ円盤の回収を認めている。この機体が回収されたあと、どんな発見があったかについての詳細は、まったく記録に残されていない。

オーストラリアでも、一九四〇年代から一九五〇年代にかけて、同じように奇妙な目撃があいついで報告されていた。ここでもまた、正体不明の機体が現れるのはたいていの場合、軍事施設の近くだった。オーストラリア国立公文書館によって機密解除された、かつての機密文書をひもとくと、イギリス政府が自国の冷戦対策として長距離ロケットや核爆弾の研究をするのにオーストラリアの辺境の土地を（私心なく）使いはじめるにしたがって、目撃報告が増えていたことが明らかになる。一九四六年当時、イギリスの科学技術の専門家たちは、第二次世界大戦で奪取したナチのロケットを試験し、再設計して、最終的に自国の核ミサイル抑止力を開発するのに役立てるため、試験場となるスペースを必要としていた。オーストラリアは土地と人員を提供することに同意しただけでなく、多額の資金提供にも応じた。こうして誕生したのが「英豪長距離兵器研究施設」で、南オーストラリア州アデレードの北、車で五時間のところに位置する奥地の砂漠に、一二万二一八八平方キロの広大な敷地を持つ。その後、「ウーメラ・ロケット発射場」と呼ばれるようになったこの施設は、西側最大の地上発射試験場で、施設そのものが最高機密とされ、一帯の警備も非常に固かった。現在では、ここは「ＲＡＡＦ（オーストラリア空軍）ウーメラ試験場」と呼ばれている。

この僻地の上空に奇妙な物体が出現するようになってから、目撃報告がつぎつぎとオーストラリア空軍の情報部に寄せられた。そうした異常な目撃は何十と記録されているが、そのうちの一つが、一九五四年五月にウーメラで起こった目撃事件である。シドニー・ベイカーという警備官が、接近してくるキャンベラ機（オーストラリア空軍初のジェット推進式爆撃機）の進路の上を、なんらかの物体が飛行しているのを目撃した。その速度は彼の見積もるところ、キャンベラ機の時速八七〇キロの三倍はあった。「自分の見ているものがとても信じられませんでした」とベイカーは上官に言っている。あらためて双眼鏡で見てみると、その物体の様子がはっきりと見えた。大きさはキャンベラ機と同じぐらいで、キャンベラ機の進路の前で静止していた。「いつ見ても完全に円形で、濃い灰色をしていて、半透明になっているように見えました」[6]。ベイカーの証言は、この物体をレーダーで追跡していたジョージ・トロッター曹長によって裏づけられた。レーダー画面では、この物体は一〇秒間に一万五〇〇〇ヤード（時速四八〇〇キロ）という、既知の航空機の能力をはるかに超える速度で飛行していた。さらに地元紙のアデレード・アドバタイザーが、この二日前に南オーストラリアの海岸ヘンリー・ビーチで、二人の女性が同様の物体を目撃したことを報じている。このように、正体不明の高速飛行体の存在を複数の目撃者が裏づけていたことから、ウーメラの関係者は、どこぞの優れたテクノロジーが保安区域の領空を侵犯しているのではないかという深刻な懸念を抱いた。

これ以前に空軍情報部長にひそかにあげられていた報告書にも、五人の「信頼できる目撃者」の証言が記されていた。ウーメラで映画の野外上映が行なわれていた午後九時に、上空を葉巻型の明るい物体が飛んでいるのが目撃されたのである。EJV・ハンリー准尉の証言によれば、「葉巻のようなかたちをした物体が明るく浮かび上がっていて、後部から光を噴き出しながら、西から東に向かって水平に飛んでいた」[7]。ウォーカーというもう一人の准尉は、「葉巻のようなかたちで、後ろに向かってだんだん細くなっている。ネオンのように明るく輝いていて、そのまわりをもやが覆っていた。色は白っぽく、後部から排ガスだか炎だか、黄色のような、クリーム色のようなものを噴き出していた」と表現している[8]。ウーメラ基地の若いパン職人、ジョーゼフ・エイジャーは、「どんなジェット機よりも速いスピードで飛んでいた。色は濃い灰色で、かたちは飛行船のようだった」と説明していた。軍曹のフィリップスによれば、この物体に二つの小窓が見えたそうで、内部は明るく照らされており、全体のかたちは円筒状で、色は薄い灰色だった。その後、同様の物体がアデレード市民にも目撃され、三日にわたってアデレード・アドバタイザーで報じられた。

ウーメラをはじめ、オーストラリア各地の軍事機密施設で目撃された、これら奇妙な物体についての初期の報告の大半は、結局は説明されないまま放置された。こうした奇妙な物体の目撃に対して公式の続報がほとんどなかったことに、多くの「UFO信者」は陰謀論を見いだすが、軍の内部の官僚主義を知っていれば、そうとばかりも言えないだろう。それよりむしろ、司令官たちの身になって、これらの物体がなんであるのかまったくわからないと認めるのは彼らのキャリアにとってとくに有益ではない、と見てやるほうが妥当ではなかろうか。「部屋の中の象」（誰もが気づいていながらあえて口にしない面倒な問題）は丁重に無視するに限るのだ。

とはいえ、政治やマスコミからの圧力は高まる一方だったため、オーストラリア空軍情報本部（DAFI）はついにUAP報告の調査に乗り出すことになる。一九五四年、メルボルン大学の核物理学教授ハリー・ターナーが、オーストラリア空軍に接触してきた。保管されているUAP関連文書を読ませてほしいという。空軍はかねて説明を求める批判にさらされていたため、DAFIでターナー（セキュリティクリアランスはすでに得ていた）を雇用して、最近の目撃証言の極秘評価をやらせることにした。やがてターナーがDAFIに提出した報告書には、次のような結論が述べられていた。「オーストラリア空軍に提出されている証言は全体として、以下の結論を裏づけるものである。……この種の奇妙な飛行体は、地球外起源を示唆する挙動を示していたことが観測されている」[9]。だが、ハリー・ターナーはこの調査において、ドナルド・キーホーを引用していた。ベストセラーのUFO本を書いたアメリカの元海兵隊少佐で、民間UFO研究団体「全米空中現象調査委員会」（NICAP）のディレクターも務める人物だ。そのためDAFIの本部長は、アメリカ空軍に相談したうえで、ターナー教授の見解を却下した。本部長いわく、キーホーを引用したのがターナー教授の「過ち」だった――なぜならキーホーは、自分の著書がアメリカ政府の公式な認可を受けているかのような、誤解を招く印象を与えているとされているからだという。なぜDAFIの本部長が自分の科学アドバイザーにここまでひどく批判的な態度をとったのかはわからない。いずれにしても、ターナーが自分の結論の裏づけとして引用したオーストラリア情報部のUAP目撃報告書は確かなデータと目撃証言にもとづいていたのだから、ターナーにとっては（およびキーホーにとっても）きわめて不当なことだった。たしかにキーホーの遠慮のない物言いは、オーストラリアの友人たる米軍関係者からすると、当時はうっとうしいものであっただろう。DAFI本部長はひょっとすると、アメリカの情報屋仲間に少しばかり味方してやったつもりだったのかもしれない。

実際、ターナーの報告書では、空軍のファイルに収められた文書の内容が詳細に検討されていた。たとえば一九五四年五月五日、ウーメラ・ロケット発射場のレーダーが、上空六万フィート（一万八三〇〇メートル）のあたりに浮かぶ「霧がかかったような灰色の円盤」を検知したことを記した文書がある。その円盤は時速三六〇〇マイル（五八〇〇キロ）で飛び去っていった。レーダーがとらえたこの物体を、ちょうど同時に、あるイギリスの科学者も双眼鏡で見ていた。つまりこれは、十分に立証された目撃報告だったのだ。しかしオーストラリア空軍は、仲間のアメリカ人に気を配ることを優先して、ターナーの「空飛ぶ円盤」ET仮説を軽んじた。オーストラリア人科学者で、数学と化学の専門教育を受けたUAP研究者のビル・チョーカーは、一九八〇年代初頭、民間人研究者として初めてオーストラリア空軍のUAP関連文書に目を通すことを許された人物である。晩年のハリー・ターナーと親交を持ったチョーカーは、ターナーの努力についてこう述べている。「アメリカとオーストラリアの軍部がともに政治的な近視眼に陥っていたせいで、オーストラリアが初めて真剣にUFOの科学的調査に手を出したのに、それが実質的に頓挫させられてしまったのだ[10]」

南オーストラリア州の町ウールデアから北西に五四キロ離れたグレートビクトリア砂漠の一画に、イギリスが核ミサイル抑止力を開発するために核爆弾を何度も爆発させた、マラリンガ核実験場の跡地がある。面積五万二〇〇〇平方キロの広大な敷地で、実験が実施されていた時期にはウーメラ立入制限区域の一部に属していたが、二〇一四年に土地が返還されて、現在では立ち入りが自由になった。だが、いまだほとんど語られていない話の一つが、もともと先住民のマラリンガチャルチャのものだったこの土地に、かつての無謀な実験がおよぼした被害についてである。彼らの言語、ピチャンチャチャラ語で、この敷地は「マム・プルカ」と呼ばれている。訳せば「大いなる災厄」だ。信じがたいことに、イギリス人は彼らにしかわからない理由から、きわめて有毒なプルトニウムの塊に火をつけて吹き飛ばし、この奥地一帯に危険なレベルの放射性廃棄物をぶちまけたのである。「クーリー」と呼ばれる一画は、除染をしようにも危険が大きすぎてできないために、現在もなお立ち入りが制限されている。被曝した軍人の三分の一近くがが んで死亡したが、数十年後に発症したがんが被曝のせいだと証明するのは被害者にとってほとんど不可能だった。

のちに機密解除された文書によって、この一九五六年から一九六三年までのイギリスの核実験に参加していたことがわかった科学者の一人に、オリヴァー・ハリー・ターナーという保健物理技官がいる。彼こそは、一九五四年にUAP目撃の極秘評価をオーストラリア国防省に提出するために雇われた、あのハリー・ターナー教授だった。かつては秘匿されていたオーストラリア国立公文書館のファイルから、ターナーはこのころ、イギリスの大気圏内核実験のさなかにマラリンガ上空に現れた異常な物体についての奇妙な目撃談を調査していたのだとわかっている。▼11 一九六〇年七月のある日の午後七時一五分、静電気計測気球がいくつも浮かぶウェワクという一画の上空で、何かが光っているのに巡回中の警官が気がついた。最初は気球の一つが燃えたのかと思った。この警官のほか、四人の軍関係者と政府関係者が、空に浮かぶ光を目撃していた。それは気球のように見えたという。「こちらに近づいてきているのか、だんだん大きく見えてきて、やがて赤い色に変わった」と報告書には記されている。だが、その一画で使用されていた気球はすべて可能性から除外された。ターナーは目撃談を徹底的に調査した。「その光は自然現象の結果ではなく、衛星から外れた錐体か、『空飛ぶ円盤』か、いずれにしても未確認飛行物体によるものだというのが彼の見解である」と実験場の保安担当官が報告書に書いている。この担当官はハリー・ターナーの結論を無視し、より穏当な道を選んで、これは流星か静電気のどちらかだろうと推論していた。

＊＊＊

その四年前の一九五六年、アメリカの民間研究団体NICAPは、空軍のプロジェクト・ブルーブックがUAP調査を一手に握っていたことへの真っ向勝負として、自らUAP目撃報告の募集を開始した。NICAPはこの年に発明家のトマス・タウンゼント・ブラウンによって設立され、すぐに軍や情報機関の元高官の多くから支持を集めた。この支持には、UAP問題を軽視する空軍の姿勢に上層部の一部が相当な不満を抱えていたことが反映されていた。元CIA長官のロスコー・ヒレンケッター海軍中将は、退役してから一年足らずで、NICAPの委員を務める三人の元海軍将官の一人となった。もう一人は、海軍の誘導ミサイル計画を指揮していた元海軍少将のデルマー・ファーニーで、のちにNICAPの委員長になる人物である。ヒレンケッターのような誰もが敬う諜報世界の内部関係者の頂点にいた人物が、UAP情報開示要求組織の先頭に立って活動家の役割を担うなど、いまでは笑い話にしかならないかもしれないが、当のヒレンケッターは明らかに、自国の政府によって何かが隠されていると信じていた。「そろそろ真実を議会の公聴会で明るみに出すべきだ」と彼は一九六〇年に言っている。連邦議会にこう訴えたかったのだろう。「表立っては言わないが、空軍の高官たちはUFOに関してまじめに懸念している。しかし当局の秘密主義と嘲笑のせいで、多くの国民が未知の飛行物体などナンセンスだと信じ込まされている」[12]

一九五七年一月、ファーニー海軍少将がNICAPの考えをこう宣言した。「現在のところ、レーダーや目撃者の証言から、これらの飛行物体が出せていると見られる速度や加速度を、そっくり再現させられる機関はこの国にもロシアにもない」。続けてファーニーは、地球外起源説をいよいよ真剣に述べはじめた。「これらの物体の飛び方からして、なんらかの知性がこれらを動かしている気配がある。編隊のなかでの位置取りの変え方などは、これらの動きが指令されていることを示唆するものだ」。さらにファーニーは、多くの目撃者が空軍にその目撃を報告しなくなっていることにも言及し、その理由をこう指摘した。「不満が昂じたせいだと思われる。つまり、こちらが情報を送っているばかりで、あちらからは何も返ってこないのだ[13]」。ファーニーの声明は計算ずくの平手打ちだった。この現象に対する空軍の調査の信頼性を真っ向から批判したのだ。ペンタゴンもただちに反撃に出て、NICAPの信用を失墜させるべく公然と攻勢をかけた[14]。

だが、ファーニー海軍少将は内密の目撃報告を海軍から直々に入手できていた。たとえば一九五三年に起こった事件も、それによって詳細を知ることができた。空母から発進した演習中の戦闘機一個中隊の上方に、巨大なロケット型の機体が急降下してきたのである。最初は飛行中隊の一〇〇〇フィート(三〇〇メートル)上空を水平飛行していたが、戦闘機がそちらに向かって上昇すると、「巨大な宇宙船」は猛スピードで飛び去った[15]。NICAPはこの事件の信憑性をパイロットからも海軍士官からも確認した。空軍に警報が出されると、すぐに空軍の士官が空母にやってきて、一人の空軍大佐が海軍の面々を激しく問い詰めた。空母の艦長に相談もせずに、大佐は全員に警告した。「今日見たことは忘れろ。誰にも話すんじゃない」

アメリカ空軍は、表向きはUAP目撃談のほとんどを積極的に否定していたが、じつはひそかにこの現象をきわめて深刻に受けとめていた。このころ元CIA長官ロスコー・ヒレンケッターは、さかんに議会公聴会を求めていた。空軍にとって厄介だったのは、ヒレンケッターがこともあろうに、空軍監察官より一九五九年一二月に出された通達を公開したことだ。[16] それは内々に全基地にこう伝えたものだった。「未確認飛行物体は――メディアには軽く扱われて『空飛ぶ円盤』などと呼ばれたりもするが――合衆国空軍の重大な仕事として迅速かつ正確に確認しなければならないものである」。[17] さらに通達は、調査官にガイガーカウンター（放射線を測定する計器）と「サンプルを保管するため」の容器の持参を求めていた。この空軍の指示は怪しさ満点だった。採取した物理的な「サンプル」を放射線テストにかける必要があるのなら、この謎の飛行物体はなんだというのか？

ＵＡＰに関する自国政府の透明性の欠如に対し、ヒレンケッターやほかの軍高官のいらだちは頂点に達しつつあった。彼らにわかっていたことは（これは現在、機密解除された軍の保管文書によって明らかになっている）、この国の最も機密性の高い軍事基地の上空でなされた目撃が数限りなく記録されていて、にもかかわらず、アメリカ政府がその潜在的な脅威を何がなんでも無視するつもりでいるらしいということだった。

第5章　確かな証拠

表向き、UAPは国家安全保障上の脅威ではないと片づけ、目撃報告には適当な説明をつけてできるだけ片端からつぶしていたアメリカ政府だが、じつのところはこの現象に並々ならぬ関心を寄せ、ひそかにその調査のために多大なリソースを投入していた。その力の入れように比べれば、プロジェクト・ブルーブックなど、あくまでも「やっているふり」[▼1]だったとしか思われない。ジャーナリストのレスリー・キーンが明らかにしたように、合衆国航空軍団は一九五三年、第四六〇二航空諜報部隊（AISS）を創設した。この部隊の役目は、UAPの目撃報告がプロジェクト・ブルーブックに送られる前にすべてを秘密裡に精査して、国家安全保障上の懸念がありそうなものを抜き取っておくことだった。この部隊には、未確認飛行物体を現場から回収する任務まで与えられた。

第四六〇二航空諜報部隊は極秘プロジェクトとして、アメリカ空軍の指令のもと、未確認物体や宇宙空間から落下した残骸についての情報が入れば諜報チームがただちに世界中のどこへでも出向き、ひそかにそれらの物体を回収するという任務を担った。一九六一年には、「ムーンダスト計画」と名づけられた作戦が「ベッツ・メモ」と呼ばれる書簡によって航空諜報部隊に与えられた。「落下した海外の宇宙船の位置を突きとめ、回収して、送り届けよ」[2]。「ブルーフライ作戦」という別の計画が提案されたときには、回収した物体をオハイオ州のライト・パターソン空軍基地の海外技術部門に届けることが求められていた。ニューヨーク・タイムズ紙のジャーナリスト、ハワード・ブラムは、一九九〇年の著書『アウトゼア』において、アメリカ空軍が見つけたがっていた「海外の宇宙船」には地球外起源の乗り物も含まれていたと推定し、ムーンダスト計画は一種の「UFO・SWATチーム」だったと述べている[3]。この本では、秘密部隊の役割は「未確認飛行物体、もしくはソビエトブロックの既知の航空宇宙機、兵器システム、その残留部品の現地奪取」だったと解釈されている。

驚くべきことに、機密解除されたプロジェクト・ブルーブックとアメリカ国防情報局の文書は、アメリカがひそかに世界規模の「UFO」調査・回収計画に関与していた事実を示している。たしかにムーンダスト計画は、「海外技術」、つまり外国のテクノロジーを回収しようとするものではあったが、実際には「未確認飛行物体」や「空飛ぶ円盤」を探すものでもあったのだ。

機密解除されたアメリカ空軍の文書はさまざまなことを教えてくれる。たとえば一九六一年にパキスタンで「未確認物体」が目撃されたときの報告書は、この連絡が「ムーンダスト計画」の連絡の一環であることを伝えている[4]。一九七九年にボリビアのサンタクルスの近くで見つかった物体についての報告書にも、やはり「ムーンダスト」への言及がある[5]。だが、おそらく最も興味をそそる決定的な証拠は、激しく修正された一九六八年三月のCIAの機密解除文書だろう[6]。これによると、ネパールのポカラの北東八キロのところにできた「クレーター」に、底辺六フィート（一・八メートル）、高さ四フィート（一・二メートル）の大きな金属製の円盤状物体が見つかった」らしい。ほかの村の近くでも同様の物体の一部が見つかっていた。検閲済みのファイルには、なんらかの物体が回収されたのか、そもそもその物体はなんだったのかを示唆するような記述はまったくない。作家で研究者のケヴィン・ランドルによれば、アメリカ大使館の職員が回収された物体の写真を三枚見ることを許されたが、四枚目は見せてもらえなかったという。興味深いことに、この連絡文書の件名もまた、「ムーンダスト」だった。[7] おそらく空軍にとって、このコードネームはもはや秘密でもなんでもなくなっていた。というのも一九八七年に、ムーンダスト計画は「もう公式に存在しない」とアメリカ空軍が言っているのだ。その名前は「まだ機密扱いだった別の名前に変更された」のだそうである。[8] ということは、ムーンダスト計画は名前と姿を変えていまも続いている――いまもどこかで誰かがひそかにUAPの残骸を集めているのだ。実際、いくつかのソースから、元軍部や元情報機関の専門家による極秘収集部隊がいまも存在していることを、私もほかの研究者たちも聞かされている。だが、その活動は、アメリカのとある航空宇宙企業グループを隠れ蓑にして行なわれているというのである。

＊＊＊

一九六四年当時、ロバート・ジェイコブズ博士はアメリカ空軍の中尉として、カリフォルニア州のバンデンバーグ空軍基地を拠点とする撮影中隊を率いていた。その年の九月、バンデンバーグから一六〇キロほど離れたビッグサーという町の近くの丘の上で、ジェイコブズは基地から大陸間弾道ミサイル「アトラス」に搭載して発射されたダミーの核弾頭を撮影していた。巨大な電動望遠鏡と三五ミリカメラを使って撮影したのだが、この日、望遠鏡での撮影時には覆いの下にいたために、自分がとんでもない映像を撮っていたことにジェイコブズはまったく気づいていなかった。じつは弾頭のまわりを一個の物体が光線を発しながら飛んでいたのである。

この撮影から一日かそこらして、ジェイコブズは上官のフローレンズ・マンズマン少佐から呼び出しを受け、少佐の執務室で問題の映像を見せられた。それから五七年後の現在でも、この日に見たものをジェイコブズはいまだ鮮明に覚えていることが、私との何回かのスカイプ通話ではっきりとわかった。「部屋に入ると、少佐が『中尉、これを見てくれ』と。映写機に私の撮影した一六ミリフィルムのコピーがセットされていた。映し出されたものを見て、びっくり仰天だよ。弾頭がミサイルの上段から切り離された直後、いきなりＵＦＯが現れて、時速数千マイルで弾頭のあとを追いかけていくんだ。ものすごいスピードで弾頭のまわりを回って、四つの別々の一点で光線を発した。すると、弾頭がいきなり止まって、そのまま落ちていった。この目ではっきり見たよ。ＵＦＯが弾頭を叩き落としたんだ。いやもう、驚いたのなんのって[9]」

少佐の部屋にはあと二人、見知らぬ人物がいた。一言も発しないその二人の前で、マンズマン少佐が激しくジェイコブズを責めたて、撮影隊はこのあいだずっと遊んでいたのかと問い詰めた。「そのあと、いま見たものを説明しろと言うんだ。それで、フィルムにはＵＦＯが写っていたように見えます、と答えた。すると少佐はぴしゃりと言った。二度とその言葉を口にするな。そして、この事件はなかった、この問題はこれで終わりだ、と言った」

のちの一九八二年、ジェイコブズはこの遭遇体験談を大衆紙に寄稿した。そして、この記事を見たある研究者が、マンズマン少佐のその後の足取りを追った。ジェイコブズは二〇年近く前に空軍を除隊して以来、少佐とは会っていなかったが、マンズマンはこの事件がたしかに起こったこと、そしてジェイコブズの話したとおりの状況だったことを認めた。ジェイコブズは当時を振り返ってこう話す。「映像の解像度を上げると、あの物体が半球形の円盤であることがわかったとまで言ってくれた。それから、あの日あそこにいたのがＣＩＡのエージェントだったということも。この事件全体が最高機密に分類されたのだとも認めてくれたよ」。マンズマンは自分の考えを隠しもせずに、あの物体は地球外生命の乗り物で、なんらかの「指向性エネルギー」のビームを四本放ってダミー弾頭を停止させたのだと確信している、と言いきっていた。

この一九八二年当時、マンズマンは医用生体工学の博士号を取得したうえでスタンフォード大学に勤めていた。マンズマンがジェイコブズの擁護にまわったのは、UAPに懐疑的なことで知られるジェイムズ・オバーグとジャーナリストのフィリップ・クラスがジェイコブズに嚙みついて、彼の目撃談はでたらめであり、裏づけもないと叩いていたのを読んだからだった。ジェイコブズは私にこう言った。「彼と同じく、いまも私は確信している。あのとき私たちが見たものは、宇宙からやってきたなんらかの乗り物だったと。なにしろあそこまで高度なテクノロジーは、この地球上のどこにもないのだから。UFOがダミー核弾頭を撃ち落としたのは、われわれにメッセージを送るためだったとも思っている。彼らはわれわれがこのテクノロジーを戦争に使うことに反対だったんだ」

ジェイコブズは私に、彼の話が本当だと認めるマンズマンからの署名入りの手紙を送ってくれた。元上官も認めて追加補足するジェイコブズの目撃談をじかに聞いて私が最も驚いたのは、否定派が彼の話を封じるために、いかに悪質な攻撃をしたかだ。フィリップ・クラスなどは、ジェイコブズを勤め先の大学からクビにさせようとまでした。「空飛ぶ円盤」の話をするなぞ学者としてふさわしからぬふるまいだから、というのである。それでもクラスはまだ、批判に熱心すぎるだけだと考えられる。しかし裏づけられたジェイコブズの話を聞くかぎり、アメリカ政府の内部には、UAPと軍とのかかわりを一般大衆に決して気づかせまいとする組織的な動きがあったことが明らかにうかがえる。

もう一つの重大な目撃事件は、一九六四年四月二四日、ニューメキシコ州ソコロの郊外で起こった。警察官のロニー・ザモラが上空に燃えさかる物体を発見し、調べに向かった。行ってみると、水のない川床に白っぽいアルミニウム色の輝く物体が着陸していて、その横に、白いつなぎの服を着た二人の小さな「人」が立っていた。ザモラが近寄ろうとしたとたん、その楕円形の物体が地面から浮き上がった。物体の側面には赤い文字が書かれていた。その後、機体が着陸していたところの地面にくぼみができていて、茂みが黒焦げになっているのがわかった。そしてザモラとほぼ同じ時間に卵形の機体や薄青い炎を見たという目撃者も何人かいた。この物体の正体に関しては、空軍のプロジェクト・ブルーブックの調査員でさえ何も結論を出さず、事件は「未解決」とされて終わった。CIAの機密解除文書から、ザモラへの調査を担当したプロジェクト・ブルーブックの一員、ヘクター・クインタニラが、ザモラの話をでたらめではないと確信し、この一件を「過去最高に説明の整った事件」と記していたことがわかっている。[10]

一九六五年一二月には、ペンシルベニア州ケックスバーグの付近に何かが墜落し、軍に大騒ぎを引き起こした。公式には、プロジェクト・ブルーブックがこれを隕石の落下として片づけたが、目撃者の証言によれば、それは直径九フィートから一二フィート（二・七四〜三・六六メートル）のどんぐりのようなかたちをした物体だった。目撃者のジム・ロマンスキーとビル・ブレブッシュは、この物体の基底部に金色の帯が巻かれていて、そこにエジプトの象形文字のようなものが書かれていたと言っている。[11]結局、この物体はロシアかアメリカの衛星だったという無茶な説明がなされたが、実際に何がケックスバーグに墜落したのかはいまだに確定していない。しかし複数の目撃者が、この物体は大々的な軍事作戦によって極秘に回収されていったと話している。それはひょっとして、あの謎に包まれた第四六〇二航空諜報部隊による作戦だったのだろうか。

アメリカはオーストラリアの上空に現れる物体も監視していたという話がある。一九六七年、アメリカ空軍のある軍曹が、CIAに一本のフィルムを見せられた。そこには飛行中の「UFO」をクローズアップした鮮明な映像が収められていたというのだが、どうやらこの映像が、一九六五年ごろにオーストラリア空軍の航空機が写真地図作成のためオーストラリア中央部を飛んでいたときに撮ったものであったらしい（私も残存フィルムが見つからないかと国防省のアーカイブを探ってみたのだが、無益に終わった）。アメリカのUA

P研究家のバド・ホプキンズが、この空軍軍曹から聞いたという話を語っている。その主張によれば、CIAのフィルムが回ると画面いっぱいに「窓のついた巨大な機体が浮かんでいる」ところが映し出され、その後ろに「尻尾のよう」に三つの小さなUAPが付き従っていた。そして大きなほうの機体のドアが開くと、三つの小さな機体がそのなかに飛び込んでいった。すると大きな機体が「斜めに傾いて、あっというまに消え去った」[12]。

同じくアメリカに監視されていたと思われるもう一つのオーストラリアでの目撃事件は、一九六六年四月六日に、メルボルン郊外のウェストールという地区で起こった。ウェストール・ハイスクールに通う一二歳の女子生徒、ジョイ・クラークは、教室で理科の授業を受けていた。まもなく午前一〇時半の休み時間に入ろうというそのとき、一人の少女が教室のドアをばたんと開けて、「グリーンウッド先生、グリーンウッド先生、空に何かあります。空飛ぶ円盤です」と言った——とジョイは回想する[13]。このとき生徒たちと教師たちが見たものは、のちにウェストール・スクール事件として知られるようになり、いまだオーストラリア最大の、そして世界でも有数の、多数の目撃証言を得た未解決UAP目撃事件として記録に残っている。

校庭に駆け出した一〇〇人以上の子供たちばかりか、大人の教師たちも空に浮かぶ複数のUAPを見た。「空飛ぶ円盤のようなものが見えました。たしか銀色の金属の円盤が二つ、互いの縁をくっつけるようにして並んでいて、私はただ呆然と立ち尽くすばかりでした」とジョイは言う。「とにかく自分がいま見ているものを呑み込むのに精一杯で、ただひたすら見つめていたものですから、まわりがどうなっているかなんて気づきもしませんでした。とにかく興奮しました。なんとかその形状や大きさを呑み込もうとしていました」。三つの古典的な「銀色をした円盤状のUFO」が、子供たちと教師たちの真上を舞っていた。機体はゆっくりと移動し、校庭を取り囲む電線と鉄塔の上を水平に浮遊した。

一三歳の男子生徒、コリン・ケリーは、この物体が飛来するところを見ていた。「一瞬、何かが飛んでいるような、ヒューッという音がかすかに聞こえたんです。肩越しに振り返ると、そこにあの機体がありました。三機ありました。間違いなく三つ」とコリンは私に証言した。「一つは大きくて、あとの二つはもう少し小さくて。直径は一八フィート（五メートル半）ぐらいで、色は銀色。二枚のソーサーを逆さまに重ねあわせて、その上に小さなドームを載っけたようなかたちでした」。のちに教師のアンドルー・グリーンウッドも、やはり銀緑色の円盤を見たと認めている。

そのうち少なくとも一機は、ゆっくりと浮遊しながらウェストール通りを越えて南東方向の「グレインジ」と呼ばれる林のほうに移動した。女子生徒のテリー・ペックは、それを追いかけていち早く学校のフェンスを乗り越えた子供たちの一人だった。私が本人から聞いた話によると、彼女は実際、グレインジでその機体を間近に見たのだという。それは古典的な銀色の円盤状の物体で、彼女はその物体が発する熱を手に感じられるぐらい近くに寄っていた。▼14「ほかにも二人、私より先にそこに着いていた女子生徒がいました。一人はひどく動転していました。二人とも顔が真っ青で、幽霊のように血の気を失っていました」とテリーは回想する。私がテリーから話を聞いたのは、ちょうどこの事件から五五年目の節目が迫っていたときだったが、私は彼女がいまだこの奇妙な事件を鮮明に覚えていることに感嘆したものだ。彼女は「愚か者たちを我慢してくれる」タイプではない（聖書「コリント人への手紙2」一一章一九節より）。私が彼女に念のため、あの物体が多くの懐疑論者の言うように軍用高高度気球だった可能性はないのだろうか、と聞いてみると、彼女は鼻で笑った。「陳腐な言い方ですけれどね、私は自分が何を見たか知っています」とテリーは言った。「あれは気球ではありませんでした。あれは機体、乗り物です」。彼女の記憶によると、彼女が見ている前でその乗り物は地面からゆっくりと浮き上がり、横に傾いたかと思うと、信じられないような速さで飛び去っていった。あの日、なんらかの隠蔽工作があったのは間違いない、と彼女は言う。

ここで見たものについては決してしゃべらないようにと、そのあとの全校集会で注意があったのだそうだ。

あとの機体はまだ校庭の電線のすぐ上を浮遊していたようで、その追撃に軽飛行機も出動したらしい。だが、飛行機が近づこうとするそのたびに、円盤はほぼ瞬時に飛び上がってしまう。「信じられないような動きでした。すごくなめらかで、すごく素早くて。あそこに行きたいと思えば、もうそこにいるという感じです。ものの数秒もかからない。本当に、ありえないような動きでした」とジョイ・クラークは言う。「円盤はわざと飛行機をもてあそんでいるかのようでした。飛行機が近づくと、とたんに逃げ出すので、飛行機はまたそれをゆっくり追いかけることになるんです」。これらの物体の動き方は、知性による制御をうかがわせた。一機がグレインジの林の奥に着陸してから数分後、その機体がふたたび離陸すると、三機すべてが四五度の角度に傾いた。そして一瞬のうちに視界から消え、地平線の彼方に飛び去った。あとには飛行機がなすすべもなく残された。

「あの日は、もうたいへんなこと続きでした」とコリン・ケリーは言う。「忘れられませんよ。人がなかなか見られないものを見ることができて、光栄な気分です」。彼もまた、三機がすべて四五度の角度で傾いて、猛スピードで飛び去るのを見ていた。

その後、ジョイ・クラークと友達の一人はグレインジの茂みをかきわけて、機体が着陸したとされる場所にこっそり忍び込んだ。そこには大勢の警察官や軍人がいて、忙しそうに立ち働いていた。「軍の人たちがいるのが見えました。緑の軍服と、青の軍服の人もいたから、あれは空軍だったと思います。地面を掘り返したり、何かいろいろやっていました。私たちはこっそり近づいて、はっきり見ました。ものすごく大きな、草地がぺちゃんこになった円ができていたんです」とジョイは言う。

隠蔽に関する陰謀論に与するつもりはないのだが、たしかにこのウェストールでは、当局による隠蔽工作が行なわれていた形跡がある。事件の直後、兵士を満載した軍のジープとトラックが学校にやってきた。

全校生徒が講堂に集められ、今日見たことを口にしてはならないと警告された。教師のアンドルー・グリーンウッドの話では、その晩、彼の家にまで二人の政府関係者が訪ねてきて、見たことをしゃべらないようにと警告していったという。[15] ジョイ・クラークの記憶では、軍人の一部は当時のオーストラリア陸軍の制服だった無地の緑色の軍服を着ていたが、彼女が見るかぎり、その何人かはアメリカ人だった。また、全校集会が行なわれた講堂の最後方には黒いスーツ姿の見知らぬ男性が何人か座っていて、事件を口外してはならないと生徒たちが警告されているあいだ、黙ってそれを聞いていたという。

一九六六年の事件の五五周年記念行事が二〇二一年の四月に開催されるのを前に、よければこの行事に出席して私の取材に応じてくれないかと誘うチラシを関係者に依頼してウェストールの目撃者たちに送ってもらったところ、数日して、長いこと政府で非常に高い地位に就いていてきた古い友人から、私のところに電話がかかってきた。彼はとても尊敬されている元連邦政府の公務員だった。彼は私がウェストールの謎に興味を持っているのを聞きおよび、自分がこの事件に非常に個人的なつてを持っていることを明かしてくれた。なんと、彼の父親が国防省の科学者で、当時メルボルンの連邦供給省に勤務していたというのだ。そしてウェストール事件のあと、彼の父親がこの事件の調査にあたり、極秘の報告書を作成して供給省に提出したのだという。また、この集団目撃のあと数日間、「毎日早朝に供給省からハンバー社の黒塗り高級車がうちにやってきて、父を学校に連れていった」とのことだった。彼は家のなかでひそひそ話がなされているのを聞いて、それがウェストールに関係した話であるのはわかったが、父親の報告書が何を明かしていたのかは皆目知らず、とにかく父親が自分の明らかにしたことに「衝撃を受け、動転していた」ことだけはわかったという。ウェストール事件に関しては、何人もの研究者が多大な努力をしてきたにもかかわらず、いまだ政府のどのアーカイブからも一枚も文書が出てきていない。しかし私の情報源がいかに信頼のおける誠実な人物であるかを考えれば、報告書が書かれたことは絶対確実だと思う。

私が話を聞いたウェストールの目撃者たちはみな、あの機体を墜落した高高度気球として片づけようとする説明をせせら笑った。「あれが気球だったなんてありえませんよ」とコリン・ケリーは言い返した。「あれは知能のあるものにコントロールされて動いていました。誰かが操縦していたから飛行機をかわせたんですよ」

半世紀前の澄みきった朝に、ウェストールの学校であれだけ多くの目撃者がなぜかいっせいに、気球か何かのようなありふれた物体を金属製の銀色の円盤状の乗り物と見間違えてしまったのだ――と言われても、やはりそんな話は受け入れがたい。この事件の最も不可解な点は、膨大な数の目撃者がその日に見たものについて、政府から公式説明がいっさいなされようとしなかったことだ。

研究家のシェーン・ライアンは、ウェストールで「空飛ぶ円盤」をはっきり見たという目撃者、なんと一二二人ものインタビューを達成したと話してくれた。ライアンはキャンベラの国会議事堂での仕事を本業としながら、粘り強く調査を続けており、ウェストールの謎を探ることに人生を何年も捧げてきた。彼は誇らしげに、グレインジの林につぶれた草地の円ができているのを見たという一七一人からも証言をとったと語ってくれた。事件後にグレインジで集中的な軍事作戦が行なわれていたことも地元民に目撃されていた。また、研究家のビル・チョーカーも元生徒のヴィクター・ザックリーに話を聞いている。本人の主張によれば、ザックリーは物体が着陸しているところを目撃し、近寄って物体に触れさえしたという。自分が見たものを描いたというザックリーの絵には、金属製の円盤状の機体が描かれている。[16]

「ウェストールはとくに異常な事件として際立っています」とシェーン・ライアンは言った。「大都市の郊外で真っ昼間に起こったことですし、しかもあれだけ多くの人に目撃されている。その正体がなんだったのかは正直言ってわかりませんが、調査されてしかるべきことだと思いますし、それで私は実際にデータを集めて調べているわけです」[17]。この事件を政府が隠蔽しようとしたという考えにはライアンも同意した。彼がインタビューした多数の人びとが事件について口外しないよう警告されており、そのなかには、着陸場所の土が掘り返されてトラックで運ばれるのを目撃した住民も含まれていた。「何があったにせよ、こうすればいいと思っていたことが、どうもうまくいかなくなってしまった。そこで、それを隠す動きに出ることになったのでしょう」とライアンは言った。

オーストラリア空軍に細心の注意を払わせた別の目撃事件が起こったのは、一九六六年一月、クイーンズランド州でのことだった。農家のジョージ・ペドリーによるタリー目撃事件は当時の調査官たちを当惑させ、いまなお説明がつけられていない。そのときペドリーはサトウキビ畑でトラクターを運転していた。ふとシューという音が聞こえ、気がつけば長さ八メートル、幅三メートルほどの薄い灰色をした円盤状の物体が浮かび上がっていた。それは二〇メートルほど上昇したのち、四五度の角度で飛び去っていった。この事件を大騒ぎに発展させたのは、物体が着陸していた場所のまわりを撮影した写真だった。「タリーの巣《ネスト》」と呼ばれたその写真には、巨大な円状に草がぺしゃんこになった跡が写っていた。沼地の葦が根元から渦巻き状になぎ倒され、水面に浮かぶマットのようになっていたのである。タリー・タイムズ紙は全段抜きの大見出しを掲げ、「私は空飛ぶ円盤を見た——ジョージ・ペドリーが語る」とこの一件を報じた。▼18その後の空軍の調査では、「巣」の原因は熱帯気団が渦を巻いた「ウィリー・ウィリー」と呼ばれる気象現象ではないかという苦しい説明がつけられた。空軍は例の機体に関するジョージの詳細な説明に取りあおうともしなかった。

当局がUAPについて、現実にあったことであれ謎のままだったことであれ、まったく何も認めたがらなかったからといって、そこに積極的な隠蔽の意図があった（あるいは現在もある）のかどうかを確信を持って判定するのは不可能だ。多くのUFO論者は、ETの存在を大衆に知られまいとする各国政府による国際的な陰謀があるのだと確信している。しかし私としては、当局が大半の目撃報告を無視しようとする理由について、一つの説明が考えられると思っている。マラリンガのような核実験施設の上空をはじめ、自国の領空を自在に出入りしているものの正体がまったくわからないのを、オーストラリア軍は認めたくなかっただけではないのだろうか。

こうした目撃は、いまもあいかわらず報告されている。オーストラリア軍情報部門の上層にいる、とある関係筋から聞いた話では、アリススプリングスの南西一八キロにある米豪共同運用の高度機密軍事基地「パインギャップ」の上空で不可解な目撃が記録されているなど、機密軍事施設上空でのＵＡＰ目撃はいまだ頻繁に起こっているという。だが、ひとたび問題の機体がロシアや中国など、潜在的な敵方の軍によって操作されているのではないことが確認されると、もう誰もその機体の正体のことは深く考えないというのが平常だったように見える。私はこれを、強烈な自白だと思った。だってそうだろう。防衛相管理下の立入禁止施設への侵入はいかなるものであれ、それ自体が確実に脅威ではないか。それなのにＵＡＰの実態を（すべてとは言わないまでも）詮索しないという当局の奇妙な態度は、誰かが、もしくはどこかの機関が、もっと重大な事情を押し隠そうとしていることの表れなのではないかと思わせる。とりあえず確実だと思われるのは、この現象に対する一般市民の関心を封じ込めようとすることに最も積極的なところとして、アメリカ政府内のいくつかの三文字機関が挙げられるということだ。

一九六六年八月、この当局による隠蔽という考えを誰の目にも明らかに裏づける覚書が、元情報部員である大学職員によって、コロラド大学の二人の幹部に宛てて書かれた。ロバート・ロウ博士はこの二〇年前にアルバニアでＣＩＡの仕事をしていた人物で、おそらく彼の覚書にも情報部員時代のコネクションが反映されていたことだろう。この文書には、のちに「コンドン・レポート」[▼19]の名で知られることになる公式の「ＵＦＯ」調査研究に、コロラド大学がいかなる役割を果たすべきかについての戦略が提案されていた。しかしロウ博士は不用心にも、そこで重大なことを暴露してしまっていた。成功の「秘訣」はこの調査が「完全に客観的な研究」であるという印象を世間に与えることだ、と書いていたのである。[20] それはつまり、この研究がまったくそうでないことをはっきり自白しているようなものだった。皮肉にも、空軍が行なっていたプロジェクト・ブルーブックによるＵＡＰ調査は、すでに否定派のもくろみによってすっかり骨抜きにされているという見方が公然と広まっており、だから空軍はエドワード・コンドン博士を中心とした科学者チームを呼んできて、客観的な独立した調査をやらせることにしたのだと見透かされていた。したがって二年後の一九六八年、コンドン・レポートの最終版で、「過去二一年にわたるＵＦＯ研究から、科学的知識に積み増しされるようなものは何も出てこなかった」と宣言されても、もはや誰も驚きはしなかった。コンドン・レポートはＵＡＰの地球外起源説を却下して、これ以上ＵＡＰ研究を続ける正当な理由は見つからないと結論づけていた。このレポートで、「正真正銘のＵＦＯ」の可能性が非常に高いとはっきり認められていたものの一つが、前章でも触れた、一九五六年にイギリスのレイクンヒースとベントウォーターズの空軍基地で起こったレーダーと目視による目撃事件だった。[21]

　コンドン・レポートは、アメリカ空軍がかねて探していたプロジェクト・ブルーブックからの離脱の口実を与える結果となった。一九六八年一一月、全米科学アカデミーにレポートの審査が依頼され、レポートの結論を精査して承認したアカデミーは、これに認め印を押した。こうして約一年後、すべてが終わった。一九六九年一二月、空軍長官がプロジェクト・ブルーブックの終了を発表した。ブルーブックのコンサルタントを務めていたＪ・アレン・ハイネック博士は、当時を振り返ってこう嘆く。「これがＵＦＯ時代へのとどめの一撃だった。科学が宣言したのだ。ＵＦＯは存在しないと。奇妙な目撃を報告した何千もの人びとが……すべて妄想、でっちあげ、精神的不安定といった理由をつけて片づけられた」[22]

　プロジェクト・ブルーブックとコンドン・レポートの真の目的が、ＵＡＰ目撃に対する国民の興味と詮索を封じ込めることにあったのではないかという印象は拭いがたい。空軍による一九八五年のブルーブック総括の概要で、国民は「空軍にＵＦＯ調査の再開が必要だと判断させるようなことは何も起こっていない」と告げられた。[23] だが、これは明らかなごまかしだった。いまや、ＵＡＰが国家安全保障に実際に影響を与えていたことを示す報告書は決まってプロジェクト・ブルーブックにまわされず、精査を逃れていたことがわかっている。[24] しかも、当局による極秘ＵＡＰ調査はじつのところ、まったく終わってなどいなかったのである。

第6章　隠蔽をこじあける

　一九七〇年代、ソ連との冷戦が頂点に達していた最中にも、奇妙な異常物体の目撃報告はあいかわらず秘密裡に当局のファイルに記録されつづけていた。そうした目撃がとくに目立ったのは、アメリカが世界各地に展開していた機密施設においてで、オーストラリアのエクスマウスの施設もその一つだった。しかし一方で、明らかな隠蔽工作もあいかわらず続いていた。オーストラリア国防省の科学者ハリー・ターナーは、一一年前に南オーストラリア州の砂漠に位置するマラリンガ核実験場で謎のUAPが目撃されて以来、この現象に好奇心をそそられていたが、この一九七一年までには、UAPが実在の現象で、緊急に調査が必要なものであると確信するようになっていた。このころのターナーは、当時オーストラリア統合情報局の管轄下にあった科学技術情報本部（DSTI）の核科学部門責任者だった。もともとターナーは一九五四年、オーストラリア空軍情報部への最初の報告書でUAPを地球外起源とする見解を述べて物議をかもし、はねつけられるという経験を持っていた。

　オーストラリアで騒ぎを呼んだ無数のUFO目撃がメディアや空軍によって適当にごまかされていたあいだ、ターナーは軍による科学的なUAP調査を実施させるべく、オーストラリア国防省の最上層部にひそかに働きかけていた。いまでは機密解除されているターナーの一九七一年の論文「ＵＦＯ問題の科学的・情報的側面」[1]は、これらの未確認物体が実在すると主張していただけでなく、アメリカ当局がこの現象への一般大衆の関心をつぶす目的で、目撃談を嘲笑する方針を意図的に進めているのだとも訴えていた。「アメリカの狙いは、目撃談をわざと嘲笑してみせることにより、国民の警戒感を和らげて、ソ連がＵＦＯの集団目撃を心理戦や実戦に利用する可能性を軽減するとともに、ＵＦＯと同等の性能を再現できる機体を開発するというアメリカの真の計画の隠れ蓑にすることだったのである」とターナーは断言した。また、一九五三年にアメリカ空軍特別調査室が空軍を説き伏せて、プロジェクト・ブルーブックによるＵＡＰ調査を「表向きＵＦＯを『虚偽として否定』する手段」に利用させる一方で、同時にアメリカはひそかに反重力を実用化する突貫計画を開始していたのだとも主張した。

ターナーの論文は、一九六八年のコンドン・レポート、すなわちアメリカ空軍が出資して、物理学者のエドワード・コンドンを中心とする「コンドン委員会」に委託した、ＵＦＯ調査研究の最終結論の実像もあぶりだしていた。「コンドン・レポートの結論は、レポート自体の内容と合致しておらず、多くの信頼できる科学者からも疑問視されている。……オーストラリアがこの実情を知らないままでいてはまずいことになろう」。さらにターナーは、二年前の一九六九年に空軍によって打ち切られたプロジェクト・ブルーブックのＵＦＯ調査にも疑義を挟んだ。元ＣＩＡ長官のヒレンケッター海軍中将を含めた「ＵＦＯ問題に関与する多くの情報将校」が、「アメリカ政府はＵＦＯが地球外起源であるのを知りながら、この事実を国民に知らせようとしないと述べている」。ターナーは、プロジェクト・ブルーブックの専門家、Ｊ・アレン・ハイネック博士とも、博士のオーストラリア訪問時に会っていた。「ハイネック博士がほかの多くの著名な科学者と同様に、誤認、ヒステリー、でっちあげというアメリカ空軍の説明を受け入れていないことは、きわめて明らかである」とターナーは上層部に訴えた。

ハリー・ターナーは、オーストラリア空軍のUAP目撃報告を閲覧する許可を手に入れた。さらにターナーは、オーストラリアに「UFO」事件を調査する「緊急介入チーム」を設置することまで提案し、このチームのために航空機を待機させておくべきだとも主張した。引退後のターナーに話を聞きに行った研究家のビル・チョーカーによれば、ターナーはこの構想に関して国防省首席科学者の承認を受けていたというから、これは決してターナー側の勝手な妄想ではなく、彼の懸念はきわめて真剣に受けとめられていた。それはおそらく、ウーメラ試験場で奇妙な未確認飛行物体の目撃があいかわらず続いていたからだろう。だが、空軍情報本部（DAFI）のそれまでの目撃報告書の扱い方をターナーが批判していたために、両者のあいだには軋轢があった。最終的に、オーストラリア空軍はターナーの文書閲覧許可を引き上げた。ほどなくして、ターナーの「緊急介入チーム」計画も白紙に戻された。ビル・チョーカーは私にこう言っていた。「実際には、ハリーはUFO調査のためのリソースをもっと空軍に与えろ、もっと支援しろと訴えていたんだ。そうすれば報告書がもっと科学的になると。ところがそれを批判と受けとめられた。DAFIが彼を締め出したのは、まったくの意地悪からだよ」[2]

そのオーストラリア空軍の公式目撃報告書のうち二件には、西オーストラリア州ノースウェストケープのエクスマウスの町の先にある、アメリカ海軍通信基地で起こった目撃事件の詳細が記されている。そう、のちの一九九〇年代初頭に地元住民のアネット・ファリナッチオが三角形の物体と奇妙な遭遇を果たしたあの基地だ。

それは第四次中東戦争さなかのことだった。ヨム・キプール戦争とも呼ばれるこの戦争は、一九七三年一〇月六日の「贖罪の日《ヨム・キプール》」に、シリアとエジプトを中心とするアラブ諸国連合がイスラエルに攻撃をかけるとともに始まった。その後の数日間で、反撃に出たイスラエルは徐々にシリアに押し入った。イスラエル軍の大砲はシリアの首都ダマスカスの近郊にまで砲弾を浴びせた。一〇月二四日までに、イスラエルはエジプトの第三軍を敗走させ、エジプトの都市スエズを包囲していた。一〇月二四日の夜、ソ連の指導者レオニード・ブレジネフが当時のアメリカ国務長官ヘンリー・キッシンジャー博士に、シリアとエジプトを支援して一方的軍事行動をとることを検討していると告げた。あわてたホワイトハウスは、ソ連がシリアとイスラエルの国境をなすゴラン高原に部隊の展開を考えているのではないかと恐れたという。[3]

その日の夜一一時半、キッシンジャーはアメリカの軍事態勢をデフコン3（防衛準備態勢五段階の三番目）に引き上げるという重大な決断をくだした。これは平時における最高の警戒態勢であり、核戦争を意味するデフコン1まであと二段階しかないレベルである。その結果、中東での作戦に備えて空母が配備され、アメリカ軍の上陸作戦部隊、ヨーロッパ軍、第八二空挺師団全軍が警戒態勢に入った。オーストラリア付近では、グアムから七五機のB52爆撃機が呼び戻された。世界は文字どおり、全面核戦争の寸前にあった。もしソ連の指導者が脅しの言葉をそのまま実行していたら、超大国間の核対決は不可避だった。だが、冷戦時代の常識がもしも本当に当てはめられてしまったら、西オーストラリア州の片隅の一角は、近くのエクスマウスの町もろともソ連の熱核攻撃で消滅していたことだろう。

いまの時代、わざわざエクスマウスまでやってくる人のほとんどは、息を呑むほど美しい世界遺産のニンガルーリーフでジンベイザメと泳いだり、ゲームフィッシングに挑戦したりすることを目的とした観光客だ。マリンパークの透明な珊瑚礁を見に行くには、エクスマウスの北に延びる半島を五キロほど進んでから、インド洋に面した西海岸のほうへ急カーブを切ればよい。東西を区切る山脈ケープレンジを西に向かって登っていく途中で目をくれる人はまずいないだろうが、そのハイウェイのさらに北の海岸平原に、現在で言うところのハロルド・E・ホルト海軍通信基地が広がっている。

冷戦の真っ只中に建てられた堂々たる通信基地は、太平洋とインド洋にいるアメリカ海軍とオーストラリア海軍の艦艇に電波を送る。一二基の立派なアンテナ塔の最高点は三八八メートルに達する。ここは南半球で最も強力な送信所であり、すぐ横の広大なインド洋を越えた先にも、海中にも電波を届けることができる。

この施設、当時で言うところのアメリカ海軍通信所ノースウェストケープ基地が一九六〇年代半ばにどうして建てられたのか、その真相を知っている地元住民はほんの一握りしかいなかった。いまでもなお多くの住民は気づいていないが、この基地のもともとの主要な役割は、万一アメリカ大統領が核攻撃の命令をくだした場合、ここからアメリカの原子力潜水艦ポラリスに発射コードを送信することだったのだ。この運用が開始されてから数年後にようやくオーストラリアの多くの政治家が気づいたように、この通信基地はアメリカの敵にとってきわめて大きな戦略的脅威だった。したがって戦争が始まれば、この基地が近くのエクスマウスの町もろとも破壊されるのは絶対確実だった。

地球の裏側のワシントンDCでキッシンジャーが例の深夜のエスカレーション命令を出したとき、エクスマウスでは一二時間進んだ一〇月二五日の正午過ぎだった。キッシンジャーのデフコン引き上げ命令から約七時間後、午後七時二〇分の米軍基地内では、アメリカ海軍の消防隊長を務めるオーストラリア人のビル・リンが、基地の近くの上空に浮かぶ異様な物体に気づいた二人のうちの一人になっていた。リンは目撃報告でこう述べている。「ふと気がつくと大きな黒い物体があったが、最初は小さな雲ができているのだと思った」

リンはその近くまで軽トラックを走らせ、車を停めてから外に出て、雲一つない藍色の空を見上げた。いまやはっきりと、そこに大きな黒い球体が浮かんでいるのが見えた。その晩、太陽はすでに五〇分前の午後六時三一分に沈んでいたが、リンが黒い球体を見た七時二〇分にはまだ薄明かりが残っていた。「その物体は完全に静止していたが、そのまわりにハローができていて、それは回転しているようにも振動しているようにも見えた」とリンは報告している。「四分ほど見ていたら、いきなりものすごいスピードでかった」

飛び立って、数秒で北の方向に消えていった」。リンの見るところ、その物体は直径三〇フィート(九メートル)ほどで、基地の真西の丘の上空一〇〇〇フィート(三〇〇メートル)のところに浮かんでいた。「日が沈む方向にあるのを見たからかもしれないが、それは黒かった。見ていたあいだ、光はまったく見えなかった」

オーストラリア空軍の目撃報告書▼4を見ると、リンともう一人、モイヤーだかマイヤーだかいう名前の(手書きの文字が不明瞭)アメリカ海軍少佐が、その夜の上空に回転しているような振動しているような物体を見たと、それぞれ別個に報告している。海軍少佐という肩書からして、この人物は基地全体の副司令官と思われるが、彼はこのとき基地から車で南のエクスマウスに向かっていたので、おそらくリンよりもこの物体の近くにいただろう。彼はオーストラリア空軍に提出した「異常空中目撃」報告において、「晴れた空に大きな黒い物体」があるのに注意を引かれたと書いている。彼の推定によれば、その物体の角直径は「空の高い位置にあるときの月とほぼ同じ」だった。およそ二〇〇〇フィート(六〇〇メートル)上空にあったが、まったくの無音だった。「最初はただ浮かんでいたが、やがて信じがたいスピードに加速し」、海軍少佐が見ている前で北のほうに消えた。自分が見たものについて何か常識的な説明がつけられそうかと問われ、彼はこう答えていた。「何も思いつかない」。さらに「このようなことはかつて経験したことがない」とも言っていた。

元ホルト基地消防隊長のビル・リンは一九九五年に八二歳で亡くなっており、もう一人の目撃者だったモイヤー/マイヤー海軍少佐については、行方を探してみたが見つからなかった。二〇一四年、ビル・リンの息子で、同じ名前を持つビルが、UAP研究家のキース・バスターフィールドにこう書き送っている。「アメリカ海軍基地で起こったことでしたので、父はこれをなんとしても隠しておかなければならない、なるべく人にばれないようにしなくてはならないと考えていました。父がいつもこう言っていたものです。

自分の目撃報告は即座に否定され、鳥の群れだったのではないかなどと言われたが、間違いなくそうではなかったと。視界はとてもはっきりしていたのだと、いつも私に言っていました。この経験で父はUFOの存在を確信するようになり、自分の話を誰かが多少なりとも証明してくれたらありがたいと言っていました」[5]。ビル・リンの娘のケイトの話によれば、彼女の父はトラックのボンネットを台にしてその物体のスケッチを描き、自分の見たものについてのメモを書いたそうだ[6]。そのスケッチは、オーストラリア空軍に提出されたリンの目撃報告書に残されている。

奇妙なことに、現在、この一九七三年のノースウェストケープ目撃事件についての記録は、オーストラリア国立公文書館に保管されている、機密解除されたオーストラリア空軍の一九七三年以降の目撃記録のどこにも残っていない。だが、オリジナルの公式目撃報告書の出所については問題ない。事務書類から、これらの書類がオーストラリア空軍の広報部門により、オーストラリアで情報公開法が制定されるより何年か前の一九七四年から七五年に、目撃報告書の公開の一環として合法的に研究者に見せられたことは明らかである。ただ、一九七三年の目撃事件を記録したオリジナルの文書が、なぜその後オーストラリア国防省のファイルから失われてしまったのかについての理由はいっさい説明されておらず、一九七三年一〇月二五日の目撃情報を公開することの重要性をわかっていた当時の国防省広報部スタッフの慧眼には感謝するしかない。機密解除されたアメリカ政府の保管文書を探しても、この西オーストラリア州での目撃事件に関する言及はどこにもない。しかしビル・チョーカーは、アメリカ国家安全保障局（NSA）のとある大幅に修正された文書で言及されていた目撃事件がそれではないかと疑っている。もともとこの文書は、最高機密中の最高機密の一つに分類されて厳重に管理されていたのだが、一九八〇年にアメリカの団体「未確認飛行物体の秘密保持に反対する市民の会」に訴訟を起こされたときに公開されていた[7]。国家安全保障局の職員は宣誓証言のもと、二三九件のUFO関連文書が安全保障局のファイルに保管されていること、そしてそのなかに、一九七三年の「UFO目撃と称するもの」について記した文書があることを認めざるを得なかった。だが、その文書でも、この「UFO目撃」がどこで起こったかを示唆する部分はすべて激しく修正されていた。

一九九一年のアニー・ファリナッチオの経験にも通ずるように、このころからアメリカの機密施設、ことにハロルド・E・ホルト基地のような核兵器関連施設の上空で目撃されたUAPの事件は、ことごとく隠蔽され、無視されているのではないかという疑いが拭えない。

アメリカでの場合と同様に、オーストラリアにおいてもUAPの目撃と機密軍事施設、とくにアメリカの核ミサイル抑止戦略に関連する軍事施設とのあいだには、明らかなつながりがある。私は何人かの軍事関係者から、オーストラリアの軍事施設、とくに米豪合同防衛施設のパインギャップの上空で、比較的最近目撃されたという異様な浮遊物体についてのあらましを教えてもらった。数人の目撃者はみな現役軍人か元軍人で、身元を特定されるのは困ると言いながら、内々に、光り輝く球体や暗黒の球体といった異様な物体の目撃が数十年にわたって続いていることを認めた。パインギャップはアメリカにとって世界でも有数の重要基地の一つで、弾道ミサイルの発射探知とアメリカの戦争遂行に決定的な役割を果たすところである。

＊＊＊

オーストラリアのノースウェストケープ上空でUAPが目撃されてから三年後の一九七六年一一月、ジミー・カーターがアメリカ大統領に選出された。「相互UFOネットワーク」(MUFON)などのUFO情報開示推進団体は、この近年最もリベラルなアメリカ大統領が、数十年来ずっと極秘扱いだったプロジェクト・ブルーブックの文書を公開してくれることを期待した。それらの文書がいまだ一般に開かれていないことは広く知れ渡っていたのである。アメリカ大統領がUAPの謎についてどのような言動をとったかを専門に調べているカナダ人研究家のグラント・キャメロンから私がじかに聞いた話では、彼がカーター大統領の大統領図書館のアーカイブを調べてみたところ、カーターは「任期中、UFOにきわめて高い関心を持っていたが、どうやら固い壁にぶつかったようで、その努力は頓挫していた」ことがわかったという。▼8 カーターは選挙遊説中、自分自身も一九六九年にジョージア州リアリーの上空に光り輝く未確認物体を目撃したと公然と語り、もし自分が大統領になった暁には、アメリカ政府のUFO関連文書をすべて公開すると有権者に約束していた。

著名な人権派弁護士ダニエル・シーハンによると、カーターは一月の大統領就任式に先立って、のちの第四一代大統領で、当時のCIA長官だったジョージ・ハーバート・ウォーカー・ブッシュに面談を求めたという。しかしブッシュはにべもなく、次期大統領にUFOについてのブリーフィングを行なうことを断わり、それはカーターの「知る必要」のないことであると言ったのだそうだ（ブッシュのCIA長官の任期は一九七七年一月の大統領就任式の直前に終了した）。その代わりブッシュは次期大統領に、議会調査局を通じてブリーフィングを求めたらどうかと提案した。カーターは大統領に就任すると、さっそくこの問題を追及し、議会調査局の航空宇宙専門家、マーシャ・スミスが調査担当に任じられた。

マーシャ・スミスはまずダニエル・シーハンに声をかけ、バチカンが大量に保管しているというUAP関連文書の閲覧許可をバチカンからもらってくれるよう依頼した。その当時、シーハンはワシントンDCの米国イエズス会本部の総合顧問弁護士を務めていたが、すでに全国的に知られる人権派弁護士として輝かしい法曹キャリアを固めていた。たとえば一九七一年、ベトナム戦争に関する極秘文書がリークされて起こったペンタゴン・ペーパーズ騒動では、これを報じたニューヨーク・タイムズ側の弁護に立ち、一九七二年には、ウォーターゲート事件の犯人に対して訴えを起こした。そののちも、核燃料工場の問題を内部告発したカレン・シルクウッドや、スリーマイル島原発事故の被害者の代理人として裁判を起こし、イラン・コントラ事件でも下手人を告訴した。私は数ヵ月にわたってシーハンと何度も話をしたが、いまや高齢になったとはいえ、彼の頭脳はいまだ明晰である。広く尊敬を集める法律家であり、人権運動家であるとともに、弁論を支える芝居がかった身ぶりとアイルランド人特有の魅力も備え、これはきっと陪審員を魅惑しただろうと思わせる。

　シーハンがバチカンに出した請求は断わられたが、数週間後にふたたびマーシャ・スミスが声をかけてきた。今度はイエズス会の代表として、NASAの宇宙飛行士数名に同行し、SETI（地球外知的生命体探査）プログラムへの全額助成の復活を議会に求める陳情ツアーに出てもらえないかという。一九七一年、NASAはごく小規模なSETI研究に資金を提供していたが、その後は資金難に苦しんでいた。ついに議会から新たな資金を引き出すことに成功できたのは、一九七七年八月、オハイオ大学の電波望遠鏡「ビッグイヤー」がきわめて強い信号――「WOW《ワオ》!信号《シグナル》」――を受信したおかげだった。この信号は現在もなお、これまでに発見されたなかで最も有力なET信号の候補だが、その後は一度も検出されていない。SETIを継続させる努力が報われたあと、シーハンはカリフォルニア州のNASAジェット推進研究所に招かれて、地球外生命とのコンタクトが宗教的に意味するところについての講演を行なった。

　このころプロジェクト・ブルーブックはすでに終了していたが、これがUAPに対する国民の関心を抑えるための適当なごまかしだったという噂は、当時のアメリカでほとんど定説となっていた。シーハンは、そこに機会を見いだした。最重要のUAP目撃報告がブルーブックには届けられていなかったとささやかれていることはシーハンも知っていた。そこで彼はマーシャ・スミスに、「ブルーブックの機密扱いになっている部分」を見たいと言った。「すると彼女が、『無理よ、そんなもの私たちに見せてくれるわけがない。絶対に見せてくれないと思う』と言うので、『しかし、とにかく頼んでみないことには始まらないよ』と」。カリフォルニア州サンタクルーズにあるロメロ研究所の彼のオフィスから、シーハンは私にそう話してくれた。すると一週間ほどしてスミスから電話があり、文書の閲覧許可が下りたという驚くべき知らせを受けたという。

こうして一九七七年の晩春のある土曜の朝、ワシントンDCの議会図書館を訪ねたダニエル・シーハンは、はやる気持ちを抑えながら、まだ完成していないマディソン棟に到着し、プロジェクト・ブルーブックの機密文書とのスリリングなランデブーに臨んだ。

シーハンの話では、▼9 一九七七年のその朝、彼を出迎えたマディソン棟は厳重な警備のもとにあった。係員に案内されて地下のオフィスに向かう。シーハンは歩きながらブリーフケースを開けて黄色いリーガルパッドを取り出し、小脇に挟んだ。

目的地に着くと、ブリーフケースを廊下に置いておくように言われた。「メモは取らないで。記録はいっさい不可です」と彼を連れてきた係員の一人が言った。

部屋に入ると、折りたたみ式のテーブルがあり、そこにマイクロフィルムの閲読機と、フィルムの缶がぎっしり詰まった靴箱大の緑色の段ボール箱が用意されていた。シーハンは適当に缶を一つ取り出して、マイクロフィルムを閲読機にかけた。「文書を読もうと見はじめましたが、すぐに気がつきました。くそ、この文書を全部読もうと思ったら永久にここにいることになるし、半分も読まないうちに追い出されてしまう」とシーハンは言った。「それで、図や写真を探すことにしまして、最初の一巻きをずっと見ていきました。すべて文書のたぐいでした。そこで次のフィルムに移りました。これもまたすべて文書でした。三本目か四本目を見ていて、途中でやっと行き当たりました。これだ。この写真だ。ＵＦＯの写真です。間違いありません」

シーハンはこの話を何十年と語ってきたが、当局に妨害されたことは一度もないという。彼が複数の画像に見たものは、ドームのついた古典的な円盤の全体像だった。それは野原に墜落した機体で、雪に覆われていた。円盤が落ちた地面には長く巨大な溝ができ、雪の吹きだまりのようなところに円盤が四五度の角度で突き刺さっていた。その場にはアメリカ空軍のパーカーを着て防寒具を身につけた兵士たちがいて、何人かは静止カメラを手にし、一人はフィルム缶が上に載った一九四〇年代の映画撮影用カメラのようなものを引きずっていた。

そのうちの一枚の写真には、シーハンが知っているどの言語でもない、初めて見る記号が写っていた。それは円盤の側面の、ドームのすぐ下の部分に刻まれていた。ふとそのとき、黄色いリーガルパッドをこっそり室内に持ち込んでいたのを思い出した。シーハンはノートの内側の台紙に、その奇妙な記号を書き写した。そこで初めて、ぞわりと不安が襲ってきた。

「私はリーガルパッドをぱたんと閉じました。なぜあんなことをしでかしたのかいまでもわかりませんが、とにかくそのときは、やばい、早くここを出よう、と思いました。この情報はいただいた、ここにこの記号が書いてある、でもメモは取るなと言われている。私はリーガルパッドを持って立ち上がり、それを縦にして脇の下に挟み、部屋を出ました。外に出ると、彼らがびっくりしている様子がありありと見えました。しまった、なぜこんなに早く出てきてしまったんだ、と悔やみましたが、やってしまったものはしかたがない」

シーハンが立ち去ろうとすると、警備員の一人がリーガルパッドを見せるよう求めた。「彼はぱらぱらとページを最後までめくりました。黄色いページです。そこには何も書かれていません。そのままノートを返してもらいました。私はつとめて平静を装いました。『ふふふんふーん』と墓場で鼻歌でも歌うような気持ちで。よし、このまままっすぐ廊下を歩いていけ、そしてエレベーターに乗れ、こいつらにタックルされる前に、とね」。シーハンはそう言って笑った。

シーハンの話にこれまでとくに妨害がなかったというのはさておいて、彼の話から示唆されるきわめて重大な問題は、アメリカ大統領がUAPに関する情報を手に入れるのをCIAから拒否されたということである。

ダニエル・シーハンは、自分がプロジェクト・ブルーブックのマイクロフィルム記録を探ったときに見たものが、まぎれもなく地球外の宇宙船の証拠写真だったと確信している。後年、シーハンは情報公開論者のスティーヴン・グリア博士に協力して、二〇〇一年にナショナル・プレス・クラブで開かれた「ディスクロージャー・プロジェクト」の記者会見で「UFO隠蔽」の証人となるべく名乗り出てくれた数十名の政府関係者や軍関係者の証言を精査し、彼らの法的な代理人となった。それから二〇年後の現在、シーハンの見方は完全に固まっている。政府がUAPに関してずっと隠してきたものをこれからいくつか見せてくれたとしても、それはきれいに修正されていることを国民ももはや心得ているのだと。

一九七七年にブルーブックの機密ファイルを閲覧するという特別のできごとを経て、以来UAP問題の調査にかかわってきた経験から、シーハンは当局の態度を確信するようになったという。一九四〇年代のUAP機体回収の疑惑以降、「アメリカの安全保障体制は、まったくの偶然でそのような乗り物に遭遇し、たまたまそれを誰かに伝えようとした人を残らずつかまえて、彼らの信用性を損なわせるどころか、彼らの人生まるごとや、生計手段まで壊してもよいとする方針を打ち立てたのです。そうすることが正当だと信じて疑わない。恋愛と戦争においては何をやっても許されると思っている。その見方からすると、これはソ連や中国との冷戦において戦争を仕掛けるのと直接つながることなんです。なんとしてでもこのテクノロジーをわがものにしなければならない。だから秘密にしておかなくてはならない。これを完全に掌握しなければならないのだから、この存在を否定したってかまわないというわけです」。シーハンが一九九四年にハーバード大学の教授ジョン・E・マックを擁護したのは有名な話だ。マックはエイリアンに誘拐された経験を訴える人びとの臨床診療と調査を行なっており、その物議をかもす研究に対して、ハーバード・メディカル・スクールの学長が内々に教員委員会での査問にかけようとしたのだ。マックの教授としての立場は危うくなっていた。しかしシーハンの支援のもと（資金は億万長者のローレンス・ロックフェラーが提供した）、一四ヵ月にわたる調査を経て、ハーバード大学はマックに「研究したいことを研究し、自分の見解を誰にも妨げられることなく述べる」自由を認めた。[10]

私はシーハンが言っていたことをすべて詳細に手紙に綴り、元議会調査局の航空宇宙専門家で、カーター大統領への報告書を作成したマーシャ・スミスに送った。彼女は現在、個人としてスペース・アンド・テクノロジー・ポリシー・グループ社で仕事をしているが、私からの留守番電話メッセージ、電子メール、手紙のいずれにも返事をくれなかった。

UAP研究家のリチャード・ドーランの著書『露見した隠蔽』には、最終的に二通の機密扱いの報告書が作成されてカーター大統領に届けられ、そのうち一通は地球外生命に関するもの、もう一通がUAPに関するものであったらしいと書かれている。これらの報告書では、目撃された機体の一部が実際に地球外起源である可能性をアメリカ空軍の公式調査では排除できなかった事例が多々あると結論づけられていたという。[11] シーハン自身も、この議会図書館の科学技術部門に向けて書かれた報告書の両方を、大統領に送られる前に見たと認めている。ところが不可解なことに、シーハンが言うには、どちらの報告書にも、彼がプロジェクト・ブルーブックの機密ファイルのなかに見つけたと言っている回収機体の画像についての言及がなかったという。

カーター大統領にしろ、ほかのどの大統領にしろ、彼らがUAPについて何を説明されたのか、というより、そもそも何かを説明されたことがあるのかどうか——それは一度も明らかにされたことがない。

私はカーター元大統領の報道顧問を通じて本人に質問状を送ったが、高齢の元大統領は丁重にコメントを断わってきた。これもまた興味をそそる反応だった。この逃げはなんなのだろう。カーター大統領もマーシャ・スミスも、完全否定の短い声明を発するだけでたやすくシーハンの言い分を叩きつぶせるはずだった。なのに二人ともそれをしない。

アメリカ大統領というのはアメリカ軍の最高司令官であり、おそらく地球上で最も強大な力を持つ人物だ。ぱちんと指を鳴らすだけで指揮下の誰からでもUAPに関するブリーフィングを受けられそうな人物が、それを求めることができなかったとすれば、これは正直に言ってとんでもないことだと思う。しかしダニエル・シーハン弁護士の話を聞くかぎり、そのように結論せざるを得ないのである。シーハンは一九七七年に、CIA長官が大統領へのブリーフィングをきっぱり拒否したのを見たばかりか、追って大統領に説明文書で伝えられた内容に自分の発見したものが含まれていないのも目の当たりにしたのだ。私はシーハンの話をきわめて重要だと思っている。それは彼ほどの評判を得ている弁護士が、回収された機体の画像を見せてもらったという自分の主張が嘘だと言うなら言ってみろと、アメリカ政府に果敢に挑んだからである。結局のところ政府の誰からも、ダン・シーハンの話ははったりだという声はあがっていない。

じつは大統領の要望が拒否されるという事態には、二度目があった。同じようなことが一九七七年七月にも起こったのである。このときは、アメリカ航空宇宙局（NASA）がカーター大統領の科学顧問だったフランク・プレス博士から公的な「UFO関連調査」を検討するよう要請された[12]。一九七七年一二月、NASAの長官ロバート・フロシュ博士はホワイトハウスの要望を拒否するという驚くべき反応を返し、逆に「NASAはこの分野［UFO］の研究活動の確立や、このテーマでのシンポジウムの開催には手をつけない」ほうがよいと提案した。大統領はNASAに単刀直入に調査を命じることもできたはずだが、なぜそうしなかったのかについての説明はいっさいなかった。NASAとしては単純に、「UFO」調査の情報センターになるよりも、もっと重要な仕事があるという認識だったのかもしれない。あるいはひょっとして、リベラルな大統領がお望みのブリーフィングを受けるのを誰かが快く思わなかったのだろうか。

また、米豪の最高機密軍事施設の上空に奇妙な物体が浮かんでいるのをアメリカ人の将校とオーストラリア人の目撃者がそれぞれ報告していたにもかかわらず、その侵入報告にオーストラリア軍とアメリカ軍がともに驚くほど無関心だったことが公式記録と直接目撃報告の両方からうかがえるが、これも尋常ではないことである。これらはあっさり無視してよい目撃談ではない。ダニエル・シーハンがブルーブックの機密ファイルに衝撃的なものを見つけたときも同じだが、この二つの件の何より目を引く点は、政府関係者も軍関係者も、誰もこれらのできごとに対して積極的に反応もしなければ、説明も是認もしようとしなかったことである。

第7章 誤認か、それとも隠蔽か

プロジェクト・ブルーブックも終了し、アメリカでも、オーストラリアを含めた西側同盟国のほとんどでも、表向き、UAPに関する公式調査は打ち切られたのだと思われていたが、機密解除された文書類は別の事情を伝えている。とくにアメリカは、引きつづき目撃情報に強い関心を示しており、一九七〇年代を通じて不可解な目撃はひそかに起こりすぎるほど起こっていた。公式調査の的になるようなそうした目撃の一つに、ニュージーランドで起こった劇的な事件があった。

四二年前のクリスマスの晩に、勤務先のウェリントン空港に詰めていたジョン・コーディーは、現在、その空港に隣接する自宅で、当時あいついで発表されていた公式説明のことを回想して馬鹿にしたように笑う。それは一九七八年の一二月末にニュージーランドの南島の町カイコウラ付近の上空で起こったことについての説明だった。ジョン・コーディーは、そのカイコウラからクック海峡を越えたすぐ先の首都ウェリントンの空港のレーダー画面にいくつかの未確認物体が現れた晩、空港の航空交通管制室で仕事にあたっていた当事者の一人だったのである。「あれは光の屈折でも大気現象でもなかった。あれは固体の物体で、それがレーダーを反射していた。われわれがこの目で見たものを誤認していたなんてありえない」とジョンは私に断言した。[1]「われわれ航空交通管制官が自分の見ているものをわかっていないなんて、向こうは必死にそんな論調を仕立てあげていたが、とんでもないたわごとだ」。カイコウラの事件から四〇年後、コーディーの証言を聞いて私が何より驚いたのは、空軍捜査官は目撃者全員に聞き取り調査をしたという話だったのに、このコーディーにはなぜか話を聞きに行っていなかったことだ。

　ジョン・コーディーはすでに引退して久しいが、あの晩、自分がレーダーで追尾した物体はありきたりな説明で済まされるものではないという確信は、何年経っても揺るがないという。ニュージーランド空軍は公式見解で、彼をはじめとするウェリントン空港の航空管制官はレーダー反射の変則的な異常にまどわされたのだと断定した。ところが実際、空軍は彼が何を見たのかを聞きに来てさえいないのだ。彼はこのことをいまでも苦々しく思っている。あの晩はアーゴシー貨物輸送機の乗員も謎の光を目撃していたが、それをイカ釣り漁船の光だの金星だのと言われても、そんな説明はありえないこともわかっていた。かといって、彼はその物体がエイリアンの乗る空飛ぶ円盤だったと言っているわけでもない。「とにかく正体のわからないものだった。いろいろな説明が出されたが、どれも事実にそぐわない」とジョンは言う。「レーダーに映った目標物は、説明のつかないものだった。われわれがパイロットと交信したとき、パイロットはそれが機体のまわりを回っていると言っていた。われわれもレーダーでそれを確認できた。そいつは四〇マイル（約六五キロ）も飛行機と並走していたんだ。われわれの追跡では、その高度は一万四〇〇〇フィート（四二〇〇メートル）だったよ。その高さからイカ釣り漁船がどうやって糸を垂らせていたのか、ぜひとも見てみたかったものだね」[2]

　私は一九八〇年代初め、ニュージーランド・ヘラルド紙の新米記者としてカイコウラ事件を追っていた。当時はしばしば読者から、政府が「ＵＦＯ」現象の国際的な隠蔽に加担しているのだという激しい怒りの手紙が届いたものだ。現在は機密解除されている当時の国防大臣関連の文書を読むと、私たちがヘラルド紙で受けたのと同じような罵りを、国防省の調査官たちも浴びせられていたのがわかる。「この嘘つき野郎、事実をはっきり確認してこい」というニュージーランド国防相フランク・オフリンの言葉が、文書類のなかでもとりわけ恨みの感じられる目撃報告書に見つかっている。「航空交通管制がこの問題をどう扱ったのかを調べに行く理由がないというのか。理由が見えないなら眼鏡をかけろ。私には調査をする理由がいくらでも見つかるぞ▼3」

たしかにニュージーランド空軍がカイコウラ事件でどんな調査をしたかを見ると、ひいき目に言っても独断的な、やっつけ仕事の匂いがする。空軍の報告書では、あの一九七八年の晩にウェリントンのレーダーに異常があったと断定され、目撃者全員に聞き取り調査をしたとも書かれているのに、じつは調査官はジョン・コーディーにも、ほかの重要な目撃者にも聞き取りをしていない。「プロとして十分考えたうえで言わせてもらうが、あの物体が現れたどちらの晩にも、レーダーにはまったく異常がなかった」とコーディーは言う。こうなると隠蔽の匂いがますます強まるが、あるいは単に、ニュージーランド政府はこの事件をさっさと片づけたかっただけなのかもしれない。

事件から数十年後、私はジャーナリストのクエンティン・フォガティに話を聞いた。あの晩、カイコウラの物体を撮影したテレビクルーの一員だったのがフォガティだ。「貨物機の乗員も、航空管制官も、われわれ全員が確信しているよ。あの晩われわれが見たものは、ありふれた言葉では説明できない、まったく異例のものだった。あのあと政府はすぐに公式見解を出して、大衆の関心を冷まそうとしたが、あんな説明はとうてい受け入れられないね▼4」。クエンティン・フォガティは二〇二〇年に亡くなったが、彼の長年の友人である同僚のデニス・グラントに話を聞くと、あの空軍の見解の発表後にフォガティに嘲笑が向けられて、それが彼のキャリアをだいなしにしたと言っていた。「隠蔽工作があったのかどうかは知らないよ」とグラントは言う。「カイコウラはいまでも未解明のままだ。まずかった点はいろいろあるが、その一つは、この事件ではもっと厳密な調査がなされるべきだったのに、メディアがこぞって懐疑的だったことだ。メディアはもっと問い詰めるべきだったんだ。クエンティンはあきらめなかったよ。逃げずに信念を貫いた▼5」

のちにデニス・グラントはオーストラリアに移住してジャーナリズムの仕事に就き、やがて主要テレビ局の一つの有名な政治特派員になった。彼もあの一九七八年一二月の晩、クライストチャーチからブレナムに帰還するアルゴシー機にフォガティとともに同乗して、例の物体を見ていた。「あれはいまでも私がかかわったなかで最も好奇心をそそられる、最も奇妙なできごとだ」とグラントは言う。「あれがなんだったのかはわからない。空軍は金星だろうと言っていたが、金星は見えなかった。金星の位置はわれわれが見ていた方向とはまったく角度が違うよ。それともう一つ言われていた、漁船の明かりの反射でもなかったね」。あの晩、デニス・グラントは機上で唯一、起こっていることを時々刻々とメモに取っていた人物だった。その彼が何より驚いたのは、機上の全員が見ていたとおり、飛行中に何度も機体のまわりを回っていた奇妙な光球のふるまいが、ウェリントンのレーダーでも輸送機のレーダーでもまったく同時に追跡されていたことだった。「私たちはウェリントンのレーダーとの交信を聞いていた。するとどうだ、こっちで物体の見える場所を言うと、クック海峡の向こうでも装置でそれを追跡していたんだ」

グラントはこんなことも教えてくれた。ときどき輸送機と球体が接近しすぎて、球体の発する光が下の海面に反射しているのが見えたことまであったという。それはつまり、雲に当たって屈折したイカ釣り漁船の光を機上の全員が見間違えたのだという公式見解が、明らかに誤りであることを示している。しかもグラントによれば、それらの物体は内側から照らされていたために、いくつかが円形で、いくつかが細長かったのもはっきりわかったという。「ある程度の広がりのある立体だったのは間違いないよ。さもなければ、われわれの見ていた物体がレーダーに捕獲されるわけないだろう」とグラントは言った。さらにもう一つ、グラントは興味深いことを覚えていた。輸送機は北島のウェリントンとだけでなく、南島のクライストチャーチの航空管制とも交信していたのだが、彼が当時調べたところ、クライストチャーチの無線交信の録音テープは事件から数日のうちに消えてしまっていたのだという。そして私ももはや驚かなかったが、グラントもまた、ニュージーランド空軍の調査官に話を聞かれることはなかったそうだ。

＊＊＊

アメリカではジミー・カーター大統領のリベラル政権のあとを受けて、一九八一年に保守派の共和党ロナルド・レーガンが大統領に就任した。このころイギリスの米軍基地で起こった劇的なＵＡＰ目撃事件への当局の反応を見るかぎり、この現象に対する透明性が高まるのではないかとの期待は微塵も持てなかった。一九八〇年一二月のある朝、イギリスのサフォーク州にある英国空軍ウッドブリッジ基地の付近を巡回していたアメリカ軍の巡視隊が、隣接するレンデルシャムの森に光るものが降下するのを見た。空軍一等兵のジョン・バロウズは、森のなかの空き地で奇妙な赤と緑と青の閃光が「円盤のような像を描く」のを見たが、同時に「金属性のものとか固形のもの」は見なかったと言っている。同僚のジム・ペニストン軍曹は、黒い半透明のガラスのような素材でできた横幅三メートルほどの小さな機体を見たと言い、その上のほうには見慣れない記号が刻まれていたと話した。ペニストンはずっとあとになってから、じつはそのとき機体に触ってみて、刻まれていた象形文字のようなものをノートに書きとめたという驚くべき主張をしている。[6] さらにペニストンは、この事件の最中に自分も同僚も「時間の喪失」を経験したという劇的な主張までぶちあげた。要するに、記憶が意図的に混乱させられたり飛ばされたりしたのだという。一九九〇年代にイギリス国防省の「ＵＦＯ局」を率いていたニック・ポープから私がじかに聞いた話によれば、翌日にこの放射線量を測定したところ、通常の環境放射線の何倍にも上がっていたというが、この発見には懐疑派から反論が出た。[7]

その二日後の夜、ペニストンとバロウズが所属する英国空軍ベントウォーターズ基地の副司令官であるアメリカ空軍中佐のチャールズ・ホルトが、ふたたび未確認飛行物体が着陸したとの報告を受け、あらためて森に巡視に行った。彼はそこで見たことを追って詳細な覚書にまとめた。レンデルシャムの森事件は、いまもなお世界で最も不可解とされ、最も物議をかもしている軍事関連UAP目撃の一つである。

私は二〇〇九年に、テレビのドキュメンタリー番組の取材で退役後のホルト中佐にインタビューした。そのときの話によると、中佐は同僚とともに森に浮かんでいるUAPを至近距離で目撃し、この機体はおそらく地球外起源だろうと思ったという。ホルトはすばらしい記憶力を備えた理性的な人で、極秘核兵器が保管されている基地を任せるのにまさにふさわしいと思えるような安定した人物である。その夜も不気味な状況が展開するあいだ、彼は冷静沈着に、録音テープをまわしながら起こっていることを逐一解説していった。たとえばその物体は、「こちらにウインクしている眼のよう」だった。野原で彼と同僚たちが見つめているあいだ、その物体は「森のなかを踊りまわりながら」、溶けた金属のように見える火花を散らした。空気中には静電気の強い電場が生じていた。しかし何より気になったのは、その物体が基地の核兵器貯蔵区域に向けて光線を放っていたことだ。

科学ライターのイアン・リドパスをはじめとする懐疑派は、軍人たちが見たのは近くの灯台にすぎず、遠方の光の誤認のようなつまらないことが積み重なって、エイリアンとの遭遇に膨れあがってしまったのだと断言してきた。[8] しかし数十年後の現在も、ホルトの見解は揺るぎない。自分が見た物体はなんらかの知性に制御されていた。おそらくそれは人間ではない、地球外起源のものだろう。懐疑派は気の毒にあの場にいなかったから、偉そうなことを断言するのだ。「あそこのどこかに何かがいて、私が見たものを制御していた。理屈じゃなくて、わかるんだ」とホルトは言った。「たしかに少々恐ろしいことだがね」[9]。アメリカ空軍特別捜査部（OSI）は、ホルトの目撃の信頼性を攻撃してきたという。「隠蔽があるのは間違いないね」とホルトは言った。彼によれば、近くの灯台なら容易に視界に入ったし、彼が見たものとは相当に距離があり、少なくとも三〇度はずれていた。「あれが知的に制御されていたのはわかるのだが、その制御については説明できない。あれがなんだったのかもわからない。知れるものなら私が知りたいよ」と言ってホルトは笑った。最近ではレーダーのオペレーターが、あの夜、あの区域で、未知の物体がたしかに確認されていたことを証言した。一九四七年のロズウェル事件のときと同様に、おそらくレンデルシャムの森事件で最も興味深いのは、複数の証言者から、当局による積極的な隠蔽工作があったとする主張を裏づける話が出ていることだろう。一説によれば、イギリスの首相マーガレット・サッチャー自身がその主張を補強している。なんと彼女はひそかにこう言ったとされているのだ。「これは国民に言わないで」[10]

レンデルシャムで劇的な事件が起こっていたのと時を同じくして、アメリカのテキサス州デイトンでも、一九八〇年一二月二九日の夜に、UAPとの遭遇が起こっていた。午後九時ごろ、ベティ・キャッシュとヴィッキー・ランドラムは、ヴィッキーの七歳の孫のコルビー・ランドラムを連れて、深い森のなかの静かな田舎道を車で走っていた。そのとき、光り輝く菱形の巨大な物体が空に浮かんでいるのが見えた。その物体は大量の熱を発していた。大人二人は車から出て、その物体をまじまじと見た。とてつもなく明るくて、鈍い金属的な銀色をしていて、直立させたダイヤモンドの上と下が平らに削られたようなかたちをしていた。明らかにある種の乗り物と思われるものの中心部を青色の細い光が取り巻いているのも見えた。キャッシュとランドラムは二人とも、あまりに強烈な熱が浴びせられていたので車体に触ると熱くなっており、フロントガラス越しに差した放射でダッシュボードのビニールが柔らかくなっていたと報告している。

キャッシュとランドラムの遭遇事件のとりわけ奇妙な一面は、ボーイング社が開発した巨大なヘリコプターCH－47チヌーク数機を含めた、少なくとも二三機のヘリコプターが緊密な編隊を組んで、その物体に接近するのが見えたと主張されていることだった。彼女たちが見ているまに、その物体と追跡してきたヘリコプターは彼方へと飛び去っていった。この目撃から数日のうちに、ベティ・キャッシュの皮膚に痛みをともなう大きな水膨れができ、髪も抜けはじめた。伝えられるところによると、程度の差はあれ、この三人は全員なんらかの被害を負った。ある放射線医はその原因を、電離放射線しか考えられないと断言したという。彼女たちは連邦政府を相手取って二〇〇〇万ドルの訴訟を起こしたが、一九八六年に、その物体が連邦政府に関連している証拠が不十分であるとして訴えは退けられ、軍はUAPの所有を否定した（この奇妙な事件については、あとの章でも触れる）。

当時は公表されなかったが、一九八六年一一月一七日には、日本航空1628便のパイロットがアラスカ州アンカレッジの近くを飛行中、二機の光る「宇宙船」と巨大な母船を見たと報告する事件も起きている。

日本航空1628便の乗員に連邦航空局からの聞き取り調査がなされたところ、彼らは頑として、明らかに地球上の既知のテクノロジーではありえない巨大な機体を見たと主張し、飛行中ずっとそれに追跡されたと断言した。そして、いくら違う答えを言わされそうになっても、最後までその主張を曲げなかった。彼らが目撃した機体は、いかなる既知のテクノロジーの能力をもはるかに超えた、とてつもない速度と操作性を示していた。寺内謙寿機長は、二機の小型船と、空中に浮かぶ「空母の大きさの二倍はある」巨大な母船がいたと説明した。それは日航機がアンカレッジ空港に向かって降下する直前に現れ、ある時点で空中で停止して、それから三二分間にわたって日航機の左側に陣取っていたという。

この宇宙船については、確実に異常なレーダー追跡が複数、独立して報告されていたのだが、公式には、連邦航空局はそれらを「クラッター」（レーダーのノイズ）として片づけ、事件後さっさと異常は確認できなかったと宣言した[11]。雑誌アビエーション・ウィーク&スペース・テクノロジーの編集者で、UFO否定派として知られたフィリップ・クラスは、この日航機事件の証人でもなんでもなかったが、乗員は明らかに大気現象を誤認したのだと言って、おかしなことは何もなかったと即刻この事件を無視した[12]（クラスはその後、現在のCSI［懐疑主義的研究委員会］の前身であるCSICOP《サイコップ》［超常現象科学的調査委員会］を設立した。二〇〇五年に亡くなるまで、ずっとUFO研究家への徹底的な批判者でありつづけ、遺言状に、UFO研究家が「いま以上にUFOについて知ることは未来永劫ない」という「呪い」を書き残したことで知られる[13]）。

日航機目撃事件での当局の隠蔽を裏づける圧倒的な証拠が露見したのは、事件後、連邦航空局のワシントン本部で開かれた会議の場で、CIA（中央情報局）のエージェントがすべてのレーダー証拠を没収したときだった。事件当時、連邦航空局の事故調査部長だったジョン・キャラハンは、のちに、一九八六年の会議そのものまでなかったことにするようCIAから命令があったと語っている。CIAのエージェントはこう言ったそうだ――「UFO」の存在を明かしてしまったらアメリカ国民がパニックに陥る、「だから、これについては話してはならない」。

CIAの命令を果敢にも無視して、キャラハンは自分の主張の証拠となるレーダーの録画テープ、航空管制の音声通信、紙の報告書のコピーを保管し、スティーヴン・グリアに提供した[14]。このデータは日本人パイロットの主張を強く裏づけていた。その後、隠蔽工作があったというキャラハンの主張には当局のどこからも反論が出ていない[15]。「個人的に言えば、私もUFOが三〇分以上にわたって日航のボーイング747を追いかけて飛んでいるのをレーダーで見ました」とキャラハンは言っている。

その後の一九八七年には、またもやオーストラリアのノースウェストケープのエクスマウス――数年後にアネット・ファリナッチオが、なにかと不穏なアメリカ海軍通信基地の上空に奇妙な「三角形の機体」を目撃するところ――で事件が起こった。民間空港でもある近くのラーモンス空軍基地の上空に、エリートからなる特殊空挺部隊（SAS）連隊の二人の准尉が異様なものを目撃したのである。二人は驚愕して、オーストラリア空軍に「異常空中現象目撃」報告を提出した。この一九八七年六月九日付の目撃報告書は、機密解除されたオーストラリア空軍の公式文書の一つとして残っている。[16]

安定していて信頼できる、と報告書で調査官に人物評価されていたSASの二人の兵士は、当時、落下傘の降下区域を設営していた。日没後の午後七時ごろ、彼らは約五〇〇〇フィート（一五〇〇メートル）の上空に幅五メートルほどの明るく輝く光があって、空港に向かってきているのに気がついた。その物体はジグザグに移動していたが、滑走路の上空まで来るとそこで止まって、六分から七分にわたって静止していた。光は白色から琥珀色に変わり、ただ円形の光という以外にはっきりとした形状はなかった。二人が見ているまに、その物体は雲の高さまで上昇すると、最初は非常にゆっくりと北東に向かったかと思えば、そのあと急に、准尉の一人の表現で言えば「極度の速さ」で飛び去っていった。この奇妙な目撃事件の何より不穏な点は、その直後、二人の兵士の無線に支障が生じ、落下傘降下のために離陸したハーキュリーズ輸送機と交信できなくなったことである。輸送機が滑走路の真上一万フィート（三〇〇〇メートル）のところまで来ても、「通信はつながらなかった」。

調査にあたったオーストラリア空軍少佐の発言が、この目撃報告を裏づける。接近していた輸送機の高度を上げさせるために三種類の電波を使ったが、結局つながらなかったのだという。六日間の演習のあいだに通信が途絶えたのは、この一度きりだった。謎の物体については、「航空機ではなかったと思われる」と少佐は述べている。「オーストラリア空軍機のパイロットもこれを目撃したと認めたが、彼らはこの事件を報告することは拒否した」（なぜパイロットが拒否したかは不明だが、私が話を聞いたことのある軍民双方の多くのパイロットは、自分のキャリアを危うくしたくないからUAP目撃はいっさい報告するつもりがないと言っていた）。

一九八〇年代が終わりに近づくにつれ、ソ連との冷戦も雪解けに向かいつつあった。一九八七年、ソ連の指導者ゴルバチョフは「ペレストロイカ」(「建て直し」)の標語を掲げて経済の自由化改革を図り、その先駆けとして、「グラスノスチ」(「公開性」)を推進して西側との関係を緩和に向かわせた。やがてソ連が崩壊し、かつての冷戦時代の秘密情報が漏れはじめてみると、共産圏でも西側とまったく同様に、核施設をはじめとする機密軍事施設の上空へのUAP侵入がたびたび目撃されていたことがわかってきた。

一九七八年には、懸念を抱いたソ連科学アカデミーの科学者たちが、UAPの調査研究プログラムへの支援をクレムリンに願い出ていた。ソ連国防省も、独自のUAP調査を開始した。その大きなきっかけとなったのが、一九七七年にフィンランドとの国境に近いロシアの都市ペトロザボーツクで起こった事件だった。このとき少なくとも一七〇名の軍人、警察官、科学者が、上空で光り輝く巨大な物体を目撃したのである。興味深いことに、その物体がなんだったのであれ、これが出現すると同時に無数のラジオと電話が使えなくなった。ちょうどペトロザボーツクでの目撃と同時刻に、北東三五〇キロのプレセツク宇宙基地では、ボストーク・ロケットが打ち上げられていた。この打ち上げの数時間前に、幅二〇メートルの球形の物体が着陸するのが目撃されており、ボストークが発射される直前にも、巨大な光り輝く球体が二つ目撃されていた。その後の分析で、この一九七七年九月の夜には、スカンジナビアとソ連の広い一帯のあちこちで、空に奇妙な物体が目撃されていたことが判明した。

軍民双方でのソ連のUAP調査計画は一三年にわたって続き、何千件ものUAP目撃報告を収集した。ラスベガスのテレビ局の調査記者ジョージ・ナップが、ソ連のUAP調査を一〇年以上率いてきたボリス・ソコロフ大佐にインタビューを行なっている。ソコロフは、ウクライナのビロコロビチにあったソ連の核ミサイル基地の上空に、一九八二年一〇月、幅二七四メートルの「機体」が数時間にわたって浮かんでいた事件のことを語った。▼17 基地司令官の説明では、その物体が浮かんでいるあいだ、基地のミサイルは発射前の緊張状態にあったという。もちろんそれは、モスクワからの秘密の許可暗号がなければ決して起こりえないことだった。幸い、発射のカウントダウンは最終的に止まったが、その後の調査でも、この現象に対する説明は見つからなかったとソコロフは言った。

機密解除されたイギリス国防省のＵＡＰ調査関連文書▼18、いわゆる「プロジェクト・コンダイン」の調査結果に残された記録を見ると、ソコロフ大佐は、ＵＡＰとの交戦でソ連のパイロットが死亡したことも認めている。ソコロフによれば、四〇件の報告事例において「パイロットがＵＦＯと遭遇した。最初は追跡、次いで発射を命令された。われわれのパイロットがＵＦＯと交戦すると、ＵＦＯはスピードを上げ、われわれの航空機は追跡するもコントロールを失って墜落した。こうしたことが三回発生し、そのうち二回でパイロットが死亡した」。イギリスは、ロシアがＵＡＰをきわめて真剣に受けとめて、明確な脅威と見なしていたと結論づけた。

一方、世界中で、一般市民はまったく違う話を聞かされていた。たとえば国民の疑問に対するアメリカ空軍のお決まりの対応は、プロジェクト・ブルーブックの最終見解そのものだった――ＵＡＰは脅威でもなんでもないのだから、ＵＡＰ調査などお払い箱にするべきである。

第8章　黒の三角

一九八九年、ベルギー全域からドイツにかけての一帯で、底面から特徴的な光を放ちながら低空を飛行する巨大な三角形の機体が、警察官を含む多数の人びとによってたびたび目撃され、写真まで撮影された。そうした物体の一つが何度かレーダーで追跡され、迎撃のためF－16戦闘機が緊急発進するにいたって、騒ぎは頂点に達した。

これがいわゆる「ベルギーUFOウェーブ事件」である。一九八九年の一一月下旬から翌一九九〇年の四月まで目撃が続いたことから、何かとてつもない機動能力を備え、空中で音もなく静止していられる黒い三角形の機体を、どこかの国が――おそらくアメリカだろうが――こっそり操作しているのだという憶測が飛びかった。

私はオーストラリアのテレビ局の取材で何人かのベルギー人目撃者に話を聞いたが、彼らはみな頑として、自分の見たものはしっかりと実体のある、知的に誘導された乗り物であると言っていた。

そのとき取材した一人が、当時のベルギー航空幕僚作戦部長で、のちに少将としてベルギー空軍副幕僚長となる、ウィルフリート・デ・ブローウェル大佐である。後年、彼はワシントンDCでの記者会見で、ベルギー空軍がこれらのUAPに関して集めた証言を詳細に説明した。「何百人もが堂々たる三角形の機体を見ました。それは全長およそ一二〇フィート（約三五メートル）で、強烈なスポットライトを放ち、ほとんど音を立てずに非常にゆっくりと移動するのですが、ときどき非常に速いスピードに加速します」とデ・ブローウェルは言った。[1]「それから何日も、何ヵ月も、目撃はいっこうにやみません。……あるときは二機のF－16戦闘機のレーダーに、既存の航空機の性能範囲をはるかに超える速度と高度の変化が記録されました」

　レスリー・キーンの著書『UFO――将官、飛行士、政府役人の公式発言』（邦題は『UFOs――世界の軍・政府関係者たちの証言録』）には、ベルギー陸軍の軍事インフラ部長アンドレ・アーモント大佐が妻とともに、上空に浮かぶ巨大な三角形の機体をじかに目撃したときの話も収められている。[2]アーモントは自分の見たものが未知の航空機であると言って譲らず、その知的に誘導された機体が示していたテクノロジーは既存の航空宇宙テクノロジーをはるかに超えており、一般に知られているかぎり、そこまでの技術力はいかなる国も持っていないと断言していた。アーモントのほかにも、総勢一四三名が目撃談を寄せており、その多くが、各自の見た奇妙な機体の詳細な描写を絵や写真や動画で示している。

　目撃者の証言には説得力があったが、F－16機のレーダーが実体のある物体を示したと言ったデ・ブローウェルも、大気中の電磁波干渉といった平凡な説明がありえないわけではないと認めた。ポッドキャスト番組「スケプトイド」のブライアン・ダニング[3]のような否定派は、その譲歩をいいことに、何もかもがある種の集団妄想だったことの証拠だと主張した。アメリカの関与の可能性は排除された。ベルギー国防相が一九九二年に正式に、問題の機体がアメリカによるベルギー領空へのひそかな侵犯ではないことをベルギー軍がアメリカに確約されたと発言したのである。結局、このベルギーUFOウェーブ事件は現在にいたるまで公式には説明がついておらず、じれったいことに、ほかの多くのUAP目撃と同様、いまだ不明な謎のままである。

静かに浮かぶ巨大な黒い「機体」は、一九九〇年六月に、遠い西オーストラリア州ノースウェストケープのエクスマウス周辺でも（またもや）目撃された。二〇一四年に元オーストラリア軍兵士の一人が、アメリカの民間UAP研究団体MUFON[4]にその目撃談を語っている。それは一九九〇年、ラーモンス空軍基地の外での演習中に、夜間巡回をしていた午前二時八分のことだった。少なくともサッカー場二つ分はありそうな巨大な三角形の「機体」が浮かんでいるのが見えた、と元兵士は主張した。「生まれてこのかた、たくさんの飛行機を見てきましたが、私も巡視隊のメンバーも、これには心底びびりました」。彼が言うには、その黒い機体の二つの辺には八個の鈍い光が灯っていて、中央には赤い光が輝いていた。「ブーンという低音の、サブウーファーのアンプのようなノイズを発しながら、最初はゆっくりと動いていました。ちょうどツェッペリン飛行船のように、空にすうっと浮かんでいるような感じで」。彼と巡視隊は「恐れおののいて」、海岸近くの砂丘に身を伏せ、そのまま一四分ほどのあいだ、「機体」が滑るように頭上から五キロ沖合に移動し、そこでいきなり垂直に「目にもとまらない速さで」飛び上がるのを見ていた。彼はこの事件を上に報告したが、まともに取りあわれず、近くの米軍基地への補給に向かっていたアメリカ空軍のギャラクシー輸送機だったことにされたという。この目撃もいまだに説明がなされていない。

一九九〇年の後半にも、ヨーロッパの各地で軍民双方のパイロットによる目撃があいついだ。ベルギー空軍のレーダーに、謎の黒い三角形のUAPが記録されたのもその一つだ。フランスでは一九九〇年一一月に、ティモシー・グッドの著作『ニード・トゥ・ノウ（知る必要）』で紹介されているとおり、フランス空軍とエールフランスの元パイロットで、当時はジムのインストラクターをしていたジャン・ガブリエル・グレルが、パリの東二五キロのグレ＝ザルマンヴィリエールでジムの外に立っていたときに、六人の教え子とともに「全長一〇〇〇フィート（三〇〇メートル）、奥行二〇〇フィートから二五〇フィート（六〇～七五メートル）ほど」の機体を目撃した。それは台形で、三角形の下部構造がついていて、たくさんの光を発していた。「まったく信じられない光景だった。雲の切れ間に一つの都市が浮かんでいるかのようだった」とグレルは語っている。[5]

元イギリス国防省ＵＡＰ調査官のニック・ポープが明かしたところでは、このフランスの目撃事件と同時期に、イギリス空軍のジェット機トーネードが三機、イギリスからドイツに向かって北海上空を飛んでいたときに巨大な物体に遭遇した。それはトーネードの翼端の上をしばらく並走したあと、「想像を絶するスピード」で追い越していった。見たところは航空機のようだったが、「とてつもなく大きく、青と白の光で埋め尽くされていた」[6]。イギリス国防省は、未知のステルス機だったのではないかとあやふやに推測した。ニック・ポープは国防省を退職したあと、一九九三年三月にイギリスの各地で立て続けに起こったＵＡＰ目撃についての内部情報を詳細に明かした。そのいずれにも巨大な三角形の機体がかかわっていたという。国防省時代、ポープは一九九三年三月三一日付の機密報告書を調査していた。それはウルバーハンプトンの近くのコスフォード空軍基地の航空巡視隊から提出されたもので、全長二〇〇メートルほどの巨大な菱形の物体が巡視隊のわずか数百メートル上を飛んでいたという報告だった。私が二〇〇九年にオーストラリアのテレビ局の取材でポープにインタビューしたとき、彼はこの事件について語ってくれた。「完璧な証言などというものは存在しないが、空軍のプロがきわめて異例だと判断するものを報告してくれば、私はそれに注意を払う」[7]。国防省時代の上官もポープにこう言ったそうだ。「私は緑の小人など信じないが、その私でさえ、これはきわめて異例だと思う」

そのコスフォードの事件からわずか一時間半後、シュロップシャーのショウベリー空軍基地でも目撃があった。今度は基地の気象官からの報告だった。ボーイング７４７と同じぐらいの大きさの、底面から光を発する三角形の機体が上空に浮かんでいたかと思うと、いきなり地上に向かって光線を放ったという。

気象官が見つめているなかで、急激に加速した機体は「驚異的なスピード」で飛び去った。ニック・ポープが言うには、ポープと空軍の上官はこの報告にうろたえた。十二分に信頼のおける目撃者が、二つのイギリス空軍基地の上空に実体のある乗り物が浮かんでいたと伝えているのだ。しかもそれは「完全に未知のもの」だと断言されている。ポープは言う。「あの仕事をしていたときは、UFOに防衛上の重要性はないという軍の基本方針をつねに口に出さなければなりませんでしたが、それが馬鹿げたことであるのは確実でした。UFOが軍事基地の真上を平気で通過するような事件が起きているなら、それが防衛上の問題でなくてなんだというのです。目撃者たちが本物の、実体のあるものを見たことに、私はいっさい疑いを持ちません。保証します」

ベルギーでの謎の集団目撃を説明するための調査を指揮したのは、ワシントンの内情に通じたクリストファー・メロンだった。ワシントンDCで大きな力を持つ上院情報特別委員会の職員で、それ以前は、のちに国防長官となるウィリアム・コーエン上院議員の立法担当秘書をしていた。そしてやがては、ペンタゴンの情報部門で三番目に高い地位である、情報・安全保障・情報作戦担当の国防副次官補を務めることになる。そしてメロンは、かねてUAPに強い関心を持つ人物でもあった。

メロンは国防総省と情報機関を相手に徹底的な調査を行なった当時を振り返り、最終的にこう宣言したと言っている。「アメリカにそのような［秘密の三角形航空機］計画は存在せず、われわれはそのようなものは何も持っていない。したがってベルギーで、ベルギーの軍や、追跡レーダーや、その他いろいろな人が何を見たのであれ、まず第一に、われわれの持っているもの、われわれの持っているテクノロジーに、そのような性能特性はなかった。そして第二に、それは間違いなく、われわれのところに記録されているものではなかった。つまりそれは、われわれのものではなかった」▼8

メロンはこのように、最高度のセキュリティクリアランスを与えられたワシントンDCの内部関係者でありながら、UAPの存在についての自分の確信を包み隠さず論じることをよしとする、きわめて稀有な存在である（一九九七年、彼はウィリアム・コーエンの国防長官就任にともなって、業務移行チームの一員としてペンタゴンに入った）。安全保障と国防の分野で身を立ててきたメロンは、当然ながら、アメリカの軍部と情報部の奥深くにひそむ闇の世界の秘密を数多く知っている。このときメロンは上院情報委員会の一員として、機密レベルの最も高い「特別アクセスプログラム」（SAP）に分類される「機密隔離情報」（SCI）扱いの諸計画――その大半はいまも機密解除されていない――を審査する必要があった。

メロンが上院情報委員会の代理として査察した国防総省の極秘施設の一つが、ネバダ州の広大なアメリカ空軍試験場の一画に位置する厳重に警備された施設――いわゆる「エリア51」である。ここはもともと一九五五年に、航空宇宙企業ロッキード社の偵察機U－2を開発するために空軍が獲得したところだったので、その存在すら二〇一三年まで公認されておらず、いまもUAP研究者のあいだでは、奇妙な光り輝く浮遊物体がたびたび目撃されてきたところ、あるいはもっと普通の、しかしやはり極秘である試験機の秘密実験が行なわれてきたところとして、伝説的な地位を固めている。後年、メロンは在職時を振り返り、当時の上院歳出委員長ロバート・バード上院議員からの命令で、アメリカがひそかに進めていると言われていた極秘のハイテク航空宇宙プロジェクトの内実を調査したことがある、と語った。この噂のプロジェクトが、俗に言う「オーロラ計画」である。開発されていると噂された機体には「オーロラ」という呼び名のほかに、TR3Bというコードネームもつけられた。このオーロラは、アメリカが隠し持っている新しい極超音速の偵察航空機ではないかと長いこと推測されてきた。そしてビル・スイートマンのような権威ある航空ライターが、秘密のオーロラ計画が情報公開されないままに進行中なのだと主張してきた。[9]一九八八年、奇妙な機体の目撃に説明を求める圧力にさらされたアメリカ空軍は、ステルス攻撃機F－117Aナイトホークと、ステルス爆撃機B－2の存在を明らかにした。しかしこれらの航空機では、人びとが目撃していたものの説明にはならなかった。一九八九年に入ったころには、アメリカはすでにエリア51の内部で新しい超ステルス機を開発したのではないか、そしてそれはひょっとすると、反重力を使った画期的な機体なのではないかという憶測が広まった。そのため噂の機体には、神話上の曙の女神アウロラにちなむ名がついた。

メロンはエリア51に出向き、全面的なアクセス権のもと、そこの機密プロジェクトをすべて確認した。しかし、目撃されたUAPが見せていたようなテクノロジーに匹敵するものはいっさい見つからず、もちろん、捕獲されたエイリアンの宇宙船も見なかったという。「これはどこかほかのところから来たに違いないと思わざるを得ないほど、科学についての従来の理解に真っ向から反するようなことがかかわっているものは、いっさい見なかったということです」とメロンは言う。ただしメロンも、アメリカ政府と完全にかかわりのないところで行なわれているプロジェクトなら、存在する可能性は認めた。「ありえないとは言えませんね」

メロンには道徳的な信念がある。したがって私としては、彼が政府のなんらかの秘密を隠すために嘘をついたり、しらばくれたりすることはないと思う。はねっかえりの上院議員のもとで、国防と情報にかかわる官僚組織の不都合な秘密を暴露する仕事を担うような人物なら、まさにこうであってほしいと思わせるのが彼であり、実質的に、それが上院情報委員会の職員としての彼の役割の大半を占めていた。したがって、メロンが空飛ぶ円盤を探してエリア51を徹底的に嗅ぎまわったことは想像に難くない。彼は子供のころに、宇宙に存在するのは人間だけではないという心躍る可能性に初めて接した。七歳のとき、寄宿学校の校長が、友人の一人が撮影したホームムービーを見せてくれたところ、金色の巨大な円盤状の物体が晴れた青空を動きまわり、積乱雲を通過していくところが映っていたのだという。「とてもフェイクとは思えない動き」だった。そのフィルムがどうなったかは知らないが、とにかくそれを見て「驚異と畏敬の念でいっぱいになり……いまでも深く興味をそそられている」とメロンは言う。[10] 実際、その後の彼は、この謎について手に入るかぎりのものをすべて読み、しまいには、大学で物理学の教授を手伝ってUFO研究プロジェクトまで主導したという。

そのメロンが隠蔽工作はないと確信すると言うのなら、きっとそうなのだろうと思わせる。「どこかに極秘の計画がある可能性はありますよ。当然ですが、ないものをないと証明することはできません。そんなものは存在しないと言っても、それを証明するのは不可能です」と、マーティン・ウィリスの「ポッドキャストUFO」でメロンは言った。

すでに一九九〇年代にはアメリカ軍がそのような機体の設計を終え、さらに技術上のルビコン川も越えて、SF的な推進力を持つ反重力の極超音速機を完成させていたという考えはありうるのだろうか。しかし、仮にベルギーでのUAP騒ぎの原因がアメリカにあるのなら、なぜアメリカはわざわざベルギーの善良な市民を威嚇するような真似をして、そうしたとてつもない技術上の躍進が果たされていることをばらすのか。航空ジャーナリストのジム・グドールは、これまでにSR－71ブラックバード、F－117ステルス攻撃機、B－2Aステルス爆撃機など、極秘に開発された多数の航空機に関する本を二〇冊も書いてきた。そのグドールが懇意にしていた相手に、エンジニアのベン・リッチがいた。リッチはアメリカの航空宇宙企業ロッキード・マーティンの「スカンクワークス」(同社の極秘部門「先進開発計画」の通称で、アメリカの多くの最新鋭航空機の設計を担ったところ)の元責任者である。リッチは一九九五年に亡くなったが、生前の彼は、アメリカがまだ公にされていない技術上の大きな躍進を果たしたことをほのめかすような迷惑な失言をすることで悪名高かった。

「ベン・リッチが亡くなる直前、私に言った最後の言葉から引用すると」とグドールはサンフランシスコから私に言った。[11]「『ジム、あの砂漠には、きみの理解を五〇年超えたものがあるんだよ。あと五〇年で作れるだろうと思うものじゃなく、あと五〇年で理解できるようなものだ。『スタートレック』や『スター・ウォーズ』のような映画を見たことがあるなら、まさにあれだよ。やってみないことには、やる甲斐があるかどうかわからないものな』」

私はグドールにクリストファー・メロンの話をした。メロンはまさにそのような極秘の技術的躍進の証拠を探したが、彼ほどの高いセキュリティクリアランスを得た人物でも、アメリカがそのような大躍進を遂げた証拠は見つからなかったと本人が言っていたが、と私が言うと、グドールは含み笑いをして、意味ありげにこう言った。「結局のところ、われわれに情報を発信する義務はないかもしれませんしね」

グドールは、ベン・リッチが一九九三年三月に、カリフォルニア大学ロサンゼルス校の工学部で少人数の同窓生を前に講演を行なったという話もしてくれた。

その講演の場にいたエンジニアのジャン・ハーザン[12]と、航空宇宙エンジニアのT・L・ケラー[13]がともに証言していることには、リッチはアメリカが恒星間移動を実現させる方法を発見したことを認め、説明もなしに「方程式に誤りがあった」と言っていた。ハーザンによれば、ベン・リッチは話を終えるにあたり、黒い円盤が宇宙空間に飛び去っていくところを描いたスライドを見せ、満員の聴衆への最後の言葉としてこう言ったという。「『われわれはこれがなんであるかを発見しました。いまやわれわれは、これらの星に行くためのテクノロジーを手にしているのです』――つまり彼は実質的に、ETを故郷に送ってやれるようになった、と言っていました。私は彼に一度か二度、『それはどういう仕組みなのですか』と聞いてみたのですが、彼はまったく乗ってきませんでした。そしていよいよお開きとなり……彼が帰ろうとしはじめました。私は彼のあとを追っていって……『リッチさん?』と声をかけました。彼は振り返って……私を上から下までまじまじと見ました。『誰だ?』みたいな感じで。それで私は『どうも、ジャン・ハーザンといいます。卒業生です。いまのお話に本当に感銘を受けました。とくに推進力のところに』と言いました。『あれはどのような仕組みなのか教えてもらってもいいですか？』と。すると彼は、『ふうん、なら聞くけど、ＥＳＰ〔超感覚的知覚〕ってどういう仕組みなの？』と。私は二歩ほどのけぞったかもしれません。まさか逆に質問されるとは思いませんでした。答えてもらうことばかり考えてて。でもとっさにいい答えが思い浮かびました。『わかりませんが、空間と時間においてすべての点はつながっている』。そうしたら彼が、『そういうことだよ』と。それだけ言うとくるりと背中を向けて部屋を出て行きました」[14]

　思うにＵＡＰの地球外起源説を信じる人たちは、元スカンクワークスのボスの言うことをまともに受け取りすぎていたのではなかろうか。アメリカは間違いなく戦略的ライバルであるロシアと中国に、アメリカがそのようなＳＦ的テクノロジーで優位に立っているものと思わせたがっていただろうから、それでリッチは著名な航空宇宙ジャーナリストとつきあいがあるのを利用して、あえて偽情報をばらまこうとしていたのではないか。ベン・リッチは明らかにジョーク好きだった。彼は似たようなまぎらわしいコメントを、別の友人にも聞かせている。それはテスター社のステルス機模型キットの設計者だった、故ジョン・アンドルーズだ。彼とリッチとのあいだで交わされた書簡を、それを譲り受けたグドールが私に見せてくれた。一九八六年七月、アンドルーズはベン・リッチに書いた手紙のなかで、人工ＵＦＯと地球外ＵＦＯの両方を本当に信じているのかと問いただしていた。[15] リッチはそれに対する返信で、「親愛なるジョン、そのとおりだ、私はどちらも信じている。不可能なことなどないのではないかな。われわれの人工ＵＦＯの多くは、見込みがあるのに資金がないもの（Un Funded Opportunities）なんだ」と答えている〔下線強調はベン・リッチ〕[16]。民間航空宇宙企業の一責任者として、リッチは疑いなく、そうした先進テクノロジーが本当に開発される可能性があるときに見込まれる多額の資金提供を楽しみにしていたことだろう。

　ジム・グドールは、現在の常識ではアメリカも含めて世界のどの国でも作れるはずのない、既存のあらゆるものをはるかに超えたテクノロジーがわれわれの上空を飛んでいると信じて疑わない、そしてそれが地球外のものであってもおかしくないと思っている、と私に言った。

グドールは「デイヴ」の話もしてくれた。退役したアメリカ空軍中佐で、マッハ3以上の速度を出せるロッキード社の高高度偵察機SR－71のパイロットだったという。そのデイヴが一九七二年の末か一九七三年の初め、沖縄の嘉手納空軍基地の外を夜間飛行中に、未確認物体を目撃した。「UFOは絶対に、完全に存在すると言っていました」とグドールは言う。「彼の話では、高度七万八〇〇〇フィート（二万三七〇〇メートル）ぐらいで、右舷に半月と満月の中間の月が昇っていたと。まっすぐ水平に飛んでいたそうです。その高さからなら宇宙の星がすべて見えるくらいでしょう。そのとき急に、何か金属的なものがきらりと光って、見るとそれが自分とまったく同じ方向に飛んでいる。位置は右舷から五マイル（八〇〇〇メートル）ほど、自分の現在の高度より五〇〇〇フィートから六〇〇〇フィート（一五〇〇～一八〇〇メートル）ぐらい上。彼はその物体を迎撃しようと偵察機のスロットルを上げた。すると近づくにつれ、それが丸くはなく、きらきらした金属のエッジがついていることがわかった。あと二マイル（三〇〇〇メートル）というところまで近づいたとき、それがいきなり迎え角三〇度ぐらいで加速して、彼はあっというまに置いていかれたそうです」とグドールは言った。パイロットがそれを見失ったのは一八万フィートから二〇万フィート（五万五〇〇〇～六万メートル）のあいだで、時速はおよそ八〇〇〇マイル（一万三〇〇〇キロ）と推定された。

このグドールの情報源であるSR－71パイロットのデイヴは、のちにエリア51、すなわちアメリカの極秘ハイテク航空宇宙テクノロジーの秘密試験場の施設管理者になった。「そこで彼は聞いてまわるようになりました。『おい、時速八〇〇〇マイルから一万マイルで飛べるようなものをここから飛ばしたことがあるか』と」。返事はつねにノーだった。

現時点で最も高速のジェット機はアメリカのSR－71ブラックバードで、最高速度はマッハ3・3（時速三五〇〇キロ）だ。有人飛行の最速記録は、アメリカのロケット実験機X－15の一九六七年一〇月の飛行で、速度はマッハ6・7（時速七二〇〇キロ）だった。ロッキード・マーティン社の最新ハイテク戦闘機F－22ラプターは、最高速度が時速（たったの?）二四一四キロである。デイヴが日本上空で見たもの、そして今日にいたるまで、世界中の空で多くのパイロットをはじめとする人びとに目撃され、報告されつづけているものに匹敵する航空機は、地球上のどの国にもないのである。

グドールは、空飛ぶ円盤の内部告発者と自称して物議をかもしているボブ・ラザーのことも信じていると言った。ラザーはネバダ州の実業家だが、一九八〇年代末にとんでもない主張をして大論争を巻き起こした。自分はエリア51に物理学者として雇われて、回収されたエイリアンの宇宙船の推進装置をリバースエンジニアリングするのにかかわったというのである。グドールは、ラザーがいわゆるサイト4（S－4）で働いていたと主張するずっと前からラザーに会っていた。サイト4は、かねて噂になっているが公式には一度も存在を認められていない秘密施設で、噂ではエリア51の近くにあるが、エリア51とは別の場所だとされている。私がグドールから聞いたところでは、一九八〇年代初頭に初めて会ったとき、ボブ・ラザーはむしろUFO懐疑派で、UFOを信じていると堂々と言っている共通の友人のパイロットのジョン・リアを二人して笑っていたのだという。「ボブ・ラザーは言ってました。『僕は核物理学者だよ……UFOが実在するなんて、頭に銃を突きつけられても認めないよ』」とグドールは皮肉たっぷりに振返った。「これがいわゆるS－4に仕事をしに行く前のボブ・ラザーです」。数年後の一九八九年、ラザーはラスベガスのテレビ局KLASの調査ジャーナリスト、ジョージ・ナップとのインタビューで例の仕事のことを（最初は匿名で）公表し、エリア51の南のパプース湖に隣接する噂のS－4施設において、回収された地球外起源の空飛ぶ円盤に取り組んだと断言した。

もしも不思議の世界に通じる暗いウサギの穴があるとするなら、頭を抱えながらボブ・ラザーの信頼性をあれこれ考えたところで無駄骨となろう。私はラザーについてのジム・グドールの話をじっくり最後まで聞いた。彼がラザーを信じるようになった一つの転機がやってきたのは、噂のS－4施設があるとラザーが言っていた場所の近く、エリア51の主要拠点から南西に車で三〇分ほどのところに、エリア51に関するグドールのもう一つの情報源が宝探しに行ったときだった。公式には、そのパプース湖周辺の立入禁止の一帯は、古い採鉱用の長屋がちらほら点在する以外は何もない砂漠のはずだった。「彼らはただ宝探しと称して、採掘用のバケツとか、何か古いものとか、古い瓶とか、そういったちょっとしたものを探してうろついていただけなんです。そうしたら突然、どこからともなく、数人の黒服の警備員が武器を持って現れて、『ここで何をしているんだ。IDを見せろ』と言ってきたんだそうです」。グドールによると、彼の情報筋が何より不思議に思ったのは、その警備員たちが車で来たのではなく、かといって彼らが出てこられるような建物もトンネルも見当たらないことだった。「そいつらはいったいどこから来たんでしょう?」とジム・グドールは言う。

二〇年後、元SR－71パイロットのデイヴィッド・フルハーフ（ジム・グドールの秘密の情報源「デイヴ」――と私は推測している）がテレビのインタビューに出てきて、ラザーの主張を部分的に裏づけるような発言をした。[17]「彼のことは十分信頼できると思います」とフルハーフは断言した。フルハーフは一九七九年から一九八五年にかけて六年間、エリア51で仕事をしており、ジャネット・エアラインと呼ばれている当局のチャーターするプライベート機で、毎日ラスベガスから砂漠の職場まで通勤していた。フルハーフが言うには、いつも同じ数人の科学者と軍関係者のグループがバスに乗り込んで、エリア51よりもさらに機密性が高いとされている施設のほうに向かっていったという。彼はその施設のコードネームが「サイト4」（S－4）であることを知っていた。「みんなS－4のことは知っていましたが、彼らがそこで何をしているのかは知りませんでした」とフルハーフは言う。「知っていたのは、朝に出発するジャネットのボーイング737にいつも乗っている人たちがいて、エリア51に着くと、彼らはバスで別の方向に連れていかれ、われわれは北の格納庫のほうに向かっていったということだけです」。ラザーがエリア51にいたという時期はフルハーフとは重なっていなかったが、ラザーの話は非常に正確だとフルハーフは言った。「私としては、彼の言っていることは完全に信じられると思いました」とフルハーフは言い、ラザーをエリア51のどこかで見たという人も知っている、と主張した。

エリア51に保管されているエイリアンの宇宙船のリバースエンジニアリングを試みたというラザーの信じがたい主張に果たして真実があるのか、あるとすればどんな真実なのか——それを解明するのは不可能だ。ラザーの主張によれば、彼がことを公にしたとたんに当局の隠蔽工作が始まって、自分の大学の学位記録まで黒服の男たちに消去されてしまったのだという（映画シリーズ『メン・イン・ブラック』で風刺されているように、UAP目撃者からよく聞かれるお決まりの話は、目撃を報告するとすぐに奇妙で不気味な「黒服の男たち《メン・イン・ブラック》」が訪ねてきて、見たことを誰にも口外するなと言うのである）。ラザーがかつてニューメキシコ州のロスアラモス国立研究所で働いていたという経歴も当局によって否定されているそうだが、これについてはジャーナリストのジョージ・ナップがもっともらしい反論をしている。ラザーがそこにいたことを示す古いニュース記事があるだけでなく、ナップはこっそりラザーにその立入禁止施設に連れていってもらったことがあり、そのときラザーは明らかに現場の様子をよく知っていたばかりか、そこで働く人たちとも知り合いだったというのである。映画作家のジェレミー・コーベルも、ラザーをエリア51に入れるためのセキュリティクリアランス審査を担当したとラザーが言っていた人物を見つけだした[18]。しかし一九九〇年に、ラザーの信頼性にとっては痛いことが起こった。ラザーが売春組織の幇助と教唆の容疑で逮捕され、最終的に罪状は重度の売春仲介でまとまったが、ラザーはそれにより公共奉仕を命じられた。ラザーを信じる人たちが私に強く訴えていたように、たしかにラザーの刑事告発のような本人の過去の汚点を持ち出して、内部告発者に泥を塗るような行為は、隠蔽をもくろむ闇の世界の陰謀が厄介な密告者の信用を落とすため、まさに利用しそうな手口である。ボブ・ラザーの話に本当に嘘がないのかどうかは、いまだ確定しかねる問題である。

＊＊＊

それは一九九一年、オーストラリアを含めた多国籍軍がアメリカを中心として、クウェートを不法に占領したサダム・フセインのイラクに侵攻する直前のことだった。軌道を周回していたアメリカの偵察衛星が、地球の大気圏に向かって衛星軌道を高速で通過する謎の物体を観測した。見たところ、それは真っ暗な深宇宙からやってきたようだった。アメリカとオーストラリアは厳戒態勢を敷いた。イラクの独裁者は短距離弾道ミサイル「スカッド」を持っていたからである。DSP（国防支援計画）衛星のセンサーシステムは、その物体が速度を変え、三〇度の軌道修正をしてから、しっかりと制御された降下をするのを記録した。オーストラリアの中心部にある高度機密施設の奥深くでは――そして世界中にある同様の米軍地上基地施設でも――この物体が「妥当な赤外線源」として記録された。この探知はアメリカとオーストラリアの国防情報機関に通知された。

中央オーストラリアの奥地の砂漠に、アメリカ本土以外で最も重要な米軍基地があることを知る人はほとんどいない。パインギャップの米豪共同防衛施設は、アリススプリングスの南西一八キロにある標高八〇〇メートルのマクドネル山脈の下に位置する。黄土色の岩がちな山の背となだらかにうねる砂地は、さながら火星の風景のようだ。もともとはソ連のミサイル発射の遠隔測定データを追跡するアメリカの衛星の地上局だったが、現在では、宇宙から傍受した電子通信などのさまざまなデータを受信している。そして地球の上方三万五〇〇〇キロを周回する、高感度の赤外線センサーを備えた早期警戒衛星、DSP衛星からのデータも収集している。ミサイルの発射炎はこれでつかまえられるというわけだ。パインギャップのオペレーターは、国家安全保障上の宣誓のもと、ある重大な秘密を守らなくてはならない。それは、DSP衛星に搭載された熱センサー、光センサー、赤外線センサーが、ときどき明らかにミサイルでない物体を探知するばかりか、それらの物体が、どうも知的な制御のもとで軌道を変更しているような様子がたびたび見受けられたということだ。こうした奇妙な挙動をする物体につけられたコードネームが「ファスト・ウォーカー」である。この用語は「地球観測センサーの視野を通過したことが確認された、軌道運動していることが疑われるあらゆる軌道上の物体」に当てはめられるので、これにはただのスペースデブリも含まれる[19]。しかし一九九一年に観測された物体は、最近リークされた文書が明かしているように、どうも知的に制御されているように見えた。

二〇一五年六月、オーストラリア人ジュリアン・アサンジの「ウィキリークス」サイトが、ヒラリー・クリントンの大統領選挙対策責任者、ジョン・ポデスタのメールアカウントから発信された電子メールのキャッシュをネットに投下した(このリークについては追って詳述する)。これにより、ポデスタがロバート・フィッシュという名の仲間から「UFO」についてのメールを受け取っていたことがわかった。フィッシュはそれらのメールで、宇宙空間から地球の大気圏に突入してくるファスト・ウォーカーが定期的にDSP衛星に探知されていることを明かしていた。フィッシュはポデスタに、カリフォルニア州のとあるアメリカ民間企業の厳重に警備された航空宇宙施設でアメリカの地上DSPオペレーターから説明を受けたという物体についても内々に報告していた。そのUAPは、一九九一年の湾岸戦争への準備が行なわれている最中に衛星軌道を通過するところが記録されたものだった。「というわけで、それはある種の制御下にあったのです――ただし、それが『人的制御』[20]だったのか『ロボット制御』だったのかは知るよしもありません」とボブ・フィッシュはポデスタに伝え、データを要求することを勧めていた。フィッシュによれば、情報は「もう何年も前から存在しており、『どこに行って』『何を探すか』を知っていれば、いまでも手に入る」というのだ。さらにフィッシュは、「UFOハンター」は目のつけどころが間違っているとも言っていた。「ばらばらな個人の目撃も、ぼやけた写真も、ミステリーサークルも、なんら存在の『証明』にはなりません。とくにUFOが人間の目に見えるのは一瞬であり、しかも目撃者の心理状態に多かれ少なかれ関係していることを考えればなおさらです。本当に収集して世の中に広める必要があるものは、正確で信頼できることがわかっている機器から収集された確固たる科学的データです[21]」とボブ・フィッシュは書いていた。

謎のフィッシュ氏は、明らかにジョン・ポデスタのUAP関連担当だった。別の電子メールでフィッシュはポデスタに、同じ機密施設にいた知り合いだというアメリカ空軍下士官のことを書いていた。この下士官は、フロリダ州のマクディール空軍基地からRC－135偵察機を飛ばしてキューバを監視する任務に就いていた[22]。「彼の話では、ときどき本来のミッションから外れてフロリダの東海岸沖でUFOを追跡することがあったそうです。本人が言うには、マイアミの東、バミューダの北にあたる海上に、UFOの離着陸地点があったとのこと。UFOが海に入るとき、あるいは海から出るときには、UFOから特定の電子シグネチャー（周波数）が発せられていたので、追跡は容易だったそうです。UFOが海中から空中に出るところ、またはその逆も、何度か撮影されています」とボブ・フィッシュはポデスタに報告している。「UFOの高画質フィルムは『存在している』ということです」。私が注意を引かれたのは、このフィッシュの言い分によれば、アメリカはUAPの独特の電磁シグネチャーを追うことで、実際にUAPを追跡していたのだということだ。

私はボブ・フィッシュに問い合わせを送った。数週間後、ありがたいことに彼は返事をくれ、ポデスタに伝えたことはすべてそのとおりであると認めたばかりか、さらにそれ以上の親切も示してくれた。彼はこれまで一度もUAPについて公に話したことはない。かつてのフィッシュは、きわめて高度のセキュリティクリアランスを得た防衛通信諜報の内部関係者であり、レーガン大統領が「信ぜよ、されど確認せよ」と言ってソ連と結んだ核ミサイル廃棄条約を含め、さまざまな機密計画にかかわってきた人物である。その彼が、自身のUAPへの強い関心と確信を引用されてもいっこうにかまわないと保証してくれた。彼は明らかに、明かしてもかまわないと思う以上のことを知っていた。私は彼に、アメリカはそうした謎の機体を追跡する能力を持っているという噂もあるが、それについて何か知っていることがあるかという質問を送っていた。それに対して、彼はこう答えてきた。「どこかの点で、『エイリアン』関連の情報と、真にアメリカの国防にかかわる情報は交差します。クリアランスを得た愛国者は、おのれの国やおのれの生き方に対する裏切者になりたくありません。たとえば、仮に私があなたに、アメリカのセンサーが探しはするが攻撃はしない高マッハUFOの電磁シグネチャーを正確に教えたとしましょう。そしてあなたがそれを本に書く。そうしたらソビエトや中国は、まさにそのシグネチャーを生成するシギント／エリント［無線諜報／電子諜報］対策装置を備えた爆撃機を製造するでしょう。未来に向けて真実をもっとよく知っていくことは必要ですが、そのために過去から築いてきた文明を危険にさらしてはなりません」[23]。フィッシュのコメントでとくに興味をそそるのは、いまもなお隠されている「真実」が確実にあるのだとほのめかされていることだった。

フィッシュは私への返信で、ポデスタに連絡した理由についても触れていた。彼は高いセキュリティクリアランスを得ていたので政府のファイルに証拠が収められているのを知っていたのだが、その証拠を誰も探していないことに苛立ちが高じていたからだという。一九九〇年代初頭、彼はある航空宇宙企業の厳重に警備された施設で働いていたときに、アメリカ空軍の偵察機SR－71ブラックバードと並走する極超音速UFOを記録したデジタルレーダー航跡を見せられた。「マッハ3以上の速さで空を突っ切る二つの像がありました。一方がもう一方を横に並んで追いかけている格好です。先を行くのがわれわれの誇るS

R−71ブラックバード、もう一機は正体不明でした。軌跡のある一点で、正体不明の機体が九〇度右旋回し、速度を維持したまま急激に高度を上げて、別方向に飛び去っていました。当時（ほぼ確実に現在もですが）、そんな高速旋回を維持するテクノロジーは人類にはありませんでした——重力でただちに機体の翼がもげてしまうでしょう。私の友人がエドワーズ〔空軍基地〕の人間にこのレーダー航跡の話をしたところ、彼らは肩をすくめて、そのレーダーファイルを原因不明の異常として消去するよう求めたそうです。ほかの国でも同じですが、アメリカ政府は経験的証拠を持っています——ビデオ、画像、電子シグネチャー、熱／スペクトルシグネチャー、レーダーシグネチャー、その他もろもろの、さまざまな時点でとらえられた証拠があり、それをUFO問題の解明につなげられるはずなのです。したがって問題は、なぜそれが公表されていないのか、ということです」。ボブ・フィッシュの話から最もよく伝わったことは、そこに表れている米軍の態度——こうしたUAP事件に対する米軍の反応が何を意味していたかである。政府が表向きになんと言おうと、現場の人間はスクリーンに映し出された不可解な現象に明らかに驚いていなかった。つまり彼らは、すでに事情をすっかり知っていたに違いないのである。

チャールズ・リチャード・「ディック」・ダマトは一九八八年から一九九八年までの一〇年間、ロバート・バード上院議員のもと、ワシントンDCで大きな力を持つ上院歳出委員会の主任顧問、次いで少数党顧問を務めた。ダマトがそれまで公表されていなかった国家安全保障の巨額「闇予算」、七五〇億ドルの存在を明らかにしたことはよく知られている。だが、彼がニューメキシコ州に墜落した宇宙船についての噂をはじめ、UAP関連の調査も行なっていたことを知る人はずっと少ない。著名なUAP研究家のジャック・ヴァレが、一九九〇年にダマトと会ったときのことを日記本『禁断の科学4』に書いている。そこでダマトは、かねて噂されていたアメリカの諜報コミュニティによる隠蔽についての不満をぶちまけていた。「あの連中はUFOのデータを持っているくせに、もう何年も立法府から隠している。まるで自分たちがこの国を動かしていると言わんばかりだ」とダマトは言う。「最新の円盤要綱だのなんだのと、彼らは自分たちの秘密プロジェクトへの歳出承認をもらうときにしかわれわれの前に出てこない。しかし、彼らにアメリカ国民をだます権限などない。納税者の金を使ってでっちあげやUFOシミュレーションをこしらえる権限などないのに、かまわずそうしている。私はぜひとも真の実態を突きとめるつもりだ」[24]

後日、ヴァレと会ったときに、ディック・ダマトは自分の確信をこう明かしたのだという。「あの連中がひそかにやっていることは重罪だ。……議会が知らないようなプロジェクトに政府が予算をまわすことはできない。……問題はそこだ。はたして大統領には真実が知らされるのか?……もっと言えば、この国を動かしているのは誰なんだという話だ。議席にある者がそういうプロジェクトのことを知りようがないのなら、それはもう民主主義国家ではない。……その秘密プロジェクトがどういうものであれ、それはとてつもないレベルの恐怖に支配されているに違いない。誰もあえてそのことを口にしようとしないのだから」[25]。一説によると、ダマトは三〇年前、自分の確信するUAP隠蔽工作を暴露しようとしたのだと言われている。私はすでに高齢となったリチャード・ダマトに問い合わせを送ったが、返信はなかった。ダマト氏のもとには明らかに、彼のコメントを求める連中が次から次へと押し寄せていたのだろう。彼のウェブサイトには、次のようなことを説明する一文が掲げられているからだ。ロバート・バード上院議員のもとで調査にあたったのち、ダマトは上院議員に、UAPの墜落に関する疑惑について「これ以上、上院で調査する価値はないと思われた」[26]と伝えたのだという。その進言が何を意味しているかはわからない。だが、これがダマトの疑念の正しさを証明していた可能性は否定できなかった。おそらく誰かが彼に言ったのだろう。人のことに首を突っ込むなと。

極秘事項を扱っていた元内部関係者のボブ・フィッシュと、航空宇宙ジャーナリストのジム・グドールの二人と話をして、私は初めて、もしかするとアメリカは本当に成功してしまったのかもしれない、と思わされた。アメリカは、いや、ひょっとするとほかのいくつかの国も、反重力と電磁気力を基盤にしているに違いない画期的な推進システムを使った実験機を、本当に運用しているのではないのだろうか。だが、その可能性を検討しはじめるやいなや、私のジャーナリストとしての疑い深い頭がそれを否定した。そんな大きな秘密が漏れないわけがあるだろうか？　安全保障上の機密にアクセスできて、そのような秘密も突きとめることのできる内部関係者、たとえばクリストファー・メロンのような人物なら、そういう秘密があればきっと知っているに違いない。メロン自身が言っているように、知る資格を法的に認められているのだから。そして私はジャーナリストとして、政治家や最上級の公僕に秘密を守らせるのがいかに難しいかを知っている。人はどうしても口を滑らせてしまうものなのだ。

アメリカの極秘計画という真っ暗闇の世界を掘り下げるにしたがって、私の頭に別の説明が浮かんできた。別の一つの可能性として、仮にどこかの航空宇宙企業がひそかにこの空恐ろしいテクノロジーを開発していたのだとすれば、歴代の大統領も、連邦議会も、アメリカ国民も、みなだまされていたのだと考えられないか――。企業仲間でできた秘密結社が陰謀を企て、おそらく数人の身勝手な将官とも結託し、この発見を記録に残さないようにして、政府の説明責任がどうのこうのという面倒な問題から逃れてきたのではなかろうか。もちろん、自由の国でそんなことがありえないのは誰でも知っている……それともひょっとして、ありえるのだろうか？

第9章　ディスクロージャー・プロジェクト

ビル・クリントンは一九九三年に大統領に就任すると、一九七七年のジミー・カーターと同じように、さっそくUAPについて質問した。クリントン政権の司法次官だったウェブスター・ハベルは、大統領から二つの件についてできるかぎり調べるよう依頼されたと述べている。「『その一、誰がJFKを殺したか？　その二、UFOは存在するのか？』――彼は真剣そのものだった」。ハベルが自伝の『高位の友人たち』で語っているところでは、その後、彼はクリントン大統領にこう報告した――複数の機関に妨害されて、結局JFKとUFOのどちらの謎についても答えは見つからなかった。「どちらも調査したが、満足のいく答えは得られなかった」とハベルは書いている。[1] しかしハベルについては、それよりも断然センセーショナルな主張をしたという噂もある。大統領さえもアクセスできないUFOの秘密を抑え込んでいる政府の極秘計画があり、それをハベルが発見したという主張だ。[2] だが、そのような主張はハベルの本にも、ハベルの言葉を引用したメディアのインタビューにも出てこない。私が調べたかぎり、ハベルがそのような発言をした証拠はまったく見つからなかった。この主張はいまだに抹消UFOサイトのあちこちで見かけるが、ハベルは自分がどういう調査をしたかについて、明らかにこれ以上の説明を避けている。なにしろ彼は毀誉褒貶ある人物で、脱税容疑で起訴されて有罪判決を受け辞任し、服役までしたのである。

わかっているのは、一九九三年にホワイトハウス入りした際に、ビル・クリントンもヒラリー・クリントンもUAPに強い関心を持っていたこと、そして億万長者の実業家でUAP信者のローランス・ロックフェラーからのロビー活動を受けて、大統領が新しいCIA長官ジェイムズ・ウールジーにこの問題に関する文書をもっと公開するよう命じたことである。その二年後に撮影された、ヒラリー・クリントンがロックフェラーと並んで写っている写真で、ヒラリーがオーストラリアのポール・デイヴィス教授の著書『宇宙に隣人はいるのか』[3]を手にしているのがはっきりと見える。これは長年「UFO情報開示」を訴えてきたロックフェラーがプレゼントとしてヒラリーに渡したものだった。この本では、地球外生命の発見がもたらす哲学的な意味合いが考察されている。

クリントン大統領は、側近にエリア51を調査させ、「そこにエイリアンがいないかどうかを確認」させたことも認めている。また、会計検査院に一九九五年の検査でロズウェル関連の文書をすべて調べさせ、ロズウェルの記録が勝手に破棄されているのを知らされたこともあった。クリントン夫妻がUAP問題にいかに公然と関心を持っていたかは明らかだ。二〇一四年、クリントンはテレビのトーク番組「ジミー・キンメル・ライブ」に出演して、「エイリアンがいるのがわかったら、われわれに教えてくれますか?」と聞かれた。そうしよう、とクリントンは答えた。さらに、この宇宙にいるのが人間だけではないと信じていることも認めた。「いつか訪問者が来たとしても驚かないね」[4]

アメリカの各方面の当局からもっと情報を引き出そうと動いていたのはクリントン大統領だけではなかった。スティーヴン・グリア博士という救急医の「UFO研究家」も、「情報開示《ディスクロージャー》」を訴えていた。一九九〇年、グリアは「地球外知的生命研究センター」（CSETI）という組織を設立した。これは、かつてNASAが資金提供していた非営利のSETI（地球外知的生命体探査）とは別のロビー団体である。その二年後、グリアは「ディスクロージャー・プロジェクト」を立ち上げた。彼はアメリカ政府や航空宇宙企業にUAPの秘密が隠されていると信じており、その秘密を公開させることがこのプロジェクトの目的だった。

　グリア博士の主張によれば、彼は「UFOの実在」について大統領やCIA長官にじきじきに状況説明をしたことがあるという。彼のウェブサイトには、一九九三年に当時のCIA長官ジェイムズ・ウールジーと会ったときのことが堂々と載せられている。グリアいわく、それは「ディナーパーティーを装った、UFOに関する内密のブリーフィング」だった。[5] ウールジー側は、それをブリーフィングではないと否定している。[6] 元CIA長官としてはそうするしかないだろう――広く疑われている政府のUAP隠蔽についてグリアと仲良く話していたのをさらされて気まずい思いをしないわけがない。とはいえ、グリア側の話で何より興味深いのは、クリントン大統領のもとで新たにCIA長官に任命されたウールジーが、UAPの隠蔽疑惑を調査するつもりになっていたことである。

　その一九九三年の夜、ウールジーとグリアを夕食に招いたのは、アーリントン研究所の創設者で所長でもあるフューチャリストのジョン・ピーターセンだった。ピーターセンは、幅広い人脈を持つ元海軍航空隊員で、ベトナム戦争と湾岸戦争で勲章をもらってもいる退役軍人だ。彼が創設したアーリントン研究所は、地球の未来や国家安全保障の問題に詳しいコメンテーターを招聘している。ピーターセンには、大統領選挙戦に何度かかかわり、海軍長官の次点候補に二度なったという経歴もある。そのピーターセンから私が聞いたところでは、興味深いことに、彼の友人であるジム・ウールジーは「一時期、UFO問題に関心を持っていた」という。「といっても、湖の上のある一点に動かない光があるのを見て、何か人間のものではない乗り物ではないかと疑ったという程度ですが」。[7] ピーターセンが言うには、ウールジーがCIA長官になったとき、ピーターセンはウールジーのオフィスを訪ねて、「政府の知る『エイリアン関連』の情報に関係しているのではないかとUFOコミュニティが疑っている、大幅に修正された多数の文書がある」ことを伝えた。するとウールジーはピーターセンに、最も修正の激しい二〇件の文書の詳細を教えてくれれば、その修正された部分が本当にUFOと関係があるのかどうか確かめようと言ったという。「彼はべつに私に何か秘密を教えると言っていたわけではなく、ただ、その問題の文書がUFOに関係しているというのが全般的に本当か嘘なのかを確かめると言っただけです」。そこでピーターセンが差配して、グリアと研究者のスタン・フリードマンに文書のリストを作成させた。そしてウールジーがそれを読み、その後、それらの文書はUFOとは何も関係ないという回答を寄こしてきた。ピーターセンは、CIA長官のウールジーがグリアに接触してブリーフィングを求めたとか、じきじきの会談を依頼したという主張をきっぱりと否定した。「『見せかけの設定』もなければ、『ブリーフィング』を依頼されたこともありません。あれはただの社交の場でしたが、それがUFOの問題を話し合う場だったと思い込まれたのです」とピーターセンは言う。

グリアは折にふれ、嘲笑の的にされてきた。「UFOの隠蔽工作」があるというメロドラマ的な主張を掲げ、闇の勢力が自分や自分の仲間を殺そうとしていると断言するような人物と見られていたからである。グリアの主張によれば、グリアがクリントン大統領に状況説明の文書を送ったところ、戻ってきた返答で、大統領は「［UFOについて］何も成果を得られなかったばかりか、もうこの問題について追及したくないというのである。というのも、彼の非常に親しい友人が彼の自宅にやってきて、しまいにはジャック・ケネディのように暗殺されてしまうぞと言ったからだそうだ。それで［グリアは］『よろしい、それなら私がやろう』と。そうしたら、われわれは全員がもう少しで死にそうになったのだ▼8」。

グリアの奇怪な主張によれば、その後、ある界隈で呼ばれているところの「ビッグ・シークレット」の門番が、グリアを秘密の遠隔殺人光線で殺そうとしたのだという。グリアの著書『隠された真実・禁断の情報』〔邦題は『UFOテクノロジー隠蔽工作』〕では、グリア自身とUAP情報開示運動の仲間であるシャリ・

アダミアクが、転移性のがんと診断されたという話が臨場感たっぷりに語られている。これは「とあるユタ州の研究所から」、彼らを標的として発せられた電磁（EM）兵器システムの攻撃のせいだというのがグリアの言い分である。▼9 そうした主張に証拠はない。グリアはまた、元CIA長官のウィリアム・コルビー（ボート事故で死亡していた）はじつのところ暗殺されたのだ、それはグリアの組織を支援するつもりでいたからだとも言っているが、その主張を裏づける証拠もない。シャリ・アダミアクは実際に一九九八年にがんで亡くなった。グリアは自分が生き残った理由を、愛犬のゴールデンレトリバー、ヤーミーが「私との絆で結ばれていたために、われわれを狙ったEM兵器システムからの『一撃』をある程度まで幽体的に引き受けてくれた」からだと主張している。気の毒なヤーミー。ともあれこのように、グリアは世の中から少々頭がおかしいのではないかと見られることなどいっこうに気にする様子がない。グリアの言うウールジーとの会談が本当にあったのだとすれば、それはすなわち、CIA長官がUAPの隠蔽に関するグリアの主張を聞いて調査するつもりが本当にあったということだ。それならなぜ、グリアは自分の潜在的な情報源を公然とさらすようなことをしたのだろう。ウールジーがそのようなブリーフィングを求めたことを（それが事実なら）積極的に公開したことで、この問題について当局の関係者に口を開かせられる見込みは逆に薄まってしまった。

グリアは一九九七年四月、UFO情報開示運動家と元軍人からなる異色のグループの一員としてペンタゴンに足を踏み入れ、アメリカ軍司令部の最も奥にある、国防情報局副長官のオフィスに案内された。グリアがこの招待を受けられたのは、彼の同行者の一人に伝説的な宇宙飛行士がいたことが大きかった。アポロ一四号の宇宙飛行士エドガー・ミッチェルは、自分の「ライト・スタッフ」としての信用にどれほど扉を開ける力があるかをよく知っていた。彼にはたしかにその資格があった。あの一九七一年二月五日、月着陸船を操縦して、月面を歩いた史上六番目の人間となったのがエド・ミッチェルである。こうして彼は、宇宙開発のレジェンドの一人になった。このミッチェルの名声が道を開いてくれたおかげで、一九九七年四月に、アメリカ軍の統合参謀本部の情報部副部長、トマス・ウィルソン海軍中将へのブリーフィングという異例の舞台が整ったのである。

その前日、グリアはワシントンDCのジョージタウンのホテルで、重職にある連邦議員とそのスタッフ数十人を集めてUAP現象についての説明会を開いていた。防衛関連企業の職員や、軍や情報機関の内部関係者など、約一二名の証人がこの非公開の集まりで自身の驚異的なUAP体験を自らの口で証言した。地球外起源と目されるスペースデブリを見たという者もいれば、NASAが空飛ぶ円盤の写真を改竄していると証言する者も、巨大な乗り物に直接遭遇したと話す軍のパイロットもいた。[10]

翌日の一九九七年四月一〇日午前一〇時、グリアとミッチェルと仲間たちは、ペンタゴンの奥深くでかつてないレベルの会合に臨んだ。この場には、退役したばかりの海軍予備役少佐ウィラード・ミラーもいた。アメリカ大西洋軍の作戦スタッフを務めたのちNORAD（北米航空宇宙防衛司令部）宇宙司令部にもいたという、最高度のセキュリティクリアランスを得た人物だ。ミラーはかつて、海軍予備兵としてウィルソン中将のもとにいた人物でもあった。一説によると、ウィルソン中将がグリアとミラーから「UFOについて」の説明を受けることに同意したのは、中将が「ビッグ・シークレット」を知らされていない上級将校の一人だとミラーに言われたからであるらしい。グリアはこの訪問に先立って、リークされたアメリカ国家偵察局の文書をウィルソン中将のスタッフに送っていた。その文書には、いわゆる特別アクセスプログラム（SAP）に分類される最高機密事項の本物のコードネームと判明したものが詳細に記されていた。これは一九九一年七月の安全保障勧告書で、リストアップされていたのは一連のコードネームと、ネバダ州の砂漠に位置する広大なネリス空軍基地の内部とその周辺にある司令部の所在地だった。ネリス空軍基地といえば、その境界内にはかの悪名高い、グルームレイクやドリームランドと呼ばれるエリア51の超極秘地区が含まれているのだ。

　グリアがリークした機密文書の重要性を理解するためには、特別アクセスプログラム（SAP）という安全保障上の分類プロトコルがアメリカにおいてどう機能しているかを知っておかなくてはならない。ある種の闇予算プロジェクトは秘匿度が非常に高いため、プロジェクトに参画している人間がそのプロジェクトの存在を明かすだけでも罪になる[11]。SAPは、アメリカ国防総省が超極秘の闇予算機密プロジェクトのほとんどを隠している場所なのである。安全保障上の最高度の機密分類であるのに加えて、さらに秘匿の覆いがかけられているのがSAPだが、実際のところSAP指定は、最高機密より高いセキュリティ分類として扱われているわけではない。これは単に、そのプロジェクトが隔離され、機密隔離情報（SCI）と見なされ、コードネームで呼ばれるというだけだ。最も機密度の高い最高機密にもアクセスできるセキュリティクリアランスを得た軍の高官でさえ、SAP／SCIのコードネームの背後にある詳細を知ることは、そのプロジェクトに参画していないかぎり禁じられている。

　さらに、USAP（非承認特別アクセスプログラム）というものもある。これは、隠された真の財源を含めてプロジェクトの内実を知る人が、そのプロジェクトの存在そのものを否定できる、また否定しなくてはならないことを意味する。そしてさらに高度な、最も暗い闇世界の秘密のためのプロトコル、WUSAP（放棄済み非承認特別アクセスプログラム）がある。WUSAP指定は、国防長官が通常の監視法と報告手続きをすべて故意に放棄していることを意味する。つまり、そのプロジェクトは存在そのものが隠されているだけでなく、連邦議会のいわゆる「ギャング・オブ・エイト」（八人組）にしか監視されないのである。その八人には、下院情報軍事委員会の委員長と副委員長、上院多数党院内総務と少数党院内総務、およびWUSAPの審査を許可された超党派の選出議員が含まれる。

　グリアによれば、トム・ウィルソン中将はグリアが送ったリーク文書[12]を見て、国防情報局で二番目の地位にある自分が知らないSAPプロジェクトのコードネームがリストにあったことに非常に憤慨した。この文書の目的は、一九九一年七月のネリス空軍基地のセキュリティロックダウンに関することで、それ自体に重要性はさほどなかった。しかし書かれていたコードネームのなかに「ROYAL Ops, COSMIC Ops, MAJ Ops, MAJI Ops」といったものがあり、これがUAP研究家界隈を震撼させた。COSMICとMAJは、長らくUFO関連コードネームの聖杯と噂されてきたためである。

一九九七年のペンタゴンでの会合で、トム・ウィルソン中将が劇的な告白をしたとスティーヴン・グリアは主張している。「彼は実際、そこに並べられていたものの一つに目をとめて、問い合わせをした。それはある請負企業がやっているものだった」とグリアは言う。「中将はそこに電話して、『トム・ウィルソン海軍中将だ……このプロジェクトに参画させてほしい』と言った。そうしたらなんと、向こうはこう言ったのだ。『閣下、あなたはニード・トゥ・ノウ（知る必要）をお持ちではありません』。こちらはアメリカの統合参謀本部に情報ブリーフィングをする立場の人間なのだぞ。その人物に向かって、『あなたはニード・トゥ・ノウをお持ちではありません』とは……それでウィルソン中将はこう言った。『馬鹿を言え、私に知る必要がないのなら、誰にあるんだ』。すると向こうは、『閣下、これ以上これに関してあなたとお話しすることはできかねます』と言って電話を切り、中将の回線をブロックした」[13]。このプログラムがどういうものだった（あるいは「である」）にせよ、グリアとエド・ミッチェルとミラー少佐によって明かされた、かねて噂のUAP－UFO隠蔽は、国防情報局の第二位の高官でさえ知ることを許されないほどの秘密事項であるらしい。

一九九七年四月のペンタゴンでのブリーフィングで具体的にどのようなことが話されたのか、正確なところはわからない。なにしろ四半世紀近くも前のことであり、参加者のうちの三人（エド・ミッチェル、弁護士で陸軍予備兵で情報開示運動家のスティーヴン・ラヴキン、グリアのCSETI仲間のシャリ・アダミアク）はすでに亡くなっている。しかし少なくとも、スティーヴン・グリアとウィラード・ミラーとエドガー・ミッチェルがウィルソン中将に、彼らの主張――アメリカ政府はエイリアンの地球訪問、回収された宇宙船とエイリアンの遺体、そしてそれらの発見から得られたと言われている驚くべき技術的革新を隠蔽している――を裏づける強力な目撃証拠と確信するものを提示したことはわかっている。グリアの話を信じるならば、ウィルソン中将はそれらの信じがたい主張を実際に真剣に受けとめたようである。「ブリーフィングが進むにつれて」とグリアは言う。「中将はほかの予定をキャンセルしはじめた――彼はそれぐらいこの情報に興味を持ったのだ[14]」。のちにエドガー・ミッチェルは多くの友人に、この会合がグリアの言うとおりになされたことを認めている。その友人の一人が、ミッチェルの研究団体「クォンタレック」の共同設立者であるジョン・オーデットだ。私が彼にこの会合についての問い合わせをすると、彼は詳細な返答をくれた。「そうです。ウィルソン中将との会合についてはエドから詳しく聞かされました」とオーデットは言う。「エドはET問題と、政府が保有していると目される推定上の物的証拠について、なんらかの陰謀団か影の政府による隠蔽があると信じていました。……エドは、極秘のリバースエンジニアリングが行なわれていると信じていました[15]」

退役海軍少佐ウィラード・ミラーも、ウィルソン中将が不満を示したというグリアの話を支持する。しかもそれだけでなく、会合が終わっての帰り際に、中将の側近の一人が驚くべき告白をしたとまで言っている。UAP陰謀論の一つとして長らく信じられてきた（そして強く否定されてきた）MJ（マジェスティック）-12《トゥエルブ》が、実際に存在していたというのである。「マジェスティック12」作戦は、エイリアンの宇宙船の回収と調査を促進する目的で、科学者、軍部と情報部の高官、政府からなる秘密結社が一九四七年にハリー・トルーマン大統領によって結成されたと噂されていたものである。政府の秘密文書なるものが一九八四年に流出し、さらに一九九六年にも流出して、MJ-12が言われていたとおりに存在していたことが確認されたかに見えた。しかし連邦捜査局（FBI）はもちろん、一部のUAP研究者でさえ、これらの文書については手の込んだ捏造であるとして取りあっていない。実際、このような捏造をやってのけるのは、それ自体が犯罪科学の勝利だった。実名、肩書き、役職、事象などを記載した宝の山のような文書を偽造するのは、おそろしく複雑な作業だったに違いない。

グリアは言う。「中将の補佐官が私のほうを向いて、MJ－12の話が出てきたのを知ってるだろう、と言ってきた。あれは本当なのかとか、存在したのかとか、あれこれ議論があっただろう、と。そしてこう言ったんだ。われわれはあれが存在するのを知っているよ。ただ、われわれ統合参謀情報部の人間は、あれが何をしているのかについてのニード・トゥ・ノウがないんだ、と」[16]。私のような好奇心の強いジャーナリストが軍隊で五分も生き延びられない理由がここにある。DNAに好奇心の鎖をほんの少しでも持っている人間が、おそらく人類史上最大と思われる秘密を知る必要がないとおとなしく心を決められようか。

グリアが別のところで語った話では、ウィルソン中将は（この時点ではグリアは名前を出していなかったが）、このブリーフィングのあいだ、戦慄している様子だったという。「このすべてを見て、証人の話を聞いたあと、彼はわれわれのほうを向いて、『もはやこれが真実であることに疑いはないが、自分がこれを知らなかったことにぞっとしている』と言ったのだ」とグリアは主張している[17]。のちにグリアは著書の『隠された真実――禁断の情報』で、この国防情報局の高官がトム・ウィルソン中将であることを明らかにした[18]。シャリ・アダミアクも、ペンタゴンでのブリーフィングが実際に行なわれたことを認めていた[19]。ウィルソン中将は疑惑の隠蔽の違法性に激怒した、とグリアは言う。「このブリーフィングのあいだ、中将と私は、この――中将を押しのけた――ならず者集団が、アメリカにとって、法の支配にとって、国家安全保障にとって、どれほどのリスクであるかを論じあった。……私は中将に、この違法なならず者集団が、彼のB－2ステルス爆撃機のまわりを旋回することのできるARV［複製エイリアン機体］テクノロジーを持っていることを伝えた。中将はしばし考えてからこう言った。『よろしい、私としては、きみがこの件を知っている人間に公表を前提として話をさせられるなら、それを持ってメディアに行く許可を与える！　この集団は違法だ！』」――グリアはそう言われたと主張している。[20]

スティーヴン・グリアが主張する、軍や政府の高官を相手に行なったという数々の「ブリーフィング」についての話には、どうもそのままは受け取れない面があり、場合によってはまったくもって疑わしい。私が思うに、とにかく彼は、自分がかかわるどの役人よりも自分のほうがはるかに事情に通じているかのような話しぶりをする（隠蔽疑惑を信じるなら実際にそのとおりなのかもしれないが）。たとえばふたたび一九九八年に、またもやウィラード・ミラー少佐とともに国防情報局に招かれて、当時の情報局長官でありウィルソン海軍中将の直属の上司であるパトリック・ヒューズ陸軍中将に「UFOについて」説明したのもグリアの功績だ。ヒューズ中将はたまたま棚にあったスティーヴン・スピルバーグの映画のET人形を手に取って、こう宣言した、とグリアは主張する。「なるほど、きみが言っていることは真実であると疑いなく思っているが、私も局内のチャンネルを通じて問い合わせをしたのだ。しかし誰も何も教えてくれない！　実際、私が手に入れられたのはこれだけだ！」[21]

グリアが少なくとも二度、国防情報局の高官に招かれてUAPについてのブリーフィングをしたというのは、たしかに驚くべき異例のお手柄だ。しかし、海軍の中将や陸軍の中将がともにグリアとの最初の面会で「UFO隠蔽」を確信していると認めたと主張されても、たいていの人にとっては、およそ信じがたい。だが、もしグリアの話が本当にそのとおりなのであれば、ウィルソン海軍中将とヒューズ陸軍中将という国防情報局の両幹部の名前を表に出したのは、ディスクロージャーを考えているすべての当局関係者に、グリアに守秘義務は期待できないという逆効果のメッセージを送ったことになる。

グリアのウィルソン中将との会合についての主張には、もう一つ腑に落ちない点がある。最高機密と隔離情報に対するセキュリティクリアランスを得た複数の情報筋が言うには、最高機密隔離情報（TS－SCI）のクリアランスを得た軍部の高官で、関連請負企業からそのような拒否を受けて驚く人物はいないはずだというのである。もしグリアが言っているように、ウィルソン中将がUAPに関する放棄済み非承認特別アクセスプログラム（WUSAP）に「参画」していなかったのなら、中将は自分に怒る権利がないのを受け入れていたはずだと考えるのが普通である、というのが情報筋の見方だった。そのような拒否は普通であり、絶対的な義務だったのだ。したがってトム・ウィルソン中将なら、当然知っていただろう——国防情報局副長官の自分でさえも、アクセス権を与えてもらうには依頼せねばならず、それも上司の裁量しだいで決まるのだということを。

どうして国家安全保障上の重大な秘密をあずかる国防情報機関の高官たちが、「UFOディスクロージャー」運動家との最初の会合で、グリアの主張するようなあけすけな物言いをするだろう。しかも相手は、この卑劣な隠蔽を結託してたくらんでいるのは軍部と情報機関内の腐敗した高官だと信じきっている人物なのである。私としても、一九九七年以来、トム・ウィルソン中将との面談に関するグリアの主張を聞いた多くの人が、この話全体を当人の利己的なたわごとと見なして取りあわなかったのはやむなしと思う。実際、元海軍中将トム・ウィルソンがそれとなく言ったのもそういうことだった。

ウィルソン中将は、その後一〇年以上経ってからUFO研究家のリチャード・ドーランの取材に答え、一九九七年にペンタゴンでグリアとミッチェルに会ったのは事実だと認めた。しかし同時に、この会合に応じたのは「なぜミッチェル博士のような偉大な人物がそのような問題に関心を持つのか興味を持った」ためで、ただそれだけだったともドーランに言っている。この会合に関してグリアが言っているほかのすべてのことは「でたらめ」である、とウィルソンは主張して、一方的にドーランとの電話を切った。[22] 私はこれを聞いて、ウィルソン中将はグリアの話全体を「でたらめ」として否定しているが、この会合に関して生じる数々の具体的な疑問には答えていないと感じた。たとえば彼は当時のアメリカ国防情報局副長官として、本当にUFOについてのブリーフィングをグリアに求めたのか。この問題をもっと調べようとすると妨害が入るというようなことを何か具体的に認めたのか。私は退役したトム・ウィルソン海軍中将に、一九九七年の会合についての問い合わせを送った。彼は詳細な返信をくれ[23]、会合があったのは事実で、それが「ブリーフィング」だったのも確かだと認めた。「私がこの短時間の面談をスケジュールに入れたのは、エドガー・ミッチェル博士が信頼のおける立派な退役海軍大佐であり宇宙飛行士であったからで、そうするのが礼儀にかなうことだと思ったからです。客人たちがUFOについて何を言うのか、『軽い』好奇心はありました。たしか会談は三〇分の予定でしたが、それよりは少し長くなったかと思います」とウィルソンは当時を振り返った。「客人たちの関心は、そのテーマを扱う『特別アクセスプログラム』があるのかということでした。一部で報じられているように、ミッチェル博士のチームの目的は、そのようなプログラムへのアクセス権や、それに関する情報を得るのに、私の補助を引き出したいということだったのだと私も思っています。私は間違ってもそのようなプログラムが存在することを認めていませんし、ほのめかしてもいません。また、仮に存在するならアクセスできるように努めてみようなどと言ったこともありません。実際、私はその当時も、それ以降も、そのようなプログラムについては何一つ知りません。あちらは私があのブリーフィングを拝聴し、あちらの関心に理解を示したことで、あちらの提起した問題を私が調べる可能性を残したと解釈することにしたのかもしれませんが、私にはそのような意図はまったくありませんでした」（強調はウィルソン中将による）

ウィルソン中将が言うように、一九九七年四月の会合についてのグリアの話がすべてでたらめだったなら、そしてウィルソン中将が秘密のUAPプログラムを知ろうとして妨害されたという説もまったくの事実無根だったなら、一つ疑問に思うのは、なぜ国防情報局でのウィルソンの上司であるパトリック・

ヒューズ中将がわざわざ数ヵ月後にまたグリアとミラーを招き、UAPについての話を聞いたのかということだ。私の想像では、実際のところ、この二人の国防情報局の高官は少なからず、あまり公には認めたくない程度に、この問題に関心を持っていたのではなかろうか。一九九七年のペンタゴンでの会合について証言してきた人の数から考えるに、ウィルソン中将がグリアとその仲間に対してある程度、UFO情報へのアクセスを不当に妨害されたという印象を与えたのだろうとの結論は避けられないように思われる（だからといってその主張が真実だというわけでもないが）。いずれにしても、この会合の場にいた複数の証人——シャリ・アダミアク、スティーヴン・ラヴキン、宇宙飛行士エドガー・ミッチェル、ウィラード・ミラー海軍少佐——は、グリアの話を支持している。

ペンタゴン会合のほんの数週間前に、アリゾナ州フェニックスの街の上空で、史上最も大々的に報じられたUAP目撃の一つが起こっている。一九九七年三月一三日の夜、何千人もの目撃者が、市街ブロック数個分、すなわち「横幅一マイル」（一・六キロ）ほどの巨大なV字型の光の編隊が、街の上空三〇〇メートルほどのところを低空飛行していると報告した。多くの人は、この物体を一個の黒い三角形、もしくは逆V字型の機体と認識し、それが角の部分で光を発しながら音もなく夜空に浮かんでいると見て取った。のちに空軍州兵は、市民が見たのは訓練中に投下された高輝度照明弾にすぎないというありえない説明をした。アリゾナ州知事ファイフ・サイミントンは後年、「パイロットとして、また元空軍士官として言わせてもらうが、この機体は間違いなく、私がそれまで見てきたどんな人工物にも似ていなかった。それに、確実に高高度照明弾でもなかった。照明弾は編隊飛行なぞしない」と反論した。[24]

私の見るところ、たしかにアメリカ政府がUAP事件を何度も封じ込めようと——そして場合によっては隠蔽しようと——してきたことは、歴史的証拠が裏づけていると思う。目撃者が軍や民間のパイロットであった場合には、とくにその傾向が強そうだ。もちろん、これでETの存在や、回収された地球外起源の宇宙船の存在が証明されることにはならないが、理由はどうあれ、アメリカの政府機関がUAPの証拠を一面記事に出させないように猛烈な努力をしてきたことは圧倒的な証拠が物語っている。たとえばフェニックスの目撃事件にアメリカ軍がつけた説明などは、膨大な数の目撃者による明らかな証言に照らしてみれば、お笑い種としか言いようがない。照明弾も集団妄想も、とうてい説明にはならないだろう。私としても、米軍上層部の誰かが目撃を隠蔽しようとしてきたという考えに異論はない。しかしわからないのは、なぜ隠蔽をするのかだ。極端な話、回収された地球外起源のテクノロジーを知られないようにするために、手の込んだ隠蔽工作が行なわれているのだと信じる人もいる。しかし、そうではない見方もあるだろう。私としてはこちらに傾いているのだが、政府は単に、人類の既知の科学をはるかに超えた能力を誇示する優れたテクノロジーが、自分たちの領空をうろうろしているのを認めなければならないのが嫌なのではないか。たしかにそれはばつが悪いだろう。

この時期に、UAP研究に対する支援の意欲を隠さなかったアメリカ政府の高官の一人が、一九九八年から二〇〇一年までホワイトハウスでクリントン大統領の首席補佐官を務め、追って二〇一四年から二〇一五年までオバマ大統領の顧問を務めることになる、政治コンサルタントのジョン・ポデスタである。二〇〇二年、クリントン政権下のホワイトハウスを去った直後に、ポデスタはある訴訟を支援した。それはペンシルベニア州ケックスバーグで一九六五年に起きたUAP事件について、政府記録の公開を求める訴訟だった。

ポデスタは、ワシントンのナショナル・プレス・クラブでの記者会見でもこう語った。「政府のUFO調査という問題に関して、これまでずっと表に出てきていなかった疑問についての記録を、そろそろ明るみに出すころだと思うのです。そこにある真実はなんなのか、本当のところを突きとめる時期が来ています。これはぜひともやらなければなりません。そうするのが正しいことだからです。アメリカの国民はその真実を、お世辞でもなんでもなく、しっかりと受けとめられるからです。そしてまた、それが法であるからです▼[25]」

第10章　スキンウォーカー牧場

ユタ州の片田舎の町バラードの南東に、小さな農場がある。かつてはシャーマン牧場と呼ばれていたが、UAP伝説上、いまではスキンウォーカー牧場という呼び名のほうがよく知られている。ここは一九九〇年代半ばにモルモン教徒の農場主、テリーとグウェンのシャーマン夫妻が超常現象との遭遇を初めて地元紙のディザレット・ニューズに語って以来、同様の奇妙な報告が何度となくなされてきたところなのである。[1] シャーマン夫妻は農場にいた一五ヵ月間に何度もUAPを見たと主張した。それは「白い光を放つ小さな箱状の機体だったり、全長四〇フィート(約一二メートル)の物体だったり、フットボール場を何個かあわせたぐらいの巨大な宇宙船だったり」したという。夫妻は自らの体験におびえながら、ある機体は波打つ赤い光線を発しながら飛んでいたと話し、オレンジ色の丸い出入り口が空中に見えたとも主張した。懐疑派は、スキンウォーカー牧場で超常現象が起こったと主張されても空騒ぎとしか見なさず、毎回のように、目撃者はありふれた物体を誤認したのだろうと片づけていた。しかしシャーマン家を取材した誰もが言うには、夫妻は宗教的倫理観の強い、信頼のおける誠実な人物であり、関心を集めるために手の込んだ作り話をでっちあげるような人物ではなかった。それどころか最初の報道後、シャーマン夫妻は寄ってくるメディアを避けるまでになった。

さらに不穏な主張もあった。シャーマン夫妻によれば、これらのUAP目撃は、農場の七頭の牛の死や失踪に関連しているというのだ。そのうち三頭は死んでいるのが見つかったが、なんとその死骸には正確な外科的切除がほどこされていて、舌や直腸や生殖器がまるごと抜き取られていながら、血痕はいっさい残っていなかった。捕食者に襲われた形跡もなく、人為的ないたずらの証拠となるタイヤ痕や足跡もなかった。そしてだいたいにおいて、現場には独特の化学薬品臭が漂っていた。この事件は当時から現在にいたるまで、ずっと謎のままである。シャーマン夫妻の説明によれば、ある現場では雪に牛の足跡が残っていた。そのひづめの跡からして、牛は雪原の奥に入っていったはずなのだ。ところが、牛がその雪原から戻ってきたことを示す足跡がなく、「牛が最後に入っていったと思われるところを丸く囲むように〔周囲の木から折り取られた〕枝や小枝が散らばっていた」▼2。夫妻の息子も、たった五分前には生きていた牛がいきなり死んでいるのを見つけたと報告している。この牛の死骸には幅一五センチ、深さ四五センチほどの穴があいていて、体腔に収まっていた直腸がそこから抜き出されていたという。このときも血痕は残っておらず、やはり薬品臭がして、周囲の木々が損傷を負っていた。

このセンセーショナルな話を、ジャーナリストが地元の先住民ナバホ族の伝説に出てくる邪悪な呪術師「スキンウォーカー」と結びつけるのに長い時間はかからなかった。テリー・シャーマンも、頭上のどこかから聞きなれない言葉をしゃべる男の声がして、飼い犬が怖がったという話をしていた。やがて地元の元高校教師ジョゼフ・ヒックスが、スキンウォーカー牧場の位置するユインタ盆地の一帯でUAPを見たという人に話を聞いたところ、浮かんでいるUAPの小窓に人らしきものの姿が見えたと話す目撃者が何人もいたと主張するにいたって、このスキンウォーカーの噂はいっきに広まった。

懐疑派は、身体の一部をもぎとられた牛はいずれも捕食動物にやられたのだろうと推測したが、シャーマン一家の主張の少なくとも一つには、信じるに足るだけの補強証拠があった。ユタ州全域と、隣接するニューメキシコ州の一部の牧場主からも、驚くほど類似した謎の「キャトルミューティレーション」――つまり前述のような、家畜が身体の一部をきれいに切除されて殺されている異常現象が、なんと一万件以上も報告されていたのである。警察やＦＢＩ捜査官や地元の獣医に確認されて公的記録に残っているだけでも、明らかにキャトルミューティレーションだと目撃者が疑った現象の物的証拠の報告は、以後アメリカの広い範囲にわたって何十年と出つづけて、何千件にものぼっている。

キャトルミューティレーションは世界各国でも長いこと報告されてきた。オーストラリアも例外ではなく、二〇一八年九月にも、クイーンズランド州北部のマッカイの近くで農場を営むミックとジュディのクック夫妻が、乳房と片耳と舌を切除された牛の死骸を見つけたと報告した。その切断の手際があまりにもみごとなので、「ハイテクロボットかエイリアンのしわざとしか思えない」と夫妻は言った。[3] 私が二〇二一年三月にミック・クックを追跡取材すると、じつは同様のミューティレーションは何度も起こっていて、いまも続いているのだとミックは言った。[4] 彼の農場、クローバリーステーションは、きわめて辺鄙なところにあって、一家の暮らす家屋のすぐ脇を走る道路からでないと近づけない。「われわれの知らないあいだに誰かが入り込むなんてありえないんだ」とミックは言う。にもかかわらず、彼の見積もりではこの二年のあいだに少なくとも一五頭の牛が、彼の地所内で正体不明の切断者によって「外科手術」された。いったい誰のしわざなのか、犯人が人間なのかそうでないのかもわからないが、ともかく毎回そいつが牛の死骸から、舌だの睾丸だの肛門だの顎などの器官を切除して、しかも血痕をいっさい残さない。傷跡の写真を見せてもらうと、哀れな牛の死骸にきっちり六角形の切り込みができていた。ミックが言うには、彼の飼い犬はこれらの牛の死骸にまったく近寄ろうとしなかったそうだ。そしてさらに謎を深めることに、こちらから水を向けてもいないのに、ミックは自らこんなことを言いだした――深夜に農場の上空で不思議な光が「奇妙なこと」をしているのを妻のジュディといっしょに見たこともある、というのである。また、あるとき牛の死骸のそばを歩いていて、顔に化学やけどを感じたこともあったという（これはスキンウォーカー牧場で報告された化学薬品臭となんらかのつながりが？）。私は念のため、捕食動物のしわざである可能性について尋ねてみたが、ミックはその質問を一蹴した。「だってこいつは見るからに手術の跡だよ。じつにきれいで正確で、どこにも血の跡がない」と彼は言った。「ある牛は睾丸の袋が切り取られていたが、その切り取られていた場所のすぐ横には血管が隣接していたんだ。なのに血は一滴も出ていない。どうしてそんなことができる？」

州警察、FBI捜査官、科学者、獣医、土地所有者など、信頼のおける無数の目撃者から繰り返し得られる検証可能な観察データこそ、まともな科学において仮説を裏づけるのに必要とされるものであるのは間違いない。しかし懐疑派のための雑誌スケプティカル・インクワイヤラーは、アメリカで起こったミューティレーションが実際のところ自然現象だったのは「明らか」であると断定して読者を安心させた。キャトルミューティレーションの騒ぎはこれすべて、「軽い集団ヒステリー」の事例だったのだと同誌の記事は主張していた。[▼5] 一方、FBIの調査は一九八〇年に、普通の理由では説明のつかないミューティレーションの事例があることは認めつつ、とくになんの根拠もなく、ミューティレーションはおおむね自然界の捕食の結果であると結論づけた。いったいどんな種類の捕食者が、見たところ歯形も残さず、血も流させずに、きわめて正確な外科手術のごとく特定の器官や肉塊を切除できたのかについては、いっさい説明がなかった。このFBIの見解には、以後四〇年以上にわたって激しく異議が申し立てられてきた。批判者のなかには、ほかの法執行機関の関係者や科学者もいて、彼らは引きつづき、アメリカ全土で発見されるキャトルミューティレーションとおぼしき異常な事例の記録をとっている。

作家のベン・メズリックは、キャトルミューティレーションを調査した結果を『北緯三七度線』という本にして発表した。[6] そこには、北緯三七度線に沿って五〇〇〇キロメートルにわたりアメリカを横断する一帯で、キャトルミューティレーションの目撃が多発してきたことが詳細に綴られている。公式に報告されたそれらの目撃には、しっかりとした裏づけもあり、ミューティレーションの犠牲になった家畜のビデオテープや写真が添えられていることも多いという。それらの家畜の死骸からはつねに血が完全に抜き取られ(にもかかわらず血痕はどこにも見えない)、独特の正確な外科的手法で主要な臓器が切除されている。そしてメズリックによれば、UAPの目撃と不可解なキャトルミューティレーションとのあいだに関連があることは圧倒的な証拠によって示唆されているという。メズリックが参考にしていたのは、コロラド州の元予備保安官代理チャック・ズコウスキーが行なった調査だった。ズコウスキーは、牛や馬の死骸が発見された一万件以上の事例を照合していた。いずれの事例でも、何かの器官がなくなっており、円形の外科的な開口部があって、どの死骸も完全に血を抜かれていた。当局は人的関与を疑って、三つの州の検事総長の指揮のもと、一〇〇人のFBI捜査官からなる大規模な調査を実施したが、ついに謎は解明されなかった。[7] チャック・ズコウスキーは一九九〇年代にこの調査をしていたが、その時期、同じ謎をひそかに探っている資金豊富な別の調査チームがあることに気がついていた。彼らはロバート・ビゲローという億万長者の実業家に雇われた調査員だった。「過去二〇年、彼らはずっとUFOの調査をしていたことがわかっている」とメズリックは言う。[8] その後、アメリカ連邦航空局のマニュアルに、民間パイロットがUAPを報告する際には連邦航空局でなく、ビゲローに報告するようにとの指示がわざわざ載せられていたことも明らかになった。

この調査に資金を提供していた謎の億万長者、ロバート・ビゲローは、バジェット・スイーツ・オブ・アメリカというホテルチェーン事業で巨万の富を築いた。UAPの謎には継続的な調査の価値があると認識したビゲローは、一九九五年、自己資金を投入して全米ディスカバリーサイエンス研究所、通称NID

Sを設立した。シャーマン家の話にも大いに興味をそそられて、一九九六年には二〇万ドルでスキンウォーカー牧場を購入した。NIDSの活動の一環としてスキンウォーカー牧場のフルタイムの監視に資金を投入し、噂の超常現象についての調査を命じた。

一九九六年、エリック・デイヴィス博士はメリーランド大学からの出向で、韓国のアメリカ空軍戦闘機航空団に勤務していた。あるとき彼は物理学専門誌を読んでいて、興味深い広告に目をとめた。「時空の基盤、宇宙、意識の物理学」の研究に興味のある科学研究員を募集しているというものだった。[9] 一九九六年七月、デイヴィスはボブ・ビゲローの全米ディスカバリーサイエンス研究所で働きはじめた。数週間のうちに、彼はスキンウォーカー牧場で最初の超常現象を体験した。

「九月、そこへの二度目の出張のときに、キッチンの窓越しに機体を見ました」とデイヴィスは言う。「やがてそれが降下してきましたが、遠くの山脈を背景にして、まだ明るく照らされていました。おそらく西に三〇マイル（四八キロ）ほどだったでしょうか」。[10] デイヴィスが見つめていると、その機体らしきものの大きな琥珀色の光が木の高さより下まで降りてきて、やがて地上まで降りたのが木々のあいだから漏れる光で垣間見えた。機体はそこにそのまま三〇分ほど着陸していた。その年の一一月には、デイヴィスが同僚の科学者コルム・ケレハーとともに牧場の家屋の裏口のポーチに座っていたときに、前と同じような光る機体が近くの断崖の上空から矢のように飛んできて、彼らの真上で九〇度の高速旋回をした。[11]

スキンウォーカー牧場でのまた別の晩には、牛の群れがどうも落ち着かず、牧場の管理人は大きな山猫が近くに潜んでいるのではないかと疑った。草地の片隅にいたエリック・デイヴィスは、ある一本の木のてっぺんに猫の巨大な目が光っているのを見た。「本当に大きな目が二つ、黄色く光っていて、大型のネコ科の肉食獣の目のように見えました」とデイヴィスは言う。「ただ一つ問題なのは、大きすぎたことです。両目があまりにも離れていたんですよ。しかも、木のてっぺん近くの高さです。つまり、枝が密集したところではあるんですが、てっぺん近くなんです。……そこでただ点滅してるんです。これはなんだと思いましたよ。あんなに大きな猫は見たことがないし、あんなに大きくて離れた目も見たことがない。そして思いました、これは猫じゃないなと[12]」（ここで『不思議の国のアリス』のチェシャ猫を思い浮かべた人がほかにもいるだろうか）

デイヴィスがいっしょにいたコルム・ケレハーと牧場管理人のテリーにも知らせ、三人全員でそちらを見ていると、いきなり巨大な生き物が目の前に飛び降りてきた。それは山猫よりはるかに大きく、熊や牛ぐらいの大きさがあった。テリーがとっさに至近距離からライフルで何発も撃ち込んだが、デイヴィスはこう振り返る。「ひるみもしません。ゆうゆうと歩き去って低木の茂みに入り、姿を消しました」。雪面には足跡もなく、血痕もなかった。その生き物がなんだったのであれ、それはただ消えてしまった。こうした異様な超常現象をたくさん経験した結果、デイヴィスはきわめて物議をかもしそうな結論にいたらざるを得なかった――ここで目撃されているのは人間ではない、知覚を持ったなんらかの知的生命体で、これはどういうわけかスキンウォーカーの科学者がカメラやビデオを向けても、つねに検出を逃れられるのだ。まともな科学者ならそんなことを考えるのは大問題のはずだが、スキンウォーカーでの実体験から、デイヴィスはこの現象が現実であると確信していた。「一つだけわかっていることがあります」とデイヴィスは主張する。「それらは実在するということです。そこにいて何かをしている。それらの起源はわかりません。向こうが私たちにそれを伝えたがらないのですから[13]」

それに対して懐疑派[14]は、目撃者はこの超常現象を馬鹿正直に信じて調査に入ったために、興奮が過ぎて存在しないものまで見えてしまい、想像力で残りを埋めてしまったというのがスキンウォーカー牧場で起こったことの真相だろう、という見方をとってきた。しかしながら、この現象を調査させるためにビゲローが連れてきた科学者のなかに、もともとの「UFO信者」は一人もいなかった。コルム・ケレハー博士はコロラド大学のがん研究センターの出身だった。チームの獣医であるジョージ・オネット博士は、サウスダコタ州獣医局から来ていた。そしてエリック・デイヴィス博士は、アメリカ有数の公的研究大学の一つから派遣される協力要員としてアメリカ空軍に所属していた。その彼らが調査中に目撃したものは、彼ら自身の認める科学的必然性のすべてに真っ向から反していた。デイヴィスは以前、二十代後半のころ妻といっしょにUAPを見た経験があると認めてはいるが、[15] UAP目撃の主張が虚偽だとわかるときは努めてそれを否定していた。新たに発見されたエドガー・ミッチェルの所蔵ファイルに収められていた全米ディスカバリーサイエンス研究所の文書によると、デイヴィスはNIDSにいたときに、モンタナ州にエイリアンが攻撃目的で着陸したという話の調査にあたり、それをでっちあげであると結論していた。愉快なことに、デイヴィスも多くの前任者と同様に、ネバダ砂漠にある政府の秘密施設エリア51をのぞき見ようと境界線のまわりを車で走っていて、ワッケンハット警備保障会社の警備員に不審に思われ見つかってしまったと認めている。

　ネバダ州ラスベガスを拠点とするジャーナリストのジョージ・ナップは、多数の賞を獲得している調査報道記者で、ラスベガスのテレビ局KLAS-TVで四〇年にわたって番組を持ち、UAPに関する驚異的なスクープを数多く報じてきた。また、国家の陰謀と超常現象を主要なテーマとする配信ラジオ番組「コースト・トゥ・コーストAM」の司会もたびたび務めている。二〇〇五年、ナップは共著で、スキンウォーカー牧場を主題にした『スキンウォーカー狩り』という本を出版した。[16] 共著者は、科学者のコルム・ケレハー博士である。例のビゲローのNIDSの資金のもとに、噂の超常現象を調査する科学者やエンジニアやアナリストの集団を率いていたのが彼だった。ケレハーはこの本でたくさんの「異常現象」について述べているが、牧場のいたるところに設置された無数のカメラに、それらの現象はどれも映っていなかった。出されていた説明は、どういうわけかこれらの異常現象は不思議とカメラに映らないことができる、というものだった。おそらく本のなかで主張されている最も驚くべき現象は、NIDSの調査員が目撃したという「顔のない黒い生き物」の出現だろう。それは黄色く輝く光のトンネルから現れたというが、そのトンネル自体、まるで異次元から出てきたかのように、どこからともなく一瞬でそこに出現したのだという。[17] シャーマン家が主張していた別の事件では、赤い目を鋭く光らせた、知性を持っているとおぼしき巨大な狼に似た動物が現れて、至近距離から大口径の拳銃で撃っても猟銃で撃っても、無傷でその場を離れていったそうだ。[18]「銃弾が肩の近くの肉と骨に当たった音がしたのは間違いない。狼は一瞬のけぞったが、すぐになんでもなかったかのように立っていた」と本には書かれている。「呆然とする家族にゆっくりと最後の一瞥をくれると、狼はゆうゆうと向きを変え、小走りで草むらの向こうへ消えていった」。最終的にシャーマン一家が牧場を去るきっかけとなったのは、飼い犬が明るく輝く光球を追いかけて木立に入っていったまま、それっきり戻ってこなかったことだった。

これらはじつにセンセーショナルな（そして多くの人にとっては疑いなく、まずありえないと思うような）主張であり、それを信じるには別の独立した裏づけが必要だった。NIDSの調査について公に明かされた情報から、NIDSは膨大なデータを集めていたことがわかっているが、それらのデータ——たとえばビデオ映像、電磁波の測定値、土壌や切断された家畜の死骸のサンプルの分析、専門家の報告書、血液検査など——でも、これらの異様な主張の裏づけにはなりえなかった。もし赤い目をした巨大な狼や、伝説の猿人「ビッグフット」のようなものが本当にこの牧場に出没していたのなら、彼らはよほど恥ずかしがり屋で、ボブ・ビゲローの調査団がカメラを向けても出てこなかったということなのだろう。

NIDSのスキンウォーカー牧場調査に関係していたもう一人の興味深い人物は、現在は退役しているが、かつてはアメリカ陸軍の特殊部隊と軍事諜報部に属していたジョン・アレグザンダー大佐である。彼は一九七〇年代から八〇年代にかけて、アメリカ国防総省の悪名高い遠隔透視プログラムに携わっていた人物でもある。アレグザンダーはペンタゴンの「ジェダイ戦士」の一人として、眉唾物の心霊現象や遠隔透視を非致死性兵器として活用できる可能性など、規格外の発想を考慮検討する任務に就いていた。ニューヨーク・タイムズの記者ハワード・ブラムが一九九〇年に明らかにした[19]ペンタゴンの秘密UFO作業部会を創始し、UAPの目撃情報の評価と、周回軌道の先から地球に入ってきた正体不明の物体とされるものの調査をさせていたのも、このジョン・アレグザンダーだった。そしてアレグザンダーは、一九九〇年代にNIDSに雇われてスキンウォーカー牧場の監視に行った最初のメンバーの一人であり、「われわれのきわめて有能な熟練科学者が観察している前で、多くの異様なできごとが起こることになった」と主張している。[20]彼の話によると、あるときポールに取りつけられた牧場の監視カメラが破損したことがあったという。電線が引き抜かれ、切断されて、ダクトテープも完全に剝がされていたが、ちょうど別のカメラが破損したカメラのほうにまっすぐ向けられていたので、本来なら破損カメラに何が起こったかの一部始終がそこに記録されていたはずなのに、二つ目のカメラには何も映っていなかった。「カメラの物理的損傷の程度を考えると、この事故全体が一秒ちょっとのあいだに(つまりビデオのコマが切り替わるあいだに)起こったなどということは、はなから問題外である」と彼は書いている。[21]

アレグザンダーは、牧場に出現した三次元の入り口から人間のような姿をした生き物が出てきたという信じがたい目撃談についても詳述している。それは一九九七年八月のある夜中、午前二時半のことだった。崖からあたりを見回していたNIDSの二人の科学者が、眼下の道路の近くにかすかな光が灯っているのに気がついた。その光は少しずつ大きくなり、強くなって、やがて直径一メートル余りの大きさに広がった。地面から一メートルほど浮いていて、気がつくといつのまにか三番目の次元ができており、トンネルのような格好になっていた。アレグザンダーの記述によれば、「研究者たちの目には、そこで展開されているできごとがはっきりと見えた。トンネル内に動く黒いものがあり、やがて姿を現した。それはかなりの大きさの、人型をした生き物だった。身長は一八〇センチぐらい、体重も一八〇キロぐらいありそうだった。両腕を使って光のトンネルから抜け出ると、道路に降り立った。そして直後、その生き物は暗闇に歩み去った……[22]」。当然ながら、このような奇妙な超常現象の報告は、否定派からの嘲笑を浴びた。たしかに否定派の言うとおり、この目撃証言はまったくと言っていいほど、公表されているどの独立したデータからも裏づけを得られなかった。

だが、NIDSによるビゲローの私的な調査の範囲はスキンウォーカー牧場にとどまらなかった。NIDSが発見したことの大半は、いまだ内密にされたままである。私は個人的に、二〇一六年二月に亡くなったアポロ一四号の宇宙飛行士、エドガー・ミッチェルが生前に保有していた文書類を入手した。その文書から、かつて一九九〇年代後半にビゲローのNIDS調査員が行なっていた、UFOとキャトルミューティレーションの両方に関する広範な調査のことがある程度まで明らかになった。UAP研究を長らく支持してきたミッチェルは、NIDSの科学諮問委員会の一員も務めていた。その関係で、スキンウォーカー牧場をはじめ、ビゲローの資金に支えられた調査チームが訪れたさまざまなエリアから提出された、NIDSの内密の調査報告書の一部を保有していたのだ。

興味深いことに、それらの文書によるとNIDSは一九九七年八月に、ユタ州、ネバダ州、ニューメキシコ州にまたがる一帯で、UAPとの関係が疑われるキャトルミューティレーションの事例をくまなく調査していた。そのなかに、背中から奇妙な大量出血をして死んでいた牛の事例があった。NIDSの報告書は大胆にも、これを「高いところから落下した」ためだと推定していた[23]。一九九七年九月付の別の報告書では、ニューメキシコ州のダルシーでUFOを目撃した人びとへの聞き取りと、ロス・ブラソスで生後五日にしてミューティレーションの犠牲になった仔牛の調査について詳述されている。この哀れな仔牛には乳首がなく、肛門と舌が切除されていたとNIDSの調査員は記録している。電磁波に異常は見られないとのことだった。不思議なことに、その仔牛の死骸から南西方向に七六メートルにわたってぽつぽつと丸い牛糞がひっくりかえって落ちていたのだが、これらは明らかに、最初に草地に落とされた位置から六メートルほども吹き飛ばされていた。NIDSの超常現象調査チームがそれぞれの持つ多数の博士号を駆使して牛糞の粘着性を検証するとは考えただけでも愉快だが、まさにそれが彼らのやったことだった。報告書にはこう記載されている。「われわれは牛糞を蹴り飛ばす実験もしてみたが、もともとの位置から二〇フィート（約六メートル）も移動させるのは困難であると判明した。したがって結論として、なんらかの強い風速、もしくは乱気流が、死骸付近の牛糞をひっくりかえした原因であると考えられる。ただ不可解なことに、ここ以外、同様の擾乱が起こっていた形跡は敷地内のどこにも見当たらなかった[24]」

　文書に記載されていたダルシーでのUFO目撃報告のなかには、地元の先住民ヒカリヤ・アパッチ族からの証言もあり、当時のダルシー公安部の事務局長で、町の警察、消防、救急の責任者だったホイト・ヴェラーディも証言者の一人だった[25]。ヴェラーディはNIDSの調査チームに、一九八七年に遭遇したできごとのことを話していた。そのときヴェラーディはもう一人の局員と夜間パトロールに出ていた。ダルシーの近くの渓谷に差しかかったとき、二人はともに全長一マイル（一六〇〇メートル）ほどの巨大なUAPを目撃した。二人が最初に気づいたとき、それは頭上一〇〇〇フィート（三〇〇メートル）ほどのところに浮かぶ、無音の小さなオレンジ色の光だった。「やがてその光が近づいてくると、それはゆっくりと静かに移動している巨大な黒い構造物で、その端に光が灯っていたのだと彼は気づいた。その物体のせいで星も見えなくなり、ホイトと同僚が見つめていると、その物体は渓谷にいた彼らの頭上に移動してきた。……その物体が菱形、もしくは平行四辺形をしていて、両側の斜辺が上に向かって長く延びているのがはっきりわかったという。どこまで延びているのかは推測しようもなかったというが、彼は繰り返し、とにかくそれが巨大だったと主張した。……その物体は端から端まで一マイルほどあったとホイトは言った。真っ黒で、先端に光が一つ灯っているほかは何も特徴がなかったという[26]」

この開示されていなかった一九九七年のNIDSの文書には、ヴェラーディの別の目撃談のことも詳しく記載されている。それは何十年も前の一九六四年、ヴェラーディが父親の農場で働いていたときに目撃した卵形の機体についてだった。ケレハーが書いているヴェラーディの説明によると、「その機体は、同じ年にソコロで［ニューメキシコ州警察の巡査部長、ロニー・］サモラが見たのと同じものだった。彼らが丘の上で寝ていたときのことだ。機体は全長二〇フィート（六メートル）ほどで、木立の約一〇〇フィート（三〇メートル）上を移動していた。機体は光を発していて、地上の牛を照らしていたが、牛たちはとくに動じてもいなかった。あたりは暗かったが、ホイト［・ヴェラーディ］には難なく機体の形状と色がわかった。色は象牙色、もしくは雪花石膏のような色をしていたという[27]」。NIDSのチームは、ヴェラーディが一九九七年にまたもや遭遇した別の事件の調査にもあたっていた。このときヴェラーディは、自分の牧場にちょっとした火事が出て、茂みの一部が燃えているのに気がついた。「彼がそこを調べてみると、三頭の牛の死骸があった。舌や肛門などの器官が抜き取られていた。一頭は唇と顎の皮もなくなっていた」。NIDSのチームは現場に行って、三頭の牛の死骸がミューティレーションに遭っているのを確認した。しかし奇妙なことに、死骸はすっかりしなびて干からびていたが、腐食動物に荒らされた形跡はまったくなかった[28]。

同じ機密報告書には、別の地元住民で、ダルシー魚類鳥獣部の部長を務めるマール・イローーティがNIDSのチームに話した目撃談についても記載されていた。イローーティが見たのは直径七五フィート（二三メートル）の機体だった。それは明るい光を一つ放ちながら空中を浮遊し、旋回していた。その二週間前には、イローーティの兄弟と義理の兄弟が同じ現象を見たと報告していた。このとき彼らは機体にかなり近寄っており、そのせいか、トラックのエンジンと無線を切っていたにもかかわらず、スピーカーからけたたましい空電雑音が鳴りはじめたという。この一九九七年のニューメキシコ州でのNIDS調査のあいだ、コルム・ケレハーと行動をともにしていたNIDS調査員の一人が、ニューメキシコ州警察の警官で、ダルシーのヒカリヤ・アパッチ族と強いつながりを持つゲイブ・ヴァルデスだった。ヴァルデスは二〇一一年に亡くなったが、このNIDSでの仕事を終えたあと、彼はとてつもない（そして当時の彼自身は知らなかったが、ほぼ確実に疑わしい）主張を世に出した。とあるアメリカ政府の秘密機関がダルシーにある秘密の地下「UFO基地」を使って実験を行なっており、そのせいでキャトルミューティレーションが多発していたというのである。だが、いまではこの主張がほぼ確実にでたらめだったのはわかっている。興味深いのは、そのでたらめな主張の出所が、アメリカ空軍の内部から実行されていた偽情報発信プログラムだったことである。

研究者で著述家のグレッグ・ビショップは、『プロジェクト・ベータ』という著作において[29]、ヴァルデスとポール・ベネウィッツという実業家が偽情報をつかまされた奇妙ないきさつを描きだしている。彼らをだましたのはリチャード・ドーティというアメリカ空軍特別捜査局の捜査官だった。ドーティは、UFO研究の世界では有名な（しかし、なぜか憎めない）悪役だ。彼は引退してから一貫して、命令によってヴァルデスとベネウィッツに嘘をついたと主張してきた。その目的は、空軍のとある詳細不明の秘密プロジェクトから彼らの関心をそらし、それを地球外生命に関するプロジェクトだと勘違いさせること――それが彼の受けていた命令だったというのである。だとすると、エド・ミッチェルが保有していた例の文書についても違った読み方をしたくなる。ひょっとすると、ヴァルデスがドーティの偽情報を積極的に信じるようになった原因は、実際にダルシー周辺できわめて異様なUAP活動が起こっていたことを立証する、たくさんの地元目撃者の証言にあったのではないか。そのすべては、コルム・ケレハーが一九九七年に作成した機密文書に詳述されていたのだ[30]。ということは、のちにベネウィッツとヴァルデスが公表した、いまでは疑問視されている陰謀論の出所は、実際には、証言者がたっぷり裏づけた目撃情報にあったことになる。そしてアメリカ空軍自身がこの証言にありえそうもない話を加え、ダルシーにエイリアンの地下基地があるという怪しげな主張を仕立てあげたのだ。

ヴァルデスとベネウィッツの陰謀論のでたらめさが暴かれたことにより、以後、ダルシー周辺での奇妙なUAP活動をいくら主張したところで、あらゆる主流メディアから完全に疑わしい目で見られるのは確実になった。しかしもちろん、ニューメキシコ州の山中に何かを隠しておきたい機関があったなら、これぞ望むところの展開だった。仮に政府がダルシー周辺の山奥で何か新しいテクノロジーを試験していたとしても、ダルシーの地下UFO基地というたわごとのあとでは、もはやそれを信じる人はほとんどいなかっただろう。NIDSの文書を読めば、政府がダルシーの山奥で何かをたくらんでいるのではないかとビゲローの調査員が疑っていたのは明らかだった。

地下基地の噂は明らかに、山を歩いていた好奇心旺盛な地元住民の嘘偽りない目撃談から発展したものだ。ケレハーが書いたNIDSの報告書には、地元のヒカリヤ・アパッチ族への聞き取りの結果、一九九七年九月に空中を浮遊するUAPを目撃しただけでなく、アーチュレッタ山に掘られた謎の通気孔に出くわしたとも主張する人が多数いたことが記録されている。そのうちのチャーリー・デイヴィスとエドマンド・ゴメスは、入念に覆い隠された野営地の跡まで発見していた。要するに、秘密活動の証拠が消し去られていたものと推測される。「チャーリーの説明によれば、『彼ら』［おそらく政府のことだろう］は山の斜面を吹き飛ばしており、木がすべて枯れていたという。おそらく地下に何かを隠すためだったのだろう。通気孔は非常に手際よく岩に穿たれていた。自然にできた岩の割れ目や穴でないのは確実で、明らかに彫られていた。内側から空気が勢いよく大量に吹き出ていた。……この山の地下に基地があるのを強く確信した。チャーリーはアーチュレッタ山の上空に機体が浮かんでいるのを何度も見たとも言っている」とNIDS

の報告書には記されている。

報告書には、ダルシーの警察署長がＵＡＰとキャトルミューティレーションに関して何かおかしなことが起こっていると思っていると認めたことも詳述されている。三〇年近く署長を務めてきたラレー・タフォーヤ・シニアは「キャトルミューティレーションに関する一九八〇年のＦＢＩの報告書に対して冷笑的で、ＦＢＩ捜査官の捜査能力についてはさらに冷笑的だった。……彼によれば、そのＦＢＩ捜査官は、一九七〇年代にキャトルミューティレーションで家畜を失った牧場主の知性を愚弄したのだ」。ミューティレーションのとある現場で二人のカメラマンにより二台のカメラで撮影された写真には、撮影時にカメラマンには見えなかった三つの球状の物体が空に浮かんでいるところが写っていた[31]。

ロバート・ビゲローは抜け目のない、事業に大成功した億万長者だ。そして彼の擁するＮＩＤＳのチームが一九九五年から二〇〇四年にかけてアメリカ全土で発見したことの大半は、いまだ部外秘扱いにされたまま明かされていない。ビゲローはまた、ＵＡＰを本物の宇宙船と信じる宇宙産業起業家でもある。彼は新しいテクノロジーによる宇宙開発競争で優位に立つことを強く望んでいる。したがって、彼がＵＡＰ調査の詳細を秘密にしている理由は、ＵＡＰの推進力であるに違いないと配下の科学者から言われている、仮説上の反重力・電磁テクノロジーを最初に開発したいからだと推測してもおかしくはない。一九九八年、彼はネバダ州ラスベガスを本拠とする宇宙テクノロジー企業、ビゲロー・エアロスペース社を設立した。もろもろを考えあわせると、おそらくビゲローは、ＮＩＤＳ調査への投資に十分な見返りがあると感じたのだろう。立派な経歴の調査員を全国に派遣して、一九九〇年代の一〇年間をまるまる調査にあたらせた費用も惜しくはないと思っているに違いない。彼のアーカイブには、相当におもしろい読み物がそろっていることだろう。

第11章　宇宙から来たチクタク

二〇〇四年一一月一四日の朝は、おそらく史上最もよく検証されたUAP事件の起こった日時として記録される――ただし、この話が広く知られるようになるまでにはさらに一三年の歳月を必要とするのだが。ともあれ、この晴れた日に、太平洋の北東部、アメリカの都市サンディエゴとメキシコの港町エンセナーダとの中間点から沖合に一〇〇キロほど離れた海上では、アメリカの巨大な航空母艦ニミッツが空母打撃群のほかの艦艇とともに、中東への配備を前にしての準備訓練を行なっていた。この演習のため、海と空は広範囲にわたって閉鎖されていた。

空母ニミッツはアメリカの海軍力の堂々たるシンボルだが、じつのところ、当時最新鋭のSPY-1イージスレーダーシステムで防空を担当していたのは、随伴するタイコンデロガ級誘導ミサイル巡洋艦プリンストンのほうだった。プリンストンはパッシブ電子走査レーダーシステムを搭載しており、これで空母群全体を三六〇度カバーできた。このレーダーシステムは現在もなおセンサー技術の最高峰である。従来のレーダーはアンテナが回転するたびに目標が見えるのに対し、SPY-1イージスシステムはフェーズドアレイ方式なので、全方向の何百もの目標を同時に追跡することができる。

プリンストンの作戦専門上級上等兵曹ケヴィン・デイは、空母群全体を守るシステムの調整を担当していたが、四日前からレーダー画面上に異常な航跡が認められていたため、懸念を深めていた。一一月一〇日以来、応答信号を寄こしてこない未確認空中物体が多数あり、それらが一度に五個から一〇個ほどの密集した編隊をなして、通常の商用機や軍用機の航路よりはるかに高い高度を飛んでいたのだ。デイはプリンストンの共同交戦能力（CEC）システムを確認した。CECはレーダー情報をあらゆる情報源からすべて取り込んで、一枚の画像に合成する。「あれは間違いなく本物でした。実在の物体です」。デイは眺めの美しいオレゴン州の高地にある自宅から、私の電話取材に答えてそう言った。▼1

そのUAP群はまず、サンディエゴ沖のサンクレメンテ島のあたりから南の空母艦隊に向かって高度八万フィート（二万四〇〇〇メートル）ほどの上空を、その高度にしては異様に遅い一〇〇ノットという速度で移動しているところを探知された。▼2 気象観測気球は別として、ここまで高いところを飛べる航空機は、地球の歴史を通じてもほんの一握りしかない。つまり、プリンストンのセンサーがとらえた物体群に一致しそうなものは何一つなかったのだ。巡洋艦プリンストンの兵曹ゲーリー・ヴォーリスは、反射波の受信に問題がないかレーダーシステムを確認した。システムを再調整してみても問題は見つからなかった。ヴォーリスは物理的にも、センサーが示す所在地にそれらの物体があることを確認した。物体群の相対方位を画面上で確認できるようにしたあと、高性能の双眼鏡で空を見渡してみたのだ。すると、遠方に何か発光しながら浮かんでいるものが見えた。「細かいことは何もわかりませんでした。とにかくそこに浮いていたんですが、それがいきなり、別の方向に矢のように飛んでいって、また止まりました」とヴォーリスは私の電話取材にアメリカから答えてくれた。▼3「夜にも見ました。燐光のようなものを発していたので昼間よりずっと見やすかったぐらいです」▼4。そして問題の一一月一四日の朝となり、プリンストンの戦闘指揮所（戦闘情報センター）では、デイ上級上等兵曹がふたたび画面上に一四個の未確認物体の一群を発見していた。今回は、ニミッツのレーダーも同じものを見ているのが確認された。空母ニミッツは搭載していた早期警戒機E－2ホークアイを発進させ、そのレーダー上でも最も近くにあった物体が探知された。ほかのさまざまなレーダーシステムからも多数の裏づけを得て、デイは確信した――自分のレーダー画面に映っている異常な物体が誤探知である可能性はきわめて低い。

そしてデイは、次に見たものに唖然とした。画面に映るUAP群は、だいたいが上空およそ八万フィートかそれ以上の高さにあって、一部がもっと低い二万八〇〇〇フィート（八五〇〇メートル）程度のところにあった。ところが、次の瞬間（デイの計算では〇・七八秒で）、UAP群がいっせいに急降下してさまざまな高度に散らばった。二万八〇〇〇フィートの上空を浮遊するものもあれば、海面からわずか五〇フィート（一五メートル）上の高さに浮かんでいるものもあった。デイは二〇一九年三月のUFO会議で、こんな印象的な言葉を残している。「まるでUFOの雨です。ざあざあざあざあと水面まで落ちてきました」[5]。私の取材に対して、デイはこんなことも教えてくれた。彼は当時、プリンストンの対弾道迎撃ミサイル防衛エリアで活動する乗組員から、彼らがその日、実際にそれらの物体のいくつかを地球の周回軌道から追尾したと聞かされたのだという。「あの物体のいくつかは宇宙から来たんです」とデイは言う。「私のレーダーには直接は映りませんでしたが、いくつかが周回軌道から降下したのはわかっています。この宇宙にいるのはわれわれだけではないんですよ、ロス」[6]。このできごと全体がケヴィン・デイに深遠な影響を与えたのは明らかだろう。あの日に彼が見たものは、彼の世界観を揺るがすぐらい強烈だったのだ。

この目撃事件がなぜそんなにも驚異的なのかといえば、ここで見られたようなものすごい加速と急停止は、既知のテクノロジーではとうてい不可能だからである。ある研究によれば、これらの物体の推定速度は中間点で時速一〇万四八九五マイル（一六万八八一二キロ）、重力加速度が一万二二五〇Gという、とんでもない値になる[7]。これらの物体がもし本当にデイが話しているように、静止位置から瞬時にして消え去ったというのなら、「UAP研究のための科学連合」による計算にしたがえば、ピーク速度はさらに速い、時速二八万一五二〇マイル（四五万三〇六二キロ）ということになる。要するに、およそ信じがたい速さだったということだ。すでに事件から二〇年近く経つが、いまだに地球上のどこを探しても、これほどの速さで飛べるものは何一つないはずだ。

さらに言えば、デイが画面上で見た加速から導かれる重力加速度は、人間の生存を不可能にする。戦闘機のパイロットの大半は、最大およそ9Gで失神しはじめる。どれほど頑丈な航空機でも、およそ15Gから17G以上でばらばらになる。例のUAP群が上空八万フィートから海面のすぐ上まで急降下したときに生じる推定一万二二五〇Gの力は、人間の体を例外なく血のスープにするだろう。この目撃から数時間以内には、空母ニミッツが三〇機もの航空機を発進させる予定になっており、さらにサンディエゴからも追加の航空機が空母群の演習に合流することになっていた。ケヴィン・デイは、この奇妙なUAP群が航空航行にとって深刻な脅威になると判断した。いまや大量の未知の物体が、彼が責任を負う飛行機群の航行する低高度の領域に浮かんでいる。デイはニミッツの艦長ジェイムズ・スミスに、航空機を出して様子を見させてはどうかと進言した。艦長もそれに同意した。

次に起こったことは、物理の基本法則と、飛行と推進の限界に対する常識的に不可侵の制約を覆す、畏れ多いと言っても過言ではないことだった。それは誰にとっても経験したことのない衝撃的な、魔法とさえ呼びたくなってしまうほどのものだった。SF作家のアーサー・C・クラークがいみじくも言ったように、「十分に高度なテクノロジーは魔法と見分けがつかない」のである。地球上で最強の力を誇る海軍が、いまや空中戦でUAPに屈服させられようとしていた。

その日の午後二時ごろ、戦闘機FA－18ホーネットのパイロット、ダグラス・カース中佐はプリンストンに指示されながら、艦のレーダー画面上で最も近いとされたUAPに向かっていた。ニミッツから南西に一〇〇キロほど飛んで、カースは迎撃地点に到達したが、見えたのは海面のある部分がやたらに荒れていて、幅五〇メートルから一〇〇メートルほどの円ができていることだけだった。のちにカースは、ジャーナリストに転じたかつての戦闘機仲間のパコ・キエリチ（いまや伝説となったこの日のできごとを最初に記事にした人物）に、その白く泡立つ水面が沈没する船を連想させたと語っている。▼8 折よく、空母群随一の熟練パイロットの一人がたまたますでに空に出ていた。第41戦闘攻撃飛行隊（通称「ブラックエイセス」）の指揮官デイヴィッド・フレーヴァーがFA-18Fスーパーホーネットの一機に乗り、そのサポート役として現在も現役の匿名希望の女性パイロットがもう一機に乗っていた。両機とも、後部座席に兵器システム担当士官を乗せていた。この四人が全員のちに、史上最も説得力のあるUAP遭遇の一つとなる事件についてほぼ同じ話を語っている。

　定例の演習だと思って発進してから三〇分後、両機は「現実世界の状況」への方向転換が始まっていることを告げられた。方向が指示され、上空二万フィート（六〇〇〇メートル）で対象を迎撃するよう伝えられた。両機のパイロットは兵器（ミサイルなどの使用可能な武器弾薬）を積んでいるかどうかも尋ねられた。どちらにもその用意はなかったが、そう聞かれるということは、後方のプリンストンで画面を見ている面々が事態の緊迫を恐れていることの表れだった。目標地点――戦闘機のレーダーシグネチャがUAPの探知された位置と合致する「マージプロット」――に達したところで、フレーヴァー中佐が上空二万フィートのFA-18機のコックピットから下に目をやると、海面が白く泡立っているのが見えた。その荒れた部分がちょうどボーイング737と同じぐらいの大きさだったため、ひょっとして民間旅客機が海に墜落したのではないかとの懸念も浮かんだ。もっとよく様子を見ようと、フレーヴァー中佐は高度を落とした。上空に残ったもう一機のパイロットと兵器システム担当士官のスレイト少佐は、演習に参加していた潜水艦ではないのかと思ったが、のちに帰投後の報告会《デブリーフィング》で、その可能性はニミッツの情報将校により否定された。しかし追って出てきた証言から、海中に何かが存在していた可能性はあった。プリンストンのゲーリー・ヴォーリス兵曹が、監視していたセンサーによると水面下になんらかの物体があり、それが五〇〇ノットという信じがたい速さで動いていたと言っているのだ。[9] この奇妙な海中の物体がなんだったのであれ、それが公式に知られた乗り物でないのはまず確実だった。わかっているかぎり、この物体に示されていたような技術的能力はどの国も持っていないはずなのだ。

降下中、フレーヴァー中佐は見えてきたものに衝撃を受けた。それは、のっぺりした巨大な白い「チクタク」〔tic tac の名称で世界各国で販売されているイタリア発のミント菓子〕としか表現しようのない物体だった。その腹の下に付属肢のようなものを二つつけたチクタクが、泡立つ海面のすぐ上に浮かんでいた。全長はFA－18機とほぼ同じで、窓もなく、エンジンも見当たらず、翼もなく、排ガスも煙も出ておらず、はっきりとした模様もない。ただ不規則に海面すれすれを揺れ動いている。「白くて、長さが四〇フィート（一二メートル）ぐらいで、ただ海の上に浮かんで前に行ったり後ろに行ったり、右に行ったり左に行ったりしていました。回転気流もなく、翼もついていない。何もないんです」とフレーヴァーはFOXニュースのタッカー・カールソンに語っている。[10] フレーヴァーがもっと近くで見ようと降下すると、UAPはその動きをそっくり真似しはじめた。ちょうど互いが時計の文字盤の反対側にあるかのように、フレーヴァーのFA－18が降下するのにあわせてチクタクが上昇してきたのである。フレーヴァーはそれに気づいてぞっとした。この物体の正体がなんであれ、そのようなミラーリングができるということは、こちらの機体の動きに知的に反応しているしるしにほかならなかったからだ。同じころプリンストンの戦闘指揮所では、スピーカーシステムから流れる両機のパイロットのますます緊迫する通信に、室内にいる全員が緊張しながら耳を傾けていた。五人のレーダーオペレーターがそれぞれこの事象をリアルタイムで追跡し、プリンストンの多数のセンサーシステムから送られた画像が全員の前のスクリーンに映し出された。

上昇しはじめた物体が自分の戦闘機にどんどん接近してくる事実を認めたフレーヴァーは、思わず叫んだ。「ああ、なんてことだ。交戦中。こちら交戦中。畜生！」[11]。その瞬間、プリンストンのレーダー画面に映っていたほかの一四個の正体不明の目標が、上空八万フィートからいっせいに急降下して海面に向かってくるのが確認された[12]。「パイロットが悲鳴をあげ、無線でつながっている全員が悲鳴をあげました」とケヴィン・デイは振り返る[13]。上空から、フレーヴァーの同僚で二番機に乗っていた兵器システム担当のジム・スレイト少佐も、巨大なチクタクを見た。はっきりした輪郭はあるのだが、その周縁がぼやけていたとスレイトは表現している。「熱された舗道から熱波が浮き上がってきたような感じというか、中東のペルシャ湾で空母の甲板を遠巻きに見たときの感じというか、そんなふうに見えました」[14]。さらにスレイトは、その物体がフレーヴァーの機体のまわりを至近距離でぐるりと一周するのも見ていた。そのあと物体は空中で停止して、数秒ののちに瞬時にして飛び去った。

「そこにいたのに……一瞬のうちに視界から消えました」とスレイトは振り返る。「まるでライフルから弾丸が発射されたかのようでした。徐々に加速することもなく、エンジンが回転数を上げる時間のようなものもない。即座に飛び去ってたちまち視界から消えたのです。後にも先にも、あんなものは見たことがない。あんな加速に耐えられる人間はいませんよ」。フレーヴァーはふたたび自機のレーダーの目標をチクタクに固定しようとしたが、システムが動いてくれなかった。あとになって、あの物体のなかにいた人だか物だかにシステムを妨害されたのではないかという考えが頭をよぎった。「あっちは上昇、こっちは降下していきます。こちらからは向こうがよく見えました。われわれが着いてから、全部で五分ぐらいのできごとです。こちらはだいたい八時の位置、向こうは二時の位置にありました。私は行こうと決めました。あれがなんなのか見てやると。そのとき向こうはこっちより約二〇〇〇フィート（六〇〇メートル）下にありました。そこで私は方向を変えてまっすぐ突進し、あと半マイル（八〇〇メートル）というところまで来たとき、いきなりあれが加速して、ものの二秒で南のほうへ消え去るんです。……超音速をはるかに超えています。銃から弾丸が発射されたかのように、瞬時に飛び去りました」とフレーヴァーは語っている。

一一月のその日はあまりにたくさん奇妙なことが起こったため、次のことの重要性がつい見過ごされがちになる。フレーヴァー機とその僚機はプリンストンから、あらかじめ取り決められていた一〇〇キロメートル先の集結地点、いわゆる「キャップポイント」に向かうよう指示された。これは指定された緯度と経度に向かえということで、フレーヴァーは前にもそこを集結地点として使っていたが、プリンストンはその日、どの段階でも特定のグリッド座標をオープンチャンネルで両機に送信してはいなかった。両機のパイロットは、あらかじめ決められたキャップポイントに戻るよう言われただけである。そのあと彼らは機上でプリンストンから無線でこう告げられた。「信じられないだろうが、あれがきみらのキャップポイントにいる[15]」。このとき彼らはさぞ背筋が凍っただろう。イージスレーダーがとらえたUAPの一つは明らかに、上空二万四〇〇〇フィート（七三〇〇メートル）の、フレーヴァー機と僚機が向かっていたまさにその場所に浮かんでいた。これがただの偶然であるはずがない。UAPが彼らの先を行っていることをわざわざ知らせているかのようではないか。UAPがキャップポイントの位置をどうやって知ったのかは不明である。だが、UAPはアメリカ海軍のことを当の海軍以上によく知っているようだった。

FOXニュースのタッカー・カールソンの番組でデイヴ・フレーヴァーがインタビューを受けたとき、カールソンはこう質問した――チクタクが示したような性能は人類の既知のテクノロジーでも出せるのでしょうか。それはこのインタビューのなかで最も真実がにじみ出た瞬間だった。デイヴ・フレーヴァーは明らかに重大な決断をして、口を開くことにしたようだった。軍のパイロットはこのような目撃のことをめったに口にしない。それは彼も何十年も前から知っていることだった。フレーヴァーがごくりと息を呑むのが外から見てもわかった。彼はカメラをまっすぐ見つめ、決意を新たにしたかのように口を真一文字に結び、深呼吸をした。そしてそのあと、ブラックエイセスの元隊長が真意を明かした。「私の意見では」とデイヴィッド・フレーヴァーは言う。「機上にいたほかの仲間も同じだと思いますが、われわれは——あれをこの目で見たわれわれは、あれがこの世界のものであるとは思えません[16]」

この二〇〇四年のチクタク遭遇の意義は計り知れない。何年ものあいだ、UAPに関する大衆の関心を薄れさせるのに軍が使ってきた定番の台詞の一つは、その物体がなんであろうと公式調査のあとに決まって発する、「国家安全保障に対する脅威ではありません」というものだった。しかし間違いなく、国家安全保障にとってこれ以上重大な脅威はないだろうと思われるのが、あの二〇〇四年一一月の午後にアメリカ海軍に突きつけられた現実だった。人類の持つ最高のテクノロジーをはるかに凌駕する未知のテクノロジーが、この国の領空で、領海で、そしておそらく宇宙空間でも活動していることを思い知らされたのだ。あの日、あの物体はまるでアメリカの戦艦隊をからかっているかのようだった。プリンストンの戦闘指揮所の内部では、オペレーターが驚愕しながら事態を見つめていた。フレーヴァー機と僚機がニミッツに帰投したとたん、ものの数秒で、海に向かって降下していたほかの物体の一群がふたたび上空八万フィートに舞い戻ったのである。UAP群は何事もなかったかのように、アメリカ海軍との空中戦など午後の高高度クルーズのちょっとした気晴らしだったとでもいうかのように、ふたたび一〇〇ノットの穏やかな速度で南へ移動していった。ケヴィン・デイは、いくつかの物体はいったん海中に沈んでから、上層大気圏の八万フィートの高度に急上昇したものと考えている。「もしかするとそれ以上だったかもしれません。それより上だと、当時のレーダーのスキャン範囲を超えていますから[17]」。のちにフレーヴァー中佐が指摘したように、八万フィート以上の高度を飛行する機体はすべて宇宙空間への途上にある。「物理を考えてみてください——八万フィートは、地球が丸いことが見えはじめる高さです。そこはもう宇宙と考えられます。あれはその上から来ているのです[18]」

二〇〇四年の「チクタク」UAPの目撃証拠は、ビデオを含む複数の独立したセンサーシステムでとらえられていたことからして決定的だった。あの一一月一四日の午後、フレーヴァー中佐とその相棒がチクタク遭遇後にニミッツに帰投するのと入れ違いに、三組目の航空機が発進した。パイロットの一人、チャド・アンダーウッド大尉のジェット機には、ATFLIR（先進前方監視赤外線）ポッドと呼ばれるものが搭載されていた。これは戦闘機が航行や爆弾の誘導に利用する電気光学式の照準ポッドだ。サーモグラフィ（熱感知）カメラ、低照度テレビカメラ、レーザー測距計が組み合わさったこの装置は、つかまえにくいUAPを追いかけてビデオ撮影するのにうってつけの道具である。目的地に向かう途中、アンダーウッド機に同乗していた兵器システム担当士官が、先発のデイヴ・フレーヴァーと相棒の女性パイロットが最後にUAPを見たキャップポイントを確認した。すると案の定、そこにUAPが待ちかまえていた。不穏なことに、このアメリカ海軍ジェット機がレーダーでその対象を固定しようとすると、意図的な電波妨害の明らかなしるしがあった。それはまさにフレーヴァー中佐が言っているように、「敵対的な行為、専門的にいえば戦争行為」と見なしてさしつかえなかった。▼19

アンダーウッドのすぐ後ろに座っていた兵器システム担当官は、最終的にポッドの赤外線モードを使って対象を固定することに成功した。これによって黒い背景に浮かびあがる白い物体が機内の画面に現れた。しかし赤外線モードによって何よりも明らかになったのは、見えてこないものだった。従来の推進システムであれば必ず噴出するようなジェット排出や排ガスが、このUAPからはまったく発せられている様子がなかったのである。「それはただ空中にぶらさがっていた」とキエリチは書いている。ビデオ映像では、この物体は最終的に矢のように左へ飛び出して画面から消えていた。ATFLIRのビデオでこれを撮影したパイロットのチャド・アンダーウッド中尉が、ついに自分が見たものを公言するまでには一五年かかった。彼はそれを二〇一九年一二月にニューヨーク・マガジン誌に初めて語った。

「何より驚かされたのは、その挙動の不規則さです。『不規則』というのは、要するに高度とか、飛行速度とか、方向とかの変化が、私がこれまで空中目標に向かって飛んでいて遭遇したどんなものとも違っていたんです。あの挙動は、ちょっと物理的に普通ではありませんでした。それで私はびっくりしたんです。航空機は、有人であれ無人であれ、物理法則にしたがわなくてはなりません。揚力にしろ推進力にしろ、それを生みだすものが必要になります。しかしチクタクはそうではありませんでした。たとえば高度五万フィート（一万五〇〇〇メートル）とかから、数秒で一〇〇フィート（三〇メートル）まで行ってしまうんです。はっきり言って、ありえません」。アンダーウッドが撮影した決定的な映像は、とてつもないことを示唆していた。それはつまり、誰かが、どこかで、信じられないような技術革新をすでに果たしていたということなのだ。そうでなければ映像にあるような芸当が実際に可能になっているはずがない▼20。

この遭遇を収めたATFLIRのビデオ映像は、アンダーウッド大尉がニミッツに戻ったところでダウンロードされた。ビデオを見た乗組員のあいだでは、ニミッツがまだ海上にいたときから陰謀論が広まっていた。現在でも、この日アメリカ海軍が入手したビデオのフル映像はいまだ一般に公開されていないとか、完全版はもっと解像度が高かったり時間が長かったりするはずだといった説がある。二〇〇四年にプリンストンに乗艦していた元兵曹のジェイソン・ターナーは、艦内の「船舶信号探査スペース」と呼ばれるところのコンソールモニターで完全版に近い映像を見たと主張している。ターナーによれば、その映像でチクタクが見せていた一連の芸当は、のちにペンタゴンが公開したわずか七六秒のきわめて短いクリップ映像には映っていないという。「あれはとんでもない動きをしていました。方向転換とかがものすごくて。とても人間にかけられるような重力加速度じゃありません。何がすごいって、こっちがまっすぐ追いかけていくと、向こうもそれにあわせて旋回していたんですが、いきなり止まって、ひゅっと消え去るんです。一瞬でした。いま出てるビデオは、完全版の冒頭のほんの一部を切り取ったものです」とターナーは言う。[21]システム技術者のゲーリー・ヴォーリス兵曹も、長さ八分から一〇分ほどの、もっと鮮明なビデオ映像を見たと証言している。ケヴィン・デイが私に説明してくれたところでは、彼の経験上、こうした迎撃のときには迎撃が始まる前から機上の乗組員に「テープをまわす」よう指示するのが普通だそうだ。彼の見るところ、チクタクのフル映像は少なくとも一〇分はあるはずだという。

それでなくともチクタクの話には不可解な点が多い。世界最強とも言える空母戦艦隊が、明らかに自分たちのものより圧倒的に優れた、どうも知性に操作されているらしいテクノロジーと交戦したにもかかわらず、海軍がそれにずいぶんと無関心だったようなのは、きわめて奇妙だとしか言いようがない。戦闘機との空中戦のあと、数十のUAP群が速度一〇〇ノットでゆっくりと南下するのをレーダーが引きつづき追跡していたのに、艦隊司令官は追いかけようともしなかった。ケヴィン・デイは、その後プリンストンの艦長に、あの物体をなんだと思うか聞いてみたそうだ。「艦長はこう言っていました。『あれは自然にできた氷が宇宙から降ってきたものだと思う』と」。デイ自身、そんな結論のばかばかしさに笑っている。しかし艦長が去ったあと、この人はこの現象について見せかけ以上に多くのことを知っている、とデイは強く思ったという。[22]結局、謎の物体と交戦するための追加のジェット機がニミッツから送られることはなかった。この遭遇をビデオに収めたパイロットのチャド・アンダーウッドによると、帰投してすぐ、彼は電話口に呼び出されてNORAD(北米航空宇宙防衛司令部)の誰かからの二、三の質問に答えたという。[23]だが、当時パイロットたちは誰も公式に状況報告を求められなかった。帰投したパイロットたちを待っていたのは、ニミッツの甲板員たちからの「空飛ぶ円盤」目撃に関する悪気のないからかいで、何人かは冗談でアルミ箔の帽子をかぶっていた。

興味深いのは、チクタクのビデオがなぜか二〇〇七年に流出してドイツのとあるウェブサイトに掲載され、そこで初めて誰かが調査を始めたことだ。フレーヴァー中佐は、調査に来た政府の人間が誰だったのかも、どこの組織の人物なのかも明かさなかったが、ともあれ彼が最初にチクタク事件について質問されたのは、二〇〇九年のことだったという。[24] じつはひそかに水面下で、アメリカ海軍がチクタク遭遇をきわめて真剣に受けとめていたのは明らかだった。元戦闘機パイロットのパコ・キエリチがチクタク事件についての記事を二〇一五年に出すにあたって取材したときに、早期警戒機E－2ホークアイの乗員を含む、この事件の関係者全員に聞き取り調査が行なわれていたことがわかったという。つまり極秘のうちに、誰かが調査を進めていたということだった。

チクタク遭遇を取り巻く不可解な状況にもう一つ興味深いことを付け加えると、そこには隠蔽工作の気配もあった。空中戦の翌日の朝、上級上等兵曹ケヴィン・デイは、プリンストンの通信室に行って前日の無線通信記録をコピーしようとした。事後報告書を作成するのに必要なデータが欲しかったからだ。通例、通信はすべて光ディスクに永久保存されることになっていた。ところがデイが驚いたことに、チクタク遭遇に関するデータはすべてきれいになくなっていた。「あとでわかったんですが、通信はすべて消去されていました。ですけど、船のマイクのスイッチが入れば、そのたびに光ディスクに日時がスタンプされるんです。タイムスタンプは全部そのまま残ってたんですが、実際の通信記録はそっくりなくなってました。これがまた異常なことで、なにしろ私の知るかぎり、そんなことがあるなんて想定外です。でも、それが実際に起こったことでした」とデイは振り返る。[25]

事件の直後、おそらく軍人と思われる、誰だかわからない二人の人間が海軍のヘリでニミッツにやってきた。早期警戒機E－2ホークアイからハードドライブを回収して保管することを職務にしていたパトリック・ヒューーズ兵曹は、仲間うちで「データ煉瓦《ブリック》」と呼ばれているそのハードドライブを二人の「空軍関係者」に引き渡すよう命じられた。[26] 一方、プリンストンでも、ゲーリー・ヴォーリスが戦闘指揮所からデータテープを引き渡すよう命じられ、さらに通常の手順からするとありえないことに、ブランクテープも含めたすべてのテープの中身を消去することも命じられた。

二〇一九年四月、タイム社の運営するサイト「ザ・ドライブ」内のブログ「ウォーゾーン」に寄稿しているる航空ジャーナリストのタイラー・ロゴウェイが、そのブログ上で、二〇〇四年のチクタク目撃によって世界最強の国家がいかに不愉快な疑問を突きつけられたかを力説した。「これによって明らかになった何より重要なことは、推進力、飛行制御、材料科学、さらには物理学についてまでの従来の認識を打ち砕く、とてつもない飛行を実行できるテクノロジーが、すでに存在しているということである。ここで今一度、強調させてもらいたい。ニミッツのチクタクとの遭遇は、これまで一般にSFの範疇だと思われていた異様なテクノロジーが、実際に存在することを証明したのである。これは現実だ。知覚変容《アルタード・パーセプション》の結果でもなければ、誰かの明晰夢でもなく、迷子の気象観測気球でもなければ、沼気でもない。誰かが、もしくは何かが、技術上のルビコン川を渡って航空宇宙工学の聖杯と呼べるものを手に入れたのだ」▼27

第12章 「ビッグ・シークレット」狩り

二〇〇八年ごろ、ワシントンDCで最も影響力のある政治家の一人だった民主党上院議員のハリー・リードは、アメリカ国防情報局（DIA）の上級科学者（名前は明らかにされていなかったが、おそらくジェイムズ・ラカッキーという物理学者）が書いた一通の興味深い手紙を受け取った。この科学者は、スキンウォーカー牧場で異常な事象を目撃したことにより自らの世界観を一変させられたのだという。リードのいくぶん怪しげな発言によると、この手紙一通をきっかけに、アメリカ軍による未確認空中現象についての新たな調査――それも数百万ドル規模の秘密の調査が始まった。私の感触では、リードは手の内を明かすような人間ではまったくなく、おそらく二〇〇八年当時、彼は見かけよりもずっと多くのことを知っていながら、UAPの調査を始めさせるのにもっともらしい理由をつけるため、公に明かしてもいいと思う部分だけを明かしていたのではなかったかと思う。

現在はすでに引退しているが、ハリー・リードは政界の老練な大物である。ネバダ州の砂漠の町サーチライトで極貧の岩鉱夫の家に生まれ、まずは一九八三年から下院で議員を務めたのち、一九八七年から二〇一七年まで上院議員として政治に携わった。三〇年にわたって上院議員を務めるなかで、民主党で最も影響力のある上院議員の一人にのぼりつめ、上院多数党院内総務の地位にまで達した。また、上院でとくに大きな力を持つ委員会の一つである、上院諜報活動特別委員会の委員も二年務めた。少数党院内総務と多数党院内総務の両方を務めた上院議員として、リードはいわゆる「ギャング・オブ・エイト」(八人組)の一角を長年にわたって占めていたから、「放棄済み非承認特別アクセスプログラム」(WUSAP)を含む高度の機密事項の概要を知れる立場にもあった。したがって、アメリカが砂漠のどこかの洞穴にETや宇宙船をしまいこんでいたのかどうかを確実に知っている人間がいるとすれば、現在八〇歳の元上院議員ハリー・リードこそ、「ビッグ・シークレット」を教えられていた一人である可能性が高い。リードは前々からUAPに強い関心を持っていることを認めていた。彼が任期中に訪れた秘密施設の一つが、地元ネバダ州にある空軍基地のエリア51だ。奇妙な光り輝く乗り物とSF風の未来航空宇宙テクノロジーにまつわる多くの陰謀論的な憶測が渦巻いてきた場所である。

リード上院議員に国防情報局の上級物理学者からの手紙を送ったのは、航空宇宙企業の創業者にもなった億万長者のロバート・ビゲローだった。リードはその科学者の名前を出さなかったが、リード自身も、おそらく二〇〇七年から二〇〇八年ごろと推測されるが、ビゲローのスキンウォーカー牧場を訪れたことがあるそうで、国防情報局の科学者がそこで見たというものは調査する必要のある現実の現象であると確信したという。ボブ・ビゲローも、この国防情報局の科学者から聞いたという話を明かしており、それによれば、この科学者がスキンウォーカー牧場で遭遇した最も衝撃的な事件は、三次元の物体がいきなり目の前に実体化したことで、それはちょうどマイク・オールドフィールドのアルバム『チューブラー・ベルズ』のジャケットに描かれている、金属製の三角形に「曲げられたベル」のような形状をしていたという。「それが私の思いつくかぎり、あの構造の外観に最も近いものだ」とビゲローは言われたのだそうだ。[1]

リード上院議員はこうも言っている——その科学者は明らかに、スキンウォーカー牧場で体験した超常現象なるものにひどく狼狽しており、そろそろこうした現象を適切に調査すべき時期なのではないかと上院議員に訴えてきたのである、と。そしてリードは、この一件によって自分は連邦議会に調査への資金提供を求める気になったのだと主張している。[2] しかし私の見るところ、ハリー・リードは意図的に事情をぼやかしており、じつのところ彼は国防情報局の科学者からの一通の手紙より、機密情報を扱う特定の界隈から、この現象への関心をかきたてるようなことをもっとたくさん知りえていたのではないかと思う。だが、少なくともこの手紙によって、彼は必要としていた口実を得た。リードは上院の仲間である民主党のダニエル・イノウエ上院議員と共和党のテッド・スティーヴンス上院議員に働きかけて、UAPの謎を調査するための二二〇〇万ドルの資金を調達した。「そうしてわかったのが、これらがいったいなんなのかについて、わからない点がたくさんあるということです。今現在、私はこれらがなんであるかを知りません。いいですか、私は何も知らないんです。皆目です。しかし調査を続けるべきだということは知っています」とハリー・リードは煙に巻くようなことを言っている。[3]

ダニエル・イノウエ上院議員は二〇一二年に亡くなっているが、生前の彼は第二次世界大戦の英雄であり、顕著な武勲を称えるアメリカ軍最高位の勲章である名誉勲章も授与されている。確固たる愛国者だったイノウエは、見えない政府権力がもたらす危険をつねづね警告することでよく知られていた。イラン・コントラ事件が発覚し、アメリカがひそかにイランとニカラグアの反政府組織に軍事援助をしていた疑いが上院において調査されたときも、イノウエは、ある種の連中がこのスキャンダルの原因だとして厳しく批判した。イノウエの見方では、そうした連中は「影の政府のようなつもりになって、独自の空軍、独自の海軍、独自の資金調達機構を持っているかのように考えている。そして自分たちは国益に関する独自の考えを、あらゆる抑制と均衡から逃れ、法律そのものからも逃れて、勝手に追求できるものだと思っている。これこそエリート主義的な、誰のことも信用していない政府の考え方だ」。[4] こうした非難を公然と発していたイノウエが、今回はＵＡＰ調査を支持するのを選んだということに、なんらかの事情がうかがわれた。彼とリードはいったい何を根拠に、二二〇〇万ドルもの税金をＵＡＰ調査に投じる必要があると思ったのだろう。

リードの味方についたもう一人の上院議員、テッド・スティーヴンスは、それからわずか二年後に飛行機事故で亡くなったが、彼の場合も説得は必要なかった。スティーヴンスは第二次世界大戦にパイロットとして従軍していたときに、ＵＡＰを見たと認めていた。「聞きたいことがあれば、なんでも聞いてくれ」とスティーヴンスはリード上院議員に言った。「これはよく調べる必要があるな」[5]

ペンタゴンが出した資金の大半は、ロバート・ビゲローが興した会社、ビゲロー・エアロスペース先進宇宙研究（ＢＡＡＳＳ）に提供された。ビゲローは、かつて一〇年にわたって私的に進めていたＮＩＤＳ（全米ディスカバリーサイエンス研究所）調査に加わっていた科学者を、あらためて何人か雇った。自分の考えを誰がどう思おうとまったくおかまいなしに、ビゲローは堂々と、知性を持ったエイリアンがずっと前からこの地球を訪問しているという見解を口にする。自分の祖父母が接近遭遇を経験したと語ったこともあった。そのＵＡＰは祖父母の乗っていた車のフロントガラスを埋め尽くすほどに迫ってきたかと思うと、いきなり直角に上昇し、ものすごい速さで遠くへ消え去ったのだという。ビゲローのエイリアンへの心酔ぶりは、ラスベガスにあるビゲロー・エアロスペースの巨大な本社ビルの外壁に、エイリアンのロゴが描かれていることにも表れている。また、ビゲローはアメリカのＣＢＳが放送する高視聴率時事番組「60ミニッツ」にも出演し、特派員のララ・ローガンに、エイリアンの存在を「絶対的に確信」しているとまで言いきった。[6]

ローガン：ＵＦＯが地球にやってきたことがあるとも思ってらっしゃいますか

ビゲロー：過去にもいましたし、現在もいますよ。ETは存在しています。そして私はそれに何百万、何千万、何億と費やしました――おそらく個人として、私はこのテーマにアメリカの誰よりも多くを費やしてきたと思いますね

ローガン：UFOやエイリアンを信じていると公言するのは、あなたにとってリスキーなことではないですか

ビゲロー：どうでもいいことです。私は気にしません

ローガン：一部の人から、「あいつの話を聞いたか、あれは頭がおかしいよな」なんて言われても気にしませんか

ビゲロー：しませんね

ローガン：どうして？

ビゲロー：気にしたってしょうがないですよ。私が知っていることの現実は変わらないんですから

ローガン：私たちが宇宙旅行できるようになったら、人間とは別のかたちの知的生命に遭遇することもあると思いますか

ビゲロー：どこにも行く必要はないですよ

ローガン：ここで見つかるのですか？　具体的にどこで？

ビゲローの最後の答えは、最も興味をそそるものだった。「みなさんの目と鼻の先にいるようなものですよ」

もちろんこれは、思わせぶりに質問をはぐらかしただけではあるのだが、ロバート・T・ビゲローが何百万ドルもかけて調査した結果は、ほかの誰も知らないうちに地球に存在しているという地球外生命につ

いて、彼に何を教えたのだろうか。ビゲローは取材依頼に応じていなかった。彼のメディア嫌いは有名で、「60ミニッツ」に出演したのが意外なほどだ。ビゲローのもっと物議をかもしそうな、つまり魔術的だの神秘的だのと呼ばれそうなものについての研究は、つねに水面下で行なわれてきた。ビゲローが二〇〇七年に最初に雇った人員の一人は、以前ニミッツのFA‐18機のパイロットをしていた、元アメリカ海兵隊中佐のダグラス・カースだ。二〇〇四年一一月に出現したチクタク型UAPの最初の目撃者である。この目撃事件に関与してから三年余り、すでに民間人となったカースは、二〇〇七年一二月からビゲローの調査チームのプログラムマネージャーとして働きはじめた。このUAP調査は、二〇〇八年七月に国防情報局の予算が下りる前から始まっていたわけだ。リード上院議員の側では、この闇予算資金を無事に獲得できたことで、のちにAAWSAPという不格好な頭字語で呼ばれるようになるプログラムの見通しがつけられた。その正式名称はなんとも長たらしく、できるだけ不明瞭な名称が故意につけられていたとしか思われない。なぜならこれは、ペンタゴンの記録に表向き堂々と収められていた秘密の「闇」UAP調査計画だったからだ。AAWSAPの正式名称は、「先端航空宇宙兵器システム適用計画」(Advanced Aerospace Weapons Systems Applications Program)という。二〇〇八年八月に国防情報局から契約入札の募集がかけられ、唯一の入札者だったビゲローが、初年度の資金一〇〇〇万ドルと五年間のオプションを確保した。

この調査についてはいろいろな説明がなされているが、そのなかでとくに目立って違和感を覚えさせられるのは、アメリカに対する「脅威」を評価することが調査の目的であると最初からうたっているくせに、その脅威とは何を意味するのかがまったく明確に記述されていないことである。実際の作業の大半は、同じ予算を資金源とする別の名前のプログラム――AATIP(先端航空宇宙脅威特定計画 Advanced Aerospace Threat Identification Program)――のもとで行なわれていた。契約書にUAPへの言及はいっさいなかったが、調査されるべき「外からの脅威」がUAPであるのはどう見ても明らかだった。[7]「[元上院議員]リードの過去のインタビューでの発言からして、AATIPプログラムの根本的な狙いがUFOであることを誰かに悟られかねないような文言は避けるのが賢明であると国防情報局の関係者は感じていたのだろう」と説明しているのは、防衛関連と情報関連の記事を専門とする著述家のティム・マクミランである。[8] 彼の記事を読むと、この契約がもっと大がかりな、AATIP自体も組み込まれている国防情報局内の調査プログラムの一端にすぎず、たとえ誰も認めたがらなくても、明らかにそのプログラムが全面的にUAPを対象としていたことは十分に察しがつく。なぜそれらの奇妙なUAPが「脅威」と見なされたのかについても説明はいっさいなかったが、一つの説明として考えられるのは、あのチクタクである。アメリカ空軍の誇る最高の戦闘攻撃機を完全に凌駕する能力を示したチクタクは、明らかに徹底的な調査に値する潜在的な脅威だっただろう。

元NIDSの科学者エリック・デイヴィス博士は、ビゲローの調査チームに引き入れられてAATIPの作業に携わった人員の一人だった。二〇一八年、ラジオ番組「コースト・トゥ・コーストAM」で、デイヴィスはジョージ・ナップからのインタビューにこう答えている。「AATIPでの『脅威』というのは、UFO現象が作戦を妨害してきたことを指しています。この現象は公式に脅威と認定されたので、脅威であるからには調べなければなりませんでした」。[9] デイヴィスが言っていたのは、核兵器施設や空軍機にちょっかいを出しているUAPが長年にわたって追跡され、観測されてきたことを示す広範な証拠があるということだった。

このUAPと核兵器の関連についてのアメリカ随一の専門家が、『UFOと核兵器』という著書もある研究者のロバート・ヘイスティングスだ。[10] 一九七三年以来、ヘイスティングスは五〇年近くをかけて、核を保有する基地、貯蔵区域、試験場などでの異常なUAP目撃事件に遭遇した、一五〇〇人以上の元米軍関係者に直接の聞き取り調査をしてきた。また、大陸間弾道ミサイル（ICBM）を配備するアメリカ各地の空軍基地――マルムストローム、マイノット、フランシス・E・ウォーレン、エルスワース、バンデンバーグ、ウォーカーなど――での事件もつなぎあわせた。さらに、UAPが空軍のワートスミス基地やローリング基地、イギリスのベントウォーターズ空軍基地の核兵器貯蔵所に関心を持っている証拠も見つかった。「彼らが兵器にちょっかいを出しているのは明らかです。はたしてその理由は、心底われわれのためを思ってなのでしょうか」とヘイスティングスは私に言った。「それが真相なのでしょうか？　それとも、彼らはこの惑星を必要としていて、それでわれわれにこの惑星を放射能でだいなしにされると困るのでしょうか。この星を侵略する予定なので、放射線が残っているような世界は受け継ぎたくないということなのでしょうか。まあ、ペンタゴンやソ連、いや、いまはロシア〔連邦〕ですか、とにかくその政府の軍事機関にも、答えを知っている人間がいるとは思えませんが。この真相を本当に知っている人なんて、地球上に一人もいないんじゃないですかね」[11]。しかしヘイスティングスは、その正体がなんであれ、それが知性をうかがわせる、きわめて先進的なものであることは疑いないと考えている。

ビゲローのNIDSの科学者だったエリック・デイヴィス博士は、自分のチームが二〇〇四年のニミッツのチクタク遭遇事件についての秘密調査も担当し、その結果、事件の背後に誰が、もしくは何がいたのかについての劇的な結論にも達したことを認めている。ラジオ番組でのインタビューで、デイヴィスは自ら、国防情報局からの資金による公式調査が二〇〇四年のチクタク型UAPについてどんな最終結論を出したかを明かした。「これは正真正銘のUFOだという見解になりました。……これは地球上で人間によって作られたテクノロジーではない。……あれらは正真正銘の未確認物体だという結論に達しました。あれらは異常です。実在の乗り物です。知的な制御下にある、先進的なテクノロジーの産物です」。重要なのは、このUAPが彼の雇い主である国防情報局にとっても謎だったとデイヴィスが示唆していることだ。「ですから、われわれがどうにかしなければなりませんでした。あれは海上での軍事配備に干渉していますし、大気圏での空軍の配備にも干渉していました。どこであろうと空軍が飛行機を飛ばすところなら必ず出てくるのです」とデイヴィスは言った。[12]

さらにデイヴィス博士はナップの番組のリスナーに、アメリカ政府が行なったと言われる「墜落回収」についての驚くほど詳細な追加情報を与え、あの物議をかもした一九四七年のロズウェル墜落事故は正真正銘の地球外起源の宇宙船の墜落だったと示唆した。「ロズウェルに賭けるつもりなら、それはなかなかいい張り方ですよ、本当に」と彼は言った。

信じがたい主張のように聞こえるかもしれないが、ロズウェル以外のところでも極秘の機体回収があったと断言する独立した研究者や目撃者はずっと前からいた。一九四〇年代から一九五〇年代にかけて、地球外起源の宇宙船がアメリカ軍によって回収されたという話がいくつか続けて出ていたのである（なぜそのような高度に発達した宇宙船と目されるものがアメリカの片田舎に続けざまに落ちるのかについての説明は一度もなされていないが）。したがってデイヴィス博士がジョージ・ナップとのインタビューのなかで、そうした別の墜落事件の一つを引き合いに出したのは興味深いことだった。それは一九五〇年一二月五日に起こった、デルリオ事件と呼ばれているものだ。テキサス州のデルリオの町の近くに宇宙船が墜落して、やはりその後にアメリカ空軍が現れ、残骸を回収していったというのである。

また、一九四八年三月二五日にニューメキシコ州のアズテックで、やはり知的に制御された地球外起源の宇宙船が墜落し、回収されたという説もある。これについての本を書いたスコットとスザンヌのラムジー夫妻とフランク・セイヤー博士は、膨大な数の目撃証言を集めて、巨大な「直径一〇〇フィート（三〇メートル）の空飛ぶ円盤」がアズテックの町の東側にあるハートキャニオンの高台《メサ》に鎮座していたという主張の裏づけをとった。[13]この宇宙船もまた、アメリカ軍によって秘密裡に回収されたという話だった。アメリカ政府はこれに対してはっきりと、そのようなＵＡＰの墜落物回収の話は捏造であるという立場をとった。つまり公式には、何も起こらなかったことになっている。私は二〇二一年五月にラムジー夫妻の案内のもと、数日かけてアズテックの現場をまわり、問題の乗り物を（および主張によればエイリアンも）直接見たという目撃談も含め、数々の驚くほど詳細な証言を精査した。その結果、とりあえず私が最も確信を持って言えるのは、一九五〇年にＦＢＩと空軍がサイラス・ニュートンという実業家の科学者に全力で泥をかぶせたということだ。このニュートンが、アズテックでの機体回収の話をでっちあげて広めたことにしたのである。ずっと言われていたとおり、アズテックの話が本当にすべて捏造だったのなら、なぜそこまで当局が徹底的にニュートンを悪者にする必要があったのだろう（アズテックの話そのものに関しては、私としてはエイリアンと宇宙船を実際に自分の目で見るまで、受け入れることは難しいと感じる）。

エリック・デイヴィス博士は引きつづきジョージ・ナップのインタビューに答え、ビゲロー・エアロスペース先進宇宙研究（ＢＡＡＳＳ）が国防情報局から請け負った仕事について話すうち、回収されたＥＴの乗り物が実際に存在すること、そしてその情報がまだ一度も公にされていないことにも言及した。「われわれの手元には回収された墜落の残存物があります」と彼は続けて言った。「分析はしてみたんですが、残念ながら、われわれの研究所の診断技術にしても、あるいは現段階の材料科学、既存の物理学の知識にしても、まだまだ不十分で、それがいったいなんなのか、どうやって動かすのかは、さっぱり見当がつきませんでした」

デイヴィス博士がここで墜落回収物について語っているのは、彼が政府内の信用を得ている科学者で、最高機密の隔離情報も扱えるセキュリティクリアランスを確保しているのを考えれば、かなり異様なことである。このインタビューでの彼の発言は、彼がその発言の内容を、極秘の政府プロジェクトの内部にいたときから知っていたことをほのめかすものだった。もし彼の言っていることがでたらめだったなら、そのような無謀な主張をされて恥をかいたアメリカ政府が怒って彼のセキュリティクリアランスを剥奪し、彼の現在の雇用主であり、連邦政府から出資を得ているエアロスペース・コーポレーションでの仕事を失わせていたとしてもおかしくはない。ところが、いまこれを執筆している時点で、デイヴィス博士は依然として政府から大切にされ、信頼されている被雇用者である。どうにも不思議だ。

そして、このような発言をしているのはデイヴィスだけでもなかった。NIDSの調査員だったコルム・ケレハー博士は、引きつづきビゲローのもとでBAASSの調査チームとともにUAPの調査にあたった。そのケレハー博士が二〇〇四年、「コースト・トゥ・コーストAM」のアート・ベルから、アメリカ軍がエイリアンとコンタクトしたことがあると思うかとあけすけに聞かれている。[14] ケレハー博士はこう答えていた。「そうですね、断片的なテクノロジーの回収があったことを示唆するような情報はここ数年のあいだに入ってきています」。この主張はどこから来ているのか。

この謎をさらに興味深いものにするのが、二〇〇九年六月当時、ハリー・リード上院議員が国防副長官に宛てて書いた依頼状だ。それは先端航空宇宙脅威特定計画(AATIP)を特別アクセスプログラム(SAP)に分類するよう求めるものだった。リードはこの書状のなかで、なぜこの時点でそこまで厳重な分類が必要なのかを推察させる手がかりとして、「きわめてデリケートな、非従来型の、航空宇宙に関連するいくつかの発見物」の特定に「大きな進展」があったと訴えていた。「現在の進捗状況からして、これらの問題を引きつづき研究していくことにより、ごく短期間のうちに特別な保護が必要となるような技術の進展が見込まれます。この計画の各側面を取り巻く情報の機密性にかんがみて、AATIPの特定の部分に関しては、アクセスリストを厳しく絞り込んだ厳密な特別アクセスプログラム(SAP)が設定されるよう、貴殿のお力添えを求めるものであります」[15]。リードは明らかに、いまにも画期的な進歩が果たされる可能性があることをほのめかしていた。となると当然出てくる疑問は、これがビゲローのチームの面々が言っていたような、回収されたETテクノロジーと関係があったのかどうかだ。

このリードの書状は、ラスベガスのKLAS－TVの調査ジャーナリストで、「コースト・トゥ・コーストAM」の司会も務めるジョージ・ナップにリークされた。リードは既存のAATIPプログラムへの継続的な支援を求めるにあたって、こう述べている。「関連する斬新な各種テクノロジーには、量子力学、核科学、電磁気理論、重力理論、熱力学の範疇に属する、きわめて先進的な概念がかかわってくるものと思われます。そのいずれにしても、敵に悪用されて破滅的な影響をおよぼす可能性があることにかんがみれば、特別に高度な運用セキュリティと閲覧権限が求められます。……これによって得られる技術的な知見と能力は、外からの脅威に対する明確な優位をアメリカにもたらし、世界の指導者としてのアメリカの立場をいつまでも揺るぎないものにするでしょう」。じつにみごとな売り文句だが、先端航空宇宙脅威特定計画を特別アクセスプログラムの対象に、というリードの依頼は、結局かなえられなかった。

現在では、国防情報局の先端航空宇宙兵器システム適用計画（AAWSAP）の調査に二〇一〇年の政府予算から追加の一二〇〇万ドルが支出され、さらに十数本の調査報告書が作成されたことがわかっている。しかし二〇〇九年の時点でペンタゴンの審査はこのプロジェクトの報告書にさほどの価値はないと判断し、契約満了と同時にプロジェクトをもっと監督に適した別の機関に引き継がせることを推奨した。[16] ビゲローのチームの調査は二〇〇八年後半に始まって、一説には二〇一二年に終わったとされている。ただし、AAWSAPに資金が供されたのは二年間だけ――初年度に一〇〇〇万ドル、二年目に一二〇〇万ドル、合計二二〇〇万ドル――だったので、この期間については若干の不確かさがある。ビゲローのチームのほとんどは二〇一〇年半ばまでに解雇されていた。

二〇〇九年にリード上院議員がペンタゴンのUFO調査プログラムを特別アクセスプログラムに分類させようとした理由は、すでにビゲローのしつこい調査員たちが、アメリカ政府と民間航空宇宙企業の内部に隠された極秘のUAP計画のことを指す、秘密のコードネームを突きとめていたからではないのか、という推測は前々からあった。噂によれば、その計画は現在もなお、回収したエイリアンのテクノロジーの再設計を試みているのだという。そしてこの推測では、ビゲローのチームが特別アクセスプログラムの措置を必要としたのは、彼らの発見した秘密のUFO計画に正式に「参画」できるようにするためだった。

ジョージ・ナップがこの説を追いかけて、二〇一九年にハリー・リードに、特別アクセスプログラムの措置を求めた理由は「まだ公にされていない」証拠や、別の調査や、別の計画があるのを知っていたからかと尋ねた。リードの答えは意味深長だった。ナップが出してきた説に同意して、「そのころ進行していた別のプログラムと、それがつかんだ情報を、さまざまな証拠も含めて」知っていたと答えたのである。[17] はたしてそんな言い分が本当に事実なのか？

続く二〇二一年五月、雑誌ニューヨーカーのギデオン・ルイス＝クラウスとのインタビューで、リード元上院議員はさらに踏み込んだ、とてつもないことを告白した。

「何十年も前から、回収された残骸の一部をロッキード社が持っているという話は聞いていました」とリードは言った。「それでたしか、それを見せてもらえるようペンタゴンから機密上の承認を得ようとしたんです。しかし、その承認は得られなかった。詳しい数字とか、それがどの程度の機密扱いだったかとか、私は何も知りませんよ。教えてもらえませんでしたからね」。リードがニューヨーカー誌に語ったところでは、ペンタゴンは承認拒否の理由をいっさいリードに説明しなかった。そしてリードがAATIPに特別アクセスプログラムの認定を求めたのもそのためだった。「ええ、だから彼らにあれを見てほしかったんです。しかし、それでも私にクリアランスは与えられませんでしたがね[18]」。その同じ週、元国防総省高官のクリストファー・メロンも、ジョー・ローガンのポッドキャスト番組に出演して、アメリカがひそかにエイリアンの機体を回収しているという主張には真実があると「内部情報筋」からはっきり聞いていると語った。[19]

いまこれを書いている時点で、UAP作業部会報告書の六月の提出期限が迫りつつあり、それを踏まえてリードとメロンはなんとかアメリカ政府に知っていることを明かさせようと、できるかぎり情報を開示しているように見えた。私からすると、SAPの監視集団である連邦議会の「ギャング・オブ・エイト」の元一員として、ハリー・リードはアメリカ政府が隠していることを十分に知っていたのではないかと思う。アメリカがそのようなエイリアンのテクノロジーを手中にしていることを決して明言しないように注意しながらも、ぎりぎりの表現でそれを示唆しようとしていたのではないか。そのぐらい、それが持つ潜在的な意味は衝撃的なのだ。しかし同じぐらい気がかりなのは、ペンタゴンがリードの依頼を邪魔立てしたという話である。リードのような監督責任を負った大物議員でもペンタゴンが隠していることを見せてもらえないというのなら、いったい誰が実際にこの軍部当局者たちに責任を負わせているのだろうか。

アメリカ国防総省のUAP調査は本当にあっさり短命に終わり、もともとハリー・リード上院議員の顔を立てるためのご機嫌取りでやったにすぎず、ペンタゴンは最初からUAP問題にそれほど関心を持っていなかったのだ——と考えることもできなくはない。まさに国防総省は、部外者の全員にそう思ってもらいたかったのではないかと思う。しかしながら、真相はまったく違っていた。

第13章　大統領なら知っているか

二〇一一年の末、オバマ政権下のホワイトハウスは大統領に代わってある声明を発表した。いずれ彼らはそれを深く後悔することになりはしないかとも思うのだが、ともあれそれは、「アメリカ政府が地球外生命について知っていること、および地球外生命と交信したこと」に関する情報をただちに開示することを求めるチェンジ・ドット・オーグ（Change.org）の請願書に対する返答だった。[1] 一九四七年以来、アメリカ政府の行政部門が地球外生命とUAPの問題に関して文書で正式な立場を表明したのは初めてのことだった。その決定的な声明で、ホワイトハウスの科学技術政策局はきっぱりと宣言した。「アメリカ政府は、この惑星以外に生命体が存在する証拠も、地球外生命体が人類の一員に接触や関与をした証拠もいっさい持っていない。また、なんらかの証拠が国民の目から隠されていることを示唆するような信頼性のある情報も存在していない」[2]。このホワイトハウスの否定が事実なら、エリック・デイヴィス博士は嘘つきで、彼の同僚の何人かも同様だということになる。

二〇一一年、元ロサンゼルス・タイムズの記者で作家のアニー・ジェイコブセンが、エリア51の歴史をテーマにした本を出版した。同時にこの本は、アメリカが一九四七年にロズウェルでエイリアンの宇宙船を回収したという眉唾物とされる考えを信用してもおり、アメリカ政府が確固たる態度で否定したあとでは、立派な歴史家であり主流ジャーナリストでもある人物がそのような主張をするのはきわめて危険なことだった。ジェイコブセンはこの本で、一九四七年七月にアメリカ軍の信号部隊のエンジニアがアメリカ南西部を飛行する二つの異常な物体を追跡したと書いている。その物体はときどき空中で停止しては、また飛行を続けたという。飛行物体の一つはロズウェルの近くに墜落し、すると「ただちに統合参謀本部が……指揮をとって機体と推進装置の一部を回収した。墜落した機体の動力装置やエネルギー源も回収された」[3]。この機体は通常の航空機とまったく似ておらず、翼もなければ尾翼もなく、胴体が丸くて、上部にドーム状のものがついていた。そして一九九四年に機密解除された陸軍の秘密メモには、「空飛ぶ円盤」と書かれていた。しかしジェイコブセンの本の最も議論を呼んだ部分は、じつはロズウェルに墜落したのはロシア製の機体で、捕虜にされたナチスドイツの科学者によって作られたという尋常ならざる主張だった。ジェイコブセンのさらに劇的な主張――機体から発見された遺体は、異様に大きな頭と異常に大きすぎる目を持った「グロテスクなまでに奇形な」[4]子供の遺体だった――は、懐疑派から徹底的に攻撃された。ジェイコブセンの本には、ナチの医師ヨーゼフ・メンゲレが終戦直前にスターリンと取引をして優生学の実験を続けることを許可されていたために、おそらくそのせいで奇形児が生まれたのだろうという、目を疑うような見解が述べられていた。本来スターリンはこの機体をニューメキシコに着陸させて、『宇宙戦争』のようなパニックを起こさせるつもりだったのだという。ジェイコブセンの情報源は、この奇形児は「昏睡状態だったが、まだ生きていた」とも言っていたそうだ。アニー・ジェイコブセンの内密の情報源がどこまで正確なのかを評価するのは不可能で、推測するしかないのだが、おそらくロズウェルで起こったことに関してジェイコブセンのような評価の高いジャーナリストの嗅覚をごまかす最善の方法は、その鼻先に徹底的にばかばかしい偽情報を置くことだったろう。そうすればロズウェルで回収された機体について情報源が吐いたことは、主流メディアにほとんど黙殺されるか嘲笑されるかに終わる。そしてそれこそ過去数十年のあいだ、エイリアンの宇宙船が回収されたという主張がなされるたびに十中八九起こってきたことなのだ。

二〇一五年二月、オバマ大統領の顧問だったジョン・ポデスタは、その職務の最終日にこうツイートした。「最後に、私の二〇一四年最大の失敗：またもやUFOファイル #disclosure（開示）の確約ならず。#thetruthisstilloutthere（真実はいまだ彼方に）cc: @nytimesDowd」。ポデスタはクリントン大統領のもとで大統領令第一二九五八号を通し、多数のUAP文書を含む数百万ページ分の国家安全保障文書を機密解除させるという大きな成功を収めていた。しかしオバマ政権下でのポデスタの最後の行動の一つが、UAPの扉をこじあけるのに失敗したのを認めることだったというのは、なんとも意味深い。

その一ヵ月後の二〇一五年三月、オバマ大統領は「ジミー・キンメル・ライブ」に出演した。司会のジミーは臆面もなく、歴代の大統領を迎えたときの恒例として、エイリアンについて何か知っているかとオバマに尋ねた。例によって質問が「UFO」のことばかりだったので誰もが笑っていたが、はたして大統領が何か認めるかどうか、全視聴者が大統領の反応に全神経を集中してもいた。まずジミーはこう切り出した。「もしも私が大統領なら……就任した瞬間、まだ聖書に触れた手が熱いうちに、ただちにエリア51とUFOに関するファイルがしまわれているところに駆けつけますね。そしてすべてに目を通して、何があったのかを突きとめますよ。あなたはどうでしたか？」

オバマ大統領：（笑）だからあなたは大統領になれないんです。あなたが真っ先にそんなことをするというから。（笑いながら）いやあ――それはエイリアンが許してくれません。あなたに秘密をすべて明かされてしまう。彼らはわれわれを厳しく管理しているんですよジミー：なるほど、しかし、いまここにあなたの表情をじっくり検分してやろうという人がいっぱいいますよ（オバマは笑っている）、どうだ、どこか引きつってないか、と鵜の目鷹の目になって、こう言うんです――おい、見たか、見えたか、見つかったか

オバマ大統領：（少し真面目になって）うーん……そう言われても何も出てきませんよ

ジミー：そうですか。クリントン大統領も言ってましたからねえ。すぐ行ってチェックしたけど何もなかったって

オバマ大統領：それはね、そう言うように指示されているんですよ▼5（大統領は笑っており、この時点では明らかに冗談を言っている）

番組はこのやりとりの映像に「オバマ大統領、エイリアンについて知らないと否定」という題をつけてユーチューブにあげた。だが、この題名は誤解を呼ぶ。このとき大統領はジミー・キンメルに対して、エイリアンについて知らないと否定することなどしていないからだ。オバマはどう見てもその質問をはぐらかしている。

UAPに関する二〇一五年のもう一つの重要なできごとは、ポップパンクのロックスター、トム・デロングが、バンド「ブリンク182」を脱退したことである。多くの人と同じく、私も最初にデロングの「UFO偏愛」のことを読んだときは笑って済ませた。だが、これから見るように、アメリカ政府にこの問題について知っていることを認めさせるという点に関して、デロングは過去五年、誰もなしえていなかったようなことをなしとげていた。この現象は現実だとデロングに確信させたのがいつのことだったのか、本人は正確な日付を明かしていないが、バンドを辞める少し前、彼は二人の友人といっしょにネバダ州の秘密基地、エリア51の近くでキャンプを張った。それはラスベガスとリノの中間に位置するトノパー

という小さな町の北側に広がる砂漠のどこかで、すでに夜も更け、冷たい空気が肌を刺した。ここは真夜中の空を光り輝く奇妙な機体が風を切って飛んでいくのを見るのにうってつけの場所だ。デロングは、自分が若いころからずっとUAPに夢中だったと認めている。彼は地球外の知的生命体が何千年も前から地球を訪れていたことを絶対的に確信しており、アメリカ政府が人間ではない知的生命体とその高度なテクノロジーについて、何かを知っていながら隠しているということも同じぐらい強く確信している。二〇一四年には、いわゆるCE5——第五種接近遭遇——にもますます魅了されるようになっていた。CE5という概念では、瞑想して精神を集中させることにより（そして多くの場合、そのやり方を伝授してくれる「専門家」に数千ドルを支払うことにより）、地球外知的生命体と接触を果たすことが可能になるとされている。デロングはその晩、その砂漠で、それを実行しようと心に決めていた。

早い時間から、デロングと友人たちはCE5の手順を試していた——深く瞑想し、自分の意図が天空に投影されるように念じる。「めちゃくちゃ遅くまでがんばってたんだけど、何も起きなかった」とデロングは振り返る。「だから俺はずっとあいつらに言ってたんだよ。何か起こるなら午前三時だぜ、とね。ああいうことが起こるのはその時間なんだよ。なぜかなんて聞くなよ。とにかく俺らは薪を四本ほど火にくべて、まわりじゅうが火に照らされてるなかで、一時か二時ごろ寝た▼6」。午前三時、世界的に有名なロックミュージシャンにして、著述家、映像作家でもあるその男は、テントの外から聞こえる数十の奇妙な声に目を覚まさせられた。そのとき体は完全に麻痺していたという。「全身に静電気が走ったみたいになってて、目を開けたら、まだ（キャンプファイヤーは）燃えてて、テントの外で話し声がしてるんだ」とデロングは回想する。「話し声からして、二〇人ぐらいはいるような感じだった。俺はすぐさま思ったね。『やった、このキャンプサイトに来てる、危害を加えに来たわけじゃないだろう、何か話しているが、くそ、何を言ってるかさっぱりわからねえ。しかし何かやってるんだ』。それから俺は目を閉じて、目が覚めると、火は消えてて、いつのまにか三時間ほど経っていた」

翌朝デロングは仲間を起こし、何か聞いたかと尋ねた。一人はずっとぐっすり眠っていたが、もう一人が言った。「聞いたよ！　テントのまわりに来てたよな。ずっとしゃべってた」。デロングはこれを聞いて舞いあがった。やはり自分が経験したことは、ただの金縛りでも明晰夢でもなかったんだ、と彼は心のなかでうなずいた。この体験はなんだったのかを理解しようと、デロングはジョン・マック教授の本を読みあさった。ハーバード・メディカル・スクールの精神医学部の元部長だ。「彼はUFOやUFOに誘拐《アブダクト》された人についての本を書きはじめたんで、危うく失職しそうになったんだよ」とデロングは言う。「だけど彼の本を読んで、彼のやってることを勉強すると、ああいうコンタクトを経験した人がたくさん話し声について語ってて、研究会の仲間入りをした気分になる。どうよ、めちゃくちゃやばいだろ？」[7]（たしかに多くの人は、たいへんやばいと思っていることだろう）

デロングは聡明でカリスマ性のある、ヒップなニットキャップがお気に入りのロックスターで、十代のスケートボーダーのころからパンクロックの曲を書きはじめた。いまこれを読んでいる多くの人は、その彼がどうして重大なUAP調査の話に関係しているのかと不思議に思っているに違いない。だが、デロングのみごとなまでの見かけのいかれっぷりには、しっかりとした筋道があった。一九九九年までに、デロングはブリンク182のリードシンガーとして、アメリカ全土だけでなく世界中のスタジアムをファンでいっぱいにする大スターになっていた。パンク純粋主義者たちはブリンクのことをパンクではなくポップだとあざけり、ひねくれたパンクの老師、元セックス・ピストルズのジョニー・ロットンことジョン・ライドンは、このバンドを「バカの集まり」と一蹴した。[8]だが、最後に笑ったのはブリンクだった。その年の六月、バンドは大ヒット作となるアルバム『エニマ・オブ・アメリカ』をリリースした。ジャケットを飾ったのはナースの白衣を着てゴム手袋をはめている豊満なポルノ女優ジャニーン・リンデマルダーだ。

新曲の一つは「エイリアンズ・エグジスト」といって、いつ終わるとも知れないバンドのツアー中にデロングがむさぼるように読んだ、UAPの謎に関する多くの本や記事に多大なヒントを得ている。デロングはロサンゼルス・タイムズ紙に、これは地球にやってきて「のうのうとしている」エイリアンについての曲だと語った。「まったくそのとおりなんだよ▼9」「これが現実だとみんなが知ったらどうなるだろう、俺なら一晩中クローゼットのドアを開けっぱなしにしておくな」。デロングの「エイリアンズ・エグジスト」の歌詞がMTV世代に叩きつけられる。このテーマについて読めば読むほど、デロングはUAPが実在すると確信するようになった。だが、彼が心から求めていたのは確かな証拠だった。「CIAは言うだろう、きみの聞いたことはみな噂だと、いつか誰か俺に言ってくれないか、いったい何が正しいのかを」と彼は歌った。

　トム・デロングがUAPに異常に関心を持っていたのはいいとして、それに関する本当に信じがたい、正気の沙汰とは思えないほどのいかれた事実は――実際に私はいまやそれを事実と確信しているのだが――アメリカの最も厳重に秘匿された秘密の一つを守っていると主張する政府の最上層部の高官が、これは正真正銘のUAP隠蔽に関する真実だと言って、その大まかな内容をデロングに教えたということである。これが明るみに出た経緯がまた、信じがたい。もしそれらの高官たちがデロングに話したことが本当に真実なら、とんでもない規模の嘘がまかりとおっていたことになる。ともかく確実に言えるのは、この現象を調査研究している誰にとってもまず望めないような驚くべきコネクションをトム・デロングが確保して、アメリカ軍の高官や諜報員や航空宇宙企業の幹部とひそかに話をし、本人の言い分によれば、その人びとからアメリカの七〇年にわたる地球外知的生命体との接触の歴史について教えてもらったということである。もしかして彼らは、いかれたロックスターの言うことなど誰も信じないとでも思ったのだろうか？

何年ものあいだ、デロングはUAPに夢中になっていることを公然と馬鹿にされてきた。愚かな変人のように言われ、大人気のロックスターだから少しばかりエキセントリックでも許されるのだと見なされた。バンドメンバーのマーク・ホッパスでさえ、ローリング・ストーン誌のインタビューでデロングをからかっている。「あいつはエイリアンを信じてるんだよ。正直言って、読むものをなんでも信じてしまうんだ。たとえばこう言うだろ、『オーストラリアにエイリアンが着陸したって雑誌で読んだぞ。医者が発見して死体解剖したらしい――映像がネットにあるよ』。そうするとトムは疑いもしない。福音のように受け取って、みんなに話してまわるのさ」[10]

だが、バンド仲間でさえ手遅れになるまで気づかなかったのは、デロングの傾倒がどれほど真剣なものになっていたかだ。二〇一五年初頭、デロングはブリンク182を脱退した。というよりも、バンドとの関係が「無期限休止」に陥った。デロングがUAPの謎の調査に専念したいからというのが一つの理由だった。別離の直前にデロングが受けたインタビューに、彼の落ち込んだウサギの穴がどれほど深かったかを推察させるヒントがあった。彼はそのインタビューで、ちょうど行なわれようとしていた連邦議会の聴聞会でアメリカ政府のUAPプロジェクトと、噂されていたアメリカの秘密の宇宙計画を暴露するために、宣誓証言をひそかに集めているという人びとに会った話をしていた（そのうちの一人は情報開示運動家のスティーヴン・グリアだったと思われる）。デロングは取材者に、自分の電話が盗聴されているかもしれないという不安を話した。また、知りあった一人について、こうも話した（これをデロングに教えたのもグリアだったと推測するが）。「夜中にぱちぱち、ぶんぶんという雑音で起こされては、そのまま床で吐いているというんだ。午前四時に毎日だぜ。これはマインドコントロール実験のときに出てくる人工音なんだよ。地下の石油を見つけるのに使うのと同じテクノロジーでさ、脳が活動するときと同じ周波数で人に電気ショックを与えられる。そうすると場合によっては、本当に恐ろしいことになるんだ」[11]。言うまでもないが、どう考えても正気の沙汰でない。グリアが言っていたユタ州からの殺人光線ふたたびだ。しかし断言はよそう。もしかしたらいずれ本当だったとわかるのかもしれない。

デロングは何百万人ものファンに向けて、陰謀論をぶちまけた。「この現象は昔からずっとあった。古代の宗教はすべて、この現象がさまざまなかたちで現れたものを見た人の目撃証言にもとづいて書かれたんだ。世界中の政府がこの現象を見て、そのテクノロジーを再現しようとしたが、それは秘密裡に行なわれていた。……だから政府は自分たちがひそかに作っているものを隠すため、宇宙船だとか、人間の脳を食べるエイリアンだとか、そういう奇妙なもののせいにしているが、じつのところ、それは自分たちが本当に作っているもの、実在するけど普通でない深遠なものを隠そうとしてのことで、すべて計画の一部なんだ」。当然ながら、メディアはこのようなデロングをここぞとばかりに見くだした。ポップパンクの歌を、それもたいていは安直な歌詞の歌を書いて飯を食っているロックスターが、エイリアンに関しては自分の言うことを真剣に聞けとおっしゃいますか――。しかし、デロングはくじけなかった。「一年のうち九ヵ月もツアーに出ていたら、とてもじゃないが、いまやろうとしているでかいことをやるだけの時間がとれない」と彼は言った▼12。

ほとんどの人は、デロングがいったい何をそんなに真剣に話しているのか、さっぱりわからなかった。しかし水面下では、デロングを馬鹿にする人が見たら衝撃を受けるようなとてつもない人脈が、デロングのまわりに築かれつつあった。ブリンク182を脱退する少し前、デロングはあるパーティーにMCとして招かれた。それは政府の防衛航空宇宙関連の事業を請け負う超一流企業の家族のために開かれた催しで、そこでのデロングの仕事は彼いわく、航空宇宙産業の某幹部を紹介することだった。デロングによれば、彼はこの家族イベントの仕事を受けるにあたって一つ条件をつけたという――五分間、その幹部と二人きりで、自分の選んだテーマについて話がしたい。のちに巨大防衛関連企業ロッキード・マーティンは、タイラー・ロゴウェイのコラム「ウォーゾーン」の取材に対し、自社のスカンクワークス部門の職員がデロングと会ったことを認めた。「トム・デロングは、秘密のマシンと先進開発プロジェクトをテーマにしたドキュメンタリーの共同制作を念頭に、スカンクワークスに接触してきました」とロッキード・マーティンは声明で述べている。「スカンクワークスのチームの複数のメンバーがデロングと面談し、そのドキュメンタリーに関する彼のビジョンを検討しました。これはわれわれが常時、個人と法人とを問わず、スカンクワークスとわれわれの開発したテクノロジーの話を伝えることに関心を持ってくださる誰に対してもやっていることです。最終的に、われわれはこのドキュメンタリーへの参加を見送ることにしました。この検討期間中に、デロングがスカンクワークスの従業員イベントに参加したのです」[13]

だが、この声明はすべてを語ってはいなかった。ロッキード社の一部門「先進開発プログラム」、通称スカンクワークスは、U-2偵察機、SR-71ブラックバード偵察機、F-117ナイトホーク・ステルス攻撃機、F-22ラプター戦闘機、F-35ライトニング・ステルスジェット機など、名だたる航空機を極秘の闇予算で開発してきた輝かしい歴史を持っている。これらはすべて、当時の地球上で圧倒的に最先端の航空宇宙防衛テクノロジーだった。デロングが本や雑誌で長年見てきた伝説のUFO研究にどこかの民間航空宇宙企業がかかわっていたとすれば、ロッキード・マーティンのスカンクワークスこそ第一候補だろうとデロングは考えた。そしてデロングが従業員の家族イベントで会ったという幹部は、おそらくロブ・ワイスだったと見るのが妥当だろう。二〇一九年までロッキード社の執行副社長とスカンクワークスのゼネラルマネージャーを務めていた人物である。この面談で実際に何があったかに関しては、トム・デロングの記述のほうがずっと真実に近いと信じるだけの十分に妥当な理由がある。

「いよいよ面談がかなって、俺は恐れることなく立ち向かい、彼にアイデアを売り込んだ。……俺は、若者が政府と国防総省に対するシニカルな見方を捨てられるようにするプロジェクトを構想していたんだ」と、トムは二〇一六年の自作SFスリラー『セクレット・マシーンズ——チェイシング・シャドウズ』(SeKret Machines: Chasing Shadows)の序文に書いている。彼はその後、あらためて招待を受けた。なんとそのときは、エリア51の敷地内にある厳重に警備されたコンクリートの掩体壕に入ったという。内部は四層のセキュリティで守られていたそうだ。銃、電子コードによる入室システム、通路に設置されたスピーカーからは「ホワイトノイズが流れ、視界の両側にずらりと並んだ頑丈なドアには、それぞれに回転式の錠がついていた。窓は一つも見当たらなかった[14]」。

この面談についてのデロングの記述を読んだとき、私はどうしても皮肉な見方をしてしまい、彼がスカンクワークスへの売り込みの際に、UAPに関する本当の意図を隠して門戸を開こうとしたに違いないと考えた。正直に言えば、典型的な下衆なメディアの計略だ。軍産複合体への若者の偏見を取り除き、甘美な薔薇色の見方ができるように変えたいなどという話は、とてもありえそうにないと思った。案の定、それは明らかにロッキード側にも理解できなかったようで、彼らはすぐさまデロングを疑った。「きみの意図はなんだね……陰謀論のようなことか?」とデロングは聞かれた。デロングによれば、彼が「ボス・マン」と呼ぶ幹部(おそらくスカンクワークスの当時のゼネラルマネージャー、ロブ・ワイス)が面談の場にやってきて、早々にこう言ったという。「どんな種類のプロジェクトであれ、それに関連するテーマが入っているものなら、われわれは関与できない。第一、そんなことが存在するという証拠さえ皆無なのだから[15]」

デロングによれば、彼はボス・マン/ワイスにこう返した。「そりゃあエドガー・アレン・ミッチェルが——月面を歩いた史上六人目の男が——世界中の子供に向かってこの話は本当なんだと触れまわったりしたら、たしかに問題ですよ。でも、それはいいんです。いまこの問題について話す必要はありませんし、この情報も関係ありません。そういう信頼性についてはいずれ取り組む必要があるだけです。だけど、頼むからちょっと時間をくれませんか。俺の話を最後まで聞いてもらいたいんです[16]」。こうしてデロングはボス・マンと二人きりでの五分間の話し合いを求め、認められて、ほかの幹部やエンジニアが全員その場を退出した。「さて、そこで俺がこの男に何を言ったかは明かせない。さらに、この面談の直後にほかの二人の幹部と一時間の話し合いをしたときの内容も明かせない。しかし、これだけは言える。それから数ヵ月のあいだに、このプロジェクトの準備は光速で進みはじめた」[17]

しかしながら、二〇一六年三月のジョージ・ナップとのインタビューで[18]、デロングはこのボス・マンとの一対一の対話で何が話されたかを、かなり詳しく明かしてしまっている。砂漠のなかのコンクリートの掩体壕の奥深くで、ほかの全員が部屋から出ていったあと、デロングはスーツ姿のボスから一メートルも離れていない距離に座って、自分はUAPの国家安全保障上の意味を理解していると説明し、ボス・マンにこう告げた。「俺はこの問題に関して素人じゃありません。俺の話を最後まで聞いてもらえれば、これから提案することにメリットがあるのをわかってもらえると思うんです」。デロングは話を続けた。「この三〇年、これ［UFO／UAP］が実在するかもしれないという考えを国民に吹き込もうとするプログラムがずっと進められてきてます。だけど問題はですね、いまの世界中の若者はみんな、インターネットを使って、アイフォーンを持って、これまでの人より断然早く互いのあいだで話がまわるようになってるんですよ。だからこのプログラムのような、五〇年代からそのままのプログラムは、もうすっかり時代遅れで、老朽化しちゃってるんです。いまはもうみんなその上をいってて、だからみんなあなたがたを信用しない。あなたがたは好かれてないんです」。続けてデロングはボス・マンに、「この問題に関していくつかまずいことが起こってる」のも知っていると告げたという。ボス・マンは反応したそうだ。「この問題に関して政府がどんなまずいことをしたというんだね」。デロングは「ここでは言えないことをいくつか」詳しく説明したのだという。「そして俺はこう言った。『もしこれを、俺がやろうとしていることをやらせてもらえるなら、ぜひあなたに助けてもらいたいことがあるんです。俺にはアドバイザーが必要です。俺が方向を誤らないように支えてくれる人が。そうすればみんなに偽情報を与えずに済みます」

　これが突破口になった、とデロングは言う。彼の話では、ちょうどそのころ書きはじめていたUFO／UAPに関するノンフィクション本のプロローグの原稿をボス・マンに送ったのだそうだ。この本はのちにデロングの『セクレット・マシーンズ』シリーズの一冊となるのだが、しかし不可解なのは、なぜまたそのプロローグが秘密のUAPの門番につながる扉を開けるのに役立ったかである。というのも、デロングが最終的に出版した本は、でたらめだと非難され大いに物議をかもした（そしてもし事実なら、非常に恐ろしい）「接触《コンタクト》された人と誘拐《アブダクト》された人に対する［UAP］現象の影響」を全面的に扱ったものだったからだ。この『セクレット・マシーンズ——神々と人類と戦争』（SeKret Machines: Gods, Man & War）において、[19] デロングと共著者のピーター・レヴェンダは、UAPに接触された人には証明可能な物理的影響がおよび、誘拐された人（人間以外の知的生命体／エイリアンによって？）にはPTSD（心的外傷後ストレス障害）の徴候が現れるという見方を示している。率直に言って、エイリアン・アブダクションに関することを論じるというアイデアそのものが、ボス・マンとそのまわりの秘密の門番たちにとっては非常に迷惑だったのではないかと思うのだが、それが売り込みを成功させるのに役立ったのだとトム自身は言っている。デロングによれば、その面談から二週間のうちに、彼は軍上層部の各方面の人物に紹介された。アメリカ空軍の将官もいれば、諜報部員も、NASAの上級官僚も、ホワイトハウスの高官もいたという。その後、闇世界を描くスパイ映画からそのまま出てきたような会談があり、そこでデロングはアメリカの某地方空港に飛ぶよう指示され、気がつけば、その空港のレストランである男といっしょに座っていた。デロングはその男を「ジェネラル」（将軍）と呼ぶ。会って最初にジェネラルから聞かされたことに、デロングは凍りついた。「『あれは冷戦中だったが、われわれは生命体を発見したのだ』。さすがに俺もちびりそうになったね」[20]

第14章　われわれは真実を受けとめられる

ロックスターのトム・デロングは、あちこちのメディアのインタビューで、UAPに関する政府関係者や企業重役との秘密の会談について、奇妙なとりとめのない話をしてきた。なかでも最もどうかと思うのは、コメディアンであり総合格闘技のコメンテーターであり、ポッドキャスト番組の司会者でもあるジョン・ローガンのところで録音されたものだろう。デロングはその「ジョー・ローガン・エクスペリエンス」で、国防と諜報にかかわる闇世界の師匠たちからゴーサインが出て、近くアメリカ政府による驚くべきUFOの秘密の情報開示があることを広めてもかまわないことになったとローガンに語っている。また、別のところでのデロングの話によれば、彼は軍の情報筋を相手にニューズウィーク誌の模擬インタビューまでやっていた。どういう受け答えをすればいいかを分析できるし、本物のインタビューを受ける前のリハーサルにもなるからということだった。[1]

デロングがジョー・ローガンとの一〇〇分のインタビューと、ジョージ・ナップとの四時間のインタビューで語ったことを、ここで詳しく伝えておくのは決して無駄ではないと思う。というのも、率直に言って、もし彼が聞いたと言っていることに一つでも本当のことがあるのなら、それが意味するところはたいへん重大であるからだ。このあとの話を読んで、デロングは頭がおかしいと多くの人が思うだろうということは承知しているが、実際にアメリカの政府と軍部の一部の元高官や現役高官がトム・デロングに会って、ブリーフィングをしたことを示す確たる証拠があるのは間違いのないところだろうと私は思う。したがって検討すべき問題は、デロングが彼らから聞かされたと主張する内容に、本当に真実があるのかどうかだ。デロングによれば、彼はそうした高官たちから、アメリカ政府はたしかに秘密裡にエイリアンの宇宙船を回収し……エイリアンそのものも回収したと聞かされた。そして、そのテクノロジーを会得して人類を迫りくる脅威から守るための奮闘が秘密裡に進行しているとも聞かされた。私としては、その内容が本当なのであれ嘘なのであれ、そうしたブリーフィングがあったこと自体は確実だと思っている。正直に言えば、元軍人や現役軍人がデロングにそんなブリーフィングをすることに決めたなど、いまでもまだ信じがたいことだと思っているが、もしかすると彼らとしては、デロングが表に出ていって何を言おうと、そんないかれた話は誰も信じないと思ったのかもしれない。

「こういうことはホワイトハウスではやらないし、連邦議事堂でもやらない」とデロングはペンタゴンで闇の世界のやたらと偉そうな人物に言われたという。「そういうことはこのような場所で、このような席でやる。ここで少数の人間が集まって、ボールをゴールに向かって進めることに決めるのだ」[2]（うわぁぁ――いけすかねえ、という声が聞こえてきそうである。いまどきこんな口を利く人間がいるのだろうか？　これではまるで、映画『ア・フュー・グッドメン』のジャック・ニコルソン演じるジェセップ大佐の台詞だ。「真実はおまえの手に負えん！　いいか、俺たちは壁のある世界に生きてるんだよ。その壁は銃を持った兵士で守られねばならん。誰がそれをやる？　おまえか？」）。デロングの記述によると、この匿名軍人のような闇世界の人びとの口からは、こうした威勢のいいアルファオス的な言葉がたくさん出てきたという。これはじつに不穏な話だ。噂に聞くとおり、民主主義的な説明責任と政府の監督がまるっきり無視されているということではないか。ともあれ、まずはデロングの言われたことがすべて真実だったと（相当に無理やりなのは承知で）仮定してみよう。気がかりなのは、彼が甘い展望と調子のいい言葉をそのまま信じていたように見えることだ。つまり、これら匿名の関係者たちが（おそらくアメリカ国民に対する説明責任をほとんど果たさずに）やっていることはすべて善意から出たものなのだと。あるいは少なくとも、彼らの言葉をそのとおりに受け取っていれば間違いはないのだと。

デロングはジョージ・ナップとのインタビューで、「ジェネラル」がいかに立派な善意の人であるかをなんとか理解してもらおうとがんばっていたが、よく考えてみると、デロングが語るジェネラルの描写には秘密を抱え込んだ狂信者の姿が見え隠れする。つまりジェネラルもその同僚も、国家への犯罪になりかねないものを必死に隠そうとしている狂信者ではないのか。デロングの言っていることがどれか一つでも本当ならば、UAP現象に関して歴代の大統領は嘘をつかれていたことになり、議会もまた嘘をつかれ、全世界がだまされていたことになるのだ。そして「ビッグ・シークレット」を守るために多くの国民が不快な思いをさせられてきたことになる。それなのにデロングは、素直に彼らを信頼すべきだと考えている。

「彼らとしても本当はこれをみんなに知ってもらいたいんだけど、これまでの努力がだいなしになるのは嫌だからね。俺は知れば知るほど、これはすげえ英雄的な話だと思ったよ。彼らは本当に善良な男女なんだ。……彼は国にとって最善だったこと、自由な国家にとって最善だったことを提案してきたに違いないんだ。おそらくそういうことを八回はやってきたんだよ。あの人たちにとって、アメリカ合衆国という自由な国、国民が自由な思考を持てる国、俺たちが築いたこの共和制国家にとって何が最善なのかというのは、とてもとても重要なことなんだよ。彼らはいいかげんに奔走してるわけじゃないし、戦争屋でもない」とデロングは主張した。[3] 英雄的？ ふむ……ならばここで本当に糸を引いているのは誰なのか？ トム・デロングなのか、ジェネラルか？ ジョージ・ナップはいったんデロングの話を止めて、こう聞いた。

「たとえばの話だけど、あいつはロックミュージシャンだ、あいつにそんなことを話すわけがないとか、わざとあいつにもっともらしい反証ができるようなことを話してるんだとか、そういう言い方をする人もいるわけだよ。……もしうまくいかなかったら、彼らはきみの信用をつぶしたり、きみの言うことを否定したりするんじゃない？」

「まあ、やろうと思えば誰に対してもできるだろうね」とデロングは答えた。「大統領相手にだってできるさ。こんなのは俺たち一般人には理解できないレベルの権力の話だよ。はっきり言って、俺は誰にも信じてもらえなくてもかまわない。俺はいま、非常に重要なことの真っ只中にいるんだ。自分がやると言ったことをやるだけだよ」[4]

これもまた気になる発言だ。「一般人には理解できないレベルの権力」？　ペンタゴンやＣＩＡや国防情報局、その他あらゆる三文字機関を含めた政府の行政機関は、国民によって国民のために議会を通じて行政機関に権限が付与されているからこそ権力が持てるのだということを、デロングは理解しているのだろうか。説明責任を負わされず、秘密裡に無謀な決定をしてしまう軍部や情報部について、歴史はいろいろと教えてくれているではないか──ＣＩＡがアメリカ国内、キューバ、イランとコントラ、ベトナム、イラクに対してやってきたコインテルプロ（対破壊者情報工作）的プログラムを知らないのだろうか？　本当に軍部の誰かがそのような誇大妄想を信じているのだとしたら、これらの発言は恐ろしいとしか言いようがない。

さすがにこのへんで、読者の九〇パーセントはデロングの演説にたわごとを抜かすなと言っているに違いない。何十年にもわたってＵＡＰ関連の陰謀告発者たちがやろうとして失敗してきたこと──噂されているアメリカ政府のＵＡＰ関連の陰謀をすべて白日のもとにさらすこと──をポップパンクのロックスターがすんなり達成できると考えるのは、確実に馬鹿げている。にもかかわらず、それこそがデロングのやろうとしたことだった。彼は政府の闇の部分の内部関係者に、国民の意識を高めることを目的とした、小説、長編映画、ノンフィクション本、ドキュメンタリーなどで構成される大規模エンターテインメントの構想を売り込んだ。「俺は誰よりもよく知っていた。この現象が恐ろしいものであることも、過去六〇年間になされたことはすべて、いま抱えている信じられないほどでかい務めにもとづいていることも。俺たちはいろいろなことについて考え直さなくてはならなかった――宗教、歴史、国家安全保障、秘密保持、物理学、防衛、宇宙開発、宇宙論、人類」▼5

仮に、デロングの言っていることにわずかでも真実があったとしたら、どういうことになるかを考えてみよう。おそらく多くのアメリカ人は、偉そうなほら吹きの将軍やら工作員やら科学者やらの一団がひそかに民間企業と結託して、驚異的な先進テクノロジーをほかの誰にも知られないようにしているという考えに――そしてそんな連中に、デロングの言葉を引用すれば、ただの人間には理解できない「レベルの権力」を与えることに、憤慨するのではないだろうか。デロングの話を聞くかぎり、彼らが言いたいのはこういうことのようだ――この秘密はきみたちを怖がらせるかもしれないから、そしてエイリアンは恐ろしい脅威だから、この秘密はわれわれが守っておかなければならないのだと。これが本当だとして、それでは人類が初めて出会った人類以外の知的生命に宣戦布告をするにあたって、事前に地球上の人びとに相談する予定はあるのだろうか？　きみたちのためを思えば詳細は言えないけれども秘密の脅威があるから、それと戦うために数十億ドル――いや、ひょっとすると数兆ドル――が必要なんだと国の軍部に言われても、国民がはいそうですかと言うわけがない。デロングはこの邪悪な脅威なるものについて多くを語ってきた。それは彼の主張によればペンタゴンから聞かされたことだというから、ここで彼の主張をもう少し詳しく見てみよう。手始めに、デロングは内部情報に通じた謎の門番たちから、人類はすでにエイリアンと接触していると聞かされたと主張している。「この世代はこういうものに出会う運命だったと思うんだ。そういう出会いのいくつかは偶然じゃなかったと思うね。それは目的があって起こったんだ。人類をある特定の方向へ押しやるためだよ。やつらはタイムトラベルもする。そのテクノロジーを使うと、そいつらが人工的に作られた重力の泡のなかでやっていることと、こっちの時間とのあいだに時差が生じるんだ」[6]

ポッドキャスターのジョー・ローガンはしばしばUAPや超常現象といったテーマにも手を出しており、トム・デロングとの本格的なインタビューにおいても、デロングからできるかぎりのことを引き出している。おそらくデロングをしゃべりすぎないようにさせるためだろうが、デロングがペンタゴンでインタビューでのはぐらかしの練習をさせられていたのを思えば、ローガンはじつにすばらしい仕事をしたものだ。デロングには失礼だが、彼は絶望的に軽率なスパイだろうから、大事な秘密を明かさないようにするにはどうすればいいかを軍服の連中の一団がトム・デロングに教え込んでいるところを想像すると、いささか愉快ではある。ジョー・ローガンに対しても、やはりデロングは興奮してべらべらしゃべりだすのを抑えきれなかった。それが真実であろうとなかろうと、明らかにデロングは師匠の門番たちから言われたことを固く信じている。「俺は「ETの」テクノロジーが存在するというだけでなく、それをどういじればいいかも判明してると信じてるんだ」とデロングは言った。「でも、それ以上はここでは言えないな……」

「それはアメリカ政府が押さえてるってこと?」とローガンは尋ねた。

「これ以上は勘弁してよ。俺、まじで言葉には気をつけなくちゃなんないんだよ」とデロングはぴりぴりしながら答えて視聴者を不安にさせた――ひょっとして彼が余計なことを明かしたために、いまにも無情な特殊部隊デルタフォースがローガンのスタジオのドアを蹴破って、二人を引きずりだし、鎖につないでエリア51があるグルームレイクの警備万全な洞穴に連れていき、暗い独房に押し込めるのではないかと。

デロングの話によると、彼の闇世界のアドバイザーたちは、地球外生命のことを世界中にどう打ち明ければよいかに頭を悩ませていたのだという。デロングは彼らに言ったそうだ。「あんたらはディスクロージャーに悩んでるんだろ、とね。俺は、必ずしも全員がすべてを知っていなくてもいいと思う。また一方には、みんなこんな問題は受けとめられないから何も言わなくていい、という声もある。俺はその中道があるっていうか、これが俺の行く中道だぜってのを示したんだよね。それが彼らに響いたんだ」（おいおい、という声が聞こえてきそうだ。一般国民は何も知らされなくていいって、トム・デロングは本気で思ってんのか？　デロングよ、俺らを信じてくれ。映画でも、ジェセップ大佐は間違ってたじゃないか。俺らは真実を受けとめられるんだよ）

　デロングは、エイリアンが何千年も前から人類とかかわってきたと教えられ、エイリアンの乗り物の墜落した残骸や発見された遺物がアメリカ政府によって回収されていると教えられた。「問題は、これがとんでもなく先進的な文明のもので、なんていうか、永遠の昔からあるものなんだよ。だから古代の文字とか文書とかにも残されてて、岩とかにも刻まれてる。だけど、それを解明しようとすると、点と点をつなげてみても、たぶん彼らがまだ持ってる残骸を調べてみても、これをどうやって作るのか、どうすればリバースエンジニアリングできるのか、さっぱり見当がつかないんだ」[7]（デロングにこういうことを伝えている内部筋のアドバイザーたちは、この点に関して完全に矛盾したことを言っているのだが、それについてはあとで見よう）。デロングがローガンに、ジェネラルと初めて空港のレストランで会ったときに聞かされたという、一九四〇年代に墜落して回収されたエイリアンの宇宙船の話をすると、ローガンはきわめて妥当に、誰もが思う疑問を口にした。「その男にかつがれてるって思ったことはないの？」

「え、いやいや、それはないよ」とデロングは答えた。「だからみんな本当の話を聞かなきゃならないってんだよ」

　もしも以下のことが本当の話なら、デロングの世話をしていたUAPの門番たちは、彼がどれだけ余計なことを言ったかを知って気も狂わんばかりに激昂しただろう。アメリカ国家偵察局（NRO）の監視衛星は常時UAPが大気圏を出入りするのを見ているのだ、とデロングは主張した。そして自分はその証拠も見たのだという。「俺のアドバイザーの一人はNROの人だったんだ。上層部のね。そこでは一過性訪問と呼ばれてるらしい。俺が知ってるのはそれだけだよ。俺が見たある書類には、それが飛来する時期を計算して小さめの船を収集できるようにするアルゴリズムを国防総省が見つけたって書いてあった。それをテストして成功したんだって」とデロングは言い放ち、ローガンをますます興奮させた。

　デロングが言うには、彼の必要としているUAP情報を与えることのできる内部関係者を紹介してくれるよう、いつもの情報提供者に頼んだところ、その二週間後に呼び出しを受けてコロラドスプリングス（アメリカ空軍宇宙軍団の拠点）で某大将と某大佐に会うことになり、その二人がデロングの情報取得とメディア啓発キャンペーンにゴーサインを出したという。[8] つまりデロングは、この話を表に出したがっていたアメリカ政府内の人物により、ソフトなディスクロージャーの手段として選ばれたのだった。「許可は与えたから、クソ黙って仕事にかかれ」と大佐はデロングに言ったという。非常にひねくれた見方であるのは承知だが、デロングにしろ誰にしろ、この話をするには下品な物言いをする、説明責任を果たさない、議会と国民からの隠匿というアメリカ国家に対する大罪を犯していると言ってもいい軍当局者からの「許可」がいるらしい。また、デロングのやることにはある種の軍の統制がかかっているということでもある。デロングはジョー・ローガンに、あるインタビューが原因で「ビッグ・シークレット」の門番たちと一悶着起こしたことがあると告白している。それは陰謀と超常現象を扱うラジオの大人気番組「コースト・トゥ・コーストAM」でのインタビューだった。「そのあと、ある機関の人物から接触があってさ。丸二日間、質問攻めにされたよ。『われわれはきみが何者なのかを知る必要がある。きみは知るべきでないことまで知っているようだ』」とデロングは言っている。この名前を明かされていない機関による接触が本当にあったのだとすれば、その意味するところは明白だ。アメリカ政府の一部の部門は、国民にこのような話を知る権利があることをいまだ認めていないということである。これがすべてでたらめで、デロングの想像の産物の一端であったらありがたいのだが。

その問題となった番組は、おそらく二〇一六年にラスベガスの調査ジャーナリスト、ジョージ・ナップが司会を務めた回だろう。▼9 そのなかでデロングは、まもなく非常に重要なことが明らかにされるだろうとほのめかしている。「もう魔法としか思えないようなすごい画期的な科学的発見も見られることになると思うよ」と、彼は抑えきれない様子で語った（これを書いている時点で、この発言から五年以上になるが、われわれはいまだそれを見られていない）。デロングはナップにこうも言っている――内密の支出を国民が知ったら大騒ぎになるだろうが、真実が明らかになれば国民は感謝するだろう（なるほど、国民は感謝するだろう。政府が国民を殺人ウイルスからも守れていないのに、何十億ドルもの税金がエイリアンと戦うためとやらの兵器にひそかに使われていたのを知って、どうして国民が腹を立てるだろう）。

トム・デロングの描写する壮大な陰謀とは、一九四〇年代以降、アメリカ政府がとあるUAP研究プログラムを、独自の機体開発を含めて民間企業の内部にずっと隠してきたというものだ。「ああ、じつは重力のことも解明されてて、反重力を使ったマシンも作られてるんだよ。うん、そうそう、これはでかい話になると聞かされた。……彼らは本当に反重力の性質を持ったものを作ってるかもしれない」（ここでデロングや彼のアドバイザーたちは矛盾を犯している。さきほど別のところでデロングは、このエイリアンのテクノロジーのリバースエンジニアリングのしかたがまだわかっていないことを師匠たちが認めていると言っていたではないか？）

デロングの話はさらに膨らんでいく。ジョージ・ナップとのインタビューで、▼10 彼は例の「ジェネラル」に初めて会ったときのことも詳しく語った。回収された異世界の「生命体」についてのとんでもない、そしてどうやら恐ろしい話をデロングに聞かせた人物である。「これは彼から最初に、会って真っ先に言われたことだ。『あれは冷戦中で、われわれは日々、核戦争の脅威のもとで生きていた。来る日も来る日も、心の奥底で、核戦争がいつ起こってもおかしくないと確信していた』。そう言って彼は口をつぐみ、また話しだした。『そういう時代のある日のことだ』。そこで俺の目をじっと見る。『われわれは生命体を発見したのだ。その生命体に関してわれわれが行なったこと、決断したことはすべて、その時代の意識のせいなのだ』。それで俺は言った。『ということはですよ、その生命体がやったことって、たとえばわれわれの核兵器のスイッチを入れて、発射準備OKにして……』と言ったところで彼が人差し指で俺の口を止め、［ソ連時代のミサイル司令官の名を出して］言った。『ロシアには英雄がいる。立派なものだ。自らと自らの国を危険にさらしながらも、反撃しなかったのだ』。その瞬間、俺は悟った。いま俺が参加してるこのゲームは、もうすでに始まってたんだ……」（いやはや、まさにジャック・ニコルソン演じるジェセップ大佐のあの鬼気迫るわめきが聞こえるような気がしてきた。「俺はおまえらには計り知れないほどの重い責任を負ってるんだ……俺が知ってることを何も知らずにいられるおまえらは気楽なものだ……ふざけた連中め、国を守るということがまったくわかっとらん……」）。デロングは、その生命体が発見されたのは一九八九年、つまり冷戦の末期で、この発見が歴史の流れを変えたのだと言われたと主張する。

ジョージ・ナップとの四時間におよぶ長大なインタビューにおいて、デロングは自分の情報筋から聞いたという内容をこう訴えた。いわく、「UFOの現実」がまったく人類に明かされないままでいるのは、政府が悪だくみをして真実を隠しているからではなく、この現象についての研究がまだ進行中で、完全な理解にまでおよんでいないからで、そのためこれだけ多額の資金を注ぎ込んでいるのだと。なるほど、ではこういうことか——ですので世界中の善良な市民のみなさん、どうか落ち着いてください。「ビッグ・シークレット」の門番たちは、みなさんを守るためにUAPに関するばればれの嘘を流すことによって、もっともらしい反論ができるようにしているだけなのです。そして彼らがこの本当の話とやらをデロングに伝えているのは、みなさんが彼の言うことを絶対に信じないと知っているから、そして同時に、みなさんを怖がらせたくないからなのです。どうです、なんの矛盾もないでしょう。ですから何も言わず、政府の監督がないも同然の絶対的な秘密に彼らが何十億ドルも費やすのを、どうぞそのまま放置していてください。

　そして筋書きどおり、デロングは自分の聞かされたことをそのまま伝えてわれわれを震えあがらせにかかった。彼はナップに、エイリアンによる誘拐やキャトルミューティレーションの被害者に関して政府の調査が進行中であることを訴え、「この［ETの］諜報活動がわざとさまざまな国のあいだに宗教にもとづいた対立を生じさせている。なんとも恐ろしいシナリオだ。まるで他正面作戦だ」と訴えた[11]。そして、こんな不気味なことがあるだろうかと聞いている人が思いはじめると、とたんに今度は神について語りだす。「このUFO現象ってのはすべて、もとはといえば複数の神のあいだの戦いなんだ。その神々が意図的に人類を宗教ごとに派閥化させて、自分たちの代わりに人類に争いをさせてる。それというのも、自分たちには別のなしとげたいことがあるからなんだ。ところが人類は互いの争いにかまけていて、そのことに気づかない。うちの政府はそれを知ってるんだ。『よそ者《アザーズ》』が扇動して人類どうしを戦わせてることを知ってる[12]」。さらにデロングは、悪魔に関する超自然的な神話もUFO／UAP現象に関係しているとまでほのめかした。「人類のことを嫌ってるものってあるだろ、人類のことを妬んでたり、人類かくあるべしという計画のようなものを持ってたり」。ああ、そうか、イースター島やマヤやインカのような古代文明が消えたのも、それらが「従わなかった」せいだと知る必要があるわけか。「それで結局、話はそのままなんだけど……でも今回は違う。やつらは今回もほかのところでやったみたいに人類を一掃しにきてる。しかし今回は迎え撃つ準備ができている。この準備ができてるってことが、なぜこんなにも長いあいだ静かな状態が保たれていて、なぜこういう奇妙な国際協力関係ができているのかを示す、もう一つの例証なんだよ[13]」。実際、UFOの墜落はナチスドイツでも中国でもロシアでもあったが、すべて隠蔽されたのだとデロングは言った。

　つまりデロングに言わせると、ひそかに行なわれていたのは「よそ者」に備えるための国際的な共同作業だった。「われわれは世界最高の頭脳と巨額の資金でもって、情熱と絶対にくじけない心でもって、そして使えるものはなんでも使って、全員を守る方法を考えだそうと必死に取り組みはじめた。……このことを知ったら、政府に対する冷めた見方もかなり薄まるんじゃないかな」とデロングは言った。じつに心強い。いや。逆だ。どん引きだ。彼が知っていると主張していることの本質は、人類が一部の狂信的な将軍たちによって蚊帳の外に置かれてきたということだ。彼らは人類が何千年と崇めてきた神々に少数の邪悪なライバルがいるかもしれないことを、われわれに知られたくないのである。だから彼らはエイリアンとの戦争の準備をしているのだ。

ともあれ、これがロックスターのトム・デロングによって開陳された、巨大UFO／UAP陰謀論である。いや、軍の頭字語好きに敬意を表し、TBSMT（Tom's Benevolent Spooks & Military Theory――「トムの善意ある工作員&軍人論」）とでも呼ぶべきかもしれない。この論にしたがえば、おそらく死後の世界を別にしての最大の秘密――宇宙における人類以外の知的生命体の存在に関する知識――がわれわれに明かされていないのは、ひとえに政府が大切な国民を怖がらせたくないからだと信じるべきなのであり、たとえ政府への信頼が地に落ちている時代でも、それを信じるのは当然とされるべきなのである。

ここでいったん、デロングが聞かされたと言っていることに一抹の真実があったと仮定してみよう。ピュー・リサーチセンターでは、一九五〇年代から定期的にアメリカ政府への国民の信頼度を調査している。一九五八年、つまり（デロングの匿名の情報筋によれば）世界中の政府が結託して「よそ者」の存在を隠しはじめたとされるころ、アメリカ人の約四分の三は、政府がほぼつねに、もしくはだいたいにおいて正しいことをしているものと信用していた。しかし二〇〇七年ごろから、政府に対する国民の信頼はかつてないほど落ち込んで、三〇パーセント前後に低迷している。政治家に対する信頼の度合いは、ジャーナリストと比べてさえもずっと低い。したがって、たとえ明日にでも政府が公式に、この現象についての本当の話とやらを認めたとしても、真の黒幕であると思われるこれら匿名の——そして疑いなく傲慢な——陰の実力者たちの意識には、どうせ誰も信じないという恐れがあるに違いない。彼らが本当にこのような秘密を隠しているのなら、政府に対する国民の信頼がこれほど低いのも当然だ。

意地の悪い見方だと思われるかもしれないが、もしこれが本当の話なら（最大級の「もし」だが）、「ビッグ・シークレット」の寡黙な門番たちが本当に心底恐れているのは、鎖につながれて議会の前に引きずりだされ、なぜこのようなとてつもない秘密を国民に知らせていなかったのか、なぜエイリアンのテクノロジーなるものを再設計する闇予算の計画に、その負担をする納税者にこれまた秘密で数十億ドルを注ぎ込んでいるのかと、説明を求められることではないのだろうか——むしろそう見るほうが妥当だろうと思うのだ。少なからぬ市民は確実に、こんな秘密を隠していた政治家や工作員や軍人はさらし者にすべきだと言うだろう。公職就任の宣誓を汚した嘘つきのペテン師として、軍用ジープのバンパーに縛りつけてワシントンDCの市街を引きまわし、市民から痛罵を浴びるがいいと言うだろう。そうなっても私には言う言葉がない。

ここでみなさんが考えていそうなことはわかっている。これに関して考えつく唯一のまともな説明は、トム・デロングがジョージ・ナップとジョー・ローガンに対して言ったこと、すなわちUFO／UAPの真実を隠すための極秘の巨大な陰謀の真相は、できたてほやほやの巨大な牛の糞の山であるということだ。彼はこんなことを誰にも言われていない。彼が言っている政府内の情報筋は、彼の薄気味悪い想像の産物だ。北米を飛びまわってどこかの空港で「ジェネラル」と会ったり、地下の掩体壕でスカンクワークスに会ったりという話も、すべて彼のでっちあげだ。デロングには救護が必要だ。こんな話は最初からないのだ。

まあ、そのぐらい言いきれればいいのだが。じつは、話が本当におもしろくなるのはここからだ……それもこれも卑劣なロシアのハッカーたちのおかげである。

第15章 罪深い秘密を漏らす

ワシントンDCでデスクに座るジョン・ポデスタは、今回は二〇一六年の大統領選に臨むヒラリー・クリントン候補の選挙対策責任者を務めていた。このときポデスタは、ロシア連邦軍参謀本部情報総局（GRU）の二六一六五班を率いるヴィクトール・ボリソヴィッチ・ネティクショのことなど聞いたこともなかった。だが、ネティクショのほうは間違いなくポデスタを知り尽くしていた。ネティクショがジョン・ポデスタに対して働こうとしていた犯罪の思わぬ副産物は、それによってトム・デロングの信じがたい主張——アメリカ国防総省の高官、諜報員、軍事関連企業の重役などに会い、彼らから、UAPに関する真実を一般市民から隠すための政府の極秘の陰謀を認める言葉を聞いたという主張——が結果的に裏づけられたことだった。

ボリス・ネティクショが率いていたチームは、「ファンシーベア」と呼ばれる高度な訓練を受けた軍事ハッカーの集団で、▼1 政治的な目的のもと、ロシア政府のために国際法を堂々と破ってコンピューターハッキングをしていた。要は、一種のサイバー版スメルシ〔ソ連時代のKGBの暗殺班〕である。彼らはアメリカの民主党議会選挙対策委員会と民主党全国委員会のコンピューターネットワークに不正侵入した。その目的は、民主党大統領候補ヒラリー・クリントンにとって不利となる、何か恥ずべき不祥事の種を掘り起こすことだった。モスクワのどこかにある厳重に警備されたGRUの建物の奥深くで、明るく輝くモニターを前に、ネティクショとファンシーベアの一団はポデスタにその狙いを向けていた。

二〇一六年のあるとき、おそらく一〇月だと思われるが、自分のコンピューターで作業をしていたポデスタは、Gメールのアカウントからパスワードの再入力を求められた。ほとんどの人と同じく、おそらく彼も深く考えずにパスワードを入力し、そのまま忘れていたのだろう。しかしほとんどの人に比べて、ジョン・ポデスタが持っているものは重大さが桁違いだった。彼はワシントンDCの中枢に深く通じた人物であり、しかも当時は、二〇一六年の大統領選でヒラリー・クリントンがドナルド・トランプに晴れて勝利を収めるまで、あと数週間というところに迫っていた。そのわずか二ヵ月前の二〇一六年七月二八日には、共和党候補のドナルド・トランプがフロリダでの記者会見で言ったことなど、誰も本気にしていなかった。トランプはロシアに対して、ライバルのヒラリー・クリントンのメールアカウントをハッキングするよう呼びかけたのだ。「ロシアよ、もしこれを聞いているなら、行方不明になっている三万通の電子メールを見つけられることを祈るとお伝えしよう」とトランプは言った。「おそらくわが国のメディアから莫大な報酬を受けられると思うぞ[2]」

これは啞然とするほど無責任なコメントだった。これ以前に起きていた民主党組織へのサイバーアタックの犯人がロシア政府を後ろ盾にしたハッカー集団であるとアメリカの諜報機関が考えていることは、トランプも重々承知のはずだからである。のちにトランプは、ただの冷やかしだったと言い訳したが、彼の発言から数時間のうちに、ハッカーたちは民主党に対する新たな侵入活動を開始した。そして最終的に、彼らのサイバー嗅覚がジョン・ポデスタに狙いを定めさせた。とはいえ、ネティクショのハッキングはほとんど無害だったではないかと思うかもしれない。たしかに民主党全国委員会から漏れた情報にたいしたものはなかった。一通のメールから、「店で売り物のドーナツを舐めながらアメリカ大嫌いと言っているところを映像に撮られた」ロックスターのアリアナ・グランデを、ホワイトハウスが大統領主催のガラ公演に出させないことにしたという噂が流れた程度だ。[3] アリアナにとっては不名誉だが、ウォーターゲート事件とは比べ物にならない。あとはせっかくのドーナツが無駄になったぐらいか。

ＧＲＵは、冗談抜きのドクター・イーブル〔映画『オースティン・パワーズ』シリーズのカリスマ悪役〕だ。そのＧＲＵが、クリントンの選挙戦を妨害することにロシアにとっての利益を見た。二〇一八年三月に、イギリスのソールズベリーで二重スパイの元ロシア軍人セルゲイ・スクリパリの自宅のドアノブに猛毒神経剤のノビチョクを塗りつけたのは、ＧＲＵのヒットマンだった。また、二〇一九年八月にベルリンの公園でジョージア国籍の男性を射殺したのもＧＲＵのエージェントだった。二〇一四年七月にウクライナ東部の上空でマレーシア航空17便の罪のない乗員乗客二九八名が命を奪われた事件から、血まみれの軌跡をたどっていくと、ＧＲＵの特殊任務部隊スペツナズに行き着くこともわかっている。ニューヨーク・タイムズの報道によれば、ＧＲＵには二九一五五班という番号だけで呼ばれる部隊がある。その目的は「ヨーロッパ〔とアメリカ〕に不安定をもたらすための協調的かつ継続的な軍事行動」を仕掛けることであり、実行するのは「破壊工作、妨害活動、暗殺に長けた」秘密諜報員であるという。[4] おそらく、この血まみれの二九一五五暗殺班の部屋があるフロアの数室先に、ネティクショの二六一六五サイバーハッキング班があるのだろう。その部隊の任務のなかに、世界最古の民主国家の一つをサイバー転覆することが含まれていた。

ポデスタは、それがじつはスピアーフィッシングというハッキングの手口だったことにも気づかずに、偽のＧメールのリンクをクリックした。それから数分のうちに、モスクワのＧＲＵ本部にいるネティクショと同僚たちのもとにポデスタの私的通信がどっと流れてきた。そして数日後には、何千通というポデスタの電子メールがウィキリークスのサイトに流出して、誰もが読める状態になった。それらのメールのなかに、デロングのとんでもない主張に強い裏づけを与える明白な証拠があった。ポデスタとデロングのあいだで交わされていた一連のやりとりから、デロングと数人の重要人物のあいだでグーグルハングアウトによるビデオ会談が予定されていたことが明らかになったのである。参加メンバーにはデロングのほか、アメリカ空軍の二人の将官と、ロッキード・マーティンの副社長であり、同社の先端開発プログラム「スカンクワークス」のゼネラルマネージャーでもあるロブ・ワイスが含まれていた。おそらくこのワイスこそ、デロングが「ボス・マン」と呼んでいた人物、すなわちアメリカ政府が隠しているとされる秘密のUAP計画の今後の開示について、デロングが一対一で話し合いをしたと言っていた人物だろう。そしてポデスタは明らかに、デロングの話に出てくる政府内の匿名の「トップの人物」だ。予定されていたグーグルハングアウトでの会談はおそらく実現しなかったと見られるが、いくつかの電子メールのなかでデロングはポデスタに、すでに行なわれていた数回の異例の会談について概況説明をしている。「二人のたいへん『重要な』人物をDCに連れていきますので会っていただきたいと思っています」とデロングは書いていた。「このセンシティブな問題に関して主要なリーダーシップをとってきたのが彼らなので、あなたにも大いに興味を持っていただけると思います。二人とも、最も繊細な部門の担当者でした。これは機密科学情報や国防総省案件に関係することですから。言い換えれば、彼らはAレベルの公務員です。時間を割いて、わざわざあなたのところへ連れていくだけの価値があります。二時間で結構です。形式張らず、顔をあわせてプライベートな会話をさせてもらえればと思います▼5」

デロングのスリラー小説『セクレット・マシーンズ・ブック1――チェイシング・シャドウズ』に寄せられている推薦コメントからも、デロングとアメリカ空軍の非常に地位の高い元将官とのあいだにつながりがあったのは明白だ。マイケル・キャリー少将は二〇一四年まで、コロラド州のピーターソン空軍基地に司令部を置く空軍宇宙軍団の司令官付き特別補佐官を務めていた。この司令部は、近くのシャイアン山の地下にあるNORAD（北米航空宇宙防衛司令部）の超機密施設の管理拠点でもあった。この施設でカナダとアメリカの領空全域を対象に異常な航空機や宇宙物体の監視を行なっており、もしも地球外起源の物体が地球の大気圏に入ってくれば、NORADがその全容を把握できるようになっている。二〇一四年六月に軍を退役したキャリーは、デロングの二〇一六年のスリラー小説に熱烈な賛辞を寄せた。『『セクレット・マシーンズ』は、われわれの機密テクノロジーに関して『誰を』信頼すればよいかを端的に示している――たしかに敵はわれわれの企てに気づいているが、それは彼らも同じことをしているからだ。だが、われわれの国民や政治家はどうなのか。ひょっとすると軍でさえ、気づいていないのではなかろうか？……われわれの軍の指導者たちは、宇宙空間は争いの場だと何年も前から言ってきた。われわれはその言葉を信じるべきなのだ！」[6]。この少将の推薦文は、どうしてここまで肯定的なのかと不思議になるほどだ。なにしろこの本に出てくる架空のアメリカ軍人たちは、エイリアンの空飛ぶ円盤に関する政府の秘密計画についての「真実」を隠匿しており、その計画は（筋書きをあまりばらさないように言うと）内部の裏切り者によって転覆されるのだ。もちろん、この本はただのフィクションである。

リークされたポデスタEメールのうち、また別の二〇一六年一月二四日付のメールでは[7]、「ニール・マック」と名乗る人物がグーグルハングアウトの招待状に応じ、誘われていた別の会談の開催時刻を確認している。その会談の参加者として名前が挙がっていたのは、デロング、ポデスタ、スカンクワークスのボスであるロブ・ワイス、ヒラリー・クリントンの選対アシスタントのミリア・フィッシャー、そして退役少将マイケル・キャリーである。この「ニール・マック」の正体を突きとめるには、同じ日付の別の流出メールをヒントにして断片をつなぎあわせる必要があった。そのメールでは[8]、スーザン・マッカスランド・ウィルカーソンという人物が会談の招待に応じていた。彼女は天体物理学者で、NASAの元宇宙飛行士候補でもあり、たまたまウィリアム・ニール・マッカスランドという元空軍少将と夫婦だった。このマッカスランド少将は、二〇一三年七月までライト・パターソン空軍基地で空軍研究所の司令官をしていた人物である。陰謀渦巻くUFO研究の世界でも、ライト・パターソン空軍基地の空軍研究所ほど不穏な憶測を呼び起こす場所もそうはない。ここはかつて海外技術部と呼ばれていた。無数の内部告発者や内部関係者とされる人たちが長年訴えてきたところでは、この厳重に管理された施設こそ、回収されたエイリアンの機体やテクノロジーを保管している正真正銘の地下倉庫だったのである。ただしもちろんアメリカ空軍は、こうした主張を頑として認めていない。現在、海外技術部はアメリカ空軍の航空宇宙情報センター（NASIC）に統合されている。ニール・マッカスランド少将は、UAPについてのひそかなおしゃべりのためホワイトハウスに招待するにふさわしい、非常に興味深い人物だった。巷の伝承からすれば、彼は多くを知っているはずだった。

また別のポデスタEメールによると、このUAP会談は翌二五日に行なわれ、デロングがUAPの問題に関するニール・マッカスランドの煮えきらない態度に失望して帰ったことがうかがえる。どうやらマッカスランドはポデスタに、自分は（おそらくエイリアンについて）懐疑的であると伝えたようだ。「彼は自分が『懐疑的』であると言っていましたが、そうではありません」とデロングはこの二〇一六年の会談のあと、明らかに不満げな様子で書いている。「彼とは四ヵ月いっしょに仕事をしてきました。ちょうど数週間前も、彼に四時間にわたってプロジェクト全体についてのプレゼンをしたところです。信じてほしいんですが、これをどう進めていくかについての助言はもうすでにありました。あとは彼がそれをはっきり口にすればいいだけですが、彼は非常に、非常に事情に通じていまして――彼はこのすべてに関する責任者でしたから。ロズウェルの墜落があったとき、あれはライト・パターソン空軍基地の空軍研究所に輸送されました。マッカスランド少将は数年前まで、まさにその研究所の責任者でした。彼は私が何をめざしているかを知っているだけでなく、私の顧問団を集めるのにも手を貸してくれました。彼は非常に重要な人物です」▼9。これを読むかぎり、どうやら悪賢いマッカスランド少将はポデスタとの会談で、回収されたエイリアンの宇宙船やら何やらについて何も認めなかったようである。しかし、もしデロングの言っていることが事実なら、少将はプライベートな場ではデロングにまったく違うことを話していたわけだ。

　これらの電子メールには純粋に奇妙な点や信じがたい点がいろいろありすぎて、つい見過ごしそうになるのだが、ここからわかる非常に重要な事実が一つある。それはこれらのメールが疑いなく、パンクロックスターのトム・デロングがアメリカ有数の民間航空宇宙企業の上級執行役員や、ヒラリー・クリントンの選対責任者や、退役したばかりの二人の元空軍上級将校と本当につながっていて、UAPについて本当に議論していたのを明かしているということだ。おそらくデロングは、自分の情報源についてポデスタに嘘は言っていない。したがって本当の問題は、その情報源がデロングに話したことの信憑性だ。アメリカが持っているという回収された「生命体」とエイリアンの宇宙船は、本当に存在しているのだろうか。もしかして、それが真実である可能性もあるのだろうか。

　リークされたポデスタのメールに名前が出ていた軍事関係者や防衛関係者とデロングが会っていたという件に関しては、彼は明らかに真実を言っていたと確信できるので、彼のもっと突拍子もない主張に関しても、わずかながら信頼性が増したとは言える。ただ「ジェネラル」とだけ呼ばれていた高官や、そのほか数人の情報筋から教えられたという、とてつもないUAPテクノロジーがアメリカ政府によってひそかに押さえられているとの主張である（「ジェネラル」というのは彼のことではないかと直感が働いて、私は退役したニール・マッカスランド少将に問い合わせを送り、本書のための取材に応じてくれないかと頼んでみたのだが、返信はなかった）。あれこれを勘案すると、少なくとも、この会談の目的はアメリカ政府がUAPについて知っていることをどう情報開示するかについて話し合うことだったというデロングの言い分に関しては、彼が真実を語っていたと考えても不合理な点はないように思われる。結局のところ、それ以外になんの目的がある？

トム・デロングは以前、こんなことを漏らしたこともある。コロラドスプリングスに飛んでアメリカ空軍宇宙軍団の現役将校たちと会ったとき、ある高位のアドバイザーから、一九四〇年代より前にも複数のUAPの残骸回収があったとほのめかされたというのである。「『墜落事故についての話を聞きたいです。四〇年代に何度か墜落があったでしょ』と俺が言ったら、少し間があって、それから彼が言ったんだ。『なぜ四〇年代だけ?』。それを聞いて、ちょっと考えさせられたね」とデロングは言っている。[10]

ただし、これは強調しておかなければならないが、リークされたポデスタの電子メールには、こうした軍事関係者からエイリアンの地球訪問について教えられたというデロングの主張が真実だと証明するものは何もない。同様に、ロズウェルやほかのところで地球外起源の機体の墜落があったとか、エイリアンの死体が回収されたとか、そうした話の真実性を裏づけるものもまったくない。ひょっとしてデロングは、非常に手の込んだ軍事偽情報プログラムのある一部だけを聞かされたということなのか。また、アメリカがひそかに反重力機の仕組みを会得したとか、ひそかに他国の政府と結託しているといった話も証明されてはいない。しかしトム・デロングがUAPに関してアメリカの軍部と防衛産業の何人かの大物と話していたのは確実で、それはたしかに証明されている。もしデロングが彼らと話したというテーマについて嘘をついているなら、そもそもこれらの有力者たちはなぜ彼と会うことに同意したのだろうか。いったいみんなで何を話し合うつもりでいたのだろうか。重要なのは、彼らの誰一人として、トム・デロングが主張していることの正確性に公に文句をつけてはいないということだ。実際、彼らは完全に沈黙を保っている。もし自分がアメリカ空軍の高官だったら、と考えてみてほしい。いかれたロックスターがUAPに関する突拍子もない情報を自分から教えてもらったとでたらめなことを抜かすなら、せめて記録を訂正したいと思うものではなかろうか?(その意味では、アメリカの主流メディアがこれらの主張を追いかけて、同じ疑問を投げかけないのも不思議でならない。これらの高官がデロングと会っていたのは疑いのない事実なのである。その高官たちがそんな話をしたというのは確実にでかいネタであり、さらなる調査に値するものではないのだろうか？）

あるメールでは、デロングはポデスタにこう言っている。「ジェネラル（ライト・パットの研究開発部の）とは一日おきに話し合っています。先日の晩も彼と電話で話したのですが、彼は興奮していました。国防総省も私のプロジェクトを歓迎するだろうと本気で思ってくれています。私があちこちに出て、この問題に関してみんながどれだけ前向きなことをやってきたかを示しているのだからと。それで私としては、ふさわしい必要な公共サービスをするにあたって上からの指示をぜひいただきたいと思っています」[11]。もしこれがＵＡＰの情報開示についてでなかったら、彼らはいったい何について話しているのだ？　マッカスランド少将もキャリー少将も、何が進められていたのかを説明していない。それにしてもデロングはなぜ「上からの指示」を求めるなどと、妥協を申し出ているのだろうか。

これらの流出メールからは、もう一つ興味をそそられるネタが見つかっている。二〇一六年九月二四日付の電子メール[12]に興味深い一文があり、おそらく将来的にヒラリー・クリントンが大統領に就任したときを想定して、ニール・マッカスランドがホワイトハウスに覚書を出してもらうことを勧めているようなのである。国防総省、国家情報長官、海洋大気庁の連携のもとで「情報」を漏らすよう、その覚書で指示を定めてはどうかという内容だった。これは要するに、マッカスランド少将がＵＡＰの情報開示プランの設定を提案していると読めるのだ。それ以外に、アメリカ空軍の元上級将校がそこまで懸念する――ホワイトハウスを通じての、アメリカ政府の最高レベルからの慎重に管理された情報開示が必要だと感じるような――そんなダークな秘密がアメリカ政府内にあっただろうか？

いやいや、マイケル・キャリー元少将もニール・マッカスランド元少将も、退役後の穏やかな暮らしのなかで友達のトムとビールのグラスを傾けながら、ただ気軽な無駄話に興じていただけで、公的なこととは何も関係なく、もちろん国防総省や政府ともまるで関係なかった可能性もあるだろう、と思っている人もいるかもしれない。冷戦時代の二人のつわものは、自分たちの話を興味津々で聞いてくれるカリスマ的なロックスターとえんえん長話をしていただけなのだ。もしかしたら、この元将軍たちはじつのところ筋金入りのパンクロッカーなのかもしれないぞ。なるほどそう考えることもできようが、その解釈の難点は、あるメールでデロングがポデスタに、アメリカ空軍宇宙軍団のほかの現役上級将校たちとも接触があると説明していることだ。彼は二〇一五年九月に「空軍宇宙軍団の現役司令官と」夕食をともにする予定だと言っている。「二日後にはコロラドスプリングスで［彼らと］このプロジェクトを前に進める方法を話し合ってきます[13]」。この打ち明け話を外に出すつもりがデロングになかったのは明らかだ。これはポデスタへの内々の私信なのである。したがって、何についての情報開示が計画されていたにせよ、デロングの率直な内々の報告を見るかぎり、彼のプロジェクトにアメリカ空軍宇宙軍団の上層部の将官がかかわっていたことは間違いない。これは重要なことである。この独立した裏づけを見て、私のなかでトム・デロングの主張の信頼性はほんの少しばかり高まった。もしかすると、ことはそれほどでたらめではないのかもしれない。

ジョン・ポデスタはつねづね公の場で、非常に率直に、アメリカ政府内にはUAPに関して開示されていないことがたくさん保持されているはずだと語ってきた。「アメリカ国民はこれに関する真実を受けとめられるものと思っています」とヒラリー・クリントンの選挙運動中にも言っている。また、当時誰もが大統領になると予想していたヒラリー・クリントン候補から、政府のUAP文書の開示がなされるように強く働きかけてもらう所存であるとも明言した。「それについてはヒラリーと話をしました」と、二〇一六年三月に遊説先で語っている。「これは私のちょっとした理念です。政府の知っていることを知りたいというのが国民の本当の思いだと考えています。実際、機密解除できる機密文書はまだまだ残っているのです[14]」。これまでの章で見てきたように、ポデスタはアルミ箔の帽子をかぶって空飛ぶ円盤の話に興じるような間抜けとは違う。オバマとクリントンの両大統領のもと、最高機密／機密隔離情報の取り扱い資格が必要な役職を経てきた立派な公僕である。国家安全保障体制の全域にうらやましいほどの人脈も持っている。その彼が、政府内の誰かがUAPについて何かを隠していると明らかに信じている。

選挙運動が佳境に入ると、ヒラリー・クリントンも、大統領になった暁にはネバダ州の謎の軍事基地エリア51、すなわち長年UFO／UAPの陰謀論と関連づけられてきたところを調査するタスクフォースを検討すると公言するようになった。さらにヒラリーは、地球にエイリアンがやってきている可能性もないではないと認め、自分の政権ではUFOの謎を徹底的に探ることを優先事項にすると約束した。[15] そんなわけで二〇一六年、一一月の選挙が間近に迫るにつれ、ヒラリー・クリントンの大統領選運動はある種の人びとを潜在的に面倒な事態に追い込んだ。そう、もし本当にいるならの話だが、UAPについてアメリカ政府が本当に知っていることをめぐる「ビッグ・シークレット」を守っていると見られる人びとである。

ここからは、完全に架空の、仮想のシナリオだ。あなたが政府の内部関係者で、何年ものあいだ、回収された地球外起源の（エイリアンの？）機体を参考にしてアメリカが作りあげた先進的な推進システムや自由エネルギーシステムの証拠を（犯罪的に？）隠してきていて、なおかつ、そのための支出についてアメリカの納税者に何も知らせないまま、ひそかに大金を注ぎ込んでいたことも隠していたら――と考えてみよう。これはとんでもない秘密だ。放棄済み非承認特別アクセスプログラムに相当する最高機密であり、ごく一部の企業、防衛部門、情報機関、政界の中枢にいる、ほんのわずかの関係者しか知る者はいない。一九四七年以来、あなたもあなたの前任者も、記者会見の場で、議会での宣誓証言の場で、さらには歴代の大統領とその顧問にも、あなたたちが本当に知っていることについて繰り返し公然と嘘をついてきた。民間の請負業者と結託し、これを議会の監視から隠してきた。

納税者が負担する予算から横流しされた何十億ドルもの大金が、くらくらするほど費用のかかる技術研究開発プログラムに注ぎ込まれ、おそろしく危険な新型宇宙兵器などの開発も進められてきているが、これらはすべて秘密にされて、一握りの関係者にしか知らされていない。この「ビッグ・シークレット」を守るあなたたち門番は、何年ものあいだ、自分のしていることは間違いなく国民の最善の利益にかなうことなのだと自らに言い聞かせてきた。すべては秘密を守るために必要なことなのだと互いに確認しあうためにあなたたちが使っている言い訳は、国民は何も知らないのがいちばんだ、知ったら国民は怖がってしまうだろう、というものだ。なにしろあなたがたは胸をときめかせながら、エイリアンとのまったく新しい戦争をしようとしているのだから。すでにあなたがたはアメリカ宇宙軍という有人の攻撃的軍隊の創設を、なぜそれが必要なのかと誰にも聞かれることなく発表することまでできている。アメリカ軍の六番目にして最新の軍種である宇宙軍は、二〇一九年一二月に創設された。宇宙軍の下部組織の一つが掲げていたラテン語のモットーは、Si Vis Pacem, Para Bellum――「平和を望むなら、戦争に備えよ」という、遠慮もないほど軍国主義的なものである。同組織の公式のビジョンには、「戦闘に即応しうる宇宙軍と宇宙戦争遂行能力を育てる宇宙のプロフェッショナルを集めたワールドクラスのチーム」という一文もあった。[16]

　この仮想の、完全に架空のシナリオを続けよう。このとてつもない秘密のことを、疑い深い上院議員や政府の監視機関の番犬どもに（ましてや、一般国民に）対して認めるのは、「国家安全保障」にとってあまりにも危険であると、あなたはずっと自分に言い聞かせてきた。いいから隠して、このまま何十億ドルもの支出を続け、すべてを暗闇に閉じ込めておけ。知らなければ傷つかない。もし誰かがエリア51に押し入ろうとしたら、ちょっとばかり手荒な真似で怖がらせてやって、それからふたたび安心させてやればいい。これはすべて国家安全保障のためであり、新しい航空宇宙技術を守るためなのであると――たとえ過去三〇年、グルームレイクから何か新しいものが生まれたためしはないとしてもだ。結局のところ、すべては国家を守るためなのである。

そうして過去七〇年、このはぐらかしと偽情報による狂気の戦略がずっとうまくいっていたときに、いきなりヒラリー・クリントンとその選対責任者のジョン・ポデスタが、もし政権をとれた暁にはUFO／UAPの真実を明らかにするよう求めますと、遊説先で騒ぎはじめた――と想像してみよう。最初はまだあなたも、これはただの一過性の騒ぎだ、政治家がミレニアル世代の票を獲得しようとして言っているだけで、彼らも本当は真剣ではないのだ、と努めて平静を保っている。そして二〇一五年から二〇一六年にかけて、メディアはいよいよヒラリー・クリントンを本命視しはじめる。勝利は確実、ドナルド・トランプに勝ち目はない、という報道で一色となる。ここにきて、門番たるあなたは本格的に不安になっている。来る大統領就任式が終わったあとの二〇一七年二月以降、ひょっとして自分は鎖につながれて議会の調査委員会の前に引き出され、なぜ「ビッグ・シークレット」を隠していたかの説明を求められるかもしれない。ヒラリー・クリントンは、そしてとくにジョン・ポデスタは、すべては国家を守るためだったのだと自分がいくら抗弁しようと、聞き入れてはくれないかもしれない。不安は恐慌に変わり、もはや眠るに眠れず、頭のなかではグアンタナモでCIAの取調官が（愉快そうなポデスタの指示のもと）ゆっくりとあなたの足の爪をはがしながら、このみじめな話のすべてを吐けと言ってくる。

ここで、想像してほしい……トム・デロングの登場を。それは天からの恵みのように見えるに違いない。彼はウインクとうなずきで、俺はあんたたちが何を知ってるかを知ってるよ、と知らせてくれる。なんと心が救われることだろう。あなたが七〇年以上も抱えてきた罪深い秘密を、このデロングに漏らすことができるのだ。さらにありがたいことに、彼はこの秘密を世の中に知らしめる方法まで提示してくれている。彼の言うとおりなら、この軍産複合体による隠蔽のすべてが、まるで薔薇を敷き詰めたベッドのように心地よいものになるだろう。しかもなんとデロングは、ミレニアル世代の若者たちがあなたを好きになるようにもしてくれるという。さらにさらに、これがすべて国家安全保障上の問題なのは理解していると彼は言い、「ビッグ・シークレット」についてあなたたち全員が知っていることを彼が代弁するときも、何をどこまで言っていいかについて許可を求め、承認をもらうつもりだと言っている。これほど心強いことがあるだろうか。これであなたは情報開示の語り口をしっかり制御できるようになる。いやあ、まったく、この男はわれらの同類だ、とあなたは思うだろう。

というわけで、あなたはデロングと会うようになり、ホワイトハウスやＣＩＡにいる彼のお仲間とも会うようになる。そしてポデスタは、ヒラリー・クリントン大統領の新政権で重職に就くのが確実視されている人物である。秘密をどこまで認めるかについては両面作戦が必要だ。なんといってもこれは「ビッグ・シークレット」なのだから、すべてを一ヵ所に賭けるのは危険であり、手の内は見せないのが肝要である。あなたはデロングを門番仲間に紹介する。彼らもまた、この幸運が信じられないでいる。しかしデロングを味方につけておくためには、このいまいましいエイリアンがどれほどの脅威であるか、したがって説明することも監視されることもほとんどない状態で、ひそかに納税者からの資金を大量に注ぎ込むことがどれほど重要であるかを話してやらなくてはならない。幸い、デロングは完全に理解したと言っている。あなたの安堵が目に見えるようだ。これで来る二〇一七年一月、ヒラリーが議会議事堂の前で大統領に就任するときに、あなたをはじめとする「ビッグ・シークレット」の門番たちが、エイリアンから国家を守ったヒーローとなるのは確実だ。そしてヒラリーがついに世界に発表する――この世に存在するのがわれわれ人類だけではないことを。

ところが……誰もが驚き、衝撃を受けたことに、二〇一六年一一月の選挙でヒラリーは敗北する。次期大統領トランプは、「エイリアンの地球訪問」陰謀論に懐疑的であると明言する。「みんなＵＦＯを見ているそうだな。私が信じるかって？」と大統領は言った。「いや、べつに」[▼17]

ほどなくして、エリア51の洞穴の奥深くでは、エイリアンの乗り物を複製した「フラックスライナー」

から発せられるプラズマの光に照らされて、門番たちがフランスの高級シャンパンのコルクを抜いている（この代金も事情を知らない納税者にまわされる）。互いにほくそえみながらグラスをあわせ、絶対的な秘密保持の誓いを新たにする。少なくともまた七〇年、「ビッグ・シークレット」が守られることを疑う者はいない。今度のトランプ大統領も、楽勝の相手だ。ロズウェルの事件があった一九四七年、さらにはもっと前にさかのぼるまで、歴代の大統領のほとんどは、われわれから何も知ることができなかったのだ。このあと待っている、化石燃料業界や航空宇宙コングロマリットのお仲間とのランチや旅行のことを考える。彼らにとっては現状維持がありがたいのだ。自由エネルギーはいまのところまったく使い物にならないし、そもそもケロシン燃焼式のジェット戦闘機を一機数億ドルで売りつけられるのに、誰がクリーンな極超音速だの超光速だのの推進システムを必要とするだろう。人為的な気候変動の懸念など糞食らえ。じきにすべてが元通りになるだろう、この四分の三世紀やってきたのとまったく同じように——とあなたは思っているかもしれないが、この完全に架空の、仮想のシナリオで、門番たちがすっかり忘れているのはデロングのことだ。デロングはいま、トランプが大統領になってからジェネラルが電話に出なくなったことに真剣に腹を立てている。そして代わりに、これまでの過程で知り合いになった闇世界の数人の友人と話しはじめる。彼らこそはUAPディスクロージャーのことを本気で考えている。国民がこれについて知る権利を持つと考えている。彼らは人類を星に行かせたがっている。

「トゥ・ザ・スターズ（星に）？……これはクールな名前になるな」とデロングは独り言を言う。

彼はペンと紙を取り出し、それを書き留める。「もうちょっと重厚感を出すか……こんな感じかな、トゥ・ザ・スターズ・アカデミー・オブ・アーツ・アンド・サイエンス——TTSA……うん」と彼は思う。「これはいける」

第16章　「トゥ・ザ・スターズ・アカデミー・オブ・アーツ・アンド・サイエンス」

二〇一七年一〇月一一日、トム・デロングはシアトルのある会場で舞台に上がり、社長兼CEOとして、トゥ・ザ・スターズ・アカデミー・オブ・アーツ・アンド・サイエンス（TTSA）の設立を正式に発表した。それは奇妙なイベントだった。本質的には、ここに新しいUAPの研究・情報開示推進グループができたことを世に知らしめる場でありながら、発足式はオンラインのみで発信され、招待客もうるさい報道陣もその場にいなかった。読みあげられるTTSA協力者のラインナップはかなり異様で、その数人の経歴を見れば、メディアはさぞ突っ込んだ質問をしたことだろう。

まず間違いなく印象深いのは、元諜報部員や元防衛関係者の名前がずらりと並ぶなかに、TTSAのもう二人の共同設立者の一人としてジム・セミヴァンが入っていたことだ。セミヴァンはつい最近、中央情報局（CIA）の作戦本部を退職したばかりだったが、それまで二五年にわたって国内外で諜報活動に従事していた。

TTSAの三人目の共同設立者、ハロルド・パソフ博士もこの場にいた。パソフは理論物理学者で、かつて物議をかもしたCIAと国防総省の「サイキック・スパイ」、すなわち遠隔透視についての研究を主導していた人物である。登壇していたもう一人のチームメンバー、TTSAの航空宇宙部門を率いるスティーヴ・ジャスティスは、わずか一ヵ月前にロッキード・マーティン社のスカンクワークスの先進システム部長を辞めていた。それぞれの内部事情によく通じた関係者ばかりがそろったこの集団の意義は、きわめて象徴的だった。極秘の機密隔離情報を扱えるセキュリティクリアランスを保持した者たちが、闇世界を離れ、新たなグループに参加してUAPの研究促進を訴え、政府の透明性を求めていこうというのである。

宣言されたTTSAのミッションは、「深遠だが、いまだ解明されていない、人類に有益な影響をもたらしうる宇宙の謎について新たな気づきと理解を喚起することにより、変革の媒介となる」ことだった。▼1 もちろん、これがTTSAの真の目的をうまく言いつくろった表向きの記号であることは誰もが知っていた。TTSAが解明したいのはUAPの謎なのである。

クリストファー・メロンもTTSAの発足にあたって壇上に集まったうちの一人だった。メロンはかつて上院情報委員会の職員としてUAPの調査を担当し、さらに国防総省で情報担当国防副次官補を務めた経験から、UAPの謎には深く注目していた。

メロンは発足スピーチで、冷戦の真っ只中にあった一九五七年一〇月、共産国家のソ連がアメリカを出し抜いて史上初の地球観測人工衛星スプートニクを打ち上げたのが、ちょうど六〇年前の今月だったことを思い出させた。スプートニクはアメリカにとって威嚇射撃のようなものだったが、一方で、アメリカがソ連に追いつくために科学と工学に巨額の政府予算を注ぎ込むようになった契機でもあり、そこからアメリカはいっきに宇宙開発競争に突入したのである、とメロンは説明した。そしてUAP問題に関して言うと、スプートニクのおかげでアメリカはふたたび技術革新競争に参入したが、今回は相手が誰なのかわからない。メロンは続けて、二〇一七年当時はまだほとんど知られていなかった、サンディエゴ沖で空母ニミッツのF－16戦闘機が極超音速のチクタク型UAPに遭遇した事件の話をした。「海軍の飛行士は望めるかぎりの最高の観測者であることを忘れないでください。全員が最高機密のクリアランスを保持しています。全員が薬物検査をパスしていて、熱烈な愛国者であり、優れた視力を持ち、航空学と飛行術を理解しています。これは明らかにアメリカの実験機ではありません。だが、それならどこのものなのだ？」とメロンは問いかけた。「どうしてこれはこんな芸当ができるのか？　SF映画のような話に聞こえるかもしれませんが、これは実話であり、しかもこの種の話はこれだけではないのです。……しかしありがたいことに、二〇〇四年一一月一四日のニミッツに関する事象については、アメリカ政府自身で検証できます」[2]

TTSAの発足式で印象的だったのは、ほとんどが防衛や諜報という秘密の世界の出身であるゆえか、居並ぶアメリカ政府の元職員や元請負業者がみな大胆にも、政府や議会やその監視委員会に対してはっきりと挑戦的で、壇上の全員が明らかに信じていること、つまり軍のパイロットが見てきた未確認飛行物体は実在の現象で、第二次世界大戦以来アメリカが保持してきた技術的優位に対する直接的脅威であるということに関し、敢然と調査を迫っていた点である。発足式に列席していたTTSAの各メンバーは、それぞれの闇世界での知見から何かただならないものを痛感し、ここで自分が口を開かなければならないという思いに駆り立てられていた。アメリカ政府にぜひとも対処を促すため、秘密保持の誓約による限界を押し広げてでも、UAPの「現実」についての調査を求めなくてはならなかった。

TTSAの発足式から二週間後、デロングはジョー・ローガンとの長大なインタビューに応じた。デロングはそこで、昔からUFO研究家の陰謀論の一端として言われてきたことをあらためて持ち出した。アメリカが墜落した宇宙船を回収したことがきっかけで、伝説の一九四七年のロズウェル墜落から九〇日後に、陸軍から分離した独立の軍種としてアメリカ空軍が創設されたという説である。また、アメリカ政府が一九四七年に国家安全保障法を制定して安全保障の枠組みをつくったのもやはりロズウェルの一件があったからで、そのとき創設されたＣＩＡが、以後七五年近くも秘密を封印してきたと言われているのだとも主張した。デロングの情報源だった内部関係者がこうしたとんでもない秘密を吹き込んだのだろうとは察せられるが、問題は、それが真実なのかどうかだ。冷戦を専門とする歴史家なら間違いなく、アメリカの一九四七年の国家安全保障法の背景はそれよりも、冷戦中に全体主義コミュニズムとの対決という厳しい現実をアメリカが直視したことにあると言いきるだろう。しかしデロングは、「これは絶対にエイリアンと関係があったと思う」とジョー・ローガンに言っている。[3] アニー・ジェイコブセンも主張していたように、デロングも、ロズウェルで墜落した機体はナチス製のロシアの空飛ぶ円盤だったと聞いていると断言したが、デロングにしろ彼の情報筋の内部関係者にしろ、そのようなセンセーショナルな主張を立証する証拠は何一つ出していない。もしデロングの言っていることに一つでも真実があるなら、それこそ歴史が覆されることになる。

デロングは、アメリカがすでに自由エネルギー、いわゆるゼロ点エネルギーの秘密を知っているとも主張した。「一インチの空気でアメリカの数百年分の電力をまかなえるんだ」とデロングは言った。しかしジョー・ローガンに、いったい誰にそんなことを聞いたんだと詰め寄られると、デロングは言葉を濁した。「それは知らなくていいよ。知ってても言えないこともあるんだよ」。デロングは暗に、彼の情報源である政府の内部関係者の意向でＴＴＳＡもすべてを話すことはできないのだとほのめかした。だが、これは由々しき問題を呼ぶ。もしＴＴＳＡが軍との合意のうえで、政府主導の、少しずつ情報を漏らすようなソフトなディスクロージャーに協力することに決めていたのなら、デロングは自分のファンや支持者になぜそうするのかを説明し、納得してもらえる理由を示す必要があったはずだ。彼らの多くはＴＴＳＡが約束を果たしてくれることを期待して、ＴＴＳＡにお金を投じていたのである。その投資は「才能ある研究者が必要なインフラとリソースを得て、斬新な科学とテクノロジーを自由に探求し、革新的なアイデアを迅速に発展させて世界を変えるような製品とサービスを実現させていく」ためのものだとTTSAはうたっていたではないか[4]――その製品やサービスが何を意味するにせよ。もちろん、何か飛躍的な進歩があって反重力や自由エネルギーが実現に近づくのなら、投資家には無限の富がもたらされるだろう。だが、TTSAの夢のような約束はどこまで現実的なのか？　そしてデロングが内部関係者から聞いたという話には、わずかでも信頼性があったのか？

「アメリカ政府とエイリアンのあいだにコミュニケーションがあるの？」とジョー・ローガンは迫った。デロングの答えは、リスナーを安心させてくれるものではなかった。あいにく彼は証拠をつかんでいるわけではないらしい。「個人的には何も知らないよ。ただ個人的には間違いないと思うな。いろんな種類が来てて、それぞれが勝ちを――」

そこでローガンが口を挟む。「一種類じゃないの？」

デロングが答える。「そうそう、何種類いるのかわからない。いくつかの系統は、すごく人間に似てる。あんたや俺とそっくり」。続けてデロングは、伝説上のアトランティス文明が実在したと主張し、古代ギリシャ語とロズウェルの機体に書かれていたとされる文字とのあいだに関連性があると主張した。「世界第六位の防衛企業はSAICだけど、あのビルの正面には、王座に座ったアトランティス人の像があるんだよ。二メートル半の」とデロングはなぜか勝ち誇ったようにローガンに言った。まるでそれが何かを証明するかのような口ぶりだ。「それはエイリアンの体をピクルスにしたのかな？」とローガンが聞いた。「そうだろうね」とデロングは言った。「ほかにもオフラインでならしゃべれるんだけどなあ」

トム・デロングがロックスターで、ロックスターはいかれたことを言うものであるのはわかっている。しかし、熱狂的なUFO研究家から不評を買うのは覚悟のうえで、彼の主張を記録しておくのは重要なことだと思う。なぜならTTSAは、ただのロビー団体ではない。連邦証券取引委員会の厳しい法と規制にしたがって、公益企業として潜在的な投資家からお金を募る公開会社なのだ。ＴＴＳＡの二〇一九年の「目論見書」には、「当社の航空宇宙部門は、推進力、エネルギー、通信における革命的な飛躍を見いだすことに全力を尽くします」と書かれている。[5] いかにも弁護士の使う慎重な文言であり、ここに何か大きなことはいっさい約束されていない。賢明な社長なら、投資家に多大な影響をおよぼしかねないことをいいかげんに主張するような真似は絶対にしないだろう。ところがデロングは、ローガンとのインタビューで、はっきりと驚くべき主張を口にした。ＴＴＳＡは近いうちに反重力機を実用化できる見込みだと言ったのである。最近の二〇二〇年七月にも、デロングはツイッターで「ＴＴＳＡ初の反重力実験に向けて最初の計画を準備中。乞うご期待」とツイートしている。反重力？――それは文字どおり、現代航空宇宙学の聖杯であり、多数のアメリカ企業が一九五〇年代と六〇年代に資金を提供しながら、ついに目に見える成果を得られなかったと誰もが知っているものだ。もし反重力が現実にありうるなら、世界は一夜にして変わるだろう。ＴＴＳＡの業務執行責任者で、元ロッキード・マーティンのスカンクワークス先進システム部長、スティーヴ・ジャスティスは、ＴＴＳＡが推進力の飛躍的進歩を四年で実証できそうだとデロングが言っているのを、どういう思いで聞いていただろう。しかしデロングはそれにとどまらず、八年以内には確実に推進力の飛躍的進歩があるとまで断言した。

「三六ヵ月かそこらのうちに、すげえことを実証できると思うんだ。見込みは六〇パーセントだな。八年以内には、またちょっとしたことを実証できるよ。ある大手航空宇宙企業が材料科学部門を提供してくれてるんだ」とデロングは言った。[6] 一般人に自社の株を買ってくれるよう呼びかけている自称公益企業としては、これは非常に大きな約束だった。いまこれを書いている時点で、デロングのローガンとのインタビューからゆうに三年は経っており、デロングが予言した反重力テクノロジーにおける六〇パーセントの見込みの飛躍的進歩をＴＴＳＡが実現してくれるまで、あと一年を切っている。投資家はお金の回収を求めることを考えはじめてもいいのではないか?[7]

トム・デロングがTTSAを創設したこと自体は、みごとな達成だった(あとから見れば、TTSAにとっては引きあわない勝利だったが)。内部事情をよく知るすごい面々を説き伏せて陰の世界ら引っぱりだし、自分の公益企業に参加させて、UAPの謎に対する一般の認識を大いに高めたのだから。

TTSAは世界有数の有力紙の一つに、隠し持っていた大スクープのネタについて簡単な事前説明を授けてもいた。ニューヨーク・タイムズは二〇一七年一二月、ジャーナリストのレスリー・キーンがTTSAの発足式の一週間前に、元国防総省の防諜要員で、当時まだAATIP(先端航空宇宙脅威特定計画)の責任者を務めていたルイス・エリゾンドと、そのほか「数人の、情報機関と防衛企業の元職員と現職員」とひそかに会っていたことを報じた。[8] その後TTSAに加わることになるルイス・エリゾンドは、UAP問題に関する政府内の過度の秘密主義と内部抑圧に抗議して、ちょうど数週間前に国防総省を辞めていたことを明かした。エリゾンドはそれまでOUSDI(情報・安全保障担当国防次官室)に所属していた。陸軍時代からアフガニスタン、中東、中南米で任務にあたってきた、最高機密隔離情報のクリアランスも得ている熟練の上級特殊諜報員で、アメリカの最も手強い敵のいくつかに対する作戦も指揮した経験を持つ。やがて、当時の情報担当国防次官で、元国防情報局長官でもあるジェイムズ・クラッパーがエリゾンドの能力に目を留めて、二〇〇八年に、国防総省の中枢として機密度の高い情報関連案件を担当しつつ、DIA(国防情報局)やNSA(国家安全保障局)など、国防総省の一連の三文字機関の監督もする、情報担当国防次官室に自らエリゾンドを引き入れた。

OUSDIに入ってまもなく、エリゾンドは、ある特殊プログラムに参加するよう命じられた。それはAAWSAPという、あえてぱっとしない響きの略称を与えられた軍事計画で、正式名称は「先端航空宇宙兵器システム適用計画」といった。このプログラムのなかで、エリゾンドは「先端航空宇宙脅威特定計画」（AATIP）の責任者を務めた。そう、ハリー・リード上院議員の要請に応じてペンタゴンにひそかに設置された、UAPの研究プログラムである。エリゾンドが自身のウェブサイトで認めているように、彼に課された任務は「アメリカの管制空域への未確認空中現象（UAP）の侵入について科学的な情報調査を行なうこと」だった。[9] ハリー・リード上院議員が開始させたAAWSAPへの議会からの資金拠出は二〇一二年で終了していたが、エリゾンドが言うには、ペンタゴンはひそかにUAP調査を継続していた。

二〇一七年、AATIPと、それを引き継いだ国防総省独自のプログラムに九年間かかわったのち、ルイス・エリゾンドはペンタゴンを去った。いくらがんばってUAPを調査しようとしても、その努力を内部から妨害されてしまうから、というのが理由だった。「なぜこの問題にもっと時間と労力をかけないのですか」[10]と、エリゾンドはアフガニスタン時代の上官で、当時国防長官だったジム・マティスに手紙で訴えた。「機密レベルでもそうでないレベルでも圧倒的な証拠があるのに、［国防総］省の一部の人間がずっと頑固に反対するものだから、われわれの陸海空どの軍の兵にとっても戦術的脅威になりそうなもの、それどころか、わが国の存亡にもかかわる安全保障上の脅威にさえなりかねないものを、これ以上調査することができません」[11]

ルイス・エリゾンドの存在は、まさに映画に出てくるような、義務感に駆られた忠実な元秘密工作兵という役柄そのものだった。AATIPについてのニューヨーク・タイムズの記事が出てから数日のうちに、ルイス・エリゾンドはTTSAの対外的な顔となり、なぜ自分がわざわざ表に出て国防総省時代の秘密のUAP調査の仕事について明かすことにしたのかを説明した。「われわれは多くのことを発見しました」とエリゾンドはCNNに語った。「重要なのは、いくつかの非常に興味深い、異常なタイプの航空機、とりあえず航空機と呼びますが、それを確認したことだと思います。これらには、明らかな翼もなければ、推進装置もありません。そしてその挙動が、こう言うのもしゃくですが、とんでもない動き方をするのです。人間でもなんでも、生物学的なものが耐えられる重力加速度を超えていて、速度は極超音速を超え、被観測性もおそろしく低く、揚力も尋常ではありません。あらゆる面で、空気力学の法則に逆らっているように見えるのです[12]」

TTSAの発足式でもう一つ印象的だったのは、誰もが慎重に言葉を選んで、これらの未知の物体は必ずしもエイリアンではないと言いつつも、それらのUAPが地球外起源の（あるいは人類以外の地球内起源の?）知的存在の産物であるという可能性が「部屋の中の象」になっていたことだ。CNNのエリン・バーネットにインタビューされたエリゾンドも、例のチクタクはエイリアンだと思うかとずばり質問されたとき、最初は答えをはぐらかした。「私がめざしていたのは、データに自ら語らせることです。そしてそのデータを使って、上の責任者に、つまり国防総省の首脳部に、そのようなテクノロジーが国家安全保障におよぼす潜在的な脅威、とくに、われわれにとってのあらゆる種類の管制空域にかかわってくる脅威について、情報をあげることでした。ですから、これはべつにごまかそうとしているとか、わざと答えをぼかそうとしているわけではありませんが、可能性はいろいろあると考えています」と、彼は明らかにごまかした答えを言った。バーネットはそれでも引かず、「単刀直入にお聞きしますが、あなたがこのプログラムに携わっていたあいだに、どこか別の世界からの生命体が、ここにやってきて、見つけられたのだとお考えですか」と迫った。

ルイス・エリゾンドはこれに答えて、「はっきり言いますと、観測を通じて、つまり科学的な方法論を適用してこの現象を見たかぎりにおいて、あれらの航空機、というか仮に航空機と呼んでおきますが、それが示していた特徴は、現在のところアメリカは持っていないもので、われわれの知るかぎり、どの外国の目録にもないものです」と言った。この答えはエイリアンのことを言っているも同然のようだったが、バーネットはまだ逃がさず、エリゾンドに確実に地球外生命のことだと答えさせようとした。「それはつまり――要は、答えはイエスということでよろしいでしょうか？」。そこでついに、間違いなく決定的な瞬間として（それどころか、いつかは歴史的な瞬間として？）記憶されるであろう答えがやってきた。この現象についてのペンタゴンの秘密調査を率いていた人物が、とうとう本心を語ったのだ。「うーん、これは私の個人的な――私はもうアメリカ政府の職員ではありませんので、もちろん政府を代弁して言うわけではありませんが」とエリゾンドは前置きしてから言った。「私の個人的な意見としては、うん、そうですね、まあ、われわれだけではないのかもしれないな、と、まあ解釈はお任せしますけど、そういう非常に説得力のある証拠があるということです」

これで決まった――これはエイリアンの話なのだ……たぶん。エリゾンドが認めたのは重要な瞬間で、このときワシントンDCの闇世界の隙間で疑いなく息を呑む音がしたことだろう。それ以来、誰もが思っている大きな疑問は、エリゾンドは闇世界での経験から何を知ったのか、なぜ彼はそんなにも強く、われわれだけではない可能性を示す「非常に説得力のある証拠」をアメリカが持っていると確信するにいたったのかということだ。

CNNのエリゾンドへのインタビューは、世の中の動きも止まって家族がのんびりテレビを囲む二〇一七年のクリスマス休暇中という、タイミング的にもぴったりのセンセーショナルな報道だった。いっときは世界中の主流メディアがこの話題で持ちきりになったが、潮目はすぐに変わるもので、数日後にはUAP懐疑派の天体物理学者ニール・ドグラース・タイソンがあきれたように、自分は納得していないとCNNに語った。「エイリアンから晩餐の招待があったら呼んでくれ」とタイソンは言う。「エイリアンの地球訪問の証拠はあまりにも乏しすぎます。私はこれ以上興味がありません。宇宙は謎に満ちています。自分の見ているものがなんだかわからないからといって、それが別の惑星から来た知的なエイリアンだということにはなりません」[13]。たしかにそのとおりだった。

ニューヨーク・タイムズの報道でもう一つセンセーショナルだったのは、ビゲロー・エアロスペース社が（謎の億万長者ロバート・ビゲローがまたもや登場だ）「ラスベガスのビルをいくつか改装しており、エリゾンド氏とプログラムの請負企業によれば、そこが未確認空中現象から回収された合金などの素材の保管倉庫になっている」という話だ。[14] これは驚くべき主張だった。地球外起源の機体かもしれないものから採られたサンプルがすでに人間の手中にあって、倉庫に厳重に保管されているというのである。そして記事によれば、ＴＴＳＡの内部の人間は、ＵＡＰが知的生命によって建造されたなんらかの乗り物ではあるが、それは人間が作ったものではないと考えているらしい……つまりエイリアンの乗り物ということだ。これもまた驚愕すべき主張である。しかしニューヨーク・タイムズの記者ラルフ・ブルーメンソールはその後、あるインタビューでこの主張を撤回し、「素材は提供されていない」ことがわかったと認めている。[15] ＴＴＳＡがこのような主張と関連づけられるのは、一般投資家を募る公開会社にとっては危険領域だった。賢明にもＴＴＳＡの目論見書は、潜在的な投資家にあらかじめ警告を出していた。「航空宇宙学や科学的な研究開発はリスクをともなうものですので、当社が取り組むプロジェクトのいずれに関しても、商業的に実現可能な製品につながるという保証はございません」。[16] これまた弁護士らしい慎重な文言である。

しかしデロングは二〇一七年一〇月のジョー・ローガンとのインタビューで、ＵＡＰサンプルを見たことがあると言っており、それにテラヘルツの周波数で放射線を当てると質量を失うのだと、例によって熱心に語っている。「不思議なんだ。ある種の高調波を共振させて軽くなるんだよ。そして十分なテラヘルツを当てると浮くんだ」とデロングは言った。「だから、いずれみんなにもこれを見てもらえることになる。そのうちハードウェアを発表するつもりなんだ」。[17] ここで彼が言っているのは反重力のことだが、秘密でもなんでもない主流の科学によれば、それはいまだ航空宇宙科学者が夢見る理論的な可能性にすぎない。現在これを書いている時点で、このインタビューからすでに四年近く経つが、われわれはあいかわらずTTSAの反重力メタマテリアルが見られる日を待たされている。遅かれ早かれデロングのもとには質問が来るのではないか――あの約束はどうなったの？

国防総省のUAP調査に関するもう一つの報道は、ニュースサイト「ポリティコ」のジャーナリスト、ブライアン・ベンダーによるもので、彼もまた、機密度の高い軍事施設や軍事演習のまわりで異常な機体が目撃されることに対する米軍内部での不安の高まりを初めて真剣に取りあげた主流メディアのジャーナリストの一人だった。ベンダーは、こうした未知の機体が目撃される異様な事態を説明できそうな一つの可能性として、「ほかの大国――おそらく中国かロシア――がアメリカを脅かせる次世代テクノロジーを開発した」とも考えられると書いていた。[18] しかし一方で、そうした憶測を裏づける証拠は出せなかったことから、心ならずも、エイリアンはしばしば地球にやってきていると思うというロバート・ビゲローのかつての大胆な発言を引き合いに出して、地球外起源説をそれとなく併記してもいた。ベンダーの記事によれば、政府の一部には「このプログラムの目的をおもしろく思わず、これらの事件に出てくる飛行体が人間の作ったものではないという言外の示唆に動揺を覚える」向きもあるとのことだった。それはそうだろう。UAPが中国やロシアの機体ではないという圧倒的な証拠を前にすれば、残る可能性として、それらが人間の作ったものではないことを少なくとも検討しなければならないのである。

デロングのTTSAは最終的に、国防総省の劇的なUAP映像を三本、自社のウェブサイトに掲載した。最初の二本は二〇一七年一二月中旬に公開された。ちょうど「ポリティコ」とワシントン・ポストとニューヨーク・タイムズが[19]それぞれ国防総省のAATIPによるUAP調査の記事を出したところで、それにあわせての効果を狙った公開だった。このうちの一本は、二〇〇四年にニミッツのパイロットがチクタクと呼ばれた卵形のUAPを撮影した七六秒のビデオ映像で、俗に「FLIR1」映像と呼ばれている。[20]このFLIR1／チクタク映像と同時にTTSAサイトに掲載されたのが、俗に「ジンバル」と呼ばれる日付不明の三四秒の映像だ。[21] ジンバル映像に映っていたのは、軸を中心に回転しながら飛んでいるように見えるUAPで、知られているかぎりの通常の航空機の能力ではおよそ考えられない動き方をしていた。TTSAは当初、この回転台《ジンバル》型の物体についてほとんど情報を明かしておらず、ただアメリカ海軍の戦闘機パイロットが不特定の場所で発見して撮影したものとだけ説明していた（のちに、ジンバルはほぼ確実に二〇一四年後半から二〇一五年前半のどこかの時点で、アメリカ東海岸の沖合で撮影されたものだとの情報が出てくるが）。TTSAのウェブサイトによれば、ジンバルはビデオでもレーダーでも「被観測性が低く」、明らかな翼も見当たらなければ、「明白な推進システム」もなく、「かつて見たことのない飛行能力」を持ち、さらに表面に奇妙な光の揺らめきが見られることから、「未知の性質のエネルギー場、もしくは共鳴場を持つ可能性」が推測されるとのことだった。

そして三ヵ月後の二〇一八年三月、TTSAはもう一本、国防総省のビデオ映像を自社サイトに掲載した。これには「ゴー・ファスト」という名前がついていた。[22] この映像も、撮影された日時、場所、撮影者などについての情報はなく、アメリカ海軍のFA－18戦闘機が同機に搭載されたATFLIR（先進前方監視赤外線）ポッドを使って撮影したということしか説明されていなかった。三四秒間の映像には、画面上を右上から左下に向かって高速で移動しているように見える白い楕円形のUAPとおぼしきものが映っており、海面の上を非常に低い高度で飛んでいるように見えた（ただし高速という見方には異論もある）。TTSAがネット上でこれを公開したのと同じ日に、クリストファー・メロンはあらためて政府に対し、この問題を真剣に考慮してほしいとの請願書を出した。「そろそろ『UFO』に関するタブーを捨てて、わが国のパイロットやレーダーオペレーターの声に耳を傾けるときが来ています」[23]と、メロンはワシントン・ポストの読者に向けて語りかけた。彼の話から、この新たに機密解除された最新の「ゴー・ファスト」映像は二〇一四年後半から二〇一五年前半のいつかに、アメリカの東海岸沖で撮影されたことが明らかになった。

これらのきわめて重要なビデオ映像を明るみに出すのにTTSAが果たした役割は、十分に認められてしかるべきものだ。これによって後年、アメリカ軍による歴史的な是認が引き出されたのである。しかしながら、いまこれを書いている時点で、UAPディスクロージャー運動におけるTTSAの役割は先行き不透明になっている。二〇二〇年後半にTTSAが内部破裂を起こしたからだ。元国防総省官僚のクリストファー・メロンと、重要人物のルイス・エリゾンドとスティーヴ・ジャスティスがTTSAを去るという噂は何ヵ月も前から広まっていた。なぜ彼らが去るのかについてTTSAからは何も詳しい情報が出されなかったが、さらに数ヵ月してようやくトム・デロングが公式に、証券取引委員会に対して彼らの退社を認め、[24]あわせてその一週間後には、ハロルド・パソフが取締役の職を辞したことも認めた。デロングは次のように報告している。「［当社は］最近、今後の発展のために事業のありかたを見直し、科学技術の商業化におけるイニシアチブは規模を縮小して、エンターテインメント事業の運営に重点を置くことにした。これにともなって、TTSAの取締役の一人であるハロルド・E・パソフ博士は役員の任から降り、当社の科学諮問委員会の委員に就任した[25]」

デロングは、せっかく抱えていた輝かしい人材を失ったことを可能なかぎりの前向きな解釈でとりつくろったが、どういう見方をするにせよ、これはTTSAが掲げていた長期的な目標からすると、非常に手痛い後退だった。反重力推進システムというとてつもない躍進を期待して投資した人たちは、ひどくがっかりしたことだろう。しかし、一つだけ確かなことがある――TTSAが闇世界から流出させた驚くべき証拠映像は、もうどうやっても箱には戻せないのだ。

第17章 検証される未確認物体

二〇一九年五月、ニューヨーク・タイムズ紙の記事により、アメリカ軍航空機とUAPとのさらに衝撃的な遭遇が発覚した。今回の遭遇は、大西洋の上空、ワシントンDCからちょっと一飛びしたところのバージニアビーチの沖合で起こっていた。[1] 二〇一四年、F/A-18戦闘機スーパーホーネットの二人のパイロットは、差し迫った中東での戦闘活動を前に、核武装した原子力空母セオドア・ルーズベルトを旗艦とする空母打撃群の一員として、訓練飛行をしていたところだった。縦に並んで飛んでいた二機のF/A-18戦闘機には、一〇年前のニミッツ搭載の戦闘機とは違って、新型の先進的な電子ビーム走査レーダーシステムAPG-79が搭載されていた。さらに、この第一二空母打撃群には最新の統合データリンク機能も装備されており、これによって指揮官は戦闘空間をかつてなく網羅的に把握できるようになっていた。上空には新型のE-2Dホークアイ早期警戒機も飛んでいた。

数週間前から、飛行任務に就いたパイロットたちはほぼ毎回、上空に奇妙な物体を確認していた。当初、パイロットたちは新しいレーダーに欠陥があるのだと思った。なぜならレーダーに映る未知の物体は、何時間も宙に浮いていたあと、いきなり極超音速で飛びはじめ、しかもその高度は三万フィート(九〇〇〇メートル）から海面すれすれまで、とんでもなく差があるように見えたからである。しかしジェット機の赤外線カメラが何度も同じ物体をとらえるので、やがてパイロットたちも、これはレーダーの誤探知などではないと気づきはじめた。たとえセンサーの探知するものをパイロット自身は目視できなかったとしても、何か奇妙なものが確実に艦隊を追いまわして沿岸一帯をこっそり行き来しているのだ。これは、閉鎖された訓練区域でやることになっている軍事演習にとって重大な問題だった。もしどこかに敵がいたら、この演習を見て戦略を予測し、対抗策を用意できることになるではないか。

　そんなあるとき、二機の戦闘機は互いに三〇メートルぎりぎりの距離をとって広い空を縦に並んで飛んでいた。するとそこへ、どこからともなく、唖然とするほど異常な物体が二機のあいだの狭い隙間に向かって突進してきた。両機のパイロットが見たものは、「巨大なシャボン玉」のような半透明の球体で、それが二機のジェット機のあいだを通過していった。「それは基本的に、立方体を包み込んだ球体で、内側にある立方体の各頂点が外側の球に接していました」と、この深刻なニアミス事件に遭遇した匿名の同僚パイロットから聞いた話として、海軍の戦闘機パイロット、ライアン・グレイヴズ大尉が語っている。[▼2]「もう少しで、あのわけのわからない物体の一つにぶつかるところだった」とグレイヴズは言われたそうだ。この事件でパイロットに目撃された謎の立方体を包み込んだ球体については、クリストファー・メロンがもう少し詳しいことを説明している。「直径はおそらく六フィートから一〇フィート（二〜三メートル）。透明なシャボン玉のようなものに、黒い立方体が入っている。そして立方体のそれぞれの角が、泡の内側に接触している……」[▼3]

　ニューヨーク・タイムズの記事によると、スーパーホーネットのパイロットの一人が公式の事故報告書を海軍に提出したが、無視されるだけだったという。このF／A－18戦闘機二機のあいだを半透明のシャボン玉が通過していった事件を受けて、グレイヴズ大尉の飛行隊も海軍に安全報告書を提出したが、やはり誰からも反応はなかった。また別の目撃事件では、戦闘機パイロットのダニー・オークイン大尉が、UAPに一人で二度も遭遇していた。「一回目は、彼のレーダーで物体がとらえられたあと、彼は飛行機をそちらに向けて、一〇〇〇フィート（三〇〇メートル）下のところまで迫った。彼は自分のヘルメットのカメラでそれを見られると思っていたが、レーダーではまさにそこにあるはずなのに、見られなかったという」とニューヨーク・タイムズは書いている。「数日後、オークイン大尉の乗っていたジェット機の訓練用ミサイルがその物体をロックオンし、赤外線カメラもそれをとらえた。『たしかにつかまえたし、それが誤認ではないのもわかっていた』と大尉は言う。にもかかわらず、『目視で確認することはできなかった』という[4]」

ほかにも空母ルーズベルトの東海岸での演習からはいろいろな話が出てきており、二〇一五年に入ると、訓練中のパイロットは飛ぶたびに、ほぼ毎回この異常な物体に遭遇するようになっていたらしい。防衛記者のタイラー・ロゴウェイのレポートからも、こうした目撃がグレイヴズの飛行隊に限ったことでないのは明らかだった。「閉鎖されているはずのアメリカ東海岸沖の訓練空域に謎の物体が存在しているということがあまりにも頻発していたため、もはや現地の飛行隊のあいだでは、それがほとんど常識になっていた」とロゴウェイは書いている[5]。実際、新型APG－79レーダーを搭載したスーパーホーネット飛行隊は一機残らず、レーダーやATFLIRで謎の物体を探知し、肉眼でも見ていた。

ニューヨーク・タイムズの記事で報じられた話は[6]、TTSAがヒストリーチャンネルと共同製作したシリーズ番組『解禁！米政府UFO機密調査ファイル』でも詳しく取りあげられている[7]。グレイヴズは、この番組にもニューヨーク・タイムズにも、一般に公開されたジンバル映像は全体の一部で、自分は空母ルーズベルトの艦内でもっと長い、高解像度の映像を見たと語った。そのとき彼が見た映像には、大きなジンバル物体の前を、それより小さな物体の一群が逆V字型になって飛んでいるところが映っていたという。ペンタゴンが公開した部分的な映像にはジンバルそのものしか映っておらず、ほかの物体は映像に収まっていなかったのだ。グレイヴズの話によると、ある時点でジンバルは静止していたのだが、そのあと浮かんだまま急に九〇度の角度で回転したように見えたという。それは知られているかぎりの通常の動力航空機ではありえない動きだった。「航空機の物理の基本ですよ」とグレイヴズは言った。パイロットたちは合理的に考えて、アメリカ政府が何か秘密のプロジェクトの一環としてこのような航空機を出現させたとは考えられないと判断した。秘密の新しいテクノロジーを自軍のパイロットに対して事前の警告もなく配備したときのリスクは計り知れず、標準的な作戦行動手順に対する明白な違反でもあるからだ。二〇〇四年のチクタクと同様、このジンバルにも目に見える翼はなく、推進装置も見当たらず、熱を発している形跡もなかった。一二〇ノットの風が吹いていても平気で一ヵ所に静止できていたかと思うと、いきなり加速して超音速をはるかに超える速度を出す。さらに奇妙なのは、ジンバルを含めた一群の物体が何時間ものあいだ、つまり従来のあらゆる航空機の常識的な燃料持続時間をはるかに超える長時間、上空にとどまっていられることだった。「これらの物体の何が不思議で興味深いかというと」とグレイヴズは言った。「われわれが離陸するときにはすでに上空にあって、こちらが一時間半から二時間ぐらい飛んでいるあいだ、ずっと好き勝手にやっていて、そのうちこちらが着陸します。それから一時間後ぐらいに仲間が離陸すると、やっぱり空で同じものを見るんです」[8]

こうした目撃のなかでもおそらく最も不気味だったのは、空母セオドア・ルーズベルトが二〇一五年三月にフロリダを出発し、イラクとシリアでのＩＳＩＳとの戦闘に参加するためペルシャ湾に向かったときに、これらの未知の機体が空母打撃群を追いかけて地球の反対側までついてきたように見えたことだ。グレイヴズ大尉もその年、中東の空を飛んでいたときに空母で目撃があったと認めている。「実際、ときどきレーダーに痕跡が見えるんですが、本国にいたときとまったく同じような動きをしているんです。違うのは、頻度が大幅に減ったことぐらいでしょうか」とグレイヴズはタイラー・ロゴウェイの「ウォーゾーン」に語った。[9]

いやいや、これは海軍のF／A－18戦闘機スーパーホーネットに搭載されていた新しいレーダーに欠陥があって、そのせいでおかしな反射が映ってしまっているのでは、と思っている人もいるだろうか。つまり、そこに見えているのは実在のものではないのだと（もちろんその場合、多数のパイロットが自分の肉眼でもその物体を見たと言っているのを無視することになるが）。しかし海軍大尉ライアン・グレイヴズは、その可能性を聞かれて即座に反論している。彼のAPG－79レーダーは何度となく、何キロメートルも先の物体を追尾したというのである。彼らのジェット機にはATFLIR（先進前方監視赤外線）システムも搭載されており、UAPに十分に近づいた場合には、これが電気光学的に、もしくは赤外線モードでUAPを視覚的に表示した。「まずレーダーでとらえて、それからFLIRで拾います」とグレイヴズは説明した。「コックピットのディスプレイに表示されたのは、航空機のはっきりした輪郭ではありませんでした。普通ならそれが見えるんです。たいていはリベットまで見えそうなぐらいに」[10]。これらの物体がなんであれ、それはATFLIRでも見られているし、パイロットにも、後部座席の兵器システム担当員にも目視されていた。このあらゆる目撃情報が、これら未知の航空宇宙機が実在のもので、新しいレーダーが引き起こした錯覚ではないことを示唆している。懐疑派は弱々しく、パイロットが見たのはただのコックピットからの反射か、ちょっと変わった雲なのではないかと提案するが、そのような説明は圧倒的な証拠と矛盾する。ATFLIR技術の元熟練オペレーターが言っているように、もしそれがただの遠くのジェット機の排ガスなら、航空機全体がくっきりとATFLIRカメラに映し出されるはずなのである。

アメリカ海軍による西海岸と東海岸での数々の目撃がメディアで報じられて以降、議会では、軍に知っていることを説明させるべきであるとの圧力が強まった。ノースカロライナ州選出の共和党下院議員で、下院国土安全保障委員会の情報・対テロ小委員会に所属するマーク・ウォーカーは、海軍がUAPに関する情報を開示していないとして真っ向から非難した。目撃報告の調査に海軍はどのようなリソースを割いているのかと問いただし、このような主張を立証するだけの物的証拠は見つかっているのか、敵国や民間企業がこのテクノロジーを開発している可能性はあるのかと詰め寄った。「パイロットの報告によると、遭遇したUAPにはしばしば複雑な飛行パターンと高度な操作性が見られるそうですが、それには量子力学、核科学、電磁気学、熱力学における破格の進歩が求められるはずです。報告されている内容がもし事実なら、これらの未確認物体はわが軍の人員にとっても防衛機構にとっても、安全保障上の深刻なリスクになりうるのではありませんか」とウォーカーは海軍長官への書簡に記した。「また、そこには科学とテクノロジーを発展させて公益に資するための絶好の機会があるとも思われます」[11]

これに対して海軍次官のトマス・モドリーから「海軍省はこれらの報告をたいへん重く受けとめており、目撃報告の記録と徹底的な調査を継続する」との返答があった。[12] それは典型的な言い逃れであり、本当は答えたくない面倒な質問にメディア担当者の入れ知恵によって返す答えだった。当然ながらウォーカーは、協力する気のなさそうな海軍の姿勢を批判した。「海軍次官からUAP遭遇を徹底的に調査するとのお言葉をいただいたのは心強いのですが、このような優越した飛行物がアメリカの領空を飛んでいることによって生じうる脅威についての具体的な質問にお答えがなかったのは非常に残念に思います」とウォーカーは「ポリティコ」に語った。[13]

この騒動全体から浮かび上がってきたアメリカ海軍の姿は、滑稽なものだった。結局、二〇一九年九月になってようやく海軍は、誰もが長いこと当たり前のように思ってきたことを公式に認めた。つまり、海軍のパイロットが今日にいたるまで目撃している現象について、満足のいく説明は与えられないということである。「海軍は、これら三つのビデオ映像に収められている／描出されている現象［チクタク、ゴー・

ファスト、ジンバルの三つのUAP」を、未確認現象と見なしています」と海軍広報官のジョゼフ・グラディッシャーは、UFO研究家ジョン・グリーンウォルドのウェブサイト「ブラック・ヴォルト」に語った。[14]「ご指摘のビデオ映像に収められている物体に関して、海軍は公式にいかなる特徴説明も叙述も発表しておらず、仮説や結論も発表しておりません」。アメリカ海軍によるこの是認は、歴史的なことだった。過去七五年、アメリカ軍は表向き、UAPが国家安全保障上の懸念事項であることをきっぱりと否定し、これらが脅威になりうるという考えも繰り返し軽視し、この現象に対してレンズ雲だの、気象観測気球だの、目の錯覚だのと、平凡な説明を（多くの目撃者の抗議を無視して）繰り返し述べてきた。しかし今回は、海軍自身の高性能センサーとパイロットが、どうも疑う余地のなさそうな三つのビデオ映像でこの現象をとらえていたため、さすがにアメリカ海軍も、これらがなんであるか皆目わからないのだと認めざるを得なかった。このようにアメリカ海軍が未知の物体だと認めている以上、これらの機体はアメリカのものではないということだったのだろうか。しかし一方で、じつはアメリカ空軍がこうした画期的なテクノロジー革新を海軍からも、議会のあらゆる監視委員会からも隠していたという可能性は捨てきれない（「ポリティコ」のブライアン・ベンダーは二〇二一年三月の記事で、アメリカ空軍と「スパイ機関」が「手持ちの情報を『未確認空中現象』に分類する努力を妨害、もしくは単純に無視している」と書いている。[15] この記事のソースは不特定の「現職も前職も含めた多数の政府関係者」だそうだ）。最終的に、空母ルーズベルトのライアン・グレイヴズ大尉やほかのパイロットたちが下院議員に呼び出され、内密のブリーフィングを行なった。上院議員にも、ペンタゴン（海軍情報部も含めて）から未知の航空宇宙機目撃に関して機密扱いのブリーフィングがあった。そのほか二〇一九年を通じて、議会の各種監視委員会の主要メンバーからも詳しい情報を求める依頼があいついだ。トランプ大統領にまでブリーフィングが行なわれた。

もしこれらの物体が実在し、軍の無数のパイロットとセンサーシステムも実在すると言っているのなら、これはまぎれもなく深刻な国家安全保障上の懸念事項である。これらの謎の物体（機体？）は、既知のどんなテクノロジーをもはるかに超えた加速能力と機動能力を示している。その機動性はF／A－18を容易に出し抜き、その速度と旋回性には最新のF－22やF－35戦闘機でも太刀打ちできない。

TTSAのルイス・エリゾンドは、こうした未知の航空宇宙機がどれほど異常かを強調するため、UAPに最も共通して見られる特徴をまとめたものとして「五つの可観測量」という自作の表現を用いた。

- 第一に、これら未知の航空宇宙機は「絶対的揚力、すなわち反重力」の能力を有する。推進力や揚力を生じさせる手段がまったく見当たらないのに、飛行することができるものと見られる。
- 第二に、これらは「即時の加速性」を有する。したがって、ほぼ瞬時に高速に達することができる。「五〇〇G、一〇〇〇G、二〇〇〇G以上の重力加速度を出している物体も見られています」とエリゾンドは言う。「それだけのGの力に耐えられるよう設計されている材料はありません」[16]
- 第三の可観測量は「極超音速」である。これらの機体は、既知の航空機の性能限界をはるかに超えた速度で移動している。エリゾンドは言う。「物体が三次元空間を移動するとき、移動速度が上がれば上がるほど、より大きな力がその物体にかかります。にもかかわらず、びくともせずにそうした速度に達する物体がここにあります。この速度というのは、時速三〇〇〇マイルや四〇〇〇マイル（四八〇〇～六五〇〇キロ）程度ではありません。潜在的には、八〇〇〇、九〇〇〇、一〇〇〇〇マイルにもなります」[17]
- 第四の可観測量は、皮肉にも、「低被観測性」である。これらの機体はいずれも、あらゆる種類のレーダーや追尾装置から身を隠すことができる。「きわめて明確に探知できるはずの物体を見ているにもかかわらず、肉眼ではくっきりどころか、ぼんやりとしか見えず、何を見ているのかわからないぐらいぼやけてしまうのです。場合によっては、われわれの手元にある最高性能のレーダーシステムさえ妨害しているように見えます」とエリゾンドは説明した。[18]

• 最後に第五の可観測量として、UAPは「媒体横断移動」を見せる。これらの機体のとりわけ不可解な特性の一つは、宇宙空間でも空中でも水中でもシームレスに移動できて、どこにおいても運動を乱されている気配がほとんど見えないということだ。「われわれが作るものはすべて用途別に、環境に見合った特定の仕様になっています。飛行機には翼があり、エンジンがあり、方向舵があり、機首があり、いかにも飛行機らしい姿をしていますが、これはすべて飛行機が空気力学に即していなければならないからです。ところがここにある物体は、大気中でも、宇宙空間でも、そしておそらくは水中でも、設計上の特性を変えることなくつねにらくらくと機能できます。いったいどんなテクノロジーがこれを可能にしているのか？　そしていいですか、これらの特徴の一つでもあれば、外国の敵がこれを一つでも持てば、それだけで絶対的なゲームチェンジャーになります。一つだけでゲームチェンジャーになるというのに、ここにあるものはそれを五つすべて持っているのです」とエリゾンドは強調した。[19]

UAP目撃に対するペンタゴンの態度が変わりつつあることを感じさせた最初のできごとは、二〇一九年四月に「ポリティコ」のブライアン・ベンダーが記事にしたとおり、アメリカ海軍がパイロットやその他の人員のUAP遭遇報告に関して新しいガイドラインの策定に入ったことだった。「近年、さまざまな軍の管理区域や指定空域に無認可／未確認の航空機が侵入したとの報告が多数寄せられている」と海軍は声明を出した。「安全性と安全保障にかかわる懸念から、海軍［と空軍］はこれらの報告をきわめて真剣に受けとめ、各報告をすべて調査する」。さらに記事によれば、海軍は連邦議会の議員と職員に対し、海軍情報部の高官からだけでなく飛行士からもブリーフィングを行なったという。「ただし言っておくが、海軍は、海軍兵がエイリアンの宇宙船に遭遇してきたという考えを認めているわけではない」とベンダーは念を押す。「しかし、信頼のおける熟練した軍人による奇妙な目撃があまりにも頻発しているため、それらの報告は公式記録に残して調査する必要があり、SFの領域に属する奇怪な現象として片づけるべきでないとは認めている」[20]

二〇二〇年四月二七日、アメリカ国防総省は公式に、すでに流れていた二〇〇四年と二〇一四年から一五年にアメリカ海軍パイロットが撮影した三本のUFO映像を公開した。ペンタゴンがついに「ビデオ映像に見られる空中現象は現在もなお『未確認』とされている」と認めたのである[21]。映像が本物であることをペンタゴンが公に認めたのはこのときが初めてだった。過去七〇年の否定を経て、国防総省は突如として、未知の空中現象やテクノロジーが自軍のパイロットによってビデオ映像にまぎれもなく記録されており、その卓越した物体の正体をいまだ自分たちが確認できていないことを是認した。

アメリカ海軍のパイロットが二〇一四年と二〇一五年にフロリダ沖で、そして二〇〇四年に西海岸沖で目撃したものが、不気味なほど奇妙で、潜在的に危険なものであったことに疑いの余地はいささかもない。だが、このあいつぐ目撃に関して何より不可解に思われたのは、アメリカ軍の上層部の反応だった。この空の安全に対する潜在的な脅威にパイロットが不安を訴えても、軍司令部はまったく反応せず、あとになって調査の約束をしただけだった。

ヒストリーチャンネルのドキュメンタリー番組『解禁！米政府UFO機密調査ファイル』において、とりわけ意味深長な場面の一つは、戦闘機が記録したばかりのUAPのビデオ映像を空母ルーズベルトの機動部隊司令官アンドルー・L・ルイス少将が艦上で見たときの反応について、ライアン・グレイヴズ大尉が語っているところだ。「彼はビデオを見て、それから『ふん！』と言って立ち去った」[22]。責任ある立場の海軍司令官が自分の見たものに困惑したのであれば、こんな反応は出ないはずだ。むしろこれは、司令官がすでにその謎の機体のことを知っていて、それで驚かなかったのだろうと見るのが自然である。そう考えると、空母ニミッツのチクタク目撃のあとすぐに、明らかに軍部か情報機関の関係者と見られる男たちが艦にやってきて、データドライブを回収していったという話も説明がつく。もしもチクタク、ジンバル、ゴー・ファストのUAPが、政府のなんらかの超秘密プロジェクトの一環で、海軍のパイロットを相手に画期的なテクノロジーを試験していたのだったら、おそらく関係する専門家たちは、二つの空母戦闘群の強大な力に対して自分たちの技術がどれだけ通用したかをできるだけ早く確認したかっただろう。しかしながら、もしアメリカ軍が本当に何か新しい驚異的な航空宇宙テクノロジーの試験飛行をしていたのなら、なぜ誰もパイロットにその一件を口外しないよう言わなかったのだろう。もしそれが本当にアメリカの画期的なテクノロジーなのであれば、場違いな安全侵害によってせっかくの成果を危険にさらしていたことにもなる。

アメリカ政府がこれらのUAPに関して一般に伝えたくない何かを確実に隠していることは、また別の明白な証拠からもうかがえる。二〇一九年一〇月、UFO研究家のクリスチャン・ランブライトは、情報公開法による開示請求のもと、アメリカ海軍の海軍情報局（ONI）に対してニミッツのチクタク遭遇に関連する記録の提供を要求した。ランブライトの話によれば、チクタクの記事を最初に出した元戦闘機パイロットのパコ・キエリチは、この記事を書く前に許可を得てONIの機密扱いの報告書を閲覧したそうだが、その文書はいまも海軍から公表されていないのだという。つまりONIは前々から独自に調査を進めていて、ランブライトはその記録の提供を要求したわけだ。二〇一九年一二月にランブライトが受け取った回答は、じつに興味をそそるものだった。海軍は、最高機密に分類されるブリーフィング用スライドを保持していることは認めつつ、「これらの資料の開示はアメリカの国家安全保障に甚だしく重大な損害を与えることになる」と述べていたのである。[23] その資料がなんであれ、海軍情報局が開示を拒むのであれば、それが意味するところは明白だ——要するに、何か一般市民に詮索されたくない非常にデリケートなことが隠されているに違いない。このような全面的な開示の禁止は謎でしかない。アメリカ軍のハイテクレーダーとATFLIRシステムの性能の全容を秘密にしておくために、軍がそれらの文書を部分的に検閲しなければならないというなら話はわかる。だが、ブリーフィング用のスライドをそっくりそのまま開示できないとは、何がそんなに秘密なのか。やはりアメリカ政府は確実に、これらのUAPに関して、一般には知られたくない何かを保持しているのだ。

この謎に関してもう一つ不可解なのは、元国防総省の内部関係者で、アメリカがこのような並外れた芸当のできる反重力機を持っているのかどうかを知れる立場にあったクリストファー・メロンが、これらの物体はアメリカのものではないと断言していることだ。「元情報部の人間として、私はいささか不満を覚えています。戦略的奇襲を受けないようにするのに年間一五〇億ドルを費やしていながら、実際に尋常でない能力を持つ乗り物がそこにいて、われわれの空母戦闘群の一つを監視しているというのに、それがどこから来たのか、そこで何をやっているのか突きとめようとする行動を誰も起こしていないのです」[24]。ロッキード・マーティンのスカンクワークスの元幹部で、当時TTSAにいたスティーヴ・ジャスティスもこう言っている。「私が最も恐れるのは、敵がこれを突きとめていて、われわれがそこからはるかに後れをとっていることだ」。彼らは事情を知っている（はずの）人物だ。その彼らの発言は、隠蔽説と矛盾する。もし彼らのような闇世界に通じた人間が、アメリカ政府が建造していた反重力機のことを知らないのなら、それは彼らにこの秘密が明かされていないか、もしくはアメリカがそんなテクノロジーを持っていないかのどちらかだ。とりあえず明らかなのは、奇妙なUAPがアメリカの領空にいることの潜在的な脅威を、アメリカ軍の誰も真剣に気にしているようには見えないことである。外部の多くの者からすると、これはずいぶんと意味深長に見える。

私がここで思い返すのは、トム・デロングが二〇一六年三月に、ジョージ・ナップとのインタビューで熱弁を振るっていたことだ。そのとき彼は、政府の内部関係者から聞いたと言って、アメリカが反重力推進システムにおいてひそかに驚異的な技術躍進を果たしており、世界はまもなくそのとてつもない科学的達成を知ることになるだろうと話していた。「そうそう、いま反重力の機械を作ってるんだよ。うん、そう聞いてる。すげえことだよ」とデロングは興奮していた。[25] トム・デロングのTTSAを中心に渦を巻く、陰謀論が思い浮かぶ。TTSAは公益のための企業というが、じつはただのアメリカ政府の隠れ蓑なのだ。そうでなければ最高機密のセキュリティクリアランスを得た諜報員や科学者の一群が、そんな組織とつながる理由がないではないか。トム・デロングのTTSAが政府にもっともらしい否定の機会を提供し、政府が知っていることを叩かれずに公表できるようにしてやれるということは、デロング自身が認めていた。彼はジョージ・ナップにこう言ったのだ。「もっともらしい否定って、政府がずっとやってきたことだからね。とくに、すごく重大な情報を表に出したいときには、それが彼らのやり方だから」[26]。むろん、だからといってデロングと彼のTTSAの同僚が、政府のおとりだったという証明にはならない。とはいえ、ことを慎重に表に出すのにデロングと彼の組織が使われている、という考えには、多少見るべきものがあるのかもしれない。

仮に、地球外起源の宇宙船がアメリカによって回収され、再設計されていたのだとしよう（もちろんこれは、どこまでも仮定の話だ）。このテクノロジーが世の中から隠され、議会からも隠されたまま、七〇年以上が経過した。そのあいだに、おそらく重大な犯罪も行なわれている。関係者たちが知っていることを隠すため、宣誓証言で嘘をついてきただろうと思われるからだ。この陰謀論は、さらにこう続く。「ビッグ・シークレット」の門番たちの隠匿の罪を帳消しにしながら、この画期的な発見を一般に公開する方法の一つは、TTSAを利用して、これを彼らの発見として垂れ流すことだ。あくまでも憶測だが、TTSAが内部崩壊する前には、こんな筋書きがあったのかもしれない——まずジェネラルやその手下たちを用意して、どこかユタ州の奥地の目立たないカフェのテーブル越しに、空飛ぶ円盤の青写真をそっと差し出させる。それからしばらくしたころに、ＴＴＳＡのスティーヴ・ジャスティスとハル・パソフとトム・デロングがひょいと表舞台に現れて、互いに背中を叩きあいながら、晴れてワープドライブ付きの空飛ぶ円盤の建造方法を発見したと発表する。この陰謀論にもう少々面白味を添えるなら、二〇一六年三月に、デロングが奇妙な約束をしていたのを思い出してほしい。彼は八年以内、つまり二〇二四年までには実用機をお届けできると言っていた。もし本当にゼロからスタートしていたのなら、どうしてそんな約束ができようか？　しかし陰謀論で言えば簡単だ。もちろん、ＴＴＳＡはよそから手伝ってもらっていたに決まってるだろう？　そこで今度は、ＣＲＡＤＡというものに行き着く。

第18章　アートのパーツ

（不吉な予感をもよおさせる音楽が盛りあがっていくなかで、誰もいない砂漠に墜落した光り輝く空飛ぶ円盤の残骸にじりじりとカメラが寄っていく。だんだんとアップになる映像を見ていると、やがて衝撃的なものが現れる。くすぶった残骸のなかに残る、死んだ灰色のエイリアンの姿である。大写しになったその顔にオーバーラップしながら場面が転換し、どこかの家庭の暖炉が映る。そのままカメラが水平に向きを変えると、くたびれた顔の年老いた紳士が肘掛け椅子に座って物思いに沈んでいる。明らかに、何か重大な秘密を抱え込んで苦悩している様子である。ここで語り手が口を開く）。

「これはUFO研究における不朽の伝説にまつわる、魅惑的な発端の物語である……」

（先にばらしておくと、十中八九、これは作り話であるのだが、ここでお伝えしておくことに意味があるのは、ものをわきまえているはずの人びとがこれを信じているように見えるからである）。

物語は一九七四年にさかのぼる。ある年老いた紳士が亡くなる少し前、子供や孫など信頼する家族を集めて、打ち明け話を始めた。じつは彼は一九四七年、いわゆるロズウェルの空飛ぶ円盤事件のときに、墜落現場に派遣された回収チームの一員だった。その誰もいない砂漠のなかで、彼のチームは、さほど損傷していない金属製の円盤から投げ出されていた二人のエイリアンの死体を発見した。円盤のなかには、たった一人、生き残っていたETがいた。死んでいたエイリアンの遺体はオハイオ州のライト・パターソン空軍基地に送られ、機体の残骸は三台のトラックに積み込まれた。

年老いた語り手が家族に打ち明けた話によると、この宇宙船が墜落したのは地球の周回軌道で隕石と衝突したためだった。ここでエイリアンたちは無私の行動に出た。ある動力装置を作動させれば深宇宙に脱出できたのだが、大気圏内でそのスイッチを入れるとニューメキシコ州、アリゾナ州、カリフォルニア州、およびメキシコの一部を跡形もなく消し去ってしまう。そのため乗組員たちはこの装置を作動させず、最善を祈りながら、動かなくなった機体が降下するにまかせた。彼らは人類のために自らの命を犠牲にすることを選んだのである。老人は家族にその後についても語った。彼は二六週間にわたって尋問チームの一員として、ロズウェル墜落事故の唯一の生き残りであるエイリアンの取り調べにあたった。そしてある日、このETはアメリカ空軍の輸送機に乗せられてワシントンDCに向かった。だが、輸送機は乗員もろとも、乗せられていたエイリアンも含めて、よくわからない不穏な状況のなかで飛行中に姿を消した。輸送機からの救難連絡を受け、戦闘機が緊急発進して捜索にあたったが、電気系統の深刻な故障に見舞われて、空軍の努力の甲斐なく行方不明の輸送機は見つからなかった。これがどこへ消えたのかは最後までわからなかったそうだ。

そして二二年後の一九九六年。元陸軍兵の老人はとうに亡くなっていたが、その孫の一人はアメリカ陸軍の現役軍曹になっていた。彼は、亡き祖父から託された驚天動地の証拠をどうしたものかと葛藤していた。その証拠とは――ロズウェルのエイリアンの宇宙船から回収された一連の金属サンプルと、世界の歴史に残る特別な瞬間に自分が果たした異例の役割を詳細に綴った祖父の日記が収められた箱だった。一九九六年四月、年若い軍曹はついに迷いを断ち切って、腰を据えてアート・ベルに手紙を書いた。アート・ベルはアメリカで最も人気のあるラジオ番組の一つ「コースト・トゥ・コーストAM」の司会者で、この番組はＵＦＯや超常現象といったオカルト的な題材も扱っている。「私はわがよき友のニール・アームストロングに同意します。彼はかのホワイトハウスで大胆にも、『あそこ《アウトゼア》』には私たちの理解をはるかに超えた、度肝を抜くようなものがあると言っていますが、そのとおりだと思います」。軍曹はアート・ベルへの最初の手紙をそう感動的に締めくくった。彼はその手紙に、奇妙な金属のサンプルを入れた袋を同封した。

　それから数週間のあいだに、「友人」とだけ名乗った匿名の陸軍軍曹は、タイプ打ちした祖父の日記の抜粋を添えて五通の手紙を送った。▼1 アート・ベルの「リアルXファイル調査記者」を自称するリンダ・モールトン・ハウがこの手紙の主張についての調査を開始し、アート・ベルは手紙が届くたび、番組でその劇的な物語を伝えはじめた。ある段階で、ハウはこの匿名の手紙の主から電話までもらった。自分は現在アメリカ陸軍に勤務中で、これから中東に向かうので、「もし生きて帰れなかったときのために知っておいてほしい」ことがあったのだという。▼2

　リンダ・モールトン・ハウも自身のウェブサイト「アースファイル」で認めているように、この退役軍人の祖父の物語は、まるでＳＦである。とあるアメリカ軍人一族の末裔が、祖国の危機にこたびも忠義に立ち向かおうとする前に、祖父の信じられないような秘密をついに明るみに出しておくという魅惑的な物語には、ほんの少し以上にでたらめの匂いがする。人類のために自らを犠牲にする無私のエイリアンというところにも、こう言ってはなんだが、ちょっとばかりほら話の風味がある。さらに私からすると不思議なのは、政府の誰かが徹底的に調査をすれば、この物語の信頼性はたやすく損なわれるだろうということだ。この見たところとんでもないリークの出所をたどるには、一九四七年のロズウェル回収メンバーと一九九六年の現役軍曹を照合し、家族関係があるかどうかを探せばよい。有能な捜査官が電子化された記録を調べれば、おそらく半日仕事で片がつくだろう。アメリカで最も有名な宇宙飛行士と知り合いであることを認めていて、陸軍での自分の配置についても前述のようにぽろぽろと手がかりを与えている軍曹となれば、的も絞りやすい。そこで私が思ったのは、この手紙を書いたのが誰であれ、あえて匿名のままにしていたのは、この話がまったくのでたらめであるのを知っていたからこそではないかということだ。さらに言えば、これが政府の流した偽情報だったとも考えられる。これを表向きの話にしておけば、この物理的な証拠を真っ白なかたちで公表できる。ともあれ名乗らずに話をするような情報源、とくにオフレコでも正体を明かさないような情報源は、疑ってかかるに越したことはない。

　一九九六年七月に送られた五通目にして最後の手紙には、祖父の日記に墜落現場の正確な位置として記されていたのが「基地から半径三〇マイル以内のロズウェル陸軍飛行場の近く」だったと明かされていた。[3]その場所は、一九四五年に最初の原爆実験が行なわれたところのすぐ近くだった。この物語で最も伝説化して長らく語り伝えられてきた証拠は、手紙と一緒に送られた物理的な金属サンプルである。それらの謎めいたサンプルのうち、最初のものに関して軍が突きとめたことが祖父の日記に詳しく書かれていたそうで、その記述によると、このサンプルは「推進システム内で発生させる電磁場の導体に使われていた、純粋な抽出アルミニウム」だった。リンダ・モールトン・ハウによると、彼女がこのかけらをアメリカ中西部のとある有名大学の科学者に送って分析を依頼したところ、九九パーセントがアルミニウムであることが確認されたという。ハウのウェブサイトには、この「UFO材料《マテリアル》」と呼ばれたサンプルの写真が掲載されており、そのうちの一枚に、ルーバー加工された金属板の画像がある。この物語のほころびはこの部分から広がった。代表的な懐疑派のミック・ウェストの検証サイト「メタバンク」で指摘されているように、このルーバー加工された金属サンプルは、一九二五年から自動車のラジエーターに使われてきたルーバー状の放熱板にそっくりに見える。[4]「アートのパーツ」と呼ばれるようになったこれらのサンプルを本物だと言い張る人たちも、この点についてはまだ誰も説明しようとしていない。これ以外にも、この物語全体には懐疑的になって当然の問題がいくつかあって、よほど急いで信じようとしなければそうそう見過ごされることはない。そしてアート・ベルのリスナーも、まさにそう思っていたようだった。アートが「コースト・トゥ・コースト」の番組内で、手紙が来るたびに毎週この物語を伝えるようになると、リスナーからは懐疑的な反応が返ってきた。彼らはこの物語を買わなかったのだ。匿名の軍曹は明らかにご立腹で、アート・ベルへの二通目の手紙にこう書いてきた。「あなたの方針に対して否定的で偏狭な反応を向ける人があなた自身のリスナーのなかにいることに、いささか驚きを感じていると言わざるを得ません[5]」

三通目の手紙には、前のルーバー状の金属の塊とはまったく異なる、六個の微小な金属片がついていた。「これは円盤本体の下側の表面から削り取ったものです」と手紙の主は書いていた[6]。リンダ・モールトン・ハウのウェブサイトには、この金属片の一個の写真が掲載されており、いたって素直な説明が加えられている。「楔形UFOの底面から採取したミクロン層状のビスマスとマグネシウム／亜鉛、一九四〇年代後半、ニューメキシコ州ホワイトサンズ性能試験場の近く[7]」。この湾曲した金属の塊――UFOの「皮膚」――こそ、これがアート・ベルに送られてから四半世紀にわたって特別に多大な関心と推測を呼んできたものである。何年ものあいだ、このビスマスとマグネシウム／亜鉛が層状になった金属片については、いろいろと信じがたい主張がなされてきた。実験室での試験の結果、ビスマスが並んだ細い線状の部分は幅が一ミクロンから四ミクロンで、人間の血球が幅およそ五ミクロンだから、それよりも小さいということになる。マグネシウムと亜鉛の部分は、幅が一〇〇ミクロンから二〇〇ミクロンとされ、これでも人間の毛髪の直径とほぼ同じである。ハウによれば、彼女はニュージャージー州のとある特殊金属製造業者から、ビスマスとマグネシウムを層状に重ねるのは既存の工業工程では不可能だと言われたという。「無理無理！」とその業者は言ったそうだ。「それぞれの層がくっつかないよ[8]」。ハウが引用している匿名の某科学者は、「この各層が波形になっているのが、もしかすると一定のフラクタル波のパターンで、たとえば特定の周波数に共鳴しやすくするために、この層状材料を作るときに計算してその波形にしたのかもしれない」と推測していた。じきにこのサンプルはメタマテリアルと見なされるようになり、この構造ゆえになんらかの普通でない特性を持っているのだろうという考えが広まっていった。

四通目の手紙で、この自称軍曹はまたもや自らの匿名性を危険にさらし、自分はアート・ベルのラジオ番組の最近の回が放送されていたちょうどその時間、一九九六年のジョイント・エンデバー作戦のためハンガリーに向かう飛行機に乗っていたと書いていた。ここでまた国防総省のリーク調査官が本気になって手元のキーボードを何回か叩けば、その一九九六年五月の特定の日にハンガリー行きの飛行機に何人の軍曹が乗っていたかを突きとめて、そのなかに一九四〇年代当時にアメリカ陸軍軍人だった祖父を持つ者がいるかどうかを突きとめられる。これにより、この物語はすべて嘘っぱちではないかという疑惑はそれまでにもまして強まった。さらに五通目にして最後の手紙で、軍曹は「七〇年代後半に」、じつはパイロットの友人に祖父の秘密を打ち明けたことがあり、二人してロズウェルについて語り合ったのだと書いていた。ところがそれから数時間のうちに、その友人はC‐130輸送機を操縦中に、死んだのだという。「お察しでしょうが、ベルさん、私の友人はロズウェルのサンプルを運んでいたのです。私が恐怖を感じる理由がわかるでしょう。C‐130機は普通、雷に打たれて爆発したりはしません」と匿名の軍曹は重々しくアートに告げていた。▼9

さすがにこの飛行機墜落のくだりまで来れば、この不自然に芝居がかった告白物語を読んでいる人の大半も、私と同じく不信の停止を打ち切って、これを完全なたわごとと見なすものと確信する。この手紙のなかで、独立して検証や反論ができる主張の一つは、その友人のパイロットの操縦するC‐130機が雷に打たれたあと、不可解に墜落したという点だ。C‐130ハーキュリーズのような巨大で頑丈な航空機が落雷で墜落するというのはきわめてまれな事象であり、現代の航空機は落雷に耐えられるように設計されている。私の知るかぎり、この主張にわずかでも合致するような落雷によるC－130機の墜落事故は、アメリカ軍の記録において一件しかない。それは一九七八年一一月三日にサウスカロライナ州で起こった事故で、[10]この話の祖父が家族に厳粛な秘密を告げたとされるときから四年後にあたる。だが、もしこれが彼の言っているC－130機の墜落のことなら、それはこの自称陸軍軍曹がアート・ベルとリンダ・モールトン・ハウに手紙を書きはじめる一八年前のことだ。アメリカ陸軍軍曹の一般的な年齢層から考えて、この手紙の主は、米軍C－130ハーキュリーズが落雷で墜落した時点でせいぜい一二歳から一四歳の子供だったろう。そんな十代前半の少年が、エイリアンの宇宙船回収という超最高機密についてC－130機のパイロットに打ち明け話をし、それから数時間後にパイロットが一九七八年末の墜落事故に遭ったのだとは、明らかに考えにくい。

このうさんくさい問題をさておいても、この物語全体に懐疑的になる理由はほかにもある。これを嘘っぱちだと主張する人たちは、「アートのパーツ」の一つであるビスマスとマグネシウムでできたサンプルについても、唯一無二でもなければ再生産不可能でもないと指摘する。この層状金属は、鉛からビスマスを除去するベタートン＝クロール法という工業工程から出るスラグにすぎないというのである。つまり、アートのパーツの出所を説明する匿名軍曹の話には、未解決の大きな穴が残っているわけだ。これでは真実味も何もない。

そんな信憑性のない疑わしい話をなぜこんなにも丹念に検証しているのかといぶかしんでいる人もおられようが、このビスマスとマグネシウム／亜鉛でできた謎の破片に関して言えば、それには一つ理由がある。アメリカ陸軍とTTSAが、これだけ懐疑的になるべき理由があるにもかかわらず、UFOのサンプルだと言われる「アートのパーツ」をきわめて真剣に受けとめているからである。どのぐらい真剣かというと、二〇一九年一〇月に、トゥ・ザ・スターズ・アカデミー・オブ・アーツ・アンド・サイエンスとアメリカ陸軍が提携し、墜落した機体から採取したものだとTTSAのソースが主張する、メタマテリアルの研究を開始するとの発表があったほどなのだ。[11] いや、これは冗談ではない。アメリカ陸軍がエイリアンの宇宙船のサンプルだとされるものの共同調査をすることになり、そのサンプルに、うさんくさい「アートのパーツ」が含まれていたわけである。

TTSAが証券取引委員会に提出している開示通知書を見ると、トム・デロングが二〇一九年に「アートのパーツ」そのものである六個のサンプルを三万五〇〇〇ドルで自分の会社に売却し、それをハル・パソフがTTSAの依頼で分析する予定になっていたことがわかる。[12] UFO研究家のキース・バスターフィールドは、これがリンダ・モールトン・ハウのサンプルと確実に結びついていることを指摘する。証券取引委員会への申告書に会社の購入資産として次のような記載があったのである。「(i) 1.75" x 1.25" x 0.25" のミクロン層状ビスマス／マグネシウム－亜鉛金属片一個、(ii) ビスマス／マグネシウム－亜鉛金属片六個、(iii) TTSAの物理学者ハル・パソフがすでに売り主から借り受けて所有中のアルミニウム片一個、(iv) 物理学者パソフが現在売り主から借り受けてすでに所有中の黒色と銀色の丸い金属薄片一個（総称して「金属片」）」。[13] これらの書類から、以前はモールトン・ハウがこれらのサンプル、すなわち「起源不明の先進的な航空宇宙機から採取されたと報告されている」ものを保有して調査していたこともわかっている。「アートのパーツ」はアメリカ陸軍の研究所に送られて、そこでエイリアンの宇宙船由来なのかどうかを試験されていた。私からすると、アメリカ陸軍が「アートのパーツ」の話を真剣に受けとめているように見える理由がさっぱりわからない。

このTTSAとアメリカ陸軍との契約は、共同研究開発契約（CRADA）の名のもとに締結されていた。陸軍の広報官はこう説明した。「材料研究全般は軍事研究にとって主要な関心事であるため、これらの材料の特性を調べることで得られる知見にも陸軍は関心を持っています。……今回のケースでは、陸軍が材料分析のための専門知識と設備を提供し、TTSAが材料そのものを提供します。そして両者で分析の結果を分かちあいます。材料の使用に関してTTSAへの金銭的補償がないのと同様に、施設の使用に関しての陸軍への金銭的補償もありません」[14]。これらのメタマテリアルと噂されるものの調査に陸軍が公式に関与して、TTSAを援助するのが決まったことで、「アートのパーツ」のメタマテリアル分析プロジェクト全体に対する信頼性はいっきに増した。

このCRADAの契約条項に、陸軍の研究者はTTSAと協力して「時空計量エンジニアリング」、「光学迷彩」、「量子物理学」、「ビームエネルギー推進」に利用できる先進的な材料の開発に取り組むこと、と明記されている。これらの用語が実際のところ何を意味するのかをきちんと把握してみれば、この陸軍との共同契約の目的とされていることが、なんと遠大なものであるのかとくらくらするだろう。「時空計量エンジニアリング」とは、いわゆるアルクビエレ・ドライブのことで、一種の推進力であり、疑似的に光速よりも速い速度で移動できる能力を理論化したものだ。要するに、『スタートレック』で言うところのワープ航法《ドライブ》の現実版である。ただしわれわれの知るかぎり、これはまだSFの範疇にある。「ビームエネルギー推進」は、すでにNASAが手掛けているものの、やはり実現にはいたっていないアイデアで、レーザービームを使って宇宙機を宇宙空間に向けて発進させ、大気圏を離脱させられるようにしようというものである。「光学迷彩」も、先行きはまだ誰にも見えないが、ふたたび『スタートレック』を例に出すなら、おそらくクリンゴンの遮蔽装置がこれにあたる。なぜ陸軍がこのCRADAをTTSAと締結したのかについては非常に多くの疑問があるが、とくにわからないのは、アメリカ政府はこうした分野での研究に疑いなく何十年も前から資金を出してきたはずなのに、なぜ陸軍がいまさらTTSAと組まなければならないのか、そこにどんな利点があったのかだ。

二〇二一年にTTSAを去るまでは、ロッキード・マーティンのスカンクワークスのエンジニアだったスティーヴ・ジャスティスがＴＴＳＡの航空宇宙部門を率いていたが、彼の疑いようのない専門知識があったとしても、ＴＴＳＡにこのような理論上のテクノロジーを現実に開発する能力があったという証拠はこれまで一つたりとも出ておらず、また、ＴＴＳＡのほかの誰にしても、何か画期的な躍進を果たすのに資する経験を持っていたとは思われない。私はＴＴＳＡにコメントを求めてみたが、ＣＲＡＤＡについてのいかなる質問にも答えられないと断られ、本書についてもいっさい協力はできないと断られた。いずれにしてもスティーヴ・ジャスティスの退社の決断は、過剰に宣伝されていたメタマテリアルの未来にとっても、トム・デロングが約束していた反重力推進システムの実現にとっても、よい前兆ではない。

　陸軍がなぜＴＴＳＡとこのような関係を結んだのかを推察させる一つの手がかりは、陸軍の戦闘能力開発司令部付きの科学者、ジョゼフ・キャノン博士からの声明にあった。「われわれにとってＴＴＳＡとの提携関係は、斬新な材料と変換技術を生みだして、軍事的な地上システム能力を強化するための、伝統にとらわれない刺激的な糸口になりえます」とキャノン博士は記者声明で述べている[15]。ＴＴＳＡが「斬新な材料」の糸口であると言っている点が重要だ。これはおそらく、ＴＴＳＡが所有しているという謎のメタマテリアルのことを指し、噂によれば、そのメタマテリアルは地球外起源の宇宙船から回収されたと言われているのである。

　前にＴＴＳＡが証券取引委員会に提出した二〇一八年の開示通知書を見ると、このときすでにＴＴＳＡは材料分析とビームエネルギー推進発射システムの計画準備のために、ハル・パソフのアーステック・インターナショナル社を雇っている[16]（だからパソフ博士はＴＴＳＡの取締役を辞したあとも科学諮問委員会の一員としてＴＴＳＡに残ったのだろう）。以前トム・デロングやほかのＴＴＳＡの人間が地球外起源の機体から採取されたとほのめかしていた、いわゆる「メタマテリアル」への明らかな言及として、アーステック社には「起源不明の先進的な航空宇宙機についての信頼できる報告を通じて当社が取得した材料サンプルの収集と科学評価に関する計画の作成と助言」という役割が与えられている（強調は著者による）。さらにもう一つのヒントが、二〇一九年のTTSAのツイートにもある。「アートのパーツ」のサンプルの一つである奇妙な層状金属の湾曲した塊の画像とともに、「これらの材料の構造と組成は、既存の軍事的応用にも商業的応用にも見られないものです」という（当時の）COOのスティーヴ・ジャスティスの説明が投稿されているのだ。「私たちは検証可能な事実に焦点を合わせ、この材料の特性や属性についての独立した科学的証拠の確立に取り組んでいます[17]」

ここでしばし、このどうにも不可解な発言の意味するところを考えてみたい。トム・デロングのTTSAは、もう何年も前から、回収されたエイリアンの宇宙船に関する秘密をアメリカ軍が隠しているという考えを主張していた。そのTTSAが、自ら世界中から集めてきたUAPサンプルとおぼしきものを、回収された地球外起源テクノロジーを隠蔽しているひどい奴らだと社内の一部から糾弾されている当のアメリカ軍と共有することに同意したのである。たしかに「メタマテリアル」サンプルの試験を通じてなんらかの画期的な発見にいたったときは、このCRADA合意によって、その後に生まれるあらゆる発明の共同所有権を得られるだろう。しかし、ご存じのようにデロングは前々から、アメリカ政府はすでにひそかに反重力テクノロジーを開発していると主張してきた。あるいは少なくとも、ジェネラルやその仲間の門番たちからそう聞かされたと言ってきた。もしトムの地球外テクノロジー陰謀論が本当にそのとおりで、軍のどこかの部門が本当に回収された空飛ぶ円盤をどこかの洞穴に隠しているのなら、アメリカ軍がわざわざ共同でこのようなベンチャーに参加することになんのメリットがあるだろう。さらに言えば、なぜアメリカ陸軍は税金でまかなわれている研究所をこのようなサンプルの分析に使わせるのか。これらのサンプルは、控えめに言っても、出所が怪しげに見える代物なのである（とくに自動車のラジエーターのフィンにそっくりに見えるサンプルなどは最たるものだが、誰もがそれについては丁重に見ないようにしているかのようだ）。

どす黒い陰謀論寄りの見方をする一部のコメンテーターは、このＣＲＡＤＡは陸軍の茶番でほぼ決まりだろうと言う。アメリカ政府はこれを利用して、闇世界で回収した地球外起源の宇宙船をリバースエンジニアリングして反重力の仕組みを突きとめたという秘密をロンダリングするつもりなのだろう。きっとこのあとＴＴＳＡが、その画期的なテクノロジーを陸軍との共同作業で「発見」するので、軍は晴れてそれを公衆の面前に引き出せる。過去七五年、政府がずっとエイリアンの技術を隠蔽してきたことを自白して面倒を引き起こすこともない。ひょっとすると、アメリカ陸軍がこうした研究になんの裏もなく協力するなんてありえないという考えが、スティーヴ・ジャスティスの退社にも多少は関係しているのではないか？

リンダ・モールトン・ハウは何年ものあいだ、「アートのパーツ」の一つであるビスマスとマグネシウムが層状になったサンプルについて、いろいろと信じられないような主張をしてきたが、その証明されていない主張の一つに、この物質が適切な磁場にぶつかると反重力効果が生じて空中浮揚する、というものがある。いやはや、ずいぶんどでかくぶちあげたものだ。しかし思い出さないだろうか――以前トム・デロングがジョー・ローガンのラジオ番組で、同じようなことを劇的に断言していたのを。あるメタマテリアルのサンプルは、テラヘルツの周波数で放射線を当てられると質量を失うのだと彼は言っていた。「不思議なんだ。ある種の高調波を共振させて軽くなるんだよ。そして十分なテラヘルツを当てると浮くんだ」。ここで非常に重要なのは、デロングがこれを仮説として話してはいなかったということだ。質量を失うかもしれないとも、軽くなるかもしれないとも言っていない。彼はこれをストレートな事実として、つまり、これがすでに検証されているような口ぶりで語ったのである。しかし、そのような主張を裏づける証言はこれまでどこからも、誰からも、表向きには出てきていない。

おそらくハル・パソフ博士とスティーヴ・ジャスティスとルイス・エリゾンドの三人は、ＴＴＳＡにいたときに、会社が回収したメタマテリアルと噂されるサンプルについて何かを知りながら、それぞれ国家安全保障上の誓約をしているために明かせないままでいるのだろう。おそらくこれが事実であることは、彼ら自身が強くほのめかしていた。それ以外に、彼らが「アートのパーツ」のサンプルにこれほど信頼性を持たせた理由は考えつかない。もうこれらのサンプルはただの金属くずではない。いまやこれらには「メタマテリアル」の地位が与えられている。どこかで意図的に製造されたと推測され、適切な電磁導波管を挿入すれば普通でない特性を発揮できるのだとささやかれている。二〇二〇年五月、元国防総省高官のクリストファー・メロンはメタマテリアルについて質問されて、興味深い答えを返している。保守派の政治コメンテーターで陰謀論者でもあるテレビ司会者のグレン・ベックが、アメリカはUAPから回収した物理的な材料を持っていると思うかとメロンに聞いた[18]。メロンはそれに対して、自分が認識している一部の材料は「正真正銘、普通でない特性」があり、いくつかのサンプルは地球上にある金属と同位体比が違っていると答えた。「これらの材料のいくつかは、地球上に普通に見つかる物質のどれとも違った比率を持っていますので、そこで出てくる疑問は、誰かがそれを地球上のどこかの実験室で、多大な費用をかけて改変したのか、それとも、これらの材料は実際に太陽系の外から来た、つまり別の恒星の爆発によって、別の惑星系で形成されたのかということです」

ＴＴＳＡがこれまでに明かしてきたことを基盤にすれば、これらのサンプルが本当にメタマテリアルであるとか、普通でない特性を示すのだとかいった結論をくだすには、まだまったく証拠が足りない。したがってＴＴＳＡの言葉をそのまま受け取るしかない状況だ。ではやはり、回収されたエイリアンのメタマテリアルうんぬんという主張は、すべてでたらめだと考えていいのだろうか？　アメリカ陸軍がこの主張に信憑性を与えたがっているのは明らかで、だからこそ軍の過去のデータや実験室や科学者をそれらの材料の試験に使わせるのだろう。とはいえ、デロングが「科学技術の商業化におけるイニシアチブ」の規模を縮小すると発表したことからして[19]、アメリカ陸軍とのＣＲＡＤＡの計画全体が崩壊することは避けられないように見える。これまでのところ、大いに宣伝されたメタマテリアルがどうなるのかについて、TTSAからは何も説明がない。おそらくアメリカ陸軍の暗い実験室の片隅か、TTSAの棚で埃をかぶっているのだろう。私自身もまだどんな結論をくだしていいのかわからないが、とりあえず陸軍とTTSAの取引の裏に、私たちが知らされていないことがたくさんあるのだろうとは思っている。そして「アートのパーツ」に関しては、これが本当にどこかの心優しいおじいさんがかつて空飛ぶ円盤からこっそり剝がしたサンプルであるとは、はなはだ考えにくいと思っている。しかしなぜアメリカ陸軍をはじめ、誰もがこの金属くずに興奮していたのかを理解するには、メタマテリアルがどういうものなのかを理解しておくことが重要だ。

第19章　メタマテリアルという新たな科学

トム・デロング率いるTTSAは、「アートのパーツ」のサンプルが知的に製造されたものであるとほのめかす。そして彼らの匂わせる仮説の一つが、これらの材料は構造そのものが導波管としての機能を果たすため、適切な電磁信号がその構造を貫通すると、反重力的な空中浮揚など、さまざまな超自然的な特性を見せることになるというものだ。そんな馬鹿な、と思うかもしれないが、この仮説自体は決して馬鹿げたものでなく、能力的にも経験的にも優れた一部の科学者がきわめて真剣にこの仮説と向き合っている。これらのサンプルが初めて表に出てきた一九九六年当時は、いわゆるメタマテリアルという科学が存在しなかったので、誰もこの科学のことを知らなかったが、いまやメタマテリアルは机上の空論ではなく、いたって現実的なものである。実際、いまでは非常に賢い科学者たちが、まさに魔法のようなことをメタマテリアルによって実現させている。

メタマテリアルは科学の新しい一大分野で、精密な構想のもとに人為的に構成したナノ構造の幾何学を用いれば、理論的には電磁波や音波、さらには重力までも操れるという考えを追求するものだ。要するに、メタマテリアルはその特性を、物質の基本的な構成要素から得ているのではなく、物質の設計から得ているのである。

イギリスの理論物理学者サー・ジョン・ペンドリーがメタマテリアルの構想を練りはじめたのは一九九〇年代半ば、ちょうどアート・ベルが謎のサンプルを受け取ったのと同じころだった。ペンドリーはノースカロライナ州のデューク大学と共同でメタマテリアルの製造を研究し、光波を曲げることによって機能する透明マント（レーダーの周波数で成り立つ初期段階のものではあるが）など、ハリー・ポッターの魔法のようなものを実現させた。これは三文小説やSFのたぐいではなく、迫り来る現実の話である。ペンドリーがメタマテリアルを用いて操れるようになった光は、一種の電磁波だ。光というのは本質的に電磁場の振動なのである。理論からすれば、メタマテリアルは潜在的に磁気特性を変えるのにも使えるはずなので、そこからさらに考えを飛躍させると、メタマテリアルによって重力を操作するのも不可能ではないことになる。一部の事情通がメタマテリアルにこんなにも興奮する理由はここにある。メタマテリアルという概念は、反重力のような革命的な推進システムを実現させるのに必要な技術的大躍進の一つであるかもしれないのである。

だからこそ、「メタマテリアル」に関してなされている主張を検証することには非常に重要な意味がある。TTSAの信頼性は多分にそこにかかっている。はたして彼らが言うように、それは本当に特別なメタマテリアルで、この地球上のものでないにもかかわらず、まぎれもなく意図的に作られたものなのか。「この一個のサンプルは、ミクロン単位の非常に薄い層状に設計されていますが、どうやってこんな加工ができたのか地球上の誰一人としてわかりませんし、その目的も推測するしかありません」とジャーナリストのジョージ・ナップは二〇一八年末にニュース番組の一コーナーで、例の「アートのパーツ」の一つであるビスマスとマグネシウム／亜鉛のサンプルらしきものの映像にあわせて興奮気味に伝えている。この報道にはハル・パソフ博士の発言も引用されていた。「これを誰かが作ったという証拠はどこにも見つかりませんでした。材料分野の専門家に聞いても、こんなものを誰がどうして作りたいと思うのかわかるわけがないと言われました」[1]

ジャーナリストのM・J・バニアスがオンライン雑誌「マザーボード」で明らかにしたところによると、ハル・パソフ博士（元TTSA）はリンダ・モールトン・ハウへの二〇一二年の手紙のなかで、当時「アートのパーツ」のサンプルを試験したときには「さまざまな分野を適用した各種の実験でも興味深い／特異な結果は出てこなかった」と認めていた。[2] しかしパソフはその後、二〇一八年のラスベガスでの会議では、このビスマスとマグネシウムのサンプルが「周波数テラヘルツ単位の超高周波電磁放射にとってはきわめて優秀な微細導波管であることが判明した」と語っている。[3] つまり、この六年のあいだに何かがあって、それによってパソフ博士がこのサンプルに特異性を見いだせるようになったと推測されるのだ。パソフ博士が勘違いをしているのでなければ、彼はこのサンプルについてまだ明かしていない何かを知っているということである。前述のパソフ博士からリンダ・モールトン・ハウへの二〇一二年の手紙では、適切な装置がないために「アートのパーツ」のビスマスとマグネシウムのサンプルに当てる必要のある四・七六－五・六六テラヘルツという超高周波が出せないのだと書かれていた。アメリカ陸軍がCRADAのもとでTTSAに提供しようとしていたのが、おそらくこの装置なのだろう。仮に陰謀論者の言うことが正しくて、すでにアメリカ軍がひそかに反重力を手中にしていたのだとすれば、陸軍の科学者はちょっとした芝居でも打ってくれるのだろうか。床から浮き上がる実験装置を前にして、驚きのあまり頭をはたき、「なんなんだこれは？」と叫ぶのだろうか。

もちろん、それなら素直に認めなければならない。もし陸軍が万が一、実際にTTSAのサンプルに反重力効果を確認しても、それでただちにTTSAに国家安全保障上の緘口令が敷かれ、発見したことが公言できなくなるわけではないのだろうと。もしこれがすべて真実だとしても、最高に懐疑的な見方をするなら、どうして本気で信じられよう――未曾有の科学的発見であり、潜在的には史上最強の兵器となりうるものを、アメリカ軍が本当に私利私欲なく世界に広めたりするなどと？　米国科学者連盟の「政府の秘密保持に関するプロジェクト」が説明するように、一九五一年の発明秘密保持法により、アメリカ政府は長年にわたり、機密情報にかかわる特許出願には秘密保持命令を課すことができている。そのため発明者は特許を登録することもできなければ、自分の発明を公表することもできないのだ。二〇一九年には、そのような秘密保持命令が五八七八件も施行されており、その発明のほとんどはアメリカ軍が資金援助したもので、多くは民間の発明者に課されている。[▼4]　この超テクノロジーと噂されるものを公にするというTTSAのあっぱれな目標を心から信じている人びとにしてみれば、TTSAのアメリカ軍とのCRADAには、深い疑念を抱いて当然の理由がある。さらに私としては、多くのコメンテーターが、このCRADA契約から導かれる最も重要な意味合いを見落としていると思う。アメリカ陸軍はこともあろうにTTSAと共同で、自分たちがずっと存在しないと否定しつづけてきたものを調査研究しようというのである。いったいなぜそんなことになるのだろうか？

TTSAが堅実な科学研究をすると明言しているのは立派なことだ。しかし一方で、これらのサンプルが地球外のものかもしれないとの期待を煽ったのもTTSAであり、あまつさえ、これらのサンプルの尋常でない特異な特性をすでに検出したとまで言っている。もちろん、いずれトム・デロングの主張の正しさが証明される可能性もないわけではない。TTSAのメタマテリアルは本当にテラヘルツの適正な電磁波を当てられると浮くのかもしれない。TTSAのヒストリーチャンネルでのドキュメンタリーシリーズ『解禁！米政府UFO機密調査ファイル』のシーズン1に、ルイス・エリゾンドが当時のTTSAの航空宇宙部門ディレクターだったスティーヴ・ジャスティスに、政府筋を含めた多くの出所からメタマテリアルのサンプルを複数入手していると話すシーンがある。これもまた、ある種の自白のようなものだろう。

なぜ政府はそのような、地球外起源の宇宙船から採取されたと言われるサンプルや、それに関する歴史的な情報を持っていたのか？　政府は長年のあいだ、そんな話はすべてでたらめだと言っていたではないか？　加えて、なぜまた政府はそれらのサンプルをＴＴＳＡのような外部のＵＡＰ開示推進団体に調査させるのか？　ＴＴＳＡの航空宇宙専門家として、仲間の言動が過剰に高めた期待にこたえる役回りはスティーヴ・ジャスティスにまわってきた。「期待の大きさは、それはそれはたいへんなものでした。期待があまりにも高いときは、実績がついてこなければなりません。ですから、いまや私にとっては実績を出すことが重要なのです」とスティーヴ・ジャスティスは認めていた。[5]　これは冗談ではなかった。しかたない。ＴＴＳＡはすぐにでも驚愕の結果を示さないことには、これまでしてきたメタマテリアルについての主張を支えきれないだろう。なにしろスティーヴ・ジャスティスがこのプロジェクトを離れてしまっていること自体、どこかに狂いが生じていることをうかがわせるからだ。

もともと今回のアメリカ陸軍との契約を考慮するまでもなく、ＴＴＳＡについてはどうしても懐疑的に見ざるを得ない素地があった。ロックスターのトム・デロングがＣＥＯを務める一方で、残りの構成員は（当時もいまも）ほとんど情報機関の出身で占められており、その大半がＣＩＡ（中央情報局）とつながりを持っている。ジム・セミヴァン（いまこれを書いている時点でもＴＴＳＡの役員であり、事業担当副社長である）は元上級作戦将校で、ＣＩＡの秘密作戦本部の元教官である。ハル・パソフはＮＳＡ（国家安全保障局）とＣＩＡの仕事をしていた。ルイス・エリゾンドは元国防総省の防諜将校で、つい最近まで国家情報長官室に勤務していた。クリス・メロンは元情報担当国防副次官補だった。ＴＴＳＡの諮問委員会のメンバーであるクリス・ハーンドンも国防総省の出身だ。同じく諮問委員を務めるノーム・カーンは、ＣＩＡに三三年勤めて同局の勲章インテリジェンス・メダルをもらったベテランだ。そして諮問委員会の最後のメンバーであるポール・ラップ博士も、やはりＣＩＡから表彰状をもらっている。これらの面々はいずれも軍と防衛と諜報の専門家だ。つまりＴＴＳＡとは闇世界のスパイ出身の管理職ばかりで構成された、アメリカ陸軍の支援のもとに営利目的でエイリアンのテクノロジーなるものを開発したいと主張して、パンクロッカーをそのフロントマンに立たせている公益企業なのである。まじめな話、これでどうしてうまくいかないわけがある？

　ＴＴＳＡは二〇一九年、ツイッターで複数のメタマテリアルを入手したことを報告し、「起源不明の先進的な航空宇宙機から採取されたと言われる」それらの断片の「潜在的な用途と、これが発見と革新をめざすわれわれのミッションをどう前進させてくれるかに心躍らせている」▼6と投稿したときも、会社の信頼性に疑いを持つ人を安心させてくれるようなことは何もしなかった。そのメタマテリアルと称するものについての劇的な主張の支えとしてＴＴＳＡがツイッターに載せていた写真は、じつは孔雀石（マラカイト）という天然の層状鉱物を写したダウンロード可能な商用ストック画像であることが指摘されたのだ。▼7しかし、いまこれを書いている時点でも、あいかわらずＴＴＳＡのツイートの下には孔雀石の画像が添えられている。少なくとも、これは厳格な証券取引法のもとで投資家を誘う公開会社としては失態だった。ＴＴＳＡはその後もメタマテリアルと称するものについての調査研究を売り込む目的で、アート・ベルのビスマスとマグネシウム／亜鉛のサンプルとおぼしきものの別画像を何度かツイッターに載せている。しかし、ＴＴＳＡがほかの誰にも知られていないことを知っているのでもないかぎり、「アートのパーツ」のサンプルが地球外起源の宇宙船から採取されたものだという考えにＴＴＳＡが信憑性を与えているとは信じがたい。そのような画期的なテクノロジーをアメリカ軍が隠しているのだとずっと公言してきたＵＡＰ開示推進組織が、なぜまたそのアメリカ軍と組むのだろうか？　やはり私が思うに、この軍との取引の背後にある真の意図は、アメリカ軍がこれまでメタマテリアルについてずっと知ってきたことの少なくとも一部を、このＣＲＡＤＡによってついに広められるようにすることだったのではないだろうか。

UAPの機体から回収されたサンプルだという主張には、用心するべき理由がある。UFOから回収された物理的サンプルが人間の作ったものではなさそうだという推測をハル・パソフが公に示したのは、これが初めてではないからである。彼は一九九七年にも、ある書評で、ブラジルのUAPから回収された「UFOの産物と考えられる」サンプルについて言及している。このUAPは俗に「ウバトゥバ物体」と呼ばれるもので、一九五四年と一九五七年の二回にわたってブラジルのサンパウロ州の町ウバトゥバ上空に現れ、飛行中に純マグネシウム金属片を吐き出したと伝えられている。パソフはこれに関して、「このサンプルを実験室で分析した結果、マグネシウムの純度が非常に高く、含有されている他の元素の痕跡が異常に微量であるだけでなく、通常の純マグネシウムよりも密度が六・七パーセント高いことがわかった。これは実験での測定誤差をはるかに超えた数字だ」と前述の書評で書いている。[8]ここでパソフが伝えている見方によれば、このような結果が見られたことを説明するには、このサンプルには地球上に天然に存在するマグネシウムの複数の同位体のうち、Mg26という同位体だけが含まれているとしか考えられないという。「地球上での製造工程において大規模な同位体分離ができるのはウランだけだから、このような結果は少なくとも異常と見なさなければならず、考えようによっては地球外での製造の証拠であるとも見なせるだろう」。しかし、このウバトゥバのサンプルにもやはり問題がある。このサンプルも、どこかの匿名の人物から新聞記者に送られた手紙に同封されていたのである。さらに言えば、その後のスタンフォード大学での分析[9]と、「UAP研究のための科学連合」のロバート・パウエルによる二〇二〇年の分析[10]の結果では、ウバトゥバのサンプルに地球外起源をうかがわせる証拠は何もなく、マグネシウムの純度もとくに高いわけではなかった。

TTSAは、こうしたメタマテリアルについての初期の言いすぎた主張を撤回することもたびたびあった。二〇一九年一〇月、元ペンタゴンのUAP調査責任者で、当時はTTSAで特別プログラムのディレクターを務めていたルイス・エリゾンドが、ＦＯＸニュースチャンネルのタッカー・カールソンから、メタマテリアルのサンプルについてのインタビューを受けている[11]。番組内の前置きでは、ＴＴＳＡがＵＡＰの存在のれっきとした物理的証拠を手に入れているかのような扇情的な説明がなされたが、エリゾンドは明らかに慎重で、地球外起源と噂されるサンプルの少なくともいくつかについては、その出所をあいまいにごまかした。「たしかに当社はこの一年半のあいだにけっこうな数のマテリアルを手に入れました。ただし最初に断っておきますと、そのマテリアルの一部に関しては、はっきり言って出所が伝聞です」とエリゾンドは認めた。「その他に関しては――つまりマテリアルの出所ということですが――それはしっかり確証がとれています」。エリゾンドはカールソンに用心深い口ぶりで、すべての試験が完了してからでないとＴＴＳＡも確固とした結論を出せないと断った。しかし、二〇一九年三月に「ＵＡＰ研究のための科学連合」に対して行なった講演では、エリゾンドはもっと踏み込んだことを言っていた。ＴＴＳＡが保有するいくつかの回収されたメタマテリアルの合成画像を聴衆に見せながら[12]、「このスライドのどれとは言いませんが、完全に特別なものがいくつかあり、それらについては、わが国の政府の非常に上のレベルの何人かに説明もさせてもらっています。それらは驚異的な、尋常ではないことをするわけです。さらにその組成も、われわれはいまだ、今日にいたるまで、これを複製できないぐらいなのです。今現在にいたるまでですよ。これだけでも十分おわかりでしょう[13]」（強調は著者による）。もしこれが事実なら、ＴＴＳＡはまだその研究を公表していないことになる。これらの「メタマテリアル」サンプルの特性についてＴＴＳＡが言っていることに一貫性がないのは困ったものだが、それはとりもなおさず、早く答えを出さねばならないというプレッシャーが――本当に出せるのかどうかはともかくとして――ＴＴＳＡにもあったということだろう。

元国防総省の諜報員であるルイス・エリゾンドは、自分の知っていることすべてを明かすわけにはいかないという態度をつねづね匂わせてきた。たとえばFOXニュースのタッカー・カールソンからの二〇一九年五月のインタビューで、未確認空中現象のような物体は存在しないという見方についてはこう言って否定した。「存在することは絶対的な事実です。そこで問題は、それらがなんであるのか、どこから来たのか、誰が操縦しているのかということですが、これについてはわからないとしか言えません」。エリゾンドはカールソンに、外国がアメリカの領空に飛ばしている敵対的な機体ではないだろうと言っている。そしてそのあとに、こんな意味深長なやりとりがあった。

「最後にもう一つ聞きます」とカールソンが言った。「あなたは現在、一〇年にわたりアメリカ政府内でこの問題に携わっていらした経験に即して、アメリカ政府がこのような飛行物から採取したマテリアルを持っているとお考えですか」

「うーん……ええ。はい」とエリゾンドは答えた。

「あなたはアメリカ政府が今現在、UFOの破片を保有していると?」とカールソンは念を押したが、その表情は明らかにエリゾンドの率直な答えに驚いている。

「残念ですがタッカー、私にもNDA［守秘義務契約］がありまして、それに配慮しなければならないものですから」とエリゾンドは苦しげに答えた。「これ以上詳しくは本当に――」

「了解です」とカールソンは言ってインタビューを終わらせかけたが、ルイス・エリゾンドはまだ話を終えていなかった。彼には明らかに、まだ口にしたいことがあったのだ。エリゾンドはカールソンのまとめにかぶせるようにして、この重大な質問に対する答えを返した――あなたはアメリカ政府がUFOの破片を保有していると思うのか?

「ええ、簡単に言えば、そうです」[14]

これは現役退役を問わず、アメリカ政府内の軍部の人間がこれまでに発したUAPについての公の言及のなかでも最大級に重要なものだ。エリゾンドはUAPがほぼ確実に地球外のもの、もしくは超次元的なものであるとほのめかしただけでなく、アメリカ政府が「UFOの破片を回収した」と思っているときっぱり明言したのである。エリゾンドのこの返答は、アメリカ政府の公式の声明とは相容れない。大統領官邸からして、アメリカは地球外起源のテクノロジーなどいっさい回収していないと全面的に否定しているのである。しかしエリゾンドは、アメリカ政府が地球外起源のテクノロジーを回収したと言っている。興味深いことに、その後アメリカ政府からはエリゾンドの発言に反論しようとする声も、エリゾンドを嘘つき呼ばわりする声もいっさいあがっていない（ただしペンタゴンは、エリゾンドが国防総省のAATIP［先端航空宇宙脅威特定計画］でUFO調査研究に携わったことは一度もなかったかのように見せかけようとしたが、その試みはあえなくついえた）。聞くところによると、エリゾンドはタッカー・カールソンのインタビューでの正直さを国防総省の元同僚たちからはこっぴどく叱られたのだと同僚に認めていたらしい。

UAPや極超音速のチクタクは決して主流の問題ではないが、つい最近までアメリカ国防総省の次官室に勤務していた、きわめて高いセキュリティクリアランスを得た元上級軍事諜報部員の口から出たことなれば、これはたいへんな告白だ。エリゾンドはアメリカがエイリアンのテクノロジーを保持していると言ったのである。これがビッグニュースでなくてなんであろう。しかし、メディアにはまったく取りあげられなかった。唯一の例外が、UFO研究者のジェイムズ・イアンドリのツイッターアカウント「エンゲージング・ザ・フェノメノン」だった。イアンドリは、かつてビゲローのNIDS（全米ディスカバリーサイエンス研究所）に所属していた科学者のエリック・デイヴィス博士に、地球外起源の破片が回収されているというエリゾンドの主張についての見解を求めた。デイヴィスは、どういうつもりで書いたのかわからない、こんな一悶着を起こしそうな回答を寄こした。「墜落したり着陸したりした［強調は著者による］UFOテクノロジーのハードウェアをアメリカ政府が回収して保有しているのかどうかを聞いたタッカー・

カールソンに対するルイス・エリゾンドの非常に短い答えは、一〇〇〇パーセント正確です。私にも国家安全保障上のNDA〔守秘義務契約〕がありますので、これ以上のコメントは申し上げられません」[15]

この回答は、「UFOの破片」についてのエリゾンドの限定的な告白をはるかに超えるものだった。デイヴィスの発言は、アメリカ政府が墜落、着陸したUFOテクノロジーのハードウェアを回収して保有していることをはっきりと示唆したのである。これは、内情を知れる立場にあった（ちなみに現在では、連邦政府が出資する非営利法人のエアロスペース・コーポレーションに勤務して政府の機密プロジェクトに携わっている）人物による、驚くべき（ただしまだ完全には証明されていない）主張だった。「着陸」という言葉をあえて使っている以上、デイヴィス博士は無傷の機体のことを意図していたはずで、かつ、この回答が多方面に迷惑をかけることも間違いなく予想していたはずである。私がジェイムズ・イアンドリに確認したところ、デイヴィスは電子メールによる返答を意図的に修正して、アメリカ政府が持っているのは単なるサンプルや破片だけではないという考えを強調していた。イアンドリによれば、「デイヴィス博士は文言をわざわざ訂正して、最初の文章にはなかった『着陸』を加えたのです。そのほうが自分の意見をより正確に伝えられるとの考えからでしょう」とのことだった。[16]私はデイヴィスに連絡し、さらに詳しいことを公に話してもらおうとしたのだが、公開で言いたいことはすべて言ったとの答えが来た。

デイヴィスは、エアロスペース・コーポレーションに新しい職を得る前、つまりふたたび闇世界の機密保持の制約に縛られるようになる前の二〇一九年後半に、一連のインタビューを受けてきわめて暴露的なことを公に語っている。それらのインタビューでのデイヴィスの発言はすべて、アメリカがエイリアンのテクノロジーを回収して保有していることを事実として知っていると強調するものだった。その後、二〇二〇年七月にデイヴィスはふたたび表に出てきて、ニューヨーク・タイムズのインタビューに答えている（インタビューが行なわれたのはデイヴィスがエアロスペース・コーポレーションに入社する前だったと思われる）。彼はそこでも、アメリカがUAPの物理的サンプルを回収して保有していることを認めた。デイヴィスによれば、材料検査はこれまでのところうまく進んでおらず、起源の特定にもいたっていないため、彼としては「私たちがこれを自ら作るのは不可能」だろうと考えているという。さらに彼はこのインタビューで、三ヵ月前の二〇二〇年三月に、国防総省のある機関に「この地球で作られたのではない異世界の乗り物」からの回収物について機密扱いのブリーフィングを行なったとも語っている。[17]

このようにエリゾンドもデイヴィスも、人間のものではない乗り物のテクノロジーをアメリカが保有しているのは事実なのだが、国家安全保障上の誓約からそれ以上のことは話せないのだと主張している。私からすると、彼らの主張と同じくらい啞然とするのが、これらの主張に対する主流メディアの素っ気なさだ。おそらく大半のメディアと科学者は、こうしたUFOの破片が回収されているという主張を見たときの基本的な態度として、デイヴィスの言うこともエリゾンドの言うことも妄想と片づけて相手にしないに限る、と決めているのだろう。なぜならそんな話は、彼らの規定の世界観にとって不快なものだからだ。作家でジャーナリストのレスリー・キーンは、サイエンティフィック・アメリカン誌にこう語っている。「ありえないのだから存在しない、という姿勢に固執する科学者がいまだにいることに驚かされます。私はそのような考えはとりません。私自身、多くの超常現象を目撃してきて、そうしたものが存在することを知っているからです。こうした現象を信じたくない人は、何を読んだところで取りあいませんし、たとえ自分がそうした現象に遭遇しても、頑なな姿勢を見直すことはないでしょう[18]」

だが、もしもエリック・デイヴィス博士が腰を落ち着けて、自分の知っていることすべてを記述していたら——と想像してほしい。地球外生命の地球訪問について、エイリアンについて、回収された空飛ぶ円盤について、再設計されたエイリアンのテクノロジーについて、アメリカがさまざまなことを知っていながら、それを隠すために巨大な陰謀を働いているという噂——「ビッグ・シークレット」——の内実を、微に入り細に入り書き残していたとしたら。そこに実名入りで、このとてつもない秘密を世の中から隠そうとする卑劣な陰謀の全容が明示されていたなら理想的だ。いかれた夢想と思うだろうか？　ところが実際、多くの研究家は、これが現実にあったことだと思っている。彼らはそれを「ウィルソン文書」と呼んでいる。

第20章　宇宙飛行士と「スペースマン」

私は一九六九年のアポロ一一号のミッション中に、子供心に覚えた驚異の念をいまでも覚えている。月を見上げながら、ああ、いままさに、この月面を人間が歩いているんだ、と思ったものだ。そしてその様子を白黒テレビで見ることまでできたのである。もちろん、この驚くべき遠征は、ソ連との冷戦下での恐ろしい瀬戸際政策が駆り立てたものだったが、それでも月面着陸は圧倒的に特別だった。この偉業はアメリカ例外主義を盛りあがらせたとともに、人類は集合的な努力によって望むことをなんでも達成できる、人類に不可能なことはないのだという感覚に火をつけた。アド・アストラ――星をめざそう。

この記念碑的な偉業をなしとげた人たちが航空宇宙史上の英雄として記憶されるのは当然のことであり、毎年、この宇宙飛行士たちと――残念ながら徐々に数は少なくなっていったが――触れあえる機会を求めて、アメリカ各地で開かれる集会に多くの人が足を運ぶのも不思議はなかった。オーストラリアの建築家で宇宙探検マニアのジェイムズ・リグニーも、二〇一三年にオーストラリアのメルボルンからわざわざ海を渡ってアメリカの宇宙イベントに参加した。本人は知るよしもなかったが、彼はこの旅に出たことによって、近年の最も重大なUAP論争の渦中に放り込まれることになった。リグニーはべつに「UFO信者」ではなく、ただ宇宙冒険が大好きだからアメリカに行っただけだった。エドガー・ミッチェルに心から憧れ、ミッチェルの知的好奇心を尊敬していた。メルボルンでは地元の宇宙研究協会の委員を務め、ミッチェルがNASAを離れたあとに超常的な未確認航空宇宙現象の調査研究に傾倒したことを批判する協会のメンバーと衝突したこともあった。リグニーは二〇一二年に、アポロ計画の最後のミッションとなったアポロ一七号の四〇周年記念式典で、短時間ながらミッチェルに会った。翌二〇一三年にアリゾナ州のトゥーソンで開催されたスペースフェストでは、イベントの参加者の一人と一杯やりながら、ミッチェルへの熱い思いを語った。このお相手を、ここでは仮に「スペースマン」と呼ぼう。リグニーは知らなかったが、じつはこの人物は——本人が匿名を望むので「スペースマン」で通すことにするが——アポロ一四号の伝説の宇宙飛行士、エドガー・ミッチェルのとても親しい友人だった。一年後、また別のイベントで、スペースマンはリグニーに彼のヒーローと長時間おしゃべりする機会を確約してくれた。「この偉大な人物に会っていっしょに時間を過ごせたなんて、こんな光栄なことはありません」とリグニーは私に言った。「ミッチェル博士のなさった研究は、宇宙探検に関しても人間の意識の本質に関しても、われわれが知っているような従来の科学を超越していました。科学と探求の巨人と話をして、われわれの科学や宗教的理解はまったく見当違いをしているのではないかという彼の考えを知り、敬服するしかありませんでした」

二〇一六年二月四日、かつて命を懸けて爆発性の高い巨大なロケットに乗り、三八万キロメートルを旅して月面に着陸したアメリカの英雄、エドガー・ミッチェルは、がんのためフロリダの自宅で静かに息を引き取った。あの月面着陸からちょうど四五周年を迎える前日のことだった。老人はよく亡くなる直前に、生涯一度も明かしていなかった過去のトラウマ的なつらいできごとを告白することがあるという。エドガー・ミッチェルも、その例にならった一人だった。私はスペースマンから、ミッチェルがスペースマンとそのほか数人の親しい友人に、それまで誰にも話していなかった、宇宙の旅のさなかに見たことについて打ち明けはじめたのだと教えてもらった。

リグニーの紹介を受けて、私はスペースマンに会いに行った。彼の自宅はさながら、アメリカの一九六〇年代と七〇年代の宇宙事業に捧げられた神殿のようだった。マーキュリー計画、ジェミニ計画、アポロ計画。これらの宇宙飛行計画に、スペースマンは少年のころから夢中になったそうだ。彼は宇宙計画に関する膨大な数の記念品を収蔵している。居間の壁は有名な宇宙飛行士やNASA職員のサインや写真で埋め尽くされている。最初に会ったとき、私は彼といっしょにエドガー・ミッチェルのアポロ一四号の月面着陸の映像をたくさん見た。スペースマンは明らかに、そのぱちぱちと雑音の混じる歴史的な音声に記録されている言葉や指示の意味をすべて理解していた。彼はもう何百回とその映像を見ているとのことで、月着陸船が着陸するまで高度をコールするミッチェルの声にあわせて自分も唇を動かしている。宇宙飛行士やNASAの技術者との私信も大量に保管しており、この英雄的事業の裏にある多くの知られざる物語についての非常に細かな情報が、それらの私信のなかで語られている。彼が頑として匿名のままでいることを望むのも、こうした人びととの関係を守りたいからだ。「この宇宙飛行士たちは、私のヒーローですから」と彼は言う。「彼らが半世紀前に達成したことに匹敵しうるようなことは、以降、ただの一つもなされていません。あれは人類の歴史における最高の技術的偉業で、世界中が息を詰めて、人類が月に降り立つのを見守っていました。私はまだ子供でしたが、あれで私の人生は変わりました。私たちは彼らを記憶していなくてはなりません。語られるべきは彼らであって、私ではありません」

ミッチェルは生涯を通じて、知的生命体が異次元から、もしくは宇宙のどこかから地球を来訪していることを示す強力な証拠があるという物議をかもす見解を示してきた。そしてその現象の研究に多大な時間を費やした。だから億万長者のUAP研究家ロバート・ビゲローが、自らの主宰するNIDS（全米ディスカバリーサイエンス研究所）の諮問委員会にミッチェルを招き入れたりもした。そもそもミッチェルがこのテーマに魅入られたきっかけは、故郷ニューメキシコ州アーテーシアの近くでの地元住民との出会いだった。アーテーシアは、一九四七年のロズウェル事件の墜落現場から一本道でつながったところである。「ロズウェルの話は本当だ」と彼らはミッチェルに言った。そして政府の隠蔽工作があったのも事実だと話した。「地元ロズウェルの少年が英雄的な宇宙飛行士になった——それが彼でした。エドガーとロズウェル事件の話をした人たちのほとんどは、ほかの誰にも自分の見たことを話していませんでした。しかし、彼らもエドガーのことは絶対的に信頼していた。だから彼には自分の知っていることを話し、自分の持っているものを見せたのです」とスペースマンは言う。エドガー・ミッチェルはこの友人に、墜落事故の残存物を見せてもらったことがあると明かしていた。そのなかには、押しつぶされたあとにふたたび表面の滑らかな平坦な形状に回復した形状記憶合金のシートもあったという。ミッチェルはのちに、「UFO隠蔽」の件でアメリカ政府を公然と非難した。この生ける伝説からの告発に対する政府の反応はつねに丁重だったが、アメリカ軍は今日にいたるまで、告発された隠蔽については否定している。

ミッチェルは折にふれ、地球を遠くから眺めるという超越的な体験——いわゆる「概観効果《オーバービュー》」——がいかに自分の人生を変えたかについて話した。「宇宙空間から地球を見ていると、自然と心に疑問が浮かんできます。私たちは何者なのか、どうやってここまで来たのか、そしてこの先はどうなっていくのか。これは太古の昔から、人類がずっと思いめぐらしてきた疑問です。私は実体験として、われわれの科学はこれらの問いに対して間違った答えを出しているのかもしれない、われわれの宗教的な宇宙論も原始的な、不備のあるものなのかもしれないと気づきました。もしかすると私たち自身が地球外生命の文明なのかもしれないのですから、いまあらためてこれらの疑問に立ち返り、答えを見つけられるようにもっともっと突きつめていかなくてはなりません」とミッチェルは明言した。▼1

ミッチェルの話を興味津々で聞きたがる人びとに対して、彼がつねづね言っていたことの一つは、宇宙飛行中に「UFOを見たことは一度もない」ということだった。しかしスペースマンは、エドガー・ミッチェルから、じつはアポロ一四号のミッション中に説明のつかない異常な物体を見たとひそかに打ち明けられていたと言う。人生も残りあと数ヵ月という段になって、ミッチェルはついに友人に秘密を明かし、あのアポロのミッションは——科学的に証明することはできないが——知的に誘導された起源不明の機体によって最初から最後まで注視されていたのだと思う、そして実際、その奇妙な物体を自分はこの目で見たのだと、信じがたいことを告げたのだった。

ミッチェルがスペースマンに打ち明けたところによると、NASAのミッション中に、ミッチェルは異常な青い光を見た。その光は輪郭がはっきりしており、背後に何かしらの構造物があるように見えた。乗り物だろうか？　この光は写真に撮られてもいた。月面に着陸した月着陸船から外に出たときに撮影したもので、ポーズをとっているミッチェルの遠景の真っ暗な宇宙空間に、青い光が浮かんでいるのだ。「レンズのゴミだとかフレアだとか言われるだろうが、そうではないんだ」とスペースマンはミッチェルに言われたという。「この目で見たんだ、と彼は言っていました。それをエイリアンだと思ったとは決して言いませんでしたが、ほかの何人かの宇宙飛行士と同様に、そうだったのかもしれないという可能性を否定してもいませんでした」。ミッチェルが友人に明かした青い光は、さらに興味深いことに複数で別の画像にも写っている。アポロ一四号の月着陸船が月面から帰還する際、ドッキングのために司令船が回転するのを待っているあいだに撮影されたものだ。NASAの高解像度フィルムにははっきりと写っている司令船の左側に、漆黒の宇宙空間を背景にして、三つの青い光が暗い三角形をなすように寄り集まっている。たしかに私から見ても、それは三角形の輪郭のように見える。まわりより少しだけ明るい色合いのチャコールグレーの三角形が、不気味な青い光に縁どられて、司令船の横に浮かんでいるかのように見えるのだ。

それともこれは私の目の錯覚か？　どちらとも断言するのは不可能だ。

どうせこの青い光はレンズのフレアや反射のたぐいだと一蹴されるのをわかっていたのだろう、ミッチェルはスペースマンに、これは同じ機械の不具合だと思われるだろうが、二台の別々のカメラで撮影された二本の別々のフィルムに生じているのだと話していた。背後に不思議な青い光が写りこんでいる月面のミッチェルを撮影したカメラは、そのまま捨て去られたのでいまも月面にある。一方、月着陸船から司令船を写したカメラは、ミッチェルといっしょに地球に戻ってきている。さらに言えば、青い光が月着陸船の内部から反射することもありえなかった。船内の光はすべて白色光だったのである。二台の別々のカメラを使っているのに、同じ奇妙な青い光が写っている。私たちは夜遅くまで、NASAの映像を二〇回以上巻き戻して必死に正体を確認しようとした。しかし不思議なのは、もしこれが宇宙船だとしたら、なぜいままで何十年ものあいだ、誰にも騒がれずにきたのだろう？　これが本当に実在する何かであれば、それがずっと見過ごされてきたとはやはり考えにくい。この高解像度のデジタル化したNASAのフィルムの画像は何十年も前から公開されている。にもかかわらず、この奇妙な青い光の出所を誰も疑問に思っていないというのは不条理な気がする。

ミッチェルはスペースマンに、自分が見たものを公言しても失うものが多いだけで得るものは何もなく、第一、自分でもあの光がなんだったのかは確信がないと言っていたそうだ。それがエイリアンだと証明できない以上、公には「UFO」を見たことがないと言いつづけるしかなかったのだろう。それでも彼は、自分の見たものがレンズフレアや、月着陸船の内部からの反射や、カメラの不具合だったという可能性は否定した。それは自分の目でその青い光を見たからであり、あとで見直したフィルムにもしっかりその光が写っていたからだ。しかし、それを人に言うことはなかった。亡くなる数ヵ月前のある晩に、初めてスペースマンに話したのである。加えてミッチェルは、NASAの宇宙飛行士は異常なものを目撃しても口外してはならない守秘義務を負っているのだとほのめかしてもいたという。

「なぜいつもUFOを見たことを否定するのかと聞いても、彼はたった一言、反逆罪、と言うだけでした」とスペースマンは言った。「私はそれを、宇宙飛行士はUAP目撃についてしゃべってはならない決まりがあるのだと解釈しました。実際、エドは私にそれ以上、何も言いたがりませんでした」。私はソファに腰掛けながら、唖然としてスペースマンの話すことを聞いていた。彼はこともなげに、親しくなったほかの数人の宇宙飛行士から生前に内々に聞かされたという異様な目撃談をずらずらと並べたてたのだ。その話に出てきた宇宙飛行士の一人に、二〇二〇年三月に亡くなったアポロ一五号の司令船のパイロット、アルフレッド・ウォーデンもいた。「アルは三日間、月の軌道を周回していました。月のまわりを七四周したのです。それだけ長い時間、月を見ていたわけです。彼は淡々と、光を見た、と私に言いました。月のクレーターのなかに明るい白色光が見えたのだそうです」とスペースマンは言った。私からすると、とうてい信じがたいような話だ。アル・ウォーデンは一度もそんなことを公に言ったことはなかった。だが、たしかに彼は地球外生命の存在を信じていることを隠していなかったし、人類が「どこか別のところ」から来たエイリアンであるとまで言っていた。▼2

スペースマンは私にミッチェルの信じがたい主張や遺産をどうか一笑に付さないでほしいと言った。しかし私としては、宇宙飛行士のこうした目撃談の真偽についてなんらかの断定をくだすのは不可能だ、私自身がミッチェルとウォーデンからじかに話を聞いて、その証言をNASAに突きつけたうえで検証しないことには判断のしようがない、と答えるしかなかった。するとスペースマンは、「先方はいつもと同じことを言うだけですよ」と笑った。「レンズフレア、カメラの不具合、反射、光のトリック。だからエドは自分が見たものを決して正直に言わなかった。攻撃されるだけですから。彼は自分が証明できると思うことしか言いませんでした」

数ヵ月後、私はようやくその言葉の意味を理解した。エドガー・ミッチェルが二〇一六年二月に亡くなったあと、ミッチェルが持っていたUAPや超常現象に関する数箱分の調査ファイルの所有権は、これをミッチェルの自宅の書斎から回収した甥のミッチ・ハーキンズの手に渡った。ハーキンズは、ミッチェルの亡くなった妹サンドラの息子で、サンドラが亡くなってからはミッチェルの家で同居していた。「エドはよく彼の面倒を見ていました」とスペースマンが教えてくれた。「彼は無学なバイク乗りでしてね。エドのことを大好きでしたよ」。気の毒に、ミッチ・ハーキンズは二〇一八年半ばにバイク事故で亡くなったが、大事な最高機密ファイルを確実に保存してほしいという叔父のエドガーの意向を忘れることなく、しっかりとそれをスペースマンに譲り渡していた。私はスペースマンとの数ヵ月にわたる交渉のすえ、ついにそれらの文書の原本を見ることを許してもらった。

私がミッチェルの所蔵ファイルから最初に取り出した文書の一つは、アメリカ国防総省の兵器科学局内のとある科学者(名前は伏せられていた)からの一九九六年一一月付の書簡で、ある「金属加工品」について記されていた。私はそれを見て、例の地球外起源のサンプルと噂される「アートのパーツ」のことだと思った(文書からはその加工品につけられた名称が削除されていたが、ためしに同じフォントでArt's Partsと入力すると、空白にぴったり当てはまった)。この書簡の宛て先は、ロサンゼルスを拠点とするハリウッドのテレビ番組のプロデューサーだったようで、おそらくリンダ・モールトン・ハウかアート・ベルの共同製作者ではないかと思われる。その内容は、科学鑑定の結果報告だった。匿名の科学者はその報告書のなかで、こう断言していた。「私の専門家としての見解を述べるならば、徹底的に科学鑑定を行なったうえでもなお、この金属サンプルの起源、製造工程、および機能は、不明であると言わねばなりません。……これは仮の結論ですが、このパーツを強大な電場に置くと、電場に対して横向きに浮き上がる運動が観察されます。現時点で、このような観測結果を説明できる既知の仮説は存在しません」。これを見ると、電気を通された金属が本当に空中浮揚したかのように思えるが、もちろんそうではないだろう。「アートのパーツ」と呼ばれるメタマテリアルの調査についての公式の説明を見るかぎり、異常な現象はこれまで一度として認められていないのだ。この文書は削除編集されている部分が多すぎたため、出所をはっきり突きとめることはできなかった。おそらくこの科学者からの書簡はエドガー・ミッチェルに状況を知らせるためにリンダ・ハウかアート・ベル経由でミッチェルに転送されたのだと思われるが、その際、科学者の匿名性を守るために文書中から人物特定につながる情報が削除されたのだろう。いずれにしても、この文書からもほかの文書からも、メタマテリアルだのUFO墜落だのを調査研究するUFOコミュニティの大半からエド・ミッチェルが秘密を明かせる仲間として信頼されていたことがはっきりとうかがえた。UFO研究における有名な事象について言及した手紙もたくさんあり、それらのなかで進行中の調査のことがミッチェルに打ち明けられていた。

この文書確認の作業をしていてもう一つわかったのは、億万長者の航空宇宙事業家ロバート・ビゲローがNIDS（全米ディスカバリーサイエンス研究所）にやらせていた、いまも情報公開されていない極秘研究についてだった。当時エド・ミッチェルはこの組織の科学諮問委員を務めていたのである。スキンウォーカー牧場をはじめ、ユタ州やニューメキシコ州の各地で起こった奇妙なできごとについて、NIDSの科学者コルム・ケレハー博士が組織に報告書を提出していたことは前にも触れたが、その報告書もミッチェルのファイルに保管されていた。また、エリック・デイヴィス博士がUAPの擬態手法について説明していた文書もあり、そこではデイヴィスがこともなげに、UAPはその姿を隠すため「一個の流星のような外観か軌道を装って、もしくは流星群にまぎれて大気圏に入り込み、関連する光学的な痕跡を残さない暗い流星のようにふるまったり、人工雲や天然雲にもぐりこんだり、特定領域の上空に静止して星になりすましたり、人間の作った航空機が集団になったときの特徴を模倣したり」しているのだと書いていた。[3]

この文書では、デイヴィス博士がかの悪名高い、本書でも前に触れた一九八〇年のキャッシュ・ランドラムUFO遭遇事件について言及していた。テキサス州デイトン近郊の道路を車で走っていた二人の女性とその孫が、前方の上空に巨大な菱形のUFOが浮かんでいるのを見たと報告した事件である。その後、この三人がひどい熱傷を負って専門家から電離放射線によるものと判断されたと報告しているのもさることながら、このキャッシュ・ランドラム事件でのとりわけ奇妙な主張は、彼女たちが大型ヘリCH－47チヌークを含む合計二三機のヘリコプターを目撃し、それらが謎の物体を間近で追走していたと言っていることだ。アメリカ軍はこの主張を否定し、その夜にその付近を飛んでいた米軍ヘリは一機もないと明言した。実際、二三機ものヘリコプターが一ヵ所に集中していたというのもありえない話のように思われる。デイヴィス博士はこれに関して、こんな説明を与えていた。それらのヘリコプターは「UFOが使っている擬態手法の一種で、このように人間の意識を操作して、UFO遭遇に関連するさまざまな『ありえない』相互作用や眺めを具現化させるのである。これと、人間の作った航空機（ヘリコプター）が集団になったときの特徴の模倣とを組み合わせた結果が、キャッシュ・ランドラムUFO事件にはっきりと表されたのである」。デイヴィス博士がどういう根拠でこの結論に達したのかはわからない。人間の意識を操作してそのような幻覚を見させる能力は、いまのところ既知の科学では説明がつかないはずである。現代の科学なら、それはサイエンスフィクションだと言うだろう。

しかしながら、その答えは、とあるパワーポイントのスライドにあるのかもしれない。ネット上の個人サイト「ザ・マインド・サブライム」で詳しく明かされているように、このとんでもないスライドはアメリカ国防総省の高官へのブリーフィング用に作成されたものであることがわかっている。私がこのサイトの作成者に話を聞いたところ、彼は二〇一八年八月の初め、元国防副次官補クリストファー・メロンの個人サイトをあさっていたときに、たまたまこの興味をそそる一連のスライドを見つけたのだという[▼4]（それまで極秘だったペンタゴンのUAP調査プログラムの存在をニューヨーク・タイムズが明らかにした直後のことだった）。彼はそのスライドのスクリーンショットを撮った。出所がメロンのサイトであることを証明するためでもあったが、何より重要なことに、それらが国防副長官へのブリーフィング用のパワーポイント資料であると書かれていたからだった。おそらくハリー・リード上院議員がUAP調査を特別アクセスプログラムで保護するよう国防総省に求めたのも、このスライドを見ていたからだろう――そこにはそれだけ重大なことが示されていた。

もしもこの未修正版のスライドがUAP現象に関する当時の国防総省の知識を正確に反映しているとすれば、これはかなり物騒なものだ。ここにはペンタゴンのUAP調査班が国防総省への上申として、この謎の機体が「ゲームチェンジャー」であるだけでなく、こうしたものに対してアメリカ軍がまったくの無力であるとまで告げていたことがまざまざと示されている。[5]「AATIP（先端航空宇宙脅威特定計画）予備評価」と題されたスライドの一枚には、エリゾンドの率いるAATIPがひそかに国防総省に知らせたことの内容がまとめられている。「予備的証拠は、アメリカがこれらのテクノロジーの一部に対して自衛能力を持たないことを示唆している。……これらのテクノロジーの性質と、アメリカが対抗手段を持たないという事実は、最高レベルの機密に値すると考えられる[6]」。国防副長官向けに用意されたこの資料は、「この脅威の全容と、それを利用もしくは打倒できる可能性を特定するため」よりいっそうの調査が必要であることを訴えていた。

クリストファー・メロンのサイトで見つかったAATIP報告スライドのもう一枚には、「国防総省脅威シナリオ」という標題がつけられていた。そこにはきっぱりと、「アメリカの敵が物理的環境と認知的環境の両方を操作して、アメリカの施設に侵入し、意思決定者に影響を与え、国家安全保障を脅かす目的を果たすために存在する科学」と書かれている。これでもまだ怖気づかないかとでも言うように、続きにはさらに恐ろしげなことも示唆されている。この驚異的な敵は「精神工学兵器」を用いることができるというのだ。私の理解するかぎり、これは物理世界を意識で制御できる能力のことである。また、この敵はいったいどういうものなのか、「固体表面の貫通」もできると書かれている。これではまるで魔法ではないか。国防総省への通知はまだ続く。SF映画かと見まごうような話だが、こうしたUAPを誰が操縦しているのであれ、その操縦者は「瞬時のセンサー分解……生物学的有機体の改変／操作」ができ、「時空構造の異常」や「ヒューマンインターフェース上の特異な認知経験」も発生させることができる。そしてスライドの末尾には、これが現実のことであると防衛専門家が考えているのを強調するかのごとく、『『特異現象』と考えられていたものは、じつは量子物理学なのである」という一文が刻まれている。

これまで多くのUAP研究家は、UAP現象を（それが実在の現象だと仮定して）人類に仇なすものではないと主張してきた。この現象を潜在的な脅威と見なす理由は何もなく、むしろこれらは人類に対して好意的なのだと訴えてきた。たとえばスティーヴン・グリア博士などは、エイリアンを脅威として語る言説はすべて「誤った脅かし」だと主張していた。[7] だが、仮にこれらのスライドで挙げられていた能力がどれか一つでも現実なのであれば、アメリカのような超大国が過敏になるのもまったく不思議ではないと思う。たとえば生物学的有機体を操作したり改変したりする能力なるものが本当に存在するのなら、それは人間の知覚や意思決定に影響をおよぼせる力があるということだ。これはまさしく究極の洗脳——一九五〇年代のスパイ小説『影なき狙撃者』のシナリオの上をいくものではないか。もちろん、公式の記録上、こうした能力が実際に証明されていることを示す証拠は皆無であるということは強調しておかなくてはならない。せいぜいチクタク、ジンバル、ゴー・ファスト遭遇事件でのデータから、それらしいものが公的にも私的にも明るみに出ている程度である。したがって私としても、このスライド資料での主張にやれやれといった感じで首を振り、くだらないたわごととして即刻却下したい気持ちはあるものの、その一方で、この数枚のスライドが現に存在していることは確かなのであり、その主張がアメリカ国防総省の最上層部に通知されているのも確かなのである。そうなると問題は、国防副長官に伝えられた内容がはたして真実だったのかどうかである。

ミッチェルの所蔵文書からもう一つわかったことは、彼が一九九七年、スティーヴン・グリアとともにペンタゴンでトム・ウィルソン海軍中将との会合を果たしてからわずか二ヵ月後の六月に、サウスカロライナ州選出の共和党の有力上院議員、ストロム・サーモンド――当時の上院で最高齢、最長任期の議員――に書状を送っていたことだ。ミッチェルの署名入りのファックスは、当時、出版間近だったフィリップ・コーソー大佐の著書『ロズウェルの翌日』(邦題『ペンタゴンの陰謀』)[8]でなされていた物議をかもす主張を支持する目的で送られたものだった。コーソーは、一九四七年にロズウェルで宇宙船の墜落事故があったのは事実であり、その機体はアメリカ政府によって回収されたのだと主張していた。そのころ上院軍事委員会の委員長という影響力の強い立場にあったサーモンド上院議員は、うっかりこの本に序文を寄せ、元部下のコーソー大佐を清廉な人物と褒めそやしていた。コーソーを支援してやったつもりが、結果として、アメリカ政府によるUAPの隠蔽工作という主張の支持に使われてしまっていることに、サーモンドはあせりを覚えた。「私はそのような『隠蔽工作』については何も知らないし、そのようなものが存在するとも思っていない」と上院議員は声明を出した。[9]エドガー・ミッチェルの内密のファックスは、その上院議員に対し、コーソーの話が真実であると確信していると訴えかけていた。ミッチェルはその裏づけとして、作家のホイットリー・ストリーバーからの上院議員宛ての手紙を添付した。ストリーバーはベストセラーとなったノンフィクション作品『コミュニオン』の著者で、この本は著者自身の地球外生命とのコンタクト経験を綴ったものである。

ストリーバーはこの手紙のなかで、アメリカ空軍准将アーサー・エクソンから一九八九年にじかに聞いたという話を上院議員に伝えていた。それによると、ロズウェルで回収した宇宙船については「まぎれもない隠蔽工作」がなされており、しかも「それは〔ハリー・〕トルーマン〔大統領〕から降りてきた」命令だったという。[10] エドガー・ミッチェルは自分の主張の裏づけとしてストリーバーの手紙を引用し、どうかコーソー大佐の信じがたい言い分を真剣に受けとめてほしいと上院議員に訴えた。「私も最初はコーソーやストリーバーの言うようなことに懐疑的でしたが、大量の文書を読みあさり、軍の同僚たちから話を聞くうちに、しだいにその疑いが驚きへと変わっていきました」とミッチェルはサーモンドへのファックス文書で打ち明けている。「何千時間にもおよぶ聞き取りとデータ分析から浮かびあがってきたのは、全国民にとって非常に重要な関心事であるこれらの問題を、政府が組織的な隠蔽工作によって否定しつづけてきたということです。五〇年前にどんな合理的理由があって秘密保持と否定が貫かれたのかは知りませんが、それはもうとっくの昔に消え去っております[11]」。アメリカの最も偉大なヒーローの一人が、なんということを主張したものだろう。

第21章　人間の手によるものではない

エドガー・ミッチェルが私的に保管していた書類のなかに、一九九七年のサーモンド上院議員への署名入りファックスと並んで、私がずっと探していた文書が収まっている。一般には「ウィルソン文書」の名で知られているが、本当のタイトルは「EWDノート」という。EWDとはエリック・デイヴィス博士のイニシャルだ。この文書――国防情報局のトム・ウィルソン海軍中将が二〇〇二年にラスベガスでひそかにエリック・デイヴィスと会い、そこで明かしたことをデイヴィスが詳細に書き留めたとされるもの――こそ、多くの信者に言わせれば、噂されている政府のUAP隠蔽が事実だったことを証明する記録なのである。この文書が発見されたのは偶然だった。オーストラリア人のジェイムズ・リグニーは、アメリカに出かけた際に「スペースマン」と親しくなって、彼がエドガー・ミッチェルのファイルを所有していることを知った。二〇一七年、リグニーはスペースマンの自宅でそのファイルを見せてもらう約束を取りつけた。「彼が大量の文書の束を抱きかかえるようにして戻ってきて、それをどさりとテーブルに投げ下ろしました」とリグニーは振り返る。「私はすぐにそれらにざっと目を通し、どれがおもしろそうかを大急ぎで判断しました。なにしろ時間がなくて、三〇分後には発たなくてはならなかったものですから。とてもその場で読んでいる暇はありませんでしたが、数週間後、彼が私の依頼した文書のコピーを送ってきてくれました」。そのなかに、「EWDノート」があった。「私はその存在を何ヵ月も伏せていました。それがどれほど重要なものかは知っていましたが、それをどうしたらいいかわからなかったんです」[1]。二〇一八年一一月、リグニーはある集会でカナダ人研究家のグラント・キャメロンを見つけだし、文書のコピーを見せた。そうして二〇一九年六月に、ついにこの文書がインターネット上に現れた。研究家のリチャード・ドーランは以後、これを「世紀のUFOリーク」と呼んでいる[2]。しかし懐疑派は、この文書は偽物に違いないと断じている。

この文書がインターネット上で初めて公開されてから一年以上ものあいだ、エリック・デイヴィス博士がこのたいへんな会話をした相手と目される国防情報局の元高官、トム・ウィルソン海軍中将は、ずっと口をつぐんでいた。しかし二〇二〇年六月に、まもなくこれをニューヨーク・タイムズが記事にするという噂が広まって、ついにウィルソンも声明を発し、デイヴィスとの密会など事実無根であると完全否定した。このウィルソンの否定をもって一件落着、話は終わりと言いたいところだが、はたしてそう言いきってもよいものか。「EWDノート」、別名「ウィルソン文書」は、もっと丹念に見ていくだけの価値がある。

エドガー・ミッチェルの所蔵ファイルの管理人であるスペースマンに聞いてみたところ、この問題の文書がミッチェルの手に渡ったのは、密会からまもなくの二〇〇二年の末、遅くても二〇〇三年の最初の数ヵ月のあいだで、おそらくエリック・デイヴィス博士の当時の上司だったハル・パソフ博士に最初にこのメモが渡されて、そこからミッチェルにも送られたのだろうという。この譲渡時期が正しければ、ミッチェルの保管庫にこのメモが収まったのが最近だった可能性は排除される。「いわゆるウィルソン文書が本物であることは疑いないと思っています」とスペースマンは私に言った。「例の二〇〇二年の密会にさかのぼるまで、書類は時系列的にきれいにそろっていますし、それ以前の文書もエド・ミッチェルは入念に保存しています」

ウィルソン文書が重要視される理由は、見たところ、これが一九九七年四月のペンタゴンでの会談に集まった面々――スティーヴン・グリア博士、エドガー・ミッチェル、ウィラード・ミラー海軍少佐、スティーヴン・ラヴキン、シャリ・アダミアク――が、そこでUAPの隠蔽工作の噂について話し合ったときにウィルソン中将に言われたと口をそろえて主張していたことを、すべて裏づけているように思われるからだ。もしこれが本物なら、ウィルソンはそのとき本当にその場で、グリアから渡されていたリーク文書に記載されたコードネームを調査し、回収されたエイリアンのテクノロジーを研究する秘密のグループを発見したが、それ以上のことを調べようとして妨害されたのだと話したということになる。正直に言って、これはまったく馬鹿げた、真実とはとうてい信じがたい、荒唐無稽な話のように思う。そもそも文書の中身以前に、いくらデイヴィス博士がセキュリティ上、最高機密の隔離情報も扱えるレベルの認証を得ていて、かつ親しい友人から推薦されていた相手だったからといって、デイヴィスに会う直前まで国防情報局を率いていた海軍中将という立場の人物が、いきなり赤の他人にここまであけすけに口を開くものだろうか。どうしたってそんな言い分には懐疑的にならざるを得ない。この文書でウィルソンの発言とされている一ヵ所によると、ウィルソンはデイヴィス博士にこう言ったそうだ。「もしきみが私の信頼をだいなしにするようなら、私はきみと会ったことを否定し、ここで言ったことをすべて否定するからな」[3]。考えようによっては、ひょっとするとウィルソン海軍中将は愛国的な内部告発者で、情報部門の内情に通じた勇気ある関係者として、キャリアの終盤にすべてを危険にさらしてでも、衝撃的な秘密を託したいと思える誰かに自分の知っていることを伝えたのかもしれない――という可能性もないではない。自らメディアに出ていくつもりはなかったが、ちょうどエリック・デイヴィス博士のようなセキュリティクリアランスを得ている誰かに、真実を知っておいてほしかったのかもしれない。

こうしたシナリオは、たしかにありえないことではないと思う。とくに同僚たちが一様に褒めそやすトム・ウィルソンの誠実さと高潔さを考えればなおさらだ。どうやらウィルソン中将は真面目一徹な、いかにも政府の卑劣な隠蔽工作を暴露しそうなタイプの人物に思われる。しかし一方で、ウィルソン中将は現在きっぱりと、エリック・デイヴィスとの対話を否定しているという事実も考慮に入れる必要がある。このとの真偽を検証するには、この「EWDノート」なるものの中身をじっくり丹念に見ていくしかない。

この文書において、デイヴィスは二〇〇二年一〇月一六日、つい最近退職したばかりのアメリカ国防情報局長官トマス・ウィルソン海軍中将と、ラスベガスのとあるオフィスビルの駐車場に停めた車のなかで話をしたと主張している。かつてロバート・ビゲローのNIDS（全米ディスカバリーサイエンス研究所）で働いていたデイヴィスは、その後、ハル・パソフ博士が運営するテキサス州オースティンの高等研究所でチーフサイエンティストを務め、一時期はトム・デロングのTTSAのメンバーでもあった。そのあと二〇一九年一二月からは、連邦政府が出資するエアロスペース・コーポレーションに雇われている。デイヴィスは前々から、アメリカ政府内で進行中の回収されたエイリアンの宇宙船の隠蔽工作と、この種の宇宙船の試作について、自分はいろいろ知っていると繰り返し主張してきた。デイヴィスの「ノート」をそのまま信じるなら、彼はこの驚異的な秘密を五年前に内部から調べていた国防情報局の元トップと会っていたことになる。ただし、トム・ウィルソン中将本人は、そのような密談はなされておらず、文書は虚偽であると言っていることを頭に入れておかなくてはならない。

文書によると、トム・ウィルソン中将は、異世界の宇宙船をアメリカ政府が回収して隠蔽していることに関する衝撃的な秘密を発見したという、驚くべき告白をしたらしい。ウィルソンはデイヴィスに、回収された地球外起源の乗り物をリバースエンジニアリングしようとする極秘プログラムをアメリカ政府が長いあいだ隠していたことを突きとめたと話したのだという。このとてつもない秘密は、一九四七年のロズウェル墜落事故以来、回収されたエイリアンの機体とともに、ずっと隠し通されてきた。一九九七年に会計監査によって作戦全体が露見する寸前までいったので、それ以来、この「プログラム」——と文書で呼ばれているもの——は国防総省の調達・技術担当国防次官室の内部に隠されたそうである。ウィルソンがデイヴィスに明かしたところでは、「プログラム」に参画している人員——いわゆる「Ｂｉｇｏｔリスト」〔必要なセキュリティクリアランスを得て特定の作戦や機密情報を知ることができる人員のリストのこと〕の登録者——はわずか四〇〇名から八〇〇名ほどで、国防総省の高官や、回収されたエイリアンの機体をひそかに保管している匿名の民間企業の担当者が含まれているという。このプログラムは、「この地球上に存在しない、人の手によって作られたのではない、科学技術的なハードウェアを回収してきた」とのことだった。▼4

私の直感は、これをＳＦもどきの完全なでたらめとして却下する。そして実際、引退したトム・ウィルソン海軍中将も、二〇二〇年六月に私にくれた書状でほとんどそれに近いことを言っていた。「エリック・デイヴィス博士の覚書には、私が特別アクセスプログラムにアクセスしようとしたかのようなこと……および、私がさまざまな関連請負業者や特別アクセスプログラムの管理者／監督者と会談を持ったかのようなことが詳細に書かれておりますが、私はそのような主題に関して誰とも会談したことはありません。私は公式にも非公式にも、そのようなアクセスを要求したことは一度もなく、そうしたアクセスを拒否されたことも、引き下がらないようなら私のキャリアを『脱線』させると脅されたこともありません」。ウィルソンは二〇〇二年にラスベガスに行ったことを否定し、エリック・デイヴィス博士には会った覚えもないと主張した。自分がラスベガスに行ったことがあるのは一度だけ、一九七九年か一九八〇年に、第三空母航空団がネリス空軍基地に配備されたときだけだという。問題の二〇〇二年一〇月には、海軍を退役して三ヵ月経っており、ちょうど「除隊休暇」でメイン州の人里離れたキャンプ場に滞在していた最中で、そのあと一一月からはアライアント・テックシステムズ社で働くことになっていたそうだ。

前述したように、トム・ウィルソン中将が一九九七年にペンタゴンでUAP研究家たちと会ったのは確かである。宇宙飛行士のエドガー・ミッチェルを含め、その一九九七年の会合の場にいた複数の人からの証言で、ウィルソンはアメリカ政府の極秘UAPプログラムの存在を発見したことを認めたとされている。「EWDノート」でも、やはりトム・ウィルソンは二〇〇二年の密談でエリック・デイヴィスに同じことを言ったとされている。率直に言って、この時点では、ウィルソン文書は偽造文書と切り捨て、そこで主張されていることから察せられる不穏な（しかも、ありえなさそうな）結論も無視するにかぎるとしたほうが、よほど通りがいいように思える。だが、実際にこの文書が偽物なら、なぜこの文書の著者であるエリック・デイヴィス博士がエアロスペース・コーポレーションに迎え入れられて、この米軍とも協力して極秘プロジェクトに携わる連邦出資の研究開発センターで、機密度の高い政府の仕事をしていられるのだろうか？　それにもちろん、元国防情報局長官である退役海軍中将トム・ウィルソンが、エリック・デイヴィス博士のせいでこのような偽文書が出され、そのなかで自分が一連のでたらめを言っていることにされたと思っているのなら、彼はこれに対して、言語道断の倫理違反と詐欺的な虚偽記述をしでかしたデイヴィスへの厳罰と、セキュリティクリアランスの剥奪を要求してもよさそうなものではないか？

エド・ミッチェルの保管庫から回収された、この二人の会話の記録とされている文書は、全部で一五ページにおよぶ。会話はすべて録音されていたようだと読みとれるが、それがはっきりとわかる記載は文書にはない。最後のページで、ウィルソンはデイヴィスに「これをどうするつもりだ」と聞いたとされている。「これ」とは、一つの可能な解釈として、車のシートに座る二人のあいだに置かれていた録音機のことだと考えられる。その質問に対してデイヴィスは、内密の個人的調査のためにとっておく、と答えている。これに関して口外はしないとデイヴィスはウィルソンに保証していた。

噂では、デイヴィスはたしかに二人の会話とされるものの録音をとっておいた。一度、デイヴィス博士はこの文書が本物であるとほぼ認めかけたことがある。ニューヨーク・ポストの記者のスティーヴン・グリーンストリートに、[5]「エド・ミッチェルの遺産から流出したものですが、それに関して言えることは何もありません」と話したときだ。デイヴィスはこうも言っていた。「［この文書は］機密情報とされるものです。この文書のどんな点に関しても、私が勝手に認めたり立証したりできるものではないですし、セキュリティクリアランスを得ている身としては、それに違反したくはありません」。このときのデイヴィスの答えによって、実質的に文書の信憑性は高まった。出所がエドガー・ミッチェルだったと認めたということは、これが本物だと強調しているも同然だった。デイヴィスがこれを書いたとされる二〇〇二年末の直後に、文書がミッチェルの手に渡っていたとしても不思議はないからだ。ミッチェルはＮＩＤＳの科学諮問委員会のメンバーだったから、ハル・パソフ博士からコピーを一部送られたのだろう。

当時デイヴィスの上司だったハル・パソフ博士も、後日そのつもりではなかったと主張しているものの、デイヴィスがたしかにウィルソン文書を書いたということを認めている。二〇二〇年二月にアーリントン研究所の講演でウィルソン文書について質問され、パソフはこう答えたのだ。「それはウィルソン文書についての質問ですね。あれはインターネット上にリークされたかと思います。それとウィルソンは、うちの上級科学者のエリック・デイヴィスがインタビューした統合参謀本部のメンバーの一人でした。あれは現在進行している可能性のあるプログラムに関する話ですから、私がコメントするのは差し控えます」[6]（強調は著者による）。この答えを返したときに、ハル・パソフ博士が自分のしていることを正確に理解していたのは確実だと思う。なぜなら彼ははっきりと、エリック・デイヴィス博士がウィルソン中将にインタビューしたと言っており、例の文書のことを「ウィルソン文書」と呼んでいるからだ。その後、パソフ博士はキース・バスターフィールドの記事に対し、ウィルソンへのインタビューと覚書が本当にあったことを認めたつもりではないと弁明しているが、それでも彼が実際に言ったことの説明にはなっていない。[7]パソフ博士が認めたということには、非常に重大な意味があった。

　私がウィルソン中将からもらった二〇二〇年六月の否定の書状からは、もう一つ別の問題が浮上する。ウィルソンは文中でこう言っていた。「デイヴィス博士が書いたとされる文書は、他の個人に関する私の態度、感情、所感として描かれている記述を含め、すべて純然たるフィクションです。私とつきあいのある人物として文書中で描かれている人の多く（オーク・シャノン、マイク・クロフォード、リンダ、リッチ、ダグ）は、私のまったく知らない人であり、私がＵＦＯに関連する特別アクセスプログラムについて国防総省の高官と交わしたとされている会話も同様に、私のまったくあずかり知らぬことです。たしかに一部の人とはときどき会っていましたが、デイヴィス文書の内容に関連するようなことはまったく話しておりません」。ウィルソンはここでオーク・シャノンに関しても、はっきりと「まったく知らない人」に含めている。彼はこの文書のなかで、トム・ウィルソン中将にエリック・デイヴィスと会うよう勧めたとされている海軍の古参の科学者だ。しかし、このオーク・シャノンを探しだしたジャーナリストのビリー・コックスによるインタビューを見ると、オーク・シャノンは実際にトム・ウィルソンをよく知っているのではないかという印象を受ける。「その噂の文書がどこから出てきたのかは知りません――本物なのか偽物なのかも私にはわかりません」とオーク・シャノンはビリー・コックスに答えた。「結局のところ、私はそのお二人のどちらも知らないということに尽きます。トム・ウィルソンは立派な人です。もしこのことでトム・ウィルソンがお困りなら、本当に申し訳なく思います」[8]。オーク・シャノンはビリー・コックスの取材に対し、トム・ウィルソンとの密談を取り持ったことも否定しなければ、実際に密談があったということも否定しなかった。彼のこの反応はいささか疑問だった。もし二人のあいだを取り持ったりしていないのであれば、なぜオーク・シャノンが謝らなくてはならないのか？　オーク・シャノンがこの話を打ち消したいのなら、自分は紹介などいっさいしていないと否定すればいい。それがいちばん簡単なことだ。しかし、彼はそうしなかった。代わりに、困らせてしまって申し訳ないと言ったのだ。

文書によれば、ウィルソン中将は一九九七年のグリアたちとの「UFOブリーフィング」のあと、ペンタゴンにある「UFOファイル」を探しにかかったという。文書には国防総省のマーシャル・ウォード少将とウィリアム・ペリー元国防長官の名前が出されており、彼らがウィルソンに調達・技術担当国防次官室のファイルを調べるよう進言したとされている。「彼らが通常のSAPには属していない特別プロジェクト記録群のことを教えてくれた。要は、非承認／切り離し／放棄済みプログラムだけからなる特別な小集合だ」とウィルソンが言ったと文書には書かれている。そのあとデイヴィスはウィルソンに、「プログラム」はどの特別アクセスプログラムの区画に、どのコードネームで隠されていたのかなど、続けざまに質問をしていた。

「コア・シークレット——それは言えない」と、ウィルソンは答えたとされている。そこでデイヴィスは、「プログラム」のプロジェクト請負業者がどこなのか、これを運営している政府機関はどこなのかを尋ねた。

「ある航空宇宙技術企業だ——アメリカのトップクラスの一社だ」

「どこです?」とデイヴィスはさらに迫った。

「コア・シークレット——言えない」

ちなみに「コア・シークレット」(核心的秘密)という用語を初めて認知したのは、防衛ライターのビル・スウィートマンである。「非承認SAP［特別アクセスプログラム］——闇プログラム——とは、存在すること自体が『核心的秘密』と見なされるほど機密性の高いプログラムのことだ。なお『核心的秘密』の定義は、アメリカ空軍の規定では、『漏洩すれば回復不可能な失敗につながるような、あらゆる項目、進捗、戦略、情報要素』」とスウィートマンは二〇〇〇年の論説に書いている。「言い換えれば、闇プログラムの存在を明かすということは、そのプログラムの軍事的価値を損なわせるということである」▼9

もし文書の中身が事実なら、ウィルソンはまさに探偵のようにペンタゴンの内部を嗅ぎまわり、一見するとまったくつながりのない別々の区画にまたがって隠された「プログラム」を見つけだしたことになる。文書によれば、ウィルソンは一九九七年五月の末には、このプログラムを請け負っているのがどこの企業で、計画管理者が誰なのかを突きとめていたばかりか、三名の人物にその真偽を確認したとデイヴィスに言ったことになっている。一人はポール・カミンスキー博士（調達・技術・兵站担当国防次官室の特別プログラム部長）、一人はマイク・コステルニク准将（特別アクセスプログラム調整室長、SAP監視委員会事務局長）、そしてもう一人は元国防長官のビル・ペリーである。文書のとおりなら、ウィルソンは一九九七年五月末、「プログラム」の管理者に三度電話をかけた。そのうち一度は、請負業者のセキュリティ責任者と企業弁護士を交えての電話会議だった。ウィルソンはそこで正式なブリーフィングを要求したとされている。「私がブリーフィングを受けていないのは修正の必要な過失ではないのかと言ってやった――私は強く要求する！」

繰り返して言うが、一九九七年当時、トム・ウィルソン中将は国防情報局副長官で、大統領や統合参謀本部に助言する将官にブリーフィングする立場にある人間だった。国家安全保障に強く関連するテクノロジーを扱っている極秘プログラムに参画すべき人物がいるとすれば、トム・ウィルソン中将こそ「ビッグ・シークレット」についてブリーフィングを受けるべき資格のある人間ではないかと誰でも思うだろう。しかし、事実はそうでなかったということになっている。文書によれば、ウィルソン中将が電話をかけてアクセス権を求めた相手が誰だったのであれ、その相手は不遜にも、ウィルソン中将との電話を一方的に切ったというのである。二日後、ウィルソン中将に折り返しの電話があり、このときは前回と態度が違って、電話では話せないが対面で話し合う機会を設けると言ってきた。場所は、なかなか首を振らなかった請負業者の施設だという。さらに文書によれば、一〇日後にあたる一九九七年六月中旬、トム・ウィルソン中将は、民間請負業者の社屋の厳重に警備された一角にある会議室に案内された（まるでジェームズ・ボンド映画の一場面が再現されているかのようだ――私は半ば、中将が案内されたその先に、悪の親玉エルンスト・スタヴロ・ブロフェルドが白いペルシャ猫をなでながら座っているのを期待してしまった）。

ウィルソンを待っていた企業陰謀団のメンバーは、請負業者側の匿名の計画管理者と、セキュリティ責任者と、企業弁護士で、文書によれば、彼らは自分たちを「監視委員会や門番」と呼んでいた。ウィルソンはこのときのことを、こう説明したという。「向こうは、私がなぜ彼らを探していたのか、私が彼らから何を望んでいるのか、何を知りたがっているのかわからずに、混乱している様子だった。全員が非常につっけんどんな態度だった。……彼らは私が電話をかけたことに激しく動揺していた――電話が来るなんて思ってもみなかったのだろう」。ウィルソンは彼らのやっている墜落UFOにかかわる計画と、MJ－12（エイリアンの宇宙船の回収と調査を促進するためにトルーマン大統領が一九四七年に組織したと噂される、科学者と軍人と諜報員と政府職員からなる秘密結社）について問いただし、国防情報局副長官および統合参謀本部J－2（情報部門）副部長として、正式なブリーフィングを要求した。

文書によれば、「プログラム」は数年前に漏洩寸前までいったことがあったため、そうした不用意なセキュリティ違反を再発させないように、ペンタゴンの特別アクセスプログラム監視委員会（SAPOC）とのあいだで公式の合意が交わされたという。その合意の内容とは、必要なアクセス基準を満たしていないかぎり、アメリカ政府職員にはいっさいアクセス権が与えられず、その基準の管理は（信じがたいことに）民間請負企業の内部の委員会が受け持つというものだった。「その政府職員がどんな切符を持っていようと、どんな地位にあろうと関係ない……文字どおり、嫌なら出ていけというやりかただ」。もしこれが事実なら、これはとんでもないことであり、おそらくは違法でもあるだろう。連邦出資のプロジェクトに対する適切な監視手順が完全に破棄されているのだから。ウィルソンはその基準を満たしてアクセス権を得ようとして、拒否されたという。「つまり――私に言わせれば――彼らは公式の監視も正当化される理由もまったくない状態で動いている。政治家にとってこんな危険な場所はない」

本当ならば、これはいたって由々しき話である。ペンタゴンの頂点にいる人物が、回収された地球外起源のテクノロジーという、おそらく史上最も重大な国家安全保障上の潜在的脅威に対し、適切な監視がなされていないと感じたのである。文書中でのウィルソンは、自分の持つセキュリティ分類上の「切符」がすべて確認されたにもかかわらず、それだけでは「プログラム」へのアクセス権を与えられないとされたことに、腹を立てたと認めている。その怒りをさらに増幅させたのが、連邦議会の全議員、ホワイトハウスの全職員、そして歴代の大統領自身にさえも、「ビッグ・シークレット」を知る資格が与えられていなかったことだった。彼らもまた「B・i・g・o・tリスト」に載せられていなかったということだ。要するに、この伝説のプログラムは完全に通常の監視手続きの埒外で進められている。もしこれが事実なら、「プログラム」は違法に運営されていることになる。

しかし文書に次に記されていることを見て、私のなかでは、この「EWDノート」なるものの信憑性に大きな疑念が湧いてきた。文書によれば、ウィルソンはB・i・g・o・tリストに載っていないので「プログラム」についてのブリーフィングは受けられないと言われたそうだが、にもかかわらず、その後に「ビッグ・シークレット」(と思われるもの)の主要な部分、すなわち、請負企業は回収された地球外起源のテクノロジーによるリバースエンジニアリングのプログラムに取り組んでいたことを教えられているのである。その信じがたい話はこう展開されている。「計画管理者が言うには、彼らもそれがどこから来たものなのか知らなかった〔彼らなりの考えはあったが〕。それは、この地球上のものでない――人が作ったものでない――人の手によるものではないテクノロジーだと言うのだ。彼らはそのテクノロジーを解明して利用しようとしているとのことだった。プログラムはもう何年も前から続けられていたが、遅々として進んでいないのだ」とウィルソンはデイヴィスに明かしたのだそうだ。さらに文書によれば、ウィルソンは調達・技術・兵站担当国防次官のジャック・ガンスラー博士から、「ＵＦＯは本当だが、いわゆる『エイリアン誘拐《アブダクション》』は本当ではない」と教えられてもいる。ガンスラー博士は一九九七年一一月から二〇〇一年一月までペンタゴンの上から三番目の地位にいた民間人で、研究開発と先端テクノロジーの責任者だった。博士は二〇一八年に悪性黒色腫で亡くなっている。

この文書をそのまま受けとるならば、正体不明の請負企業の計画管理者がいきなり手のひらを返したように、それまでの拒絶から一転して、自分の知っていることをすべて明かしてくれたのだということになる。これは確実に注意信号だ。民間の政府契約企業がアメリカの軍事・情報史上最大の秘密を守ることを託されておきながら、ウィルソンにＢｉｇｏｔリストに載っていないので何も知らせることはできませんと告げたあと、急に態度を軟化させ、そのエイリアンの宇宙船の再現計画とやら――おそらくアメリカの軍事史上最大の秘密――について多くのことを教えてくれたなど、こんな話をどうして信用できるだろうか。そんな理由で文書の信憑性を疑うのかと思われるかもしれないが、実際、私がこの件について三人の国防情報筋に意見を聞いてみたところ、アメリカ政府の機密情報隔離の内情を知る人たちが最も疑念を抱いたのはまさにその点だった。Ｂｉｇｏｔリストに載っていないなら、普通は何も言わないぞ、というのが答えなのである。ひょっとすると門番たちは、相手にちょっとした情報をくれてやり、テクノロジーの再現にはたいして成功していないのだろうと思わせることで、邪魔を最小限に抑えられるとでも思ったのだろうか。しかしそもそも、彼らは中将に何も言う必要はなく、ただご退出を促すだけでもよかったはずだ。いやいや、隠蔽工作を巧みに指揮している企業の門番が〔ボンド映画の〕ブロフェルドのような悪魔なら、善良なる中将をちょっとばかりの血と骨といっしょにサメの水槽に放り込むだけでいい。それで万事解決だ。

ウィルソン中将の面目を失わせるような話はまだ終わらない。文書によれば、ワシントンに戻ったウィルソンは、ペンタゴン内の特別アクセスプログラム監視委員会を監督する上級審査団のメンバーに苦情を言ったが、逆に、ことを荒だてるようなら職は保証しないと脅されたという。ウィルソンはこれにショックを受けた。彼らは身内でありながら、「プログラム」へのアクセスを拒否された自分ではなく、拒否した請負業者の肩を持ったのだ。「彼らは私に……すぐにこの問題から手を引けと言った——彼らのプロジェクトは私の権限の範疇外だから、私の監督のおよぶところではないのだからと、あれこれ理由をつけて忘れろと言った。私は腹に据えかねて——口を閉じているべきところで騒いでしまった」と、文書ではウィルソンが言ったことになっている。

ウィルソンは、彼らの勧めに従わなければ国防情報局長官には昇進させないと言われたそうだ。早期退職に追い込まれることにも、階級を失うことにもなると言われたという。「それはもう憤慨して——かっとなって——ああ腹が立つ!!」とウィルソンはデイヴィスに言ったとされている。「なぜこれがこんな大ごとになるんだ。私はペンタゴンで信頼される立場にあるんだぞ——私は無関係じゃない。彼らのプログラムに対して規制をかける法定権利を持っている——それが私の立場なんだ」(今一度ここで断わっておかねばならないが、ウィルソン中将は私にくれた書状のなかできっぱりと、自分はUAPプログラムなるものへのアクセスを要求したことも拒否されたこともなく、固執すればキャリアを失うと脅されたこともないと明言している)

「ウィルソン文書」には主要な公職にある多数の人物の名が挙げられており、これを書いたのが誰であれ、当時の国防総省の幹部職員をよほど細かく把握していたものと思われる。しかしながら、取材を受けてくれた人は誰一人としてこの文書で言われていることを支持していない。結局のところ、もし「EWDノート」が本物だとしても、それならウィルソン中将との密談のことを知っているだろうと思われる人物で、この文書の信憑性を公に請け合ってもよいという人は誰もいないのである。逆に、トム・ウィルソン、ウィルソンの国防総省時代の同僚たち、およびウィラード・ミラー少佐のコメントは、この文書の信憑性に水を差すばかりだ。したがって、この文書が本物であるかどうかを断定するのは不可能と言うほかない。ゆえに、この文書で言われていることをそのまま受けとるわけにもいかない。さらに言えば、リーク癖とゴシップ好きで悪名高い、ポトマック沼を徘徊する官僚たちの内部でこのような荒唐無稽な秘密が守りとおせるものだろうかと考えると、斜めに構えるジャーナリストとしての私の頭はフル回転することになる。いずれにしても、もしこの文書が捏造であるなら、おそろしくよくできた捏造である。

この文書の真偽をめぐる論争の一方の陣営には、私の友人で、とても優秀なＵＦＯ研究家がいる。ここでは仮に「クラニウム」（頭蓋骨）と呼ぶが、このクラニウムは、卑劣な隠蔽工作があったとする陰謀論を絶対的に確信している。この文書の信憑性をハル・パソフもエリック・デイヴィスも否定していないことに、非常に大きな意味があるというのだ。「この二人にはこれまで何度もこの文書を否定する機会があったのに、そうしていない[10]」。とはいえ、国防総省の高官でもエリック・デイヴィスでもウィルソン中将でもハル・パソフでもいいのだが、誰かがこの文書の真実性を公に認めてくれないかぎり、この文書の内容はやはり眉唾物と見なさざるを得ない。捏造ではないと証明されるまで、これは捏造文書として扱うのが筋だろう。それでも現代のＵＦＯ研究家の多くからすれば、「ビッグ・シークレット」の門番が本物と認めようと認めまいとにかかわらず、これこそが究極の動かぬ証拠であるのだろう。

クラニウムは私にこう言った。「本当にひどい話だと思う。この重大な情報は、ただ宇宙でのわれわれの位置について教えてくれるだけじゃない。地球外生命が来訪しているという話だけでもない。この神のごときテクノロジーは多くの面でわれわれの文明の助けになるし、この惑星に生きる人間の条件をよりよくすることにも資するんだ。そんな大事な情報が、一介の民間企業によって七〇年以上も隔離されてきたんだ」。クラニウムに言わせると、一九五〇年代にアメリカ政府が重力制御の研究にのめりこんでいたことは、あらゆる証拠が示唆しているという。航空宇宙企業もみな重力制御の研究をしていることを公然と認めていたそうだ。「それが突然、闇に消えてしまった。もう誰もそれについてしゃべらなくなった。全員が口を閉ざした。これはもう、研究が成功したということだと思うね。そのころ墜落していたＵＦＯを回収して調べられたおかげで、自らそういうものを作るのに必要な情報を手に入れられたんだ」とクラニウムは言った。

　だが、仮にクラニウムの見方が正しくても、そして「ＥＷＤノート」、別名「ウィルソン文書」も本物で、エリック・デイヴィスの書いたメモを正確に写しているのだと仮定しても、やはり私としては、それはなんの証明にもなっていないと言わざるを得ない。それはただデイヴィス博士の言い分だというだけだ。もちろん、もしトム・ウィルソン中将が言ったとされることがどれか一つでも真実であるのなら、それはもうたいへんなことだ。しかし現状、ウィルソン中将はデイヴィス博士と会ったことなど一度もないと明確に否定している。したがって、何か新たな裏づけが出てこないかぎり、しょせん話は陰謀論で終わる。

　結局のところ、この謎を解くには、誰でもいいから口を開いてくれる人、何がどうなっているのか知っている人を、なんとかして見つけだすしかないと思う。そこで私は手紙を書きはじめた。書いて書いて書きまくった。何ヵ月にもおよぶ調査のなかで、もし「プログラム」が本当に存在するのなら、それを知っていそうな人物には当たりがついたから、そうした軍高官、諜報員、科学者など、可能性を秘めたすべての人の自宅住所を探りあてた。そして、たくさんの切手を舐めた。電子メールや電話と違って、手紙なら電子的な痕跡を残さないと考えたからだ。手紙の送り先には丁重に、安全な通信アプリや暗号化メールを使って私に連絡をとれること、先方の守秘義務は絶対に尊重することを伝えた。さて、これであとは待つのみ。祈るのみである。

第22章　ゴードン・ノヴェル――これは事実かフィクションか

「彼らは私をどうするだろうかね」。私たちの最後の会話で、彼はそう言った。このとき彼はついに心を決めて、自分の知っていることの一部を私に伝えていたのだった。その二〇二〇年の初め、電話口の向こうから聞こえてくる独特のブルックリン訛りの声はとぎれとぎれで、ときどき長い休止も挟まった。彼が考えをまとめて私の質問に答えるのにエネルギーを集中しているのが手にとるようにわかる。だが、待つのは苦でもなんでもなかった。世界最大の海軍で三〇年近くも研究を引っぱってきた人と話ができる特権に、私は心底震えを覚えていた。元アメリカ海軍科学技術開発部長のナット・コービッツは、ある日いきなり私に電話をかけてきた。私が出した手紙を気に入ってくれたのだ。

　私がコービッツに手紙を出した背景には、ゴードン・ノヴェルという一風変わった私立探偵で、ＣＩＡ絡みのスパイのようなこともしていた人物がいる。私はこのゴードン・ノヴェルが語った話を追いかけていたのである。ノヴェル氏は二〇一二年に亡くなっているが、その二年前に書いた一冊の本のなかで[1]、いわゆるＡＲＶ（複製エイリアン機体）フラックスライナーについて詳述していた。フラックスライナーの話は、現代のＵＦＯ陰謀論の魅惑的な神話の一つである。ノヴェルがこの本で書いているように、マーク・マッキャンドリッシュというプロの航空宇宙イラストレーターが二〇〇一年五月にナショナル・プレス・クラブで行なわれたディスクロージャー・プロジェクトの公聴会で、アメリカ政府が一九四七年のロズウェル事件の墜落現場から回収した宇宙船をリバースエンジニアリングして、エイリアン機体の複製(ARV)を三機建造することに成功していると証言したという話もある。しかし私がノヴェルに興味を持った唯一の理由は、彼がその本のなかで、アメリカ海軍の研究開発を率いている非常に地位の高い海軍所属の科学者とつきあいがあると書いていたからだった。この科学者には、作中ではウォルター(「ウォーリー」)・カッツという仮名がつけられていた。ノヴェルの本によれば、カッツは例のARVフラックスライナーに関する秘密研究の全容を知っており、一九九三年七月にゴードン・ノヴェルが息子のスールとともにペンタゴンでカッツと会ったとき、回収されたETの機体をどうやってバックエンジニアリングしてARVにつなげたかの詳細を、ついノヴェルに漏らしたのだと書かれていた。当初、私にはどれもこれもありえない話のように思えたが、その後、ゴードン・ノヴェルのCIA関係を探っているうちに彼と同年代の、いまでは高齢になった元CIA職員の一人に行き着いた。彼は以前、私が別件で世話になった人だった。一九八〇年、CIAが隠れ蓑に使っていたオーストラリアのシドニーの銀行ニューガン・ハンド・バンクが資金洗浄と麻薬密輸の疑惑から、スキャンダルの渦中で倒産したときのことである。彼は、ノヴェルが議会やCIAや軍の上層部に位置する相当の有力者につてがあったことを請け合ってくれた。「保証するよ。ゴードはものを嗅ぎつけるのが大得意だった」と彼はぶっきらぼうに言った。「あいつの最大の難点は、口を閉じていられないことだ」

これをきっかけに、私はゴードン・ノヴェルの荒唐無稽な主張をいくぶん真剣に考えるようになった。ノヴェルの本に書かれているペンタゴンでの会合のくだりを読むかぎり、「カッツ」氏は、当局による闇のUAP隠蔽工作のど真ん中にいた。「ウォーリー」「・カッツ」はしぶしぶながら、ARVがたしかに普遍的なUFOドライブ設計の複製であることを認めた。……彼は［ハル・パソフの］ゼロ点エネルギー（ZPE）研究開発プログラムに出資するのにも乗り気で、それがどういう仕組みなのかをこっそりわれわれに教えてもくれたが、この先もARVの反重力システムを『最高宇宙機密』、国家安全保障上の最重要問題にしておかなければならないことは確実だった」▼2

総じてゴードン・ノヴェルのようなプロの情報コンマンは、自分の知っている限られた情報だけで勝負をしているようなものだから、その知っているという主張に対しては半信半疑の姿勢で向きあわねばならない。彼の本はもう何年ものあいだ、アメリカ政府が回収されたエイリアンのテクノロジーを隠匿していると固く信じる人びとのあいだに出回っている。ノヴェルはもちろん実在の人間だが、一見するとありえない、スパイ小説からそのまま抜け出てきたかのような人物だった。たとえば一九六一年、CIAが「マングース作戦」のもとで秘密裡に反カストロのキューバ人移民に資金を提供し、ピッグス湾からキューバに侵攻させようとして大失敗に終わった事件でも、ノヴェルは策謀者の一員として、ルイジアナ州の軍需品貯蔵施設から武器を強奪していた。彼は日ごろからCIAとのつながりを吹聴しており、武器の強奪にあたっては、前々から秘密工作に興味を持っていたと言われるロバート・ケネディ司法長官からの内密の認可書をもらっていたとの噂もあった。また、だまされやすいニューオリンズ地区検事長のジム・ギャリソンに近づいて、ジョン・F・ケネディ大統領の暗殺犯とされたリー・ハーヴェイ・オズワルドと、オズワルドを殺したジャック・ルビーの両方と、CIAの仕事をしていたあいだに知り合いになったとほのめかし、CIAと亡命キューバ人が大統領の暗殺につながっているという情報をつかませたのも彼だった。ゴードン・ノヴェルは疑いなく、CIAと強いつながりを持っていた秘密工作員で、数十年にわたって劇的な大事件の背景には彼の姿が見え隠れした。JFK暗殺でも、ウォーターゲート事件でも、イラン・コントラ事件でも、マイケル・ジャクソンの騒動でも、ウェーコ包囲のその後でも。私はつい、ウォルター・ミティ〔アメリカ作家ジェイムズ・サーバーの短編小説の主人公で、夢想のなかでさまざまな劇的なキャラクターに変身する〕を連想した。

ノヴェルの本は、墜落したエイリアンの宇宙船から反重力推進駆動システムを再設計しようという、かねて噂の政府の秘密プロジェクトについて、彼が知っているという内情を膨らませて描いていた。しかし何より重要なのは、ノヴェルがこの本でウォーリー・カッツとリチャード・キャッシュという仮名のもとに、二人の政府幹部を名指ししていたことである。この二人こそ、彼が会ったことのある最も事情に通じた内部関係者だということなのだろう。「ウォーリー・カッツやリチャード・キャッシュ（敬称略）のような人物が、プログラムの全容と、ARVの建造や試験や隠匿などに使われた真っ黒な資金の流れについて詳述した暴露本でも書かないかぎり、プログラムが暴かれることになるとはまず思えない」とノヴェルは書いている。[3] この「リチャード・キャッシュ」なる人物は、元上院歳出委員会少数党法律顧問のチャールズ・リチャード（「ディック」）・ダマトのこととしか考えられなかった。公式の記録上はどうあれ、ダマトが「UFO」問題を調査していたことは事実だった。ただ、彼が口を開かないだろうということはわかっていた。

この本の鍵となる章で、ノヴェルは話を劇的に盛りあげた。前述のようにペンタゴンでノヴェルに会ったとき、アメリカ海軍の研究開発部門の責任者である「ウォーリー・カッツは、私の差し出したマッキャンドリッシュのARV設計図の色つき最新版を見て、はっきりと震えたのである（これは私の息子のラッキーが証言してくれる）」。[4] ノヴェルの本で言われていることは奇抜な作り話のようにしか見えないが、これは内部関係者とされる人物からの主張であり、実際に検証することも可能だった。また、「カッツ」を含め、自分が会った内部関係者との会話はすべて録音してあるとノヴェルが書いていたことと、このペンタゴンでのやりとりの場に彼の息子がいたということにも、私は興味をそそられた。もしノヴェルの息子を見つけられたなら、「ウォーリー・カッツ」の正体を明らかにできるかもしれない。とはいえ、どうせ遠からぬうちに、ノヴェルの信じがたい主張を完全に無視するのに十分な理由が見つかるだろうとも思っていた。

やがて、晴れてゴードン・ノヴェルの息子のスールが見つかった。彼は現在、バンコクに住んでいた。熟練弁護士になっていたスールは、亡き父親に対して明らかに葛藤を抱えていた。「父はなんというか、つねにある種の偏執狂でした。なんでもかんでも大げさに言い、いつも陰謀論にはまっていました」とスールは言った。「陰謀なんか存在しないところにも陰謀論を見いだすんです。それがあの人の名刺のようなものだったから。若いときは、いろいろめちゃくちゃなことに首を突っ込んでいましたからね。ＪＦＫの暗殺の件はご存じでしょ。ウォーターゲート事件を起こした連中ともかかわっていましたし。ウォーターゲート事件が発覚するまで、ずっとそういう秘密工作と政治的につながっていましたが、その後、その手の連中は一掃されました。彼らはアメリカで国内活動をやっていたわけですが、それはＣＩＡの任務の範疇外ですからね」▼5。私は頭がくらくらした。まだ若かったころの何も知らないスールがＣＩＡのどんな隠密作戦を目の当たりにしていたかと思うと、気が遠くなりそうだった。彼はこともなげに、父親のそばで目撃したのであろうイラン・コントラやウェーコに関係する事件や人物の名前をぽんぽんと出すのだ。私はスールに、ペンタゴンにも御父上といっしょに行っていたのかと聞いてみた。すると驚いたことに、彼はそのことをよく覚えていた。そして彼らが会った相手は「ウォーリー・カッツ」ではなく、ナット・コービッツという当局者であると断言した。その名前は、ノヴェルの本に書かれていた海軍の研究開発担当者という描写から、私が推測していたとおりの名前だった（カッツ−コービッツ）。スールはさらに、ペンタゴンのコービッツのオフィスで父親がマッキャンドリッシュのＡＲＶ設計図をコービッツに見せびらかしたことも覚えていた。

「その「コービッツの」表情は、これをどうするつもりだ、と言っているかのようでした。ＦＢＩに電話してこいつを逮捕してもらうとか、国家安全保障がどうのとか、そういう感じではありませんでした。単に、わかってるんだろう、わかってるんだろうな、とでも言いたそうな」とスールは言った。「基本的には、あの話は事実です。私はその人に会いましたよ。父がどうやってその人と知り合いになったかは知りませんが、父には昔からのＣＩＡのつてがありましたし、なんというか、闇世界の知り合いも多かったから」。私は重ねてそのときのコービッツの反応が正確にどうだったかを聞いた。「ＡＲＶフラックスライナーの図を見せられて、彼はどんな表情をしていたんでしょう」

「うーん、やはり基本的には、これを使って何をするつもりなのか、といった感じでしたね。なにか取引に使うんだろうと思っていたのではないですか。……ともあれ、ただのおふざけだとは思っていないように見えました」とスールは言った。

スールはいまでも、自分の父親が正真正銘、アメリカがひそかに反重力の研究をしているのだと思い込んで、そのテクノロジーが実際どういうものなのかを突きとめようとしていたのだと確信している。しかし彼がきっぱりと言うには、「それはすでにアメリカ政府が押さえていたようです」。そしてスール・ノヴェルにそう確信させた理由の一つが、海軍科学技術開発部門のトップであるナット・コービッツがペンタゴンでの会合で見せたという反応だった。とにかくナット・コービッツは、例の図を見せられてぎょっとしたようだったとスールは言った。おそらくゴードン・ノヴェルはそのときコービッツが言ったことを、かなり粉飾して本に書いたのだろう。それによって読者が彼の「反重力推進」プロジェクトに出資したくなるのを狙っていたのではないのだろうか。

私はスールに、ゴードン・ノヴェルが内部関係者との会話をひそかにテープに録音して持っていたというのは本当なのかどうかを聞いてみた。すると、たしかに父は晩年、貸しコンテナを契約して「そこに大量のテープや書類をしまっていた」、という答えが返ってきた。私は自分の脈が速くなるのを感じた。まるで『レイダース』の失われたアークのごとき、長らく封印されたまま埃をかぶってきた箱がいまにもこじあけられて、アメリカの軍産複合体の幹部連中の有罪を決定づけるとんでもない告白テープの数々が出てくるところが目に浮かぶような気がした。しかしスールの次の一言で、私の期待は打ち砕かれた。ゴードン・ノヴェルは亡くなる少し前からいよいよ「つきに見放され」、彼が保管していたものは死後にすべてコンテナの所有者に処分されただろうとのことだった。「かつて父がつながっていたＣＩＡの汚れ仕事をする連中はみんな一掃されました。その後、父もまた、しばらくのあいだ片づけられることになりました。いろいろ法的な問題も抱えていましたし」とスールは力なく言った。アメリカのあちこちから安堵のため息が聞こえてくるような気がする。ワシントンＤＣでもバージニア州ラングレーのＣＩＡ本部でも、「ビッグ・シークレット」の門番たちは、このスールの答えを読んだ時点でさぞほっとしていることだろう。

残念ながら私のゴードン・ノヴェル調査もここまでか、と思っていたところへ、あの謎のペンタゴンでの会合から四半世紀以上の時を経て、老いたりといえどもいまだ明晰な頭を持った九二歳のナット・コービッツが、親切にもボルチモアの自宅からいきなり私に電話をかけてきてくれた。はるばるオーストラリアから手紙をもらって嬉しいと言ってくれ、それから最初の二〇分をまるまるかけて、当時シドニーの周囲で猛威を振るっていた山火事を鎮火するのにオーストラリアはぜひともロシアで開発された消防飛行機を導入する必要があると力説してくれた。悲しいことに、現在コービッツは不治の病と闘っているとのことだった。娘のセリアが電話口のそばから離れていたときに、コービッツはささやくように、自分がもう長くないことはわかっていると私に告げた。しかし、愛するユダヤ系家族に囲まれているから心は穏やかで、しかもこうして海軍時代に一流の専門家として働いていたときのことを話していれば病気の憂鬱もまぎれるのだから、ありがたい機会をもらったと言ってくれた。

私は電話口で一時間にわたり、彼がアメリカ海軍の研究開発部門で過ごしてきた歴史を夢中になって聞いていた。コービッツは海軍航空宇宙防衛のレジェンドで、その比類ない貢献を称えられていた。ジェミニ計画では打ち上げロケットの機体を担当し、そのほか海軍の無数の水上艦や潜水艦のプロジェクトに三〇年近くにわたって携わった。民間のコンサルタントとしても、月周回衛星の特殊シュラウドの開発にかかわった。しかしコービッツが決して偉ぶらない人であるのは、彼が教えてくれたこんな逸話にも表れている。ある時期、彼は「シースカウト」という海軍の無人航空機のプロジェクトで開発に携わっていた。その巨額の費用をかけた試作機が、飛行中に行方不明になった。テキサス州で開かれていたブッシュ大統領の娘の結婚式の会場に近づきすぎてしまい、大統領の警護用の妨害航空機に撃ち落とされたのである。「テキサスの地面を一メートル以上も掘ったよ」とコービッツは笑いながら言った。「建造に一〇〇万ドルもかかってて、追加の予算はもうない。計画はそれでご破算だ」

私はコービッツに、反重力推進やフィールド推進の技術を研究したことがあるかどうかを聞いてみた。彼は迷わずあると答え、海軍はずっとそれを研究していたと言ったが、それ以上のことを教えるつもりはないらしく、自分がやっていたのはたいしておもしろくない研究だったとしか言わなかった。「推進システムといっても、超低エネルギーのイオン推進だね」と彼は言った。「力の単位はMMF。マイクロ・マイクロ・オナラ《ファート》だよ」。ノヴェルの本に書かれていたこととは裏腹に、コービッツは、アメリカが長年ひそかに反重力を研究していたのは事実でも、その秘密を解明できていたとは思えないとの見解を示した。「むしろ、私はよく引退前にクビにならなかったものだと思うよ」。その言葉に嘘はまったく感じられなかった。

私は話を変えて、例のペンタゴンでの会合のことを聞いた。コービッツが海軍を辞める一年前の一九九三年七月、ペンタゴンでゴードン・ノヴェルとその息子に会っていたという話だ。非常に意外だったことに、彼はその話を認めた。「ゴードンのことはよく覚えているよ」と彼は笑って言った。「あいにく、それは靴のセールスマンだがね。どれも履いてみたらいい感じだったよ」。コービッツは明らかに、ゴードン・ノヴェルの本に書かれていた彼らの会合についての話をそのまま認めるつもりはないようだった。ARVフラックスライナーの話について覚えていることはないかと聞いても、「なんとなく記憶はある」としか言わなかった。二日後、私が送っておいたマーク・マッキャンドリッシュが描いたというARVフラックスライナーの詳細な図を見て、彼は言った。「なるほど、これは見たことがある。……それで私の結論だが、これはでたらめだね。申し訳ないが」。またしても偽物をつかまされたか、と私は思いかけた。しかし会話を続けているうちに、だんだんとわかってきた――コービッツは私に何か伝えたいことがある、だが、それには私が適切な質問をしなくてはならないのだ。そこで私は思いきって、自分の手の内を明かした。ナット・コービッツにとって最も答えにくい質問を出したのだ。

「ナット、あなたは墜落したUFOやUAPが関係するプログラムに参画していたのですか」――念のため、私はもう一度その質問を繰り返した。これで彼も私が何を聞いているのかを確実にわかってくれるだろう。深い沈黙のあと、彼はこう言った。「ああ。していた。最後まで外されなかった。だからどうだというわけでもないんだが、とにかくそれについては話せない」。答えは宙に浮いていた。彼は明らかに次の質問を待っている。私は重ねて聞いた。「ナット、あなたはアメリカ政府が回収されたエイリアンの宇宙船を隠し持っているのに気づいているんでしょうか」。彼の答えは謎めいていた。「私は伝聞でしか知らない。私は仲間の一人が陥ったような状況に自分も陥らないようにと、ものすごく注意を払った。私がまだずっと若かったころのことだ。彼は九十代で、私にこう言った。『コービッツ、いいかい、私の最大の冒険のいくつかは、本当には起こらなかったんだ』」。コービッツは、何を知っていても口外しないという安全保障上の誓約に縛られていることを暗に伝えていた。そして同時に、彼は自分が直接知っているわけではないことを憶測で語るつもりもないのだった。

そこで私は別の質問をした。「回収されたエイリアンのテクノロジーについて、何か聞いたことはありますか」。ナット・コービッツは間髪を入れずに答えた。「エイリアンの宇宙船を何度か回収しているとは聞いた。あるいは、そうだと考えられていたものを」。私は一九四七年のロズウェル事件の際にアメリカ空軍が公式に出した説明を、そのまま彼に復唱した。ロズウェルで回収された残骸は、モーグルというコードネームの秘密プロジェクトで使われていた核実験監視用の高高度気球にすぎなかったと。彼はふふんと笑ってこう言った。「あれは軟質材料ではないと複数の人間が報告していた。あれは硬質金属の破片だったと。私はそう聞いているが、実際の宇宙人のことは何も知らない」。それは要するに、彼は同僚たちから地球外起源の残骸の話を聞いたのだということだろう。しかも彼はいま、「宇宙人」と言わなかったか？

元アメリカ海軍科学技術開発部長がたったいま、墜落したUFO、エイリアンの宇宙船、そしてもしかしたらエイリアンそのものまで絡んだ、極秘のプログラムに参画していたと言ったのだ。私はくらくらして言葉に詰まり、必死に頭を整理した。エリック・デイヴィス博士の言っていたことが思い出された――アメリカはこれまでのところ、回収した機体を再設計するのに成功できていないと彼は言っていた。そこで私はコービッツに聞いた。「アメリカは回収したエイリアンのテクノロジーを自ら開発しようとしてきたのだと、私に請け合ってくださいますか」。コービッツはその質問を慎重に吟味したあと、こう言った。「ああ、そう考えてもらっていいよ」

三週間にまたがる何度かの長い会話のなかで、コービッツははっきりと、国家安全保障上の誓約条項に違反して自分の知っていることをすべて詳細に明かすつもりはないという姿勢を明らかにした。だが、彼も悔しげに認めていたように、彼に残された時間はもう長くなく、ある意味では、私はこれ以外にないというタイミングで彼に問いかけていた。彼の病状からして、彼がこれだけのことを明かしたからといって誰もう彼に何かをすることはできないのだ。コービッツは、自分がかかわりあいになった別のUAP事件のことも話してくれた。それは海軍のパイロットと民間のパイロットが二人とも同じUAPを目撃したという話だった。「一つは、どう考えても説明のつかない明るい光だった。ある地点で静止していたかと思うと、猛スピードで空のまったく別のところに移動し、そこでまた静止したあと、いきなり消えてしまった。もう一つは乗り物らしき固体だったが――この形状については二人の意見が違って――一人は三角形だったと言い、もう一人は楕円形だったと言った」。コービッツが話したのはそこまでだったが、すべてを開示するわけにはいかないというだけで、彼がもっと多くのことを知っているのは明らかだった。

ナット・コービッツは一九九四年に海軍科学技術部長の職を辞し、NKAサイエンスという民間コンサルタント会社を立ち上げた。NKAが専門としていたのは先端製造技術、とくに、電子ビーム溶接という技術だった。その名のとおり、これは一種の溶接技術だが、磁場を利用して収束させた高速の電子ビームで材料を接合するというものだ。これを用いると、非常に精密で、かつ強固な接合が可能になり、目立った溶接ビードもほとんど生じない。この専門知識を買われたのか、コービッツはNKA時代、オハイオ州デイトンのライト・パターソン空軍基地に呼ばれ、厳重な警備のもとでいくつかの奇妙な金属片の検分にあたったという。

この話に触れかけたところで、すぐさまコービッツは話題を変えた。ライト・パターソンという名前に、私の耳は瞬時に反応した。ライト・パターソンといえば、かつてアメリカ空軍の海外技術部があったところだ。UAP陰謀論では前々から、当時はライト・フィールドと呼ばれていた、現在のライト・パターソン基地にあたる敷地に、一九四七年のロズウェル事件での残骸が詳しい調査のために運び込まれたと言われてきたのである。

トマス・キャリーとドナルド・シュミットの二〇一九年の著作『UFOの秘密――ライト・パターソン

の内情』には、この基地内にあると言われる巨大な地下施設について知っていると主張する目撃者が列挙されており、その証言によると、この施設には、曲がったりねじれたりしても最初の形状に戻れる奇妙な形状記憶合金を含め、回収されたさまざまな素材が収められていたのだという。また、基地内で小ぶりな円形の機体の残骸を見たことがあると主張する目撃者もいた。[6] 一九九四年には、一九六四年の大統領選で共和党候補に選出されたこともある上院議員のバリー・ゴールドウォーターが、CNNの「ラリー・キング・ライブ」の取材に対し、アメリカ空軍参謀総長カーティス・ルメイ大将との会話に関して非常に興味深いことを語っている。「どうもライト・パターソンでは、うっかりある場所に入り込んでしまうと、空軍と政府がUFOについて何を知っているかがわかってしまうようだよ」と上院議員はラリー・キングに言った。「言われているように、あそこは宇宙船が着陸した場所だ。もみ消されたけどね。私はカーティス・ルメイに電話して、『将軍、ライト・パターソンに秘密の隠し部屋があることは知っている。そこへ案内してもらえるかな』と言った。私はついぞルメイ将軍が怒りだすのを聞いたことがなかったが、このときはおそろしく興奮して『二度と私にそのような質問をしないでください！』と言っていたよ」[7]。ゴールドウォーターは非常に有力な上院議員で、軍事委員会や航空宇宙科学委員会の委員を務め、上院情報委員会の元委員長でもあった。いわゆる議会の「ギャング・オブ・エイト」の一員として、アメリカの最も重大な機密を知る資格も得ていた。さらにゴールドウォーターは、空軍大将ウィリアム・「ブッチ」・ブランチャードの親友でもあった。ロズウェルにUFOが墜落したとされる一九四七年当時、ブランチャードは大佐としてロズウェル陸軍飛行場で第五〇九爆撃群の司令官を務めていた。ゴールドウォーターは、このときロズウェルで実際にあったことを知っている直接の当事者を何人か知っていた。

第二次世界大戦末期、アメリカは戦時中に回収したナチのロケットや航空機などから、その技術をリバースエンジニアリングする研究をたくさん行ない、冷戦が始まると、今度はライト・パターソン基地を拠点として、ロシアや中国の航空宇宙機やスペースデブリなどから全面的に海外技術を研究した。一九六一年には、アメリカ空軍海外技術部が正式に基地内に発足した。この部門は二〇〇三年に国家航空宇宙情報センター（NASIC）に吸収されている。ナット・コービッツがライト・パターソンで奇妙な金属を見せられたと言うのを聞いて、私がはっと気づいたのはそこだった。これまでの彼との話のなかで、彼は海軍時代にUAPテクノロジーの研究プログラムに参画していたことは認めたが、それについて詳しく明かすことはできないと言っていた。しかし、今度の話は明らかに別件なのだから、私は彼にあらためて、回収されたエイリアンのテクノロジーをライト・パターソン空軍基地で実際に見たのかどうかを聞けるのではないか。そこで私は彼に尋ねた。あなたは何を見たのですか？

「私が見たのは、何かのマテリアルの断片だよ。チタン合金だという話だったが、空軍でもよくわからないのだと言われた。私もそれがなんなのかわからなかったし、向こうも何も言わなかった。三フィートから四フィート（一・五〜二メートル）ぐらいの断片だ。何かが溶接されていたという以外には、付属物の形跡は何もなかった。だが、これは溶接されたものではなかった。これは全体と一体化したもので、たとえばこれが隔壁だとすると、それが機体の外板と一体化しているということだ。こんな話で役に立つかね」とコービッツは言った。「電子ビームのことを多少でも知っていれば、電子ビームはちょっとしたビードも残さないと知っている。彼らもこの隔壁が電子ビームで外板に接合されていたと考えたんだろうが、私にはそうは見えなかった。あれは完全に一体化していたように見えた。鋳物のようなというかな。私にとってもまったく奇妙なものだったよ。鋳造されたものなら、見た目には完全に一体で、継ぎ目もない。いくら電子ビームを使ったって、ときどきは小さな線が入るものだ。しかし、これにはまったくそれがない。そこがこれの奇妙なところで、製造にかかわる人間からすると不思議でならなかった」

コービッツの専門家としての意見では、彼がライト・パターソンで奇妙な金属片に見たような結合を再現できる工業工程は、知られているかぎりでは存在しないとのことだった。その断片が、この世界のものではない機体の一部だったのかどうかについては、彼は判断を保留した。私が単刀直入に、その金属は地球外起源のものだと思うかと聞いても、ただ苦笑するばかりだった。ナット・コービッツに聞きたいことはまだたくさんあったが、残念ながら、彼には最期の時が迫っていた。私たちが最後に会話してからまもなく、娘さんから連絡が来て、彼の病状が悪化したと告げられた。二〇二〇年四月五日、彼が守っていた秘密は彼とともにこの世を去った。ナット・コービッツは温厚で、寛大で、とてつもなく聡明な愛国者だった。彼は自分がアメリカ海軍のために果たした仕事を心から誇りにしていた。私は彼と話すのが大好きだった。

亡くなる数週間前に、コービッツは自分の友人を何人か私に紹介してくれた。そのうちの一人は、カリフォルニア州の広大なチャイナレイク基地にある海軍航空兵器センターの元専門技術者だった。現在は引退しており、匿名を通すことを希望しているが――したがってここでは「サイドワインダー」（ヨコバイガラガラヘビ）と呼ぼう――知っていることを快く私に話してくれた。サイドワインダーは私に、コービッツから話してやってくれと言われていたという、ある興味深い話を教えてくれた。それはサイドワインダーが国防情報の世界で知り合いになったある人物の経験談で、サイドワインダーはほかの数人の国防関係者とともに、ある日曜の朝、郊外の街道沿いの宿屋でこの人物と会うことになり、そこでこの人物が誘われていたアメリカ政府の極秘UAPプログラムについての一端を聞かされたという。

この会合で、サイドワインダーの国防情報関係の友人は、カリフォルニア州ロサンゼルスのロングビーチに多数存在する大手航空宇宙企業の一つの敷地に招かれたときのことを話した。やたらと広い庭園の散歩に連れ出された彼は、一人の幹部からこんな話をされた。「きみに職を提供したい。これは完全におとりだ。きみはオフィスを構え、そこに毎日通うのだが、きみのいる場所はそこではない。きみには秘書がついて、その秘書が電話をとったり問い合わせに答えたりする。どこからどう見ても、きみはこの組織の従業員だ。きみはそこで仕事をしている。しかし実際には、きみはわれわれや、ほかの人たちと仕事をすることになる。そしてその仕事の一環として、残骸や、人間のかたちをしたものに接することになる」。サイドワインダーは悔しそうに、これ以上のことは知らないと言った。「これが現実なんだとここまで気づかされたことはなかったね。しかし私が近づけたのはそこまでだ」。内部事情を知った彼の友人は、プログラムは比較的少人数の集団によって完全に支配されているが、その全員が政府の人間ではなく、ペンタゴンのほかに航空宇宙業界、情報機関、企業金融界などの人間も入っていると言っていたそうだ。「そして彼が言うには、その輪に入っていないかぎり、どんな組織の人間であろうと、それについては何も知ることができないそうだ」とサイドワインダーは言った。彼の友人には、私からの直接取材は受けてもらえなかった。

その後の数週間のあいだに、私はほかの匿名の内部関係者にも話を聞いた。その人びとの身元を守るため、彼らが詳しく教えてくれた驚くべき情報をここではほとんど明かせないが、ともあれ彼らが一様に、アメリカ軍、それもほぼ確実にアメリカ空軍が、回収された地球外起源の——エイリアンの——テクノロジーを保持していると主張しているのは確かだ。興味深いことに、私が聞いた話は「ウィルソン文書」で主張されていたことと一致する。つまり、いまでは民間の航空宇宙企業がこのエイリアンのテクノロジーに対する支配力を行使しているということだ(また、一九七七年にエネルギー省が連邦政府機関の一つとして発足し、議会の監視下に入るまで、このプロジェクトは長年のあいだエネルギー省の前身組織の内部に隠されていたとも聞かされた)。そうしたテクノロジーが本当に空軍によって隠されているのだとすれば、なぜアメリカ海軍が最近になって、海軍の空母打撃群のパイロットによって撮影されたチクタクやジンバルやゴー・ファストの映像に単純な説明はつけられないと認めたのか、その理由もわからないではない。ひょっとすると、この信じがたい秘密を最も効果的に摘発するのは、古き良き軍種間の対抗意識なのかもしれない。海軍は自分たちが蚊帳の外に置かれたことに真剣に怒っているのではなかろうか。

UFO研究界隈の信者からは、いろいろと荒唐無稽な陰謀論が出されている。それはそれとして、今回、ナット・コービッツやその友人のサイドワインダーのような政府系の元上級科学者たちからも驚くほど似たような見解を聞かされたというのは、まったく別の話である。もちろん否定派は、ここで私が引用した情報源にも文句をつけるだろう。アメリカ政府が保持しているという地球外起源のテクノロジーの確たる証拠を彼らは何一つ見ていないではないかと。たしかにそうだ。結局のところ、これらの証言者が言っていることは何も証明していないに等しい。コービッツは、墜落した地球外起源の宇宙船にかかわるUFO－UAP「プログラム」に参画していたと言った。そして、そのテクノロジーをリバースエンジニアリングしようとする進行中のプログラムがあるとも言った。それらの話にはとても心が躍った。しかしコービッツと話をしたあとも、そのほか多くの科学者や内部関係者と話をしたあとも、なお私は彼らが言ったことを真実として受け入れるのに苦労している。こんな大きな秘密を一国の政府が本当に隠しておけるものなのか？　こんなのはサイエンスフィクションとしか思えないではないか？　いや、それとも？

第23章 サルヴァトア・パイス博士の不可解な特許

約一三億年前、宇宙のはるか彼方で、二つのブラックホール――星が崩壊したあとに残る超強力な重力場――が互いを引き寄せあって死の螺旋を描きながら接近したすえに、ついに衝突して、時空構造を伝わる巨大なさざ波、すなわち重力波を放出した。アルベルト・アインシュタインは一九一六年に、自らの考案した相対性理論の帰結として重力波の存在を予言した。それから約一世紀後の二〇一五年九月一四日、この天体衝突から生じる重力波がついに、史上初めて、アメリカのルイジアナ州とワシントン州にある観測所で検出された。二〇一六年二月、科学者は正式にこの発見を発表した。重力波の初の直接検出は二一世紀最大の科学的発見の一つとして認められ、二〇一七年のノーベル賞を獲得した。ただし、重力波について実際にわかっていることはまだ非常に少なく、これを理解しようとする科学そのものも、まだ一歩ずつの前進を始めたばかりであるということは頭に入れておかなくてはならない。アイザック・ニュートンは一六八七年に初めて重力を理論化したが、重力が空間上でとてつもなく長い距離にわたって働く仕組みはまったく説明できていなかった。のちにニュートンはこう述べている。「私はまだ、重力のこのような性質の原因を実際の現象から発見できていない。私はいかなる仮説もでっちあげない」[1]（原文はラテン語で、この二つめの文が、ニュートンの有名な言葉として残っている *Hypotheses non fingo* ——「ヒポテセス・ノン・フィンゴ／われは仮説をつくらず」——である）。実際、一般の科学的理解はこの時代からたいして進んでいないのである。

だが、この重力波の検出という大発見が発表されてから八週間にも満たない二〇一六年四月、アメリカ海軍所属のサルヴァトア・パイス博士という無名の航空宇宙技師が、『スタートレック』からそのまま出てきたかのような、重力波で駆動する革命的な宇宙船の特許を出願した。パイス博士が特許出願書で述べていたことに、証明されている既知の科学技術的発見にもとづく根拠は——少なくともわかっているかぎりでは——何もなく、その主張は独立した査読も受けていなければ、なんの精査も経ていなかった。ところが奇妙なことに、それでも特許は下りた。パイス博士の発見を海軍が請け合ったことが大きかったのだと思われる。興味深いことに、博士が提案した機体の設計図は、三角形のＵＡＰによく似ている。本人の主張によれば、パイス博士は、つい数週間前に存在を確認されたばかりの重力波と同じようなものを発生させることのできる「慣性質量低減装置」なるものを発見したのだそうで、この驚異的な新しい推進システムを用いることにより、彼の考案した機体は水中でも空中でも宇宙空間でも、きわめて高速で移動できるようになっているとのことだった。そして何より信じがたいことに、海軍のパイス博士の上司は、この新発明の重力波推進システムがまもなく現実のものになると断言したのである。

パイス博士は当時、メリーランド州のパタクセント川に接する海軍航空戦センター航空機部に勤務していた。そこで三年前から一連のおそろしく奇抜な特許を出願しており、そのすべてで海軍が譲受人（特許の出願人）となっていた。特許出願された発明の一つ目は「室温超伝導体[2]」、二つ目は「電磁場発生装置[3]」、三つ目は「高周波重力波発生装置[4]」だった。そしてこれらのはるか上をいく異様な発明だったのが、四つ目の「慣性質量低減装置を用いた機体[5]」なるもので、パイスの出願書類によれば、前述したように高周波重力波を発生させる電磁推進システムを用いることで、空中でも海中でも真空の宇宙空間でも、超高速での運行が可能なのだということだった。

パイスがこれらの特許を出願したことには、とんでもない意味がある。これはすなわち、アメリカ海軍が反重力機を開発していたことを公式に宣言したも同然であり、あの空母ニミッツとそのパイロットが西海岸沖でチクタク型のUAPを追跡し、ビデオ撮影したときから一二年後の二〇一六年四月に、堂々とその特許を出願したのである。このパイスの機体の形状が、何十年ものあいだ空に目撃されていた黒の三角とそっくりなのは、ただの偶然の一致なのだろうか。そして「重力波発生装置」なるものの模式図を見ると……どうもその形状が……チクタク型なのも？

私の取材に対して複数の懐疑的な科学者が指摘したように、もしUAPやパイス博士の重力波発生装置が本当に重力波を放出しているのなら、なぜルイジアナ州とワシントン州にあるLIGO（レーザー干渉計重力波観測所）の超高感度の受信装置が反応しないのだろう。パイス博士が発生装置の試作機のスイッチを入れるたび、あるいは地球を定期的に訪問しているという空飛ぶ円盤がアメリカのそばを通過するたびに、LIGOで異常な測定値が観測されてもよさそうなものではないか。この疑問に答えられるような科学者は表の世界には誰もいないが、もしこうした機体から重力波が発せられているとすれば、既存の超高感度のセンサーのどれかで検出されると考えるのが普通だろう。加えて、パイス博士の信じがたい特許からは、もっと興味をそそる別の疑問も浮かぶ。仮にアメリカ海軍がこのテクノロジーを実現させているのだとしても、博士はそのアイデアをどこから得られたというのだろう。ナット・コービッツが私に言ったこと――UAPのリバースエンジニアリング計画はいまだ進行中である――が本当なら、アメリカがずっとエイリアンの宇宙船の複製に取り組んできて、まもなく技術上の画期的な飛躍が光速で達成されようとしているというのはありえないのではないか（と言いつつ、私はいまだコービッツの認めた話に対して、まさかという思いが消えないでいるのだが）。

パイスの宇宙船の特許出願書には、彼が二〇一五年に書いた科学論文への言及があった。その論文によると、「特殊相対性理論の枠組みでは超光速での機体推進」が理論的に可能なのだということだった。超光速――つまり光よりも速いということは、それこそ『スタートレック』のワープ級の速さである。しかしながら、相対性理論の生みの親であるアルベルト・アインシュタインが導いた絶対に破れないとされる論理的仮定の一つでは、光よりも速く移動できるのは質量ゼロの粒子だけである。物質はいかなるものであれ、光速より速く移動することはできない。この理由から、光速はこの宇宙での速度の上限であるとずっと見なされてきたのである。ところがパイスによれば、「真空偏極を実現させればシステムからエネルギー＝質量を排除することは可能であり、これはハロルド・パソフ〔博士〕も論じていることで、真空中の量子場のゆらぎを操作することによって慣性質量（ひいては重力質量）の低減が可能になるとされている」。私にとってはちんぷんかんぷんだが、要するにパイスが言っているのは、彼の発明した電磁場発生装置は偏極エネルギー場を生みだせるので、それによって機体のまわりに「量子真空」が発生するから、結果的に機体の質量が減るということなのだろう。これによって空気分子も水分子もはねのけられるから、光速より速く移動することも可能になるという理屈なのだと思う。そしてこの理屈だと、機内の乗員は空気力学的な力も流体力学的な力も感じなくて済むので、このような超光速で進む機体に確実にかかるであろう、とてつもないGの力に押しつぶされてスープになることもない。

もう一つ気になるのは、光速よりも速く移動できるという宇宙船の裏づけ材料として海軍が引用している専門家がハル・パソフ博士であること、すなわち、トゥ・ザ・スターズ・アカデミー（TTSA）を通じてアメリカ政府にUAPについての情報開示を求める運動を主導していた人物であることだが、これも偶然にすぎないのだろうか。二〇一七年一〇月のTTSAの発足時に、当時ロッキード・マーティン社の先端システム計画部門スカンクワークスのディレクターだったスティーヴ・ジャスティスは、TTSAが革命的な先進電磁航空機の開発に取り組んでいると明言していた。その航空機は「現在の移動距離と移動時間の限界を劇的に緩和することができる。時空計量を変える駆動システムを採用することで、未確認空中現象に見られるのと同様の能力を持てるようになる」[6]と言ったのだ。ひょっとすると海軍は、TTSAに先を越されるのを懸念していたのだろうか。長いあいだ封印されていた秘密を暴くのに、ある程度の健全な競争ほど役に立つものはない。スティーヴ・ジャスティスがTTSAを去ったのも、この革命的な航空機プロジェクトが頓挫したからだったのだろうか。

この水陸両用の「ハイブリッド機」の特許は二〇一八年に認められ、パイスは翌年一月に、今度は「ハイブリッド航空潜水機に使用される室温超伝導システム」という大胆な主張を展開する論文を発表した。[7]室温超伝導体は、まだ公式には獲得されていない現代物理学の聖杯の一つである。超伝導体とは電気抵抗がゼロの状態になっている物質のことで、現在のところ物質が超伝導体として機能するとわかっているのは、莫大な費用をかけて材料を零下数百度まで冷却した場合だけである。もしパイス博士が本当に室温超伝導を実現させたのなら、それは驚くべき科学的偉業だ。エネルギーをいっさい失わずに長大な距離にわたって電流を流せるとなれば、たとえば送電網による電力供給などは劇的なまでに向上するだろう。さらにすごいことに、電荷をいっさい失わない超電導線を使って膨大な量の電気エネルギーを蓄えることも可能になる。従来の電池では蓄えられている電力が徐々に失われていくが、パイスの室温超伝導体が本当に電気抵抗ゼロを実現できるなら、とてつもなく強力な磁場を生みだすことのできる乗り物も夢ではなくなる。そうなれば、輸送や宇宙旅行に革命的な変化が起こるだろう。

パイス博士の特許出願がなされた時期は、チクタクをはじめとする謎の機体がアメリカ東海岸と西海岸で海軍に目撃されていたことをニューヨーク・タイムズがちょうどすっぱ抜いた直後だったので、必然的に、海軍のパイロットが見たのは当時まだ極秘にされていたアメリカの機体の試験飛行だったのではないかという憶測を呼んだ。たしかにパイスの出願書類で説明されていたものは、謎のチクタクに驚くほどよく似た機体だった。「潜水艇として水中を非常に速い速度で航行できる（水と外板との摩擦がない）ほか、高い空中／水中ステルス能力も備えている（無線周波数信号もソナー信号も非線形散乱させられる）。このハイブリッド機は、真空／プラズマの泡／鞘に収まることにより、電磁場が誘発する空気／水粒子の反発と真空エネルギー偏極の効果ともあいまって、空中でも水中でも宇宙空間でも、媒体を問わずにやすやすと航行することができる」[8]というのである（チクタクの話をしたときに、数百ノットの速度で移動する海中の物体について触れたのを思い出してもらいたい）。

私は知己の複数の軍関係者に相談して、海軍が見た機体はひょっとしてアメリカのものだったのではないか、世界中の確かな筋から報告されてきた無数の奇妙な機体の目撃もこれで説明がつくのではないかと聞いてみたが、その考えは一様に否定された。「最も秘密にしておきたい新しいテクノロジーをどうしてわざわざ公然と試験飛行するんだよ。そんなことをしたら、その存在を海軍にばらされるに決まってるじゃないか」。ある退役した海軍の元高官からは、「隠しておきたいのなら隠れてやらないと。そのためにチャイナレイクやエリア51があるんだ」と言われた。おそらく試験飛行説を疑う最大の理由は、クリストファー・メロンの発言にある。彼の言葉には国防総省のセキュリティクリアランスを得ている人物ならではの権威があるが、その彼が、私的なニュースグループのメンバーに送った電子メールのなかで、一九九七年に録画された三角形の機体の映像投稿についてコメントしている。この機体をめぐっては、かねて噂のTR3B、すなわちプラズマを発生させて反重力場を生みだすというアメリカ製の極超音速ステルス反重力機なのではないかとの憶測が飛びかっていた。[9]それに対してメロンはこう言っている。「私が知っているロッキード・マーティンとスカンクワークスの同僚は、現役社員も元社員も含め、仮にTR3Bが存在するとしても、それはロッキード社で作られたものではないとプライベートな場で明言している。

もしかしたらスカンクワークスの友人たちが私をだましているのかもしれない。SAPの監視プロセスが機能していない可能性もある。あるいはアメリカ空軍が国防長官室と上院歳出委員会委員長に嘘をついているのかもしれない。しかし、この件に関して私が知っているのはそういうことだ。普通に考えれば、そのようなものには膨大な支出枠があったはずだが、少なくとも私は見ていないし、エリア51とその周囲の一帯を訪問した際にそのような機体の証拠を目撃したこともない。もちろん、私が絶対に間違っていないとは言わないが、上記のような単純な理由から、やはり私は懐疑的だ。たしかにアメリカが関係していそうなことを示唆するデータ点もあるにはあるが、それはごくわずかな関係で、決定的とは程遠く、公然としたものでもない[10]」

物理学者たちも、このような数々の信じがたい技術的躍進を果たしたというパイス博士の主張に対しては、深い疑念を表明してきた。率直に言って、もしこれらの特許が実際に使用可能なことが証明されさえすれば、その功績でパイス博士にノーベル賞がたっぷり進呈されるのは疑いない。一説によれば、海軍がこれらの特許を出願した理由は単純に、将来的に起こりうるこれらの画期的な技術革新に対して中国やロシアが権利を主張するのを阻止するためで、アメリカがそれらの技術に特許権使用料を払わなくても済むようにしたかったのだとも言われている。その点、たしかにアメリカの特許法は、特許が認められるものに対して非常にリベラルな基準を掲げている。

アメリカの特許法[11]の起草者は、一見すると不可能なように思える革新的なアイデアに対しても特許を拒絶しないことが非常に重要であると考えたようだ。したがって、当然ながらこの法律には批判もあり、「有用」と見られる発明に特許が与えられるのはいいとして、有効性が科学的証拠によって裏づけられていない発明、たとえば抜け毛の治療法などにまで特許が認められてしまっていると指摘されてきた[12]。そしてパイスの出願書類には、それらのテクノロジーを――本人が主張するように――実際に使いこなせていると証明するものが何もなかった。だからパイスのハイブリッド機に特許が認められていることが大きな物議をかもすのである。アメリカ特許局が一度パイスの出願を拒絶したときには、アメリカ海軍が嘆願書でパイスの成果を請け合ったぐらいだった。海軍航空事業部の最高技術責任者であるジェイムズ・シーヒー博士がその書類でこう述べている。「これはいずれ現実になります。中国はすでにこの分野に多大な投資をしており、この革命的な技術を用いるのにわが国が永久に余計な使用料を払うことになるより、いまのうちに特許を確保するほうがよろしかろうと考えます[13]」

さらに海軍は、パイス博士のあと二つの発明の特許も後押しした。驚くべきことに、室温超伝導体と高エネルギー電磁場発生装置のどちらもがすでに使用可能な状態にあると公言したのである。特許局の文書を確認すると、室温超伝導体の特許は拒絶されており、その理由として、「室温超伝導の主張は現在のところ科学界で承認も立証もされていない」ため、この発明は「使用可能状態になく、したがって有用性に欠ける」と審査官が判断したからとされている。パイスの上司である海軍航空事業部最高技術責任者のジェイムズ・シーヒー博士は、これにも異例の嘆願書を出し、この室温超伝導体が「特許出願書に記述されている物理によって使用可能で有効な状態になっている」と請け合った[14]。海軍からの意見書にはこう記されている。「シーヒー博士は技術的権威であり、海軍省の海軍航空システムコマンドで一一年にわたって基礎、応用、先進の研究と移行全般の広報担当を務めたのち、現在では海軍航空戦センター航空機部門ヒューマンシステム研究所のチーフサイエンティストの職にあり、その分野の専門家と見なされています。……そのシーヒー博士が、この発明は使用可能で有効な状態だと明言しております[15]」。特許局に虚偽の陳述をするのは犯罪であり、虚偽の主張をすれば特許は取り消されるから、「使用可能」という主張をしたシーヒーは文字どおり首を賭けていたことになる[16]。彼は室温超伝導装置が実際に機能すると証言していた。しかし特許局は海軍の証言を信じなかったようであり、さしあたり、この出願は放棄されている。だが、それならなぜ、と疑問が湧く。パイス博士のハイブリッド機の動力源として必要不可欠なテクノロジーの一つと説明されているこの発明に特許を認めないのに、なぜハイブリッド機そのものには特許を与えたのだろうか。

ともあれパイス博士と海軍の弁護士は、めげることなく、高エネルギー電磁場発生装置なるものについても同じく「使用可能」の主張をした。二〇一八年七月の審査官との面談で、弁護士とパイス博士は「本発明の使用可能性に関連する情報を提示し……パイス氏は本発明が初期段階にある発展途上の発明であると述べた[17]」。パイス博士の出願書では、この電磁場発生装置が「海陸および宇宙空間の軍事・民間資産に対して侵入不可能な防御シールドを生成することにより、これらの資産を対艦弾道ミサイル、レーダー回避巡航ミサイル、主力戦車(陸上および海上システム)への上面攻撃《トップアタック》といった各種の脅威から保護できる」など、この装置についての荒唐無稽とも思えるような主張が記されていた。なんとこの装置は小惑星の進行方向をそらせることもできるのだという。こうしてアメリカ海軍は、使用可能と主張された電磁場発生装置の特許を晴れて取得した。信じがたい。

これよりおかしなことはもうあるまいと思うその矢先、パイス博士はまたもや別の、同じくSF的な装置の特許を出願した。今度の発明品は、キロワット(一〇〇〇ワット)からメガワット(一〇〇万ワット)級の入力で、ギガワット(一〇億ワット)からテラワット(一兆ワット)級の出力を実現できるという「小型核融合炉」だった。世界最大の発電所である中国の三峡ダムでさえ発電量は二万二五〇〇メガワット(二二億五〇〇〇万ワット)程度だというのに、そんな主張にいったいどれほどの信憑性があるだろう。磁場を利用して核融合反応を維持できるだけの高温高圧を閉じ込めておける自動車サイズの小型核融合炉をパイスが本当に実現できていたのなら、それは革命的な偉業だ。既存の核融合炉はどれもまだ完全に実験段階なのである。パイス博士の「プラズマ圧縮核融合装置[18]」の特許出願は、二〇一八年三月に提出され、二〇一九年九月に公開された。出願書によれば、この核融合炉は直径二メートル未満にもできるとされている。ということは明らかに、これはパイス博士の提案する三角形のハイブリッド宇宙船の動力源になる可能性がありそうだ。ここ数年につぎつぎと出てきたパイス博士のほかのすべての奇妙な特許と同様に、この小型核融合炉の特許出願も、大半の科学者に首をひねらせた。パイスはいったいどうやってこのような画期的な技術革新を主張できることになったのか。アメリカ海軍は発明秘密保持法のもと、これらの特許出願を秘密にしておくことも容易にできたはずなのに、そうしなかったということは、この出願の目的がどちらかというと、アメリカの潜在的なライバルである中国とロシアにメッセージを送ることにあったと見るのが妥当かもしれない。しかしながらパイス博士はあるインタビューで、自分の発明の背景にある科学を威勢よく訴えている。

「小型核融合炉の設計に関する私の研究がこのような一流の学術誌[19]……に受理されたという事実が……この研究の重要性と信頼性をおのずと物語っておりますし――私の提唱する先端物理の概念の真実性（あるいは実現可能性）をあなたは（あるいは、ほかのみなさんも）誤解なさっていたかもしれませんが、これでそのような思い違いもすべて取り除かれる（あるいは少なくとも、軽減される）ものと思われます」と、パイス博士は尊大に主張した。[20] さらにパイス博士は、彼の言う「パイス効果」が現実の現象であるとも言いきった。これは「電荷を帯びた物質（固体状態のものからプラズマ状態のものまで）が、過渡電流の急激な加速によって振動の加速やスピンの加速にさらされた場合に、その運動が制御される」ことだそうである。「私の研究はいずれ正しいことが証明される……」と言っているのだが、このインタビュー記事を書いたジャーナリストのブレット・ティングリーは、反論として、ある専門家の見解も引用している。それによれば、パイス博士の特許出願書での説明はまったくのナンセンスだそうで、「勝手に作った専門用語と、意味をなさない主張ばかりで、周知の理論的根拠にもとづく証拠がほとんど、もしくはまったくない」と切り捨てられている。

航空宇宙ジャーナリストのニック・クックは、およそ二〇年前、国際防衛問題を扱う代表的な専門誌ジェーンズ・ディフェンス・ウィークリーの航空担当編集者をしていたころに、一〇年にわたって追いつづけた反重力科学についての詳細な調査記録を『ゼロ点追跡』という本に著した。当時のクックの関心は、一九五〇年代から六〇年代初頭にかけて大量に関連記事が出まわり、いよいよ反重力が現実となるのもすぐそこではないかと思われていた時代から、現在にいたるまでに反重力研究に何が起こったのかという問題にあった。クックはこの調査で、すでに表舞台から姿を消していたジョージ・S・トリンブルという科学者を見つけだした。トリンブルは、たびかさなる合併によって最終的に巨大企業ロッキード・マーティンに組み込まれたグレン・L・マーティン・カンパニーの副社長をしていた人物である。一九五七年、トリンブルは反重力の黄金時代について熱弁をふるい、これが一九六〇年代以降は航空宇宙産業を席巻するようになるだろうと予言した。「では、何がいけなかったのだろうか」とニック・クックは書いている。「たしかに五〇年代半ばには、反重力の分野にそれなりの飛躍的進歩があった。その短い一時期のあいだ、人びとは自由に堂々と反重力について語りながら、全人類に利益をもたらすことになる新時代の夜明けを目の当たりにしているのだと確信していた[21]」。しかし結局、ジョージ・トリンブルはニック・クックに対してなぜかまったく口を開いてくれなかった。ひょっとするとアメリカの反重力研究は、第二次世界大戦中にナチの科学者によってなされた発見に起源があり、以来ずっとひそかに続けられているのではないかとクックは推測していた。

　私は調査を始めてすぐにクックと親交を持ち、彼がずっと前に探求したウサギの穴にもぐりこんでいくあいだ、毎月のように彼から親切な助言を受けた。彼は私がうっかり反重力がらみの狂気にはまりこまないよう気を配ってくれたのだ。スカイプでの彼との会話はたいてい彼がロンドンで朝一番のコーヒーを飲んでいるあいだに行なわれた。いたって健康的なあちらとは対照的に、シドニーにいるこちらは二杯目の赤ワインに口をつけながら、メディア嫌いのアメリカの専門家からなんとか情報を引き出そうとした一日のあとの神経の高ぶりを落ち着かせようとしていた。なにしろそんな経験は初めてだった。じつに豊かな鉱脈が見つかった、有望そうな手がかりがたっぷりだと思っても、やがてその望みがどんどん薄れていって、追いかけていく先が行き止まりになる。そしてそこには十中八九、アメリカ国防総省の闇世界の不透明なプロジェクトが立ちはだかっているのだ。何かが起こっているのは明らかなのだが、その何かの正体がわからない。ニック・クックはすでに二〇年前、アメリカが反重力の研究を進め、変わった推進装置を持つ新しい機体というかねて噂の画期的なテクノロジーを開発していることの証拠を多数つかんでいたが、著書ではこの問題に明確な答えを出していなかった。それから二〇年を経て、現在クックはどう考えているのかを聞いてみた。

クックはこう言った。「いまやアメリカ海軍はＵＦＯについて語り、この現象を説明できないことを公式に認めている。これで私もこの問題をあれこれ語っていいことになったわけだ。実際、ずいぶん開放的になっていると思う。これを現実だと思っているかと聞かれれば、そう、間違いなくそうだと思っている。だからといって、このすべてを現実だと思っているかといえば、それはまったく思っていない。しかし、これにはもう一つ付随する問題がある。では、何が起こっていると思っているのか？――じつのところ、それは私もまだ知らない。アメリカが反重力を解明したと思っているのかと聞かれれば、これはもう知らないとしか言いようがない。しかし私の見るところ、それはほとんど偶発的なことだ。このあれこれの問題にわずかでも現実性があるとすれば、それはまさに、史上まれに見る驚異的な話だ。だが少なくとも私の嗅覚からすると、これは真偽チェックに合格している。私の見てきたことからして、わずかな現実性はたしかに存在するし、われわれはいま人類史上初めての驚異的な時代にさしかかろうとしていると思う」[22]

私はアメリカ海軍研究開発部門の元責任者だったナット・コービッツにも、パイスの特許に関して知っていることはないかと聞いてみた。すると彼はいくつか問い合わせをしてくれた。しかし結局、コービッツや彼の同僚の知り合いの海軍関係者は誰もパイス博士についての情報を持っておらず、パイスのいずれかの特許の試作品ができあがっているのかどうかも知らなかった。「もし実用可能なAG（反重力）機のようなものが存在しているとするなら、それは徹底的に内密にされているのだろう」ということだった。元国防総省関係者のクリストファー・メロンも二〇二〇年七月にネット上でこうツイートしていた。「調べてみたところ、パイスの特許に使われている物理が実現可能なのかどうかについては論争が起きていた。試験された形跡も試作機が作られた形跡もない。われわれのパイロットが目撃しているのは断じてアメリカの秘密の何かではない。海軍と国防総省はそれらがわが国のものでないことを真っ先に確認している」[23]

私が何ヵ月もかけて調べたすえに、確実にわかったと言えるのは、アメリカの反重力研究が一九六〇年代に消えたかに見えて、じつは綿々と続いていたということだけだ。アメリカが反重力を解明したというのを疑う理由は十分にあるが、極秘の集中的な取り組みがいまも明らかに進行中であることは疑いないと思う。パイス博士の不可解な特許に関しては、さしあたり様子を見るしかない。この先、何かが出てくればいいのだが……私としては大いに疑問だ。

ともあれ、時代は急速に動いている。UAP問題を何十年も嘲笑してきたころから一転して、二〇二〇年七月には、世界で最も権威ある科学誌の一つがUAPの科学的調査を推進するほうに肩入れした。サイエンティフィック・アメリカン誌に、UAPは科学的に興味深い問題であると述べる科学者のラヴィ・コッパラプとジェイコブ・ハックミスラの意見が載ったのである。「何よりも科学的好奇心を大事にして、そこからこうした現象の理解に取り組まなくてはならない。UAP現象はすべて説明のつくものだと決めつけて、頭から否定するような態度は慎むべきだ。……好奇心こそ私たちが科学者になった理由なのだから」[24]。これを境に、主流科学がUAPに対して公に示す見解は決定的に変わった感がある。

ニューヨーク・タイムズからまた新たなことが明るみに出されるという噂もある。アメリカが地球外起源の材料を回収しているという説をとりあげた同紙の二〇二〇年七月二四日の記事のネット上のコメント欄で、ある読者のコメントに対し、記者のラルフ・ブルーメンソールがそう匂わせるような返信を投稿したのである。そのサンフランシスコの読者はこう書いていた。「政府、あるいは政府と密接な関係にある人たちが、もう何十年も共謀してエイリアン来訪の証拠をうまいこと隠してきた……と考えていいのでしょうか」。ブルーメンソールはこれに対して、そう見当違いでもないかもしれないと答えている。[25]また、ブルーメンソールと同僚のレスリー・キーンが「プロジェクト・ユニティ」のインタビュー[26]で言っていることからして、この二人のジャーナリストが、アメリカ政府によるエイリアンの宇宙船やその断片の回収という説をでたらめでないと思っていることは明白だ。しかしながら、アメリカの新聞から公の場でこんな主張が聞けるとは、いまだに信じられない思いがする。「印刷に値するニュースはすべて掲載する」を社是とする新聞が、UFOの墜落回収は伝えるべきことかもしれないと認めたのである。

レスリー・キーンはこう言っていた。「これはおそらく、最も紙面に載せにくい問題です……理由はいくらでも思いつきます。物議をかもすことにもなるでしょうし、これに関する情報が機密扱いになっているということもあります。公にできることが限られているので、そういう問題を報じるのはとくに難しく、その内容がまたセンセーショナルですから[27]」。ブルーメンソールも同じインタビューで「墜落物の回収は機密事項だ」と言っていた。墜落物の回収が実際にアメリカ政府内での機密事項であるというのがニューヨーク・タイムズの見解なら、これはたいへんな激白だ。なぜアメリカが墜落物の回収を安全保障上の機密扱いにするのかと考えれば、墜落物の回収は事実だったと見る以外にないではないか？

二〇二〇年六月、ドナルド・トランプ大統領は、息子のドン・ジュニアによる和やかなインタビューのなかで、一九四七年のニューメキシコ州ロズウェルでのUFO墜落の噂について、じつに興味深いコメントを発した。ドン・ジュニアがからかい半分に、ロズウェル事件について何か新しい情報を発表して「このの真相をわれわれに知らせてくれる」予定はあるかと聞くと、トランプはこう答えた。「あれについて私が知っていることを話す予定はないが、これは非常におもしろい話だ」[28]。当時アメリカ空軍が発したロズウェルについての非常にいいかげんでありきたりな説明のほかに明かすべきことがないのなら、なぜ大統領がこのような発言をする必要があるだろう？　トランプ大統領の表情は、この質問が来るのをわかっていて、どうとでもとれるような自分の答えに視聴者が身もだえするのを楽しんでいるかのようだった。

情報開示のターニングポイントは二〇二〇年末にやってきた。強い影響力を持つ上院情報委員会からも、アメリカの情報機関と国防総省に対し、UAPに関して集められたあらゆるデータを――海軍パイロットによる目撃も含めて――報告書にまとめるようにとの要求が出されたのである。報告書の提出期限は二〇二一年六月とされていたが、延ばされるのは目に見えていた。いずれにしても、実際に国民の目に触れることになるものは、大いに修正されている公算が高い。それでも政治専門メディア「ポリティコ」のブライアン・ベンダーが言うように、「UFOはいまや議題に載っている」[29]。

さて、こうして二年にわたりウサギの穴にもぐってきた結果、私が確実にわかったことはなんだろうか。アメリカ政府が「未確認空中現象」に関して何かとんでもない秘密を隠していることは疑いないと思う。国防と情報の世界の内情を知るエリック・デイヴィス博士やルイス・エリゾンドがはっきり口にしたこと（および、クリストファー・メロンや元上院議員のハリー・リードがやや控えめに口にしたこと）から察すれば、アメリカはたしかに人間以外の知的生命体が作ったテクノロジーを回収していることになるのだが、もしそれが事実なら、どんなとんでもないことが意味されているかと思うとくらくらする。デイヴィス博士は疑いの余地も残さずはっきりと、チクタクやゴー・ファストやジンバルの正体がなんであれ、これらのUAPは「この地球で作られたのではない異世界の乗り物」であると言っており[30]、議会に対しても私的なブリーフィングでそう説明した。反論するべくもなく、この地球の海で、空で、周回軌道で、既知の人類の科学をはるかに超えたテクノロジーが活動している。知的に制御された機体がいたるところを勝手に飛びまわりながら、人類の想像をはるかに超えたことをやっている。そしてそれは、この地球のものではない。

また、TTSAを立ちあげたパンクロックスターのトム・デロングが主張していたことのかなりの部分が、流出した民主党全国委員会の電子メールによって明白に裏づけられたことも見過ごせない。「ビッグ・シークレット」をどうやってアメリカ国民に開示するかを話し合うための会合は、ヒラリー・クリントンの大統領選挙戦チームによって計画されていた。トム・デロングは、元アメリカ空軍最上層部の将官や、ロッキード・マーティンの先端開発部門スカンクワークスの最高幹部や、クリントン大統領とオバマ大統領の腹心であったジョン・ポデスタと、本当に電子メールをやりとりしていた。唯一の疑問は、「ジェネラル」がデロングに言っていた「生命体」の発見や、エイリアンの宇宙船の回収の話が、はたして真実だったのかということだ。それともアメリカ軍はトム・デロングとTTSAをいいように利用して、新たな冷戦のライバルを欺こうと下手な小芝居を打ち、さもアメリカが新しい技術的な優位を得ているかのように見せかけたのか。サルヴァトア・パイス博士の唖然とするような特許も、アメリカのライバルをびびらせるための涙ぐましいこけおどしにすぎないのだろうか。

ここで私はあらためて、率直な物言いで私をはっとさせ、この陰謀全体を本気で受けとめるようにさせてくれた、尊敬すべき海軍の科学者に思いを馳せる。元アメリカ海軍科学技術開発部長、故ナット・コービッツのことである。私が怖いのは、悪意ある闇世界の連中が偽情報を流し、彼は末期の病に冒されて錯乱した老人だから、私が聞きたいと思うことを話したにすぎないという見方を広めようとすることだ。しかしそんなことをすれば、アメリカの立派な愛国者の遺徳を汚すだけであり、彼が私に引きあわせてくれた友人たちの証言を否定することにもなる。私は一分の疑いもなく、ナット・コービッツが自分の見たこと、自分の知っていることを、私にありのままに話してくれたものと思っている。彼は墜落物の回収計画に「参画」していた。そして彼が一度も見たことのない技術で接合された金属片を見せられたのだ。

自分でもとんでもないことを書いているとは思うのだが、自ら取材して集めた情報から判断して、私はいまや強く疑っている。人間の手によって作られたのではないテクノロジーが回収されている――それもアメリカだけでなく、ロシアや中国によっても回収されているのではないかと。思いきって言うが、アメリカはこの衝撃的な事実をどうやって公にするかをずいぶん前から考えてきたのだろう。なんといってもアメリカは過去七五年、国民に真っ赤な嘘をつきつづけ、「ビッグ・シークレット」を脅かす人びとを犯罪的なまでに苦しめてきたのである。あまりにも多くの内部関係者からあまりにも多くの示唆が与えられてきた以上、私としては、いずれ報いが来るだろうとしか考えられない。

人類史上最大の謎の一つを解き明かそうとする探求にも、まもなく答えがもたらされるのではないか――私はいま強くそう感じている。

［改訂版への増補］

第24章　ドアに鍵を！

二〇二三年二月四日の土曜日まで、北米空域で敵の脅威を察知したアメリカ合衆国が怒りにまかせて強大な軍事力を展開させるような出来事は、数えるほどしか起こらなかった。アメリカの領土に対する攻撃で過去最も悪名高いのは、もちろん、一九四一年の真珠湾攻撃だ。アメリカにとっては屈辱的なことに、大日本帝国海軍航空隊にアメリカ海軍ホノルル基地を奇襲され、二三三五人の軍人を殺された。体に電流が走るような衝撃的なこの一件で、アメリカは第二次世界大戦に突入した。それからの八〇年間に、アメリカの外交政策がどれだけこの卑怯な週末攻撃によって規定されてきたか、いくら大げさに言っても言いすぎることはない。リメンバー・パールハーバー。アメリカは誓った。今後二度と、外敵にこのような戦略的優位を得させてはならない。われわれは世界最強国なのだ。そのわれわれの気づかぬうちに、国土を攻撃されることなど決してあってはならない。

そして二〇二三年二月の週末、六五年近い北米航空宇宙防衛司令部（NORAD）の歴史において初めて武力が行使され、アメリカ領空を飛ぶ「未確認物体」が撃墜された。この一件で、UAPに対する当局の態度は永久に変わることになるだろう。

ジョー・バイデン大統領に報告が入り、この前週に中国の偵察気球がアラスカのアリューシャン列島を越え、カナダを通過してアメリカに入り、アイダホ州から南東方向に南北カロライナ州まで進んでおり、もう五日にわたってアメリカ本土を横断していると知らされたとき、大統領に撃墜命令をくだす以外の政治的選択肢はほとんどなかった。

午後二時三九分、ふだんならいたって平和なひんやりした昼下がりに、ジェット戦闘機F－22が上昇限度の五万八〇〇〇フィート（一万七六〇〇メートル）前後まで舞い上がり、数千フィート上空を浮遊する巨大な気球に向けてサイドワインダー空対空ミサイルを発射した。この機体の莫大な有効搭載量《ペイロード》からして、これが中国軍の打ち上げた偵察気球であることは疑いの余地もなかったが、その後まもなく、このアメリカ本土領空への中国の侵入はほぼ確実に意図的でなかったことが明らかになった。おそらく太平洋上のアメリカ領グアムの上空を通過する予定だったのが、コースを外れてしまったのだろう。▼1

バイデン大統領にとっても大統領の国家安全保障問題担当チームにとってもおよそ与り知らぬことだったが、このスパイ気球のアメリカ本土領空侵入によって生じた怒りは、たちまちのうちに、もっと広範でもっと重大な空中の異常な未確認物体――ＵＡＰ――の問題を、あらゆる全国ニュースの速報とあらゆる全国紙の一面に押し上げた。

その後もきわめて不本意な事態が続いたことで、怒った大衆の関心は、これまで長年にわたり何百件と記録されてきたＵＡＰのアメリカ領土全域への侵入に対して政府がずっと目をつぶっていたことに向けられた。元国防省官僚のクリストファー・メロンが何年も前から警告していたことが、ここでくっきりと浮き彫りになった。ＵＡＰに対する情報機関の破滅的なまでの呑気な無関心が、いつか真珠湾やスプートニクのときのような衝撃を引き起こす――これが現実になったのである。約二週間にわたり、アメリカのメディアも世界中のメディアの大半も、アメリカ領空に現れた複数の未確認物体をめぐって狂ったように騒ぎたてた。そしてもちろん、エイリアンの話も持ち上がった。

中国の偵察気球の撃墜から六日後に世界中のメディアの関心によって狂乱の渦に投げ込まれる前、アラスカ州のデッドホースという町のおもな売りは、体感温度マイナス七四度(摂氏)の記録を持っていることだった。石油産業従事者相手のサービス業ぐらいしかない人里離れたデッドホースの町は、フェアバンクスから北へ八〇〇キロメートル延びるダルトン・ハイウェイの終点に位置する。次の停車場は、何もない広大な北極海を隔てた先のロシアである。二月一〇日の金曜日、中国気球の侵入の件でホワイトハウスから怒りの猛火を浴びたNORADが、遅ればせながらレーダーの感度を調整してみると、ほとんど間を置かずに、また別の正体不明の「自動車ほどの大きさの物体」がデッドホースのすぐ近くの沖合にいるのが探知された。すでに敵対する共和党員からスパイ気球の侵入に関してさんざんに責められていたバイデン大統領は、その物体が上空四万フィート(一万二〇〇〇メートル)にあったため、航空交通に危険をおよぼす恐れがあるとして、ふたたび撃墜を命じた。ロイター通信によれば、当局はメディアに対し、「下は凍った海だから、そこから物体の破片を回収するのは容易」だと請け合ったという。[2] その明言された回収がついぞ実現しなかったことで、バルーンゲート(この気球事件は必然的にこう呼ばれるようになった)をめぐる混乱はさらに凄惨をきわめた。

アラスカでの撃墜に関するペンタゴンの情報管理は早々に狂いはじめた。氏名不詳の担当者がメディアへの状況説明で息を弾ませながら話しはじめたところでは、「何名かのパイロットが、この物体が航空機の『センサーを妨害』したと言っているが、すべてのパイロットがそうした経験を報告しているわけではない」という。[3] また、いろいろと聞かれる話によると、パイロットたちは「この物体にははっきりそれとわかる推進装置が見られなかったと言っており、どうやって浮いているのかも説明できなかった」らしい。これは、二〇〇四年のニミッツUAP事件と二〇一四年から二〇一五年のセオドア・ルーズベルトUAP

事件でパイロットの報告書によく出てきた説明を想起させ、すでにセンセーショナルだった話題にさらに刺激を加えるかのように、この謎の物体には何か異常性があるのかもしれないという匂いをうっすら感じさせた。ひょっとして、これらの飛行物体はETだったのか？　実際、ボストン大学宇宙物理学センター所長のジョシュア・セメター教授もニューズウィーク誌にこう話している。「この説明には、以前の海軍パイロットの説明と似たところがあります。あの乗り物を回収して詳しく調べることができるようなら、きっと多くのことがわかると思います」[4]

その後、事態は好転するどころかますます悪化した。厄介な未確認物体がつぎつぎとやってくるのだ。この翌日に、コロラド州のピーターソン宇宙空軍基地にあるNORADの秘密の地下室で、壁に張りついているハエのようにこっそりのぞき見ができたなら、さぞ楽しかったことだろう。司令官たちが唾を飲み込みながら電話に手を伸ばし、すでに怒り心頭のホワイトハウスに、また別の「物体」をレーダーオペレーターが追跡していると告げるのだ。今回のは円筒形で、カナダ西端のユーコン準州の上空四万フィート（一万二〇〇〇メートル）を飛んでいた。カナダのジャスティン・トルドー首相はツイッターで国民に向け、この物体の正体は撃ち落としてみるまで不明だが、「これからカナダ軍が物体の残骸を回収して分析する」と告げて安心させた。[5]　これもまた、結局は果たされない約束となった。

その翌日のペンタゴンの面々の悩み苦しむ様子を想像してもらいたい。信じがたいことに、一日後の二月一二日の日曜日、四つ目の未確認物体が五大湖の上空二万フィート（六〇〇〇メートル）を浮遊しているところを探知されたのだ。このニュースはその日の午後にアメリカンフットボールのスーパーボウルの決勝戦が行なわれているあいだ、ずっとテレビの報道番組を占拠していた。これはUAPの話題が第一面から押し出されるのを期待していた人にとっては最悪のタイミングだった。ほぼすべてのアメリカ人がホットドッグとポップコーンの箱を片手にテレビにかぶりつき、カンザスシティ・チーフスが接戦のすえに土壇場でフィラデルフィア・イーグルスに打ち勝つのを見ていたときなのだ。その壮絶な決闘の最中に、テレビの画面には頻繁に生中継のニュースが割り込んできて、興奮した様子のキャスターが、ミシガン州デトロイトの北、大陸の中心部に位置するヒューロン湖上空に現れた新たな「未確認物体」に対処すべく、サイドワインダーを搭載した戦闘機がまた送られたことを伝えている。今回の物体は八角形の構造をしているそうで、その下に紐のようなものがぶら下がっているという。[6] そしてまたしても、広範に探索したにもかかわらず物体の痕跡は何も見つけられなかった。

わずか一週間あまりのあいだに四つの飛行物体がアメリカとカナダの領空に侵入し、そのうち三つは正体がなんなのか、どこから来たのかを政府の誰も説明できないという事実は、アメリカのメディアにとって格好の火付けの種であり、議会の怒りにも火が付いた。これらの物体を撃墜したら回収して正体を突き止めると繰り返し当局が請け合っていたにもかかわらず、一つも見つからないどころか、破片さえ見つかっていないだなんて、これではだまされたくてもだまされようがない。この謎めいた物体の正体がなんであれ、何千億ドルもの防衛予算と、自慢の衛星・地理空間監視テクノロジーと、大規模探索に乗り出せるだけの並外れた資源を備えた国が、その物体のかけらさえ迅速に回収する能力がないとは、いったいどういうことなのだ。ニューヨーク・タイムズはこんな見出しを掲げた。「事態はいかに。謎の機体の撃墜に仮説はあれど答えはない」

ホワイトハウスの国家安全保障会議の広報官を務めるジョン・カービーは、ジェット戦闘機に搭載されているガンカメラの映像をなぜ公開できないのかとメディアに詰め寄られると、ペンタゴンに聞いてくれと責任転嫁した。政府とペンタゴンは未確認飛行物体の侵入について言い逃れをしているのではないかとの国民の疑念が高まっていたところへのこの回答は、火に油を注ぐだけだった。これらの物体が本当にありふれた気球なら、なぜアメリカ国民がパイロットの見たものを見せてもらえないのだ？　私がこれを書いている現在、映像はいまだ公開されておらず、これらの物体はおそらく趣味か商業目的で飛ばされた気球の一種であるという主張を立証するものとなる映像を、なぜ国民に見せられないのかという疑問に対して、アメリカ政府からはなんの説明もなかった。

私が思うに、これは陰謀ではなく、しくじりだろう。おそらくホワイトハウスは早い段階で、これらの物体がただの平凡な商用気球である可能性が高いことを内部の専門家から聞かされていた。しかしそこで、自分たちが過剰反応してしまったのはほぼ確実だという、非常に情けない事態になった。大統領はようやく一週間後になってから、これらの物体は単にアマチュアか科学者の飛ばした気球が迷い込んできたものと考えるのが、最も無難な説明だと認めた。このようなアメリカ領空への侵入は、数人の内部関係者がこっそりメディアに漏らしたところによると、しょっちゅう起こっているものの、総じて無視されていることなのだという。▼7

もしも撃墜の当日かそこらのうちに、ホワイトハウスがさっさと胸襟を開いて、これらの物体はたぶん単なる気球であり、不吉なものでもなんでもないと率直に認めていれば、一瞬は恥ずかしい思いをしたかもしれないが、報道はすぐに次の話題に移っただろう。ところが当局は何日ものあいだ、これらの物体はいまだ謎であると言いつづけ、ボーイスカウトの科学実験だったとも言われるものを撃ち落とすのに一五〇万ドルを超える支出を大統領が認可したことを、公式に認めるのを回避していた。

この時点で政府当局は、オカルト方向へ走った。UFOやUAPの伝統的なタブー扱いなど無視すればよかったものの、代わりにメディアと大衆に、これはひょっとして「ET」じゃないかと思わせることを選ぶという失策を犯した。ヒューロン湖上空での四回目の撃墜から数時間後、アメリカ北方軍司令官のグレン・ヴァンハーク将軍は、地球外生命の操作するUFOだった可能性は排除したのかどうかを質問された。彼は疑いなく、NORADの当局者がすでにひそかにジャーナリストに話していたこと、つまり三つの謎の物体はすべて趣味の気球か科学気球であった可能性が非常に高いということを、配下のパイロットからはっきりと報告されていたはずだ。

　奇妙なことに、将軍が記者会見でこれらの物体のことをいまだ謎であると強調していたあいだにも、NORADの広報官オリヴィエ・ギャラン少佐はメディアへの状況説明で、「軍はこれがなんだったかを特定しているが、詳細を明かすのは控える」と断言していた[8]。F－16戦闘機のガンカメラの映像も確認と分析が済んでいたのだろう。これらの物体がエイリアンの乗り物だったという根も葉もない噂がソーシャルメディアで流れはじめ、まともなメディアでさえ、ジェット機のセンサーがこの物体に乱されたと話すパイロットの奇妙な報告を興奮して取りあげるようになった。ヴァンハーク将軍の記者会見でのETに関する不遜な質問は、こうした憶測をすぐさま捨てさせるのに格好の機会だった。広報部の抜け目ない危機管理担当者なら、こういう質問が来るのも想定内だったはずである。善良な将軍が「そのようなことを示唆するものは何もありません」とあっさり答えてさえいれば、ことはたやすく収まったに違いない。ところが将軍は、ETの可能性を問われると、興味津々の記者団に対してこう答えたのである。「それについては情報機関と防諜機関に任せます。私は現時点では何も排除していません[9]」。すぐさまニュース速報が世界中を駆けめぐった――ペンタゴンはこれらの物体が……（ドラムの鳴る音）……エイリアンである可能性を排除できていません。これでまた新たな特ダネ合戦の始まりだ。真相はいかに。もしかして将軍は、われわれの知らない何かを知っているのではないか？

　翌日、ダメージコントロールを狙って空振りしたのか、大統領報道官のカリーン・ジャン＝ピエールも、ホワイトハウスの記者会見でこう述べた[10]。「繰り返しますが、ここ最近の撃墜に関し、エイリアンや地球外生命の活動を示すものはありません」。しかしこれは奇妙な発言で、まだ記者団からエイリアンの可能性についての質問が出てもいないのに、彼女は自らこの話題に触れたのである。いずれにしてもホワイトハウスの報道官が、いつものように目を丸くして、あきれたような、ごまかすような表情を作ることもなく「エイリアン」という言葉を口にするというのは、このうえもなく奇怪なことだった。

バルーンゲート問題の追及により、ペンタゴンがしぶしぶ認めたことのなかでも最も衝撃的だったのは、三つの物体が新たに探知されたことのそもそもの理由が、中国の気球の撃墜後に初めてNORADがレーダーの感度を上げ、小さめの物体でも航空の安全を脅かす恐れのあるものはすべて探知されるようにしたためだったということだ。そして、そのようにした理由は疑いない。またもや恥ずべき領空通過を見逃して全方向から公然と非難されるのを、ホワイトハウスはなんとしてでも阻止したかったのだろう。

国土防衛・米州問題担当国防次官補のメリッサ・ダルトンが、記者会見でこう認めている。「レーダーの強化を含め、この高度の領空をこれまで以上に精細に調べるようにしてきました。探知された物体の数がこの一週間のあいだに増えた理由の少なくとも一端は、これで説明できるかもしれません」▼11

これを当局が認めたいま、その背後に隠れていた非常に重大な問題が見えてきた。というのも、ホワイトハウスは撃墜を正当化する根拠として、三機の未確認物体（繰り返すが、レーダーの感度を高めたからこそ探知されたもの）が航空の安全に深刻な脅威を与えていたと言ったのである。それならば、メディアとしては絶対に聞かねばならない質問がある。ではそもそも、なぜレーダーの感度を低いままにして、アメリカの国境防衛がこれらのような小さめの物体に気づけないのを放置していたのか？　こうした侵入が以前からたびたび起こっていたのを知ってのことなのか？　これらのような潜在的に危険な物体は、いつからアメリカの領空を通過していたのか？　こうした侵入は、潜在敵国がアメリカの防衛センサーのレーダー感度を試そうとして起こしたことなのか？

そして何より大事なことに、ペンタゴン、とくにアメリカ空軍は、アメリカの領空に侵入してくる未確認物体に対してなぜこのように故意に目をつぶるような真似をしているのか？　しかし結局のところ、たとえ機会があってもわざわざこれらの疑問を投げるようなメディアはほとんどなく、報道は次の話題に移っていった。

だが、バイデン大統領の国家安全保障担当補佐官ジェイク・サリヴァンが同じ疑問に悩まされたのはほぼ確実だ。なぜならこのあとホワイトハウスは、失態を犯したときやスキャンダルに見舞われたときに政府のどの政治部門でもやることをやったからだ。国防官僚のいつもの面々に分析をゆだねるのではなく、自らことに当たったのである。二〇二二年七月にUAPの調査を任務としてペンタゴンに新設されていたAARO（全領域異常解決局）に、ホワイトハウスがいますぐ求めている緊急調査を行なう資格があったことはほぼ疑いない。ところが、そうはならなかった。国家安全保障会議のジョン・カービー広報官は、大統領が三機の未確認物体の撃墜を受けて、アメリカ領空内の未確認物体を調査する省庁間合同チームを創設したと発表した。このチームの任務は「安全もしくは安全保障上の脅威となりうる未確認空中物体の探知と分析と処置に関する広範な政策的意味合い」を研究することとされていたが、それはまさにペンタゴンのAAROに創設時に与えられた役割とそっくりだった。[12] AAROの役割は、二〇二二年末の国防総省のプレスリリースにこう記述されている。「あらゆる未確認異常現象の報告の文書化、収集、分析、および可能であれば解決を進めるための省庁間の取り組みを主導すること[13]」

ホワイトハウスが国防総省のお偉方の頭越しに独自の省庁間調査班を任命したことから察するに、国防総省に対するホワイトハウスの信頼は、バルーンゲート騒ぎで露見した失態によって相当に厳しく試されたのに違いない。アメリカの領空を守る神聖な責任をとくに託された機関であるアメリカ空軍が、レーダーのセンサーを故意にいじって、航空の安全にとって非常に現実的な脅威となる物体の探知を実際に回避させたなど、まったくもって意味がわからない。

当時、私は国防総省のとある情報源からもっと重大な話も聞いていた。要するに、アメリカ海軍のとある上級司令官がホワイトハウスに情報を持ち込んで、その情報を見たバイデン大統領の補佐官たちが、本当のことを言えるかどうかの能力に関してさらにペンタゴンへの信頼を損なわされたのである。ホワイトハウスの省庁間パネルが結成された詳しい経緯がどうであれ、これは確実にペンタゴンの一部の人びと、とくにアメリカ空軍司令官の一部に対する計算された平手打ちだった。彼らとしては、迷惑きわまりないバルーンゲート問題の報道もじきに飽きられると期待していたかもしれないが、そうはさせじというわけだ。もちろん、ホワイトハウスがこのような調査班を任命することにともなう一つの問題は、バイデン大統領とその補佐官たちならば、調査班が発見したどんなことに対しても大統領特権を主張できることである。一方、ペンタゴンのすることはなんであれ、つねに議会の監視を受けなくてはならない。しかし率直に言って、ペンタゴンに対する立法府の監視のレベルはしなびたレタスのように脆弱だから、政治的圧力から逃げられない大統領が自分の知ったことに嫌でも誠実に対処してくれることを期待するほうがまだましだろう。

そして話はまだ続く。国家安全保障会議広報官のジョン・カービー海軍少将は、大統領がUAP現象に特化した大統領への毎日の情報ブリーフィングを二〇二一年六月以来、久々に命じたことも明らかにした。[14]これがまた疑問を呼ぶ行動だった。大統領は当時、機密情報ブリーフィングで何を聞いていたのだろう。それでなくても忙しい平日にまた多少の時間を取られるのに、それでもそんなに頻繁にブリーフィングを求めさせるようなことを聞いたのだろうか。カービーは立て続けに、また別のことも明らかにした。記者会見の場を利用して、未確認異常現象のもっと大きな謎に対する大統領の対応についてまで語ったのである。軍民双方のパイロットによるUAP目撃はいまも続いており、すでにペンタゴンのタスクフォースも認めているこれらの目撃は、国家安全保障上の重大な懸念を呼び起こし、航空の安全にもかかわる問題になっていた。これは報道陣にとって明らかにありがたい展開だった。

「このような未確認空中現象はもう何年も前から報告されてきましたが、政府による説明や詳細な調査はなされてきませんでした」とカービーは記者団に語った。アメリカは同盟国やパートナー国と「未確認空中現象が突きつける課題について、また、その課題に対処するためにどう一致協力できるかについて」協議しているという。

この記者会見では、国家安全保障会議広報官に対して鋭い質問が一つなされた。それは国家情報長官室（ODNI）の二〇二一年の報告書に関するもので、この報告書では二〇二一年三月以降に報告された二四七件の未確認空中現象が取りあげられており、そのなかには「飛行面での異様な特徴や遂行能力を明らかに示して」いるものもあったそうだ。

「そこで質問ですが」と、この氏名不詳の記者は切り出した。「なぜ大統領はつい最近、つまり、ここ二週間のうちに、こうした物体のいくつかを撃墜する命令を出しはじめたのでしょう。なぜ二〇二一年のあいだ、あるいは二〇二二年のあいだに、そうした命令がいっさい出されなかったのでしょうか」

答えは、ジョン・カービーの回りくどい説明が物語っていた。「それは非常に――非常に単純なことです。問題になっているのがどういう種類の安全か、どういう種類の安全保障上の脅威やリスクか、ということに尽きます。そして――そしてまた、これは――われわれの追跡能力、探知能力、交戦能力に、多くがかかっているということでもあります。私はペンタゴン出身ですから、その私から言わせてもらえば、これらのUAPのいくつかは、もちろんこれらの一つひとつが何をしようとしているか全部わかるわけではないかもしれませんが、そこにあった大きな懸念のいくつかは、多くの――いや――これらの報告の多くがわれわれの訓練場のまわりで起きていたこと、飛行訓練区域の周辺で起きていたことです。だから戦闘機パイロットがこうしたものを見ていました。そしてこれは――そこにはわれわれのパイロットの安全な飛行に潜在的な影響があったわけです。ただし、こうしたもののいくつかに関しては、それを目にするのが一瞬しかないこともあるかもしれません。したがって、その場合は違ってきます」

どのように分析しても、先般の撃墜の動機となった安全上の懸念が、かつてのそれとは大きく違っていたという結果にはならないだろう。実際、かつてアメリカ軍の訓練区域に異様な物体が侵入してきたときのほうがよほど深刻だった。この物体はありえない速度とありえない機動性を示していたのである。カービーは、かつて海軍のパイロットに目撃されたUAPも航空安全上の脅威だったと認めたが、注目すべきは、そのときのアメリカがそれらに対して無力だったと言っているようにも見えることだ――それらのUAPは、「追跡能力、探知能力、交戦能力」が追いつかないほどの高速度で動いており、ましてや撃墜するなど望みようもなかったと。この告白には記者団もはっとしたのではなかろうか？

この瞬間、アメリカのメディアはカービーからのパスをキャッチして、もっと幅広い、UAP全般の謎についての質問をここぞとばかりにホワイトハウスの記者会見場にぶち込んだ……となったはずなのに、メディアはその機会をふいにした。しかしこのとき、アメリカ合衆国の大統領に提言する国家安全保障会議の広報官は、本質的に、数日前の三つの未確認物体の追跡と探知と回収に大きな失敗があったことを認めただけでなく、こうした物体による国家安全保障上の脅威、および軍のパイロットの安全な飛行に対する脅威が、現在進行中の現実のものであることも認めていたのである。

元国防総省高官のクリストファー・メロンも声をあげ、アメリカ海軍のUAP遭遇がいかに危険な事態だったかを（そして危険は現在も続いていることを）、戦闘機パイロットのライアン・グレイヴズが語った話を例に出して強調した。のちにグレイヴズはそのときの証拠を議会に提出してもいる。「海軍の飛行士によって明らかにされた軍の制限空域でのUAPの活動の程度は、はなはだ驚異的だった。グレイヴズ大尉によれば、彼の隊が遭遇したUAPは、アメリカの主要な人口密集地からも首都圏からもそう遠くない、東海岸沖の制限空域で軍の訓練が行なわれるたび、ほぼ毎回と言っていいほど姿を現した。その活動があまりにも頻繁なので、ある海軍基地では、これらの未確認飛行物体との空中衝突が起こる潜在的な危険を飛行士に警告する掲示まで出された。実際、危うくUAPと空中衝突しそうになった事態は何度か発生しており、当局にも正式に報告されている。その後、議会に提出された情報では、軍の航空機とUAPとの空中衝突寸前のニアミスが二〇〇四年以降で一一件あったとされる」[15]

そしてメロンの発言にも、海軍パイロットが遭遇したUAPの多くは「最近アメリカ空軍に撃墜されたどの物体よりもはるかに印象的で、はるかに危険そうな性能特性を示していた」との見立てがある。メロンはアメリカ空軍のF－22戦闘機が海軍パイロットと同じ訓練空域を使っていたことについても強調する。空軍のほうが優れたセンサーシステムを備えていたにもかかわらず、空軍パイロットは「……レーダーに探知されていたに違いないUAPを報告していなかった。実際、議会に提出された予備評価には、アメリカ空軍からの情報がまったくと言っていいほど入っていなかった。空軍は（アメリカ宇宙軍の監督も担う部門として）海軍よりもはるかに多くの航空機とセンサーシステムを保有し、NORADを支援する責任も負っているにもかかわらずである。私の理解では、NORADはODNI（国家情報長官室）の報告書に、毎年レーダーが北米上空に確認する何千もの『無相関軌道』をいっさい含めていない。もちろんその大半は、雁の群れだったり、応答装置が故障した自家用機だったりする。しかし、もっと深刻な状況を空軍が報告しなかっただけというケースもある。たとえばいまなら想像がつくように、アメリカやカナダの空軍がUAPの迎撃に戦闘機を緊急発進させたこともあったのではないか」。明らかにメロンはいくつかの特定の事件を知っていて、それをアメリカ空軍が議会に適正に報告していないことを敢然と非難していた。メディアはいつになったら気づくのだろう。これは記事になる話なのだ。国家の最上層部を知り、あらゆる種類の闇の秘密と情報源にも通じた元国防総省高官が、アメリカ空軍はUAPについて、航空の安全を脅かす危険について、議会に状況説明をしようとすることに非協力的であると言っているのである。

メロンのあからさまな批判はこれだけではない。彼がルイス・エリゾンドとともに海軍パイロットと議会の監視委員会との会談を取り持ったときも、空軍は「この件についての調査に敵対的だったとは言わずとも、明らかに不親切」（傍点原文）だったという。元国防総省職員が、かつて自分が運営を支えた一軍種をここまで公然と辱めるとは、およそ尋常ではない。そこでまた疑問が湧く。なぜ空軍は、自分たちのパイロットを安全に飛行させる助けとなりそうな調査に協力しようとしなかったのか？

　UAP全般の話の重大性にメディアが関心を持たないことにも、メロンは明らかに深く苛立っている。サイズ三〇センチの足で既存メディアのケツに蹴りを食らわしたいところなのだろう。「これは主流報道組織がかつて一度も取りあげたことのない最大のニュースであると言ってさしつかえない」

　おそらく何よりずるいのは、一部の懐疑論者や政府関係者やジャーナリストがなんら実質的な証拠を示さずに、海軍パイロットから長年にわたって報告されてきた高度なテクノロジーを示す異様な物体のことまでも、気球やドローンのたぐいとして片づけようとしたことである。何人かのコメンテーターは、過去に報告された海軍の目撃も、単にごみが空中に浮かんでいただけだとか、趣味用か気象観測用の気球が迷い込んできただけだとか、そんなつまらない話だった可能性が高いと言ってはぐらかそうとした。二〇二二年一〇月にニューヨーク・タイムズに掲載されたある記事は、国防総省報道官のスーザン・ガフによるブリーフィングをもとにして書かれたものだ。[16] ガフ報道官が断言することには、ある情報報告書が正式に、軍の目撃情報の一部（傍点著者）を「比較的普通のドローン技術を用いた」中国のスパイ活動によるものと判定していたという。記事にはこう書かれている。「すでに解決済みの事例のうち、ほとんどは上空に漂ってきた気球のようなつまらないものか、スパイ行為によるものだったことが判明している。……過去に報告された事件で、もっと多くのデータが集められたものに関しても、地球に根ざした普通の説明ができるとわかった」。記事によると、読者はこの情報報告書を見せてもらうことはできないそうだ。一般人はペンタゴンの言葉をそのまま受けとるしかないが、それが情報収集方法を守るためには必要なことなのだという。「当局の秘密主義には代償がともなう」と、記事はわかったような調子で付け加える。「政府の嘘に関する陰謀論が広まるのは止められない」

　世界最大の新聞の一つがアメリカ海軍のＵＡＰ目撃についてこのような姿勢をとっているとは、にわかには信じがたい。これは同紙の記者のレスリー・キーンやラルフ・ブルーメンソールによる、パイロットの目撃証言という直接証拠を綿密に詳述した慎重かつ大胆な記事とは真っ向から相反しているように見える。この記事を読むかぎり、記者はこう言いたいようだ――アメリカ海軍が異常なＵＡＰを目撃したというのも政府の嘘に関する陰謀論にすぎず、海軍が目撃したものも最終的にはすべて上空に浮かんだごみかドローンとして説明されるだろう。

　アメリカ海軍が目撃したＵＡＰのいくつかは、いまもって未解決の謎であるという事実を強く後押しするには、ほかならぬ「ギャング・オブ・エイト」（八人組）、すなわち機密性のきわめて高い情報と国防関連の秘密を監視する任を負う、連邦議会の極秘グループの一員が必要だった。そのギャング・オブ・エイトの一員であるコネチカット州選出の民主党下院議員ジム・ハイムズは、ＣＢＳの「ザ・レイト・ショー」に出演した際に、司会のスティーヴン・コルベアから鋭く詰め寄られた。「これは憂慮すべきことですか？」と海軍の目撃の事実についてコルベアに尋ねられ、「ああ、それですか」とハイムズは答えはじめた。「問題は、見える見えないの話ではなく、センサーです。センサーが何かを拾うのであれば、そこに何かあるわけです。そこで、あなたの質問に興味深いことをお答えしましょう。パイロットが何かを見て、センサーもそれを拾っている数百の事件をよくよく調べてみると、そのほとんどすべては説明できることです……が、それでもいくつか、これは聴聞会でわかったのですが、それでもいくつか、なんだかわからないことがあるのです▼17」

二〇二三年二月の「未確認物体」の撃墜を受けて、元戦闘機パイロットのライアン・グレイヴズも、ホワイトハウスは今回撃墜されたローテクな物体と、自分がいた隊のパイロットが目撃した驚異的な、説明がつかないほど高度にハイテクな物体をいっしょにするべきではないと警告した。[18]

「あれらはただの気球ではなかった。あの未確認空中現象（UAP）は、最高マッハ1のスピード、つまり音速まで加速した。風速一二〇ノットというカテゴリー4のハリケーンに分類される強風が吹いていたにもかかわらず、見たところまったく動かずに静止位置を保っていた。目に見える揚力装置も、操縦翼面も、推進装置も持っていない――つまり翼やフラップやエンジンがついた通常の航空機とは似ても似つかないものだったということだ。そして、われわれの戦闘機より長く飛びつづけられる。一日中でも連続して稼働できていた。私は正式な教育を受けたエンジニアだが、あれらが実証していたテクノロジーは私の理解を覆すものだった」とグレイヴズは書いている。そして彼がもう一つ主張しているのは、とくに危うかったニアミスが起こったあと、安全報告書が提出されたにもかかわらず、パイロットの経験したことがいっさい公式に認められなかったということだ。しかし「同じく東海岸を飛んでいたほかの隊も、似たような経験をひそかに伝えはじめていた」。それでも命令する立場にある人間が誰も海軍パイロットが目撃したUAPのことを知りたがらなかったため、現場のパイロットにできるのは、訓練を中止するか、訓練場所を変えることぐらいだった。「UAPがわれわれの周辺で野放しにされたまま機動飛行を続けていたからだ」

立派にもライアン・グレイヴズは自ら立ち上がり、航空宇宙の安全と国家安全保障を訴える「アメリカンズ・フォー・セーフ・エアロスペース」（ASA）という組織を創設した。ASAは、UAPを報告する軍民双方のパイロットや航空宇宙産業の従事者を支援し、公的機関にさらなる情報開示を要求している。実際に空を飛んでいるパイロットたちは、いつかこうした異様な高速UAPと悲惨な衝突を起こすのではないかと本気で心配しているのである。

いまにして思えば、国防総省のスーザン・ガフ報道官がニューヨーク・タイムズに対して認めたことには、納得よりも疑問が生じる。彼女はあのとき、ペンタゴンが二〇二二年一〇月の段階で、つまりスーパーボウルの週の撃墜より四ヵ月も前の段階で、アメリカの領空内に潜在的に危険な気球やドローンがあるのを承知していたと認めているのだ。それならなぜ、アメリカ空軍とNORADはそれらの探知を避けるかのように、レーダーの感度を低いままにしておいたのか。こうしてまたいつもの問題に戻ってくる。もし知っていたのなら、なぜアメリカの防衛を託されている当局者が、それを無視していたのだろう？想像もつかない。

ライアン・グレイヴズが認めているように、ひょっとするとアメリカ海軍のパイロットが目撃した先進的なUAPテクノロジーは、中国、もしくはその他の潜在敵国によって展開されたものだったのか。もしそうだったとすれば驚愕ものだが、それだけに、その可能性を無視するべきではないとグレイヴズは強調する。「軍事、情報、科学、技術の各分野における最高の頭脳を結集して、早急にこの脅威に対処する必要がある。もし先進的なUAPが外国のドローンでないのなら、この謎に対して徹底的な科学調査をする必要が絶対にある。わけもわからず否定しているだけでは陰謀論といっそうの不信が広まるだけだ[19]」

アメリカの報道機関は総じて手がかりを拾い損ねており、ホワイトハウスの国家安全保障担当官がわざわざ落としてくれた手がかりさえ追えずにいるが、連邦議会の主要議員のあいだにはかつてない活気がみなぎっており、バルーンゲート問題で浮き彫りになった失態と、なぜそれがUAP全般の謎に直接的に関連しているかを強く指摘する公式声明を出すようになっている。共和党上院議員のマルコ・ルビオは、NORADの設立以来、アメリカ領空にいる物体を撃墜する決定がくだされたのは今回が初めてであり、撃墜された三つはどれもいまだ正体が特定されていないことを指摘した。

「……これらがなんなのか、私たちは知りません」とルビオは言った。「彼らにしてもそうです。誰も彼らからの報告を聞いていません。私たちもです。彼ら自身、わかっていないのかもしれないし、もしかすると知りようもないのかもしれません」[20]。ルビオは国にこうした未確認物体に対応する体制が整っていないことを看破し、未確認物体についての報告と対処を協調して進められるよう、民主党上院議員のカーステン・ジリブランドとともに超党派で専門部局の設置を検討していると語った。ペンタゴンのＵＡＰ部局は「何百件」と空中浮遊物を見てきているのに、今回と同様に撃墜対応をされたものは一つもなかったではないかとルビオは言った。

「わが国の監視はうまくいっていません。対応も体系化されていません。今回の三件と、これまでの数百件との違いは、今回は撃墜されたということです」とルビオは言い、国防総省がその数百件のＵＡＰに関する情報を、同じペンタゴン内のＵＡＰ調査機関、ＡＡＲＯ（全領域異常解決局）の調査官や科学者に伝えていないことにも懸念を示した。「これは、わが国が見つけようとしていないものを敵が知っていて、それを開発してきたのかどうかという問題です。わが国のシステムはミサイルや航空機を見つけるように設定されていますから。もっと低い高度を飛ぶ、もっと小さい物体を見つけるようにはできていないんです」。それらの物体が地球外のものである可能性を問われ、ルビオはこう答えた。「そうならいいとさえ思ってしまいますね。ロシアや中国が発明したもので、われわれに監視できないものがあるとすれば、それこそ大問題だと思いますから」

ペンタゴンをだしにして、むしろ楽しんでいたのがルイジアナ州選出の共和党上院議員、ジョン・ニーリー・ケネディだ。今回の撃墜に関して行なわれた連邦議員への機密扱いのブリーフィングから出てきたニーリーは、取材陣に囲まれて、「はっきりしているのは、これが最近の現象ではないこと」だと語った。「少なくとも二〇一七年以来、ずっと続いてきたことだ」。ふざけた調子で、こうも言った。「もしわけがわからないようなら、それは状況を、完璧に、理解しているということだ[21]」。それから去り際に、「今夜はドアに鍵をかけましょう」と、報道陣の関心をさらに煽る一言を残していった。それっていったいどういうことなんだ？

　この国家安全保障と航空の安全にかかわる失態に、共和党の政治家はここぞとばかりに民主党政権を猛批判していたが、今回の一件全体から浮かび上がってきた一つの点は、いまや連邦議会がかつてなく強い超党派意識でＵＡＰ問題に取り組もうとしていることだ。ほぼすべての争点において両党が二極化していたキャピトルヒルの伝統からすると、これはなんともすがすがしい政策合意である。そしていまやＵＡＰは、かつてよりはるかに政治的な争点になりそうでもある。ペンタゴンがいまさらながらレーダーシステムの感度を上げたのを認めた以上、未確認物体を探知できる見込みも上がっているからだ。これは楽観的になってしかるべきだろう……とはいえ、切り札を握っているのはペンタゴンと情報機関であることを忘れてはならない。

第25章　史上最大の秘話……

アメリカ本土に飛来したＵＡＰの撃墜がトップニュースで速報された一方で、ＵＡＰ問題の透明性にとってかつてなく重大な改革と言っていいものは、すでにその二ヵ月前、いつのまにやら連邦議会を通過していた。……そしてもはやとくに驚かないが、これをアメリカのメディアの大半はまたしても、ろくに報道していなかった。

二〇二二年のクリスマスの二日前、ある異例の法案が、アメリカ大統領ジョー・バイデンの署名をもって正式に法律となった。これにより、アメリカ政府がＵＡＰの謎について本当に知っていることはなんなのかという、ことによるときわめて重大な新事実が、じきに白日のもとにさらされるかもしれなくなった。実際、主要な証人への内密の聴聞会はすでに行なわれていた。唯一の問題は、一般市民がはたして話の全容を知れるのかどうかだ。

私はべつに固唾をのんではいない。この謎の全容がふたたび箱にしまい込まれ、また数十年そのままにされかねないと恐れる根拠は十分にある。例のビッグ・シークレットの卑怯な門番たちは、必死になって扉のかんぬきを開けさせまいとするだろう。そしてこの最新の勝負でも、彼らが勝つ見込みはある。もうすでにシャンパンを冷やしているのではないかとさえ思うほどだ。しかし今回は、議会がこの問題にきっぱり片をつけるつもりでいるようにも見える。したがって勝負の決め手は、政治家とそのスタッフが主要な監視委員会を通じてこの問題をどこまで積極的に追及する気があるのかに大いにかかっている。前回、議会が真剣にこの現象を調査しようとしたのは一九六八年のことだが、今回もあのときのように議会はみすみすやられてしまうのか？

「未確認異常現象の報告手順」（傍点著者）という興味深い見出しがついた第一六七三条は、アメリカ国防総省への二〇二三年度の予算割り当て認可、いわゆる国防権限法（NDAA）の数千ページにおよぶ書面のなかにひっそりと隠れていた。[1] この条項により、政府の元職員や現職員、または請負業者がUAP関連情報をペンタゴンのUAP部局に提出し、その部局を通じてその情報を議会の主要な軍事・情報監視委員会に届けることをかなえるための「安全な方法」が確立される。

バイデン大統領が署名をしてこの法律を成立させたのは、二〇二二年のクリスマス休暇が始まる前日の金曜日のことで、この日は大きなニュースが多く、ほとんどの国民はほかのことに気を取られていた。まず前日に、二〇二一年一月六日の議事堂襲撃事件を調査していた下院特別委員会が最終報告書を発表し、当時の大統領トランプが、二〇二〇年の大統領選を盗まれたという虚偽の主張でこの襲撃を扇動したと結論づけた。ニュースはひっきりなしに、議会はトランプが二度と公職に就けないように締め出すことを検討すべきだとの提言を伝えつづけていた。また、この日は上院がアメリカ政府の一兆七〇〇〇億ドルの歳出法案を可決して、政府機関の一時閉鎖を回避した日でもあった。これでもまだ気を逸らされるのに十分でなかったとすれば、この日は一世代に一度の冬の嵐がアメリカの中心部を襲い、何十センチも積もる大雪を降らせ、一万六〇〇〇便以上の飛行機を遅延させていた。

したがって当然ながら、世界がクリスマスを迎えるころ、史上最大の秘話としか言いようのないものを暴き出す可能性が十分にある法律（この法律の背後にある意味合いがたしかに現実であるならば、という条件つきだが）が成立したことを、ほとんどの人は見過ごしていた。私はいまだにこの法律が無事に成立したことに驚愕していて、議会議事録にあるこの法律の条項を印刷したコピーを定期的に取り出して、この加筆の二章に先立つ各章を書いてからの期間にここまで事態が進展したのかと、信じがたい思いで首を振っているほどだ。このあとは、本書の最初の版が出てから一年半のあいだに誰もが翻弄されてきた、UAPの謎を探るめまぐるしい過程を私なりにまとめつつ、あわせて今後の展望も考えてみたい。

もうみなさんもご存じのように、（いまのところまだ立証されていない）UFO－UAP陰謀論の聖杯は、アメリカ政府の内部、もしくは——もっともらしく否定できるという点でいっそうありがちな——民間航空宇宙産業を隠れ蓑にしたWUSAP（放棄済み非承認特別アクセスプログラム）の内部に闇の勢力が存在していて、これが回収されたエイリアンのテクノロジーを隠匿しており、もう何十年にもわたってひそかにこの驚異的な発見のバックエンジニアリングを試みてきたと断言することだ。

そしてこれもまたご存じのとおり、こうした陰謀論に信憑性を与えるようなことをする人は、もう何十年ものあいだ、妙な考えに惑わされてアルミ箔の帽子をかぶっているような間抜けだと思われて、まともに相手にされずにきた。しかし本書を読めばおわかりのように、実際そうしたテクノロジーが回収されていると明言したり、強くほのめかしたりしている内部関係者は多数いる。ということは、彼らもやはり勘違いしているか、さもなくば、アメリカはそのようなエイリアンのテクノロジーなど回収していないと否定している当局が、本当のことを知っている誰かにだまされているかのどちらかでしかない。あるいはその「誰か」はだますというよりも、自分の知っていることをできるだけ長く隠し通そうと、歯を食いしばって必死に嘘をついているのかもしれない。それともひょっとすると、この陰謀論全体が国による壮大な偽情報プログラムで、その目的は、ロシアや中国を警戒させて軽率な行動をとらせないようにすることだったのか？　もちろん確かなところはわからない。しかし今回の法制定は、それをついにはっきりさせようとする試みである。

議会が法的な命令をもってＵＡＰの謎に対する返答を迫ることには、とてつもない意味合いがある。これは要するに、アメリカの情報コミュニティと国防コミュニティのどこか奥深くに、重大な事実を議会からも国民からも――おそらく違法に――隠すべく、ことを独断で運んでいる当局者がいる可能性を議会が認めたということだ。そしてその事実とはほかでもない、人間ならざる知的生命の存在と、それとこの地球とのかかわりだと目される。こうしてＵＡＰについての情報開示を命じる法律ができた以上、少なくとも、もうこの現象はこれまでの数十年間のように簡単に切り捨てられたり馬鹿にされたりしていい問題ではない。これは最初から調査されてしかるべき問題で、いまそれを議会がやろうとしている。

回収されたエイリアンのテクノロジーというのも真実の一端なのかどうかはまだなんとも言えないが、とりあえず、アメリカがそうした証拠を押し隠していると言っても変人扱いされなくなるのはすごいことだ。その可能性をもっと真剣に考慮すべきだという主張の根拠となる状況証拠は（ナット・コービッツの証言や、その他匿名の私の情報源の証言など）少なからずそろっているが、現段階では、やはりまだ決定的な結論に達するのは無理だと思う。

ＵＡＰ陰謀論に対する懐疑派のお決まりの攻撃は、地球外生命がどこか遠くの別の惑星や、別の惑星系、別の銀河から、この地球を訪れているという考えを嘲笑することだった。従来型の動力を使った宇宙船が宇宙を渡ってそれだけの長い距離を移動するのにどれほど気の遠くなるような時間がかかるのか、という指摘もあれば、知性を持ったエイリアンがそれだけの努力をしてわれわれの地球を訪れるなど、この宇宙が――統計学的には――知的生命であふれているに違いないことからすれば、まったくもって信じがたいとも言われている。

こうした論破はもっともらしいが、いまや従来の科学でも、こうした距離の問題をほとんど無効にする新しい物理の可能性が理論化されていることを無視している。たとえばゲッティンゲン大学のドイツ人物理学者エーリク・レンツによる二〇二一年の研究では、既知の物理に反することなく、仮想の宇宙船のまわりの時空をゆがませて、宇宙船を光速よりも速く移動させる方法が提案されている。レンツの説では、ソリトンという一種の波の存在が仮定されており、この波がワープバブルとして機能して、それ自体が超光速で運動できるため、理論的には、その極端な力の影響から守られた状態で物体が時空を通過できるのだという。▼2

さらに言えば、「彼ら」が(もし存在するとして)どこかよそからやってくると推断する理由はあるのだろうか。別の惑星や別の次元から来た人間ならざる知的生命は、目撃されているものの一部を説明するかもしれないが、私が聞いているところでは、それはこの現象の説明としてはますます可能性の低いものになっている。むしろ思い浮かぶのは、「クリプト・テレストリアル」(隠れた地球人)のような言葉だ。「彼ら」の正体がなんであれ、それはすでにここにいて、ここを離れることもないのかもしれない。地球の空でも、海でも、周回軌道でも見られているこの現象がいったいなんなのか――それについては先入観によって可能性を限定しないことが重要だ。きっとその説明は、遠く離れた銀河から来た昆虫のような顔の宇宙人よりも、ずっと複雑なものではないかと思うからだ。

確実にわかっているのは、複数の信頼できる目撃者に見られている現象があり、その現象は五つの可観測量を実証していて、実際に多数のセンサーシステムに記録されたそれらの現象の機動性や速度は、既知の科学ではどうやっても説明のつかないものだということだ。アメリカは繰り返し、こうした知的に制御されているとしか思えない「乗り物」がなんらかの極秘の闇プログラムに隠されたアメリカのテクノロジーであることを否定してきた。しかしもちろん、彼らはそう言うに決まっている。こうした政府の否定に懐疑的であらねばならないと思うのは、残念ながらアメリカに、平然と国民に真っ赤な嘘をついてきた嘆かわしい歴史があるからだ（トンキン湾事件、CIAのコインテルプロ的工作、イラン・コントラ事件など）。私自身、多様な情報源から寄せられた十分な数のデータ点から見て、UAPとして報告されているものの少なくとも一部は、現在開発中の極秘のアメリカのテクノロジーではないのかと疑っている。しかしそれだけで、目撃されているものをすべては説明できないとも思っている。

だからこそ、議会がUAP条項で義務づけた内容には驚かされるのだ。議会は国防長官に、未確認異常現象に関連するあらゆる事象を公認で報告するための安全な仕組みを確立するよう要求していた。そもそも、この表現の変化からして目を引く。「異常」（anomalous）というのは新しい表現で、これまでUAPは、未確認「空中」（aerial）現象、または未確認「航空」（aerospace）現象と呼ばれていたのである。「異常」という表現への置き換えは、ここ一年ほどで明らかになったことの暗黙の是認だ。第一に、これらの物体はいわば媒体横断型で、地球の上空を飛ぶだけでなく、海中でも活動できるし（国防総省は水中のUAPに「ファスト・ムーバー」という専用の呼称までつけている）、周回軌道上にも現れる（「ファスト・ウォーカー」）。第二に、この現象には――あえてこの言葉を使うが――超常的な、ただのテクノロジーとしてあっさり説明することのできない側面がある。スキンウォーカー牧場で見たと言われているような狼男や犬男、影状の人物や異次元の入り口などは、容易にだまされたりしない親愛なる読者には頭にくるほど不合理なものかもしれないが、いくら認めるのが不快でも、やはりこれらは調査を必要とする現象の一部なのだ。

二〇二三年三月、ほかでもないペンタゴンのUAP調査チームの元責任者、ジェイ・ストラットンが、あるUFO会議において、[3] ユタ州のスキンウォーカー牧場で自らが経験したことをありのままに語った（この牧場については第10章で取りあげた）。ストラットンは、コルム・A・ケレハー博士とジョージ・ナップの二〇二一年の著書『ペンタゴンのスキンウォーカーたち――政府の極秘UFO計画の内部関係者が語る』に

「アクセルロッド」という仮名で登場する人物だ。[4] ストラットンは自分の目で見た不穏な超常現象をいささかのためらいもなく公言した。会議の場で、映画『プレデター』のキャラクターを連想させる半透明の生き物がスキンウォーカー牧場に停めたトレーラーのすぐそばにいたのを見たと報告したのである。長方形の胸をしたこの生き物のことは、ストラットンとは別に、同僚のトラヴィス・テイラー博士も目撃していたという。さらにストラットンは、牧場に来た初日に、自分の真上を三角形のUAPが浮遊しているのも見たと語っている。

ケレハーとナップの『ペンタゴンのスキンウォーカーたち』には、バージニア州にあるストラットンの自宅で起こった、さらに不穏なできごとについての言及もある。ユタ州の牧場での現象がなんだったのであれ、それはストラットンを自宅まで追いかけてきたようだ。いわば「ヒッチハイカー効果」の出現である。痛ましいことに、ストラットンの息子が目覚めると、腹部と胸部に複数の赤い打撲傷ができていた。「まるで誰かが少年の体を繰り返し、力ずくで殴ったかのようだった」。[5] 息子の証言によれば、寝室で青と赤の球体に襲われたのだそうで、さらに「人間のかたちをした黒い影のようなもの」が叫んでいる声が、頭のなかでテレパシーのように聞こえていたともいう。二〇〇九年七月にストラットンが牧場を訪ねて以来、こんなことが一二年以上も続いた。ストラットンの妻と十代の子供たちも、みな球体を目撃し、犬人間のような奇妙なものが家の裏庭にひそんでいるのを目撃した。また、家の階段を昇り降りする説明のつかない足音も耳にしていた。

ジェイ・ストラットン本人からたっぷり話を聞き、彼の公務でのみごとな実績、とくに海軍情報局（ONI）での功績を十分に承知したうえで言わせてもらえば、彼が主張している目撃談と家族の経験を、悪意ある誹謗中傷者がソーシャルメディア上でそそのかしているように、言下に否定する正当な理由はまったくない。アメリカ政府職員のうちでも上級幹部公務員のランクにいたストラットンは、海軍情報局での仕事を頂点に、アメリカ軍のさまざまな部門で三二年にわたって公務を果たしてきたことを高く評価され、勲章も授けられている人物である。こうした超常現象との遭遇を認めることで彼が得るものは何もなく、むしろ彼は明らかにリスクを承知のうえで、これらの奇妙な経験を公言している。

ストラットンは、自分がこの現象の公式の頭字語をUFOからUAPに変えたのだとも認めている。それは彼がスキンウォーカー牧場で、先端航空宇宙脅威特定計画（AATIP）のチームと共同調査をしていたときのことで、変更の理由は、自分が牧場で目撃した現象を「UFO」――未確認飛行物体――では表現しきれないからだった。経験と評判を十分に備えた元軍事当局者の公僕が、眼前に立ちはだかるこのような事象について口を開く覚悟を決めたのは、驚くべきことだ。たとえ不条理な、とうていありそうにない話に思えても、これらの事象は調査されるべきであり、また、そうされなくてはならないだろう。

このように、もはやUAP問題は、人間のものではないかもしれない高度なテクノロジーの問題と見るだけでは済まなくなっているのだと理解しておくことが重要だ。これは私たちを恐ろしい、居心地の悪い、民間伝承や古代史の背景をなす、人間の神話や神話的経験の周縁へといざなう現象についての問題なのだ。おそらくは、どこかの権力者がこの問題を箱に戻したがっている理由もそこにある。これは放っておくのが最もよい、邪悪で不吉な問題と見られているのだ。だからこそ、何十年も馬鹿にされ、タブー視されてきたこの問題に、議会が積極的にかかわろうとしていることに特別に重大な意味がある。

今回のUAP法が超党派的な要求であることも注目に値する。この法案を提出し、成立を働きかけた政治家は、議会の両陣営の幹部党員で、二〇二二年一一月の中間選挙後に共和党が上院での勢力を伸ばしても、法案は無事に議会を通過できた。上院情報特別委員会の委員長経験者の二人――民主党上院議員マーク・ウォーナーと、共和党上院議員マルコ・ルビオ――も、ともにUAP法の成立を強力に、かつ公然と支持した。

このテーマを追いかけている人なら誰でも知っているように、とかく論争を呼ぶUAP関連の主張のなかでも最も物議をかもし、どんなUFO論者でもきりきり舞いしながら両手を宙でばたばたさせて「陰謀だ！」と叫ぶようになること間違いなしの問題発言は、アメリカ政府がずっと前からひそかに「墜落物の回収」や、回収したエイリアンの乗り物の「リバースエンジニアリング」を進めてきたと言い立てることである。こういった主張は一九四七年の、もうすっかり神話化したロズウェル墜落事件を想起させるのだ。それだけに、国防権限法にS1632(a)(1)(B)の条項があることには息を吞む。この規定は国防総省に対し、「連邦政府の省庁・機関、もしくはそうした省庁・機関の請負業者が行なっている、未確認異常現象に関連するあらゆる活動やプログラム」に関する報告を確実に行なうように求めており、その報告されるべき活動に「マテリアル回収、マテリアル分析、リバースエンジニアリング、研究開発、探知追跡、開発もしくは運用試験、安全保障の保護と実施」も含められている（傍点著者）。

これは、UAPテクノロジー回収に関する未開示の情報をすべて差し出せという議会からの明白な要求で、言外にはエイリアンの宇宙船のことまで含まれている。そこで出てくる疑問が、議会はいま何を知っているのかということだ。すでに行なわれていたことがわかっている過去の極秘の証人聴聞会から知りえたことで、空飛ぶ円盤のスティグマを無視してまでも、とりあえずこれらの疑問を追求しようと議会に思わせたこととはなんなのだろう。これまで何十年とUAPから目を背けてきた議会が、なぜここにきて態度を一変させたのか。いまや議会は何かわれわれの知らないことを知っているのだろうか？

このUAP法は、すべての特別アクセスプログラム（SAP）を含め、機密扱いになっている軍事プログラムや諜報プログラムが危険にさらされたり表に出たりすることのないように、保護を与える働きもしている。もちろんこれは諸刃の剣で、ウィルソン海軍中将の文書が――真偽はかなり怪しいながらも――示唆しているように、もしも本当にUAPのリバースエンジニアリング計画が存在し、民間航空宇宙企業の内部に隠されたまま、少数の国防・情報機関の内部関係者だけに知られた状態で極秘に運用されているのだとしても、たとえばそれがWUSAP（放棄済み非承認特別アクセスプログラム）として議会の「ギャング・オブ・エイト」だけに監視されればよいという「認可」を得ているかぎり、そのプログラムはこの法律のもと、秘密のままにしておくことが求められてしまう。UAP法の主眼はひとえに議会に適切に情報が提供されるよう、そしてそのようなプログラムが責任ある議会の監視委員会の監視下に確実に置かれるよう計らうことだ。そこに私の懸念がある。この秘密を守っている門番たちが何を知っているのであれ、それに関してひとたび議会に適切にブリーフィングがなされれば、この問題全体がまたひそかに箱にしまい込まれてしまうのではないか。もうそうなったら、いつかそれがリークされることぐらいしか望めない。

この法にはいくつかの非常に強力な規定がある。たとえば「……議会の国防関連委員会、もしくは議会の情報関連委員会に、明白かつ明確に報告されていない」UAPプログラムの証拠が出てきた場合は、七二時間以内に議会に通知しなければならないとされている。また、関連委員会と議会指導部に報告することも義務づけられている。ただし――この「ただし」が重要だ――そのプログラムの管理者が「……観察された物体とそれに関連する事象や活動は、情報を開示する日の時点で明白かつ明確に報告されている特別アクセスプログラム、もしくは隔離アクセスプログラムに関連している可能性が高いと、開示に関して得られる情報の圧倒的多数が示していると結論する……」場合には、そのプログラムは開示する必要がないとされている。

もちろん、ここで懸念されるのは、本来あってはならないこと、つまり長年にわたる違法な隠蔽だと多くの人が訴えている行為を主導する連中の意のままに、彼らはすでに正しいことをやっている、彼らのプログラムは適切に議会に報告されているとの判断がくだされてしまうことである。ビッグ・シークレットの門番たちがふたたびTR3Bのプラズマの輝きの下で悪賢そうにシャンパングラスをあわせながら、互いにこう言いあっているのが目に浮かぶようだ。「そうとも、同志、われわれが正しいことをやっているのは誰が見ても疑わないに決まってる。報告なんてする必要はない。われわれが白状しなければ誰にわかる？」――そして自分たちに自主規制がゆだねられていることの愚かしさに大笑いするのだ。

UAP法の最初の草案には、議会の監視役である会計検査院（GAO）や国防総省内の監察総監室（DODIG）といった独立機関に、門番たちに嘘をつかせないよう見張ることを求める条項が含まれていた。しかしそれらの条項は、最終的に議会を通過して制定された法からは削除された。このように報告義務に対する独立した監視が抜けていることが、この新法の深刻な弱点である。

一方、この法律の最も評価できる点の一つは、もしUAPの秘密を政界や実業界のどこか奥深くに隠している内密のプログラムの証拠を持って内部告発者が表に出てきた場合、正式な承認のもとに開示が果たされる以上、この告発者に対する報復行為は誰がやろうと違法になるということだ。これは称賛に値する保護である。ジャーナリズムに一つ自明の理があるとすれば、それはどんなに必死に守ろうとしても、内部告発者はまず間違いなくひどい目に遭わされるということなのだ。

もともとUAP法案が提出された時点での草稿には、そのような報復行為を受けた場合に内部告発者が法廷で民事訴訟を起こせるよう、しかるべき権利を与える条項が含まれていた。だが、この保護もまた、最終的な法制化の過程でどういうわけか削除されていた。以前より、報復防止のための法を施行する手順を設けるかどうかは国防長官と国家情報長官に一任されている。こう言うとひどく冷笑的に聞こえるのは承知だが、これは国防総省に、われわれが信用に値すると認めろと言われているも同然だ。この隠蔽を七〇年以上にわたって主導してきたと噂される一味を抱えた国防総省が、この期におよんでもなお、自分たちの違法で腐敗した不正行為を暴露するかもしれない内部告発者を報復から守ってくれるものと思えと言うのだ。いやはや、おっしゃるとおりでございましょう。

この法にあるもう一つの巧妙な条項は、大事に守ってきたUAPプログラムを隠し通すため、契約的な縛りのあるNDA（守秘義務契約）で関係者を拘束しようとする動きが出てくるのを想定に入れている。したがってこの法は、UAP関連のNDAに関係しているすべての記録を連邦政府のあらゆる機関から徹底的に探しだすことを義務づけている。加えて、そのような記録についてのブリーフィングが監視委員会と議会指導部に対して遅くとも二〇二三年九月三〇日までになされること、および同様のブリーフィングが二〇二六年まで毎年実行されることも義務化されている。さらに、たとえそのUAPの秘密が大統領令や、あるいはなんらかの厳罰をともなうような国家安全保障上の恐ろしい命令と一体だったとしても、情報を伝えようとして出てきた証人がいた場合、その証人はこの法により、いかなる法も犯していないと認められることになっている。ただし、ここにも条件がある。もし証人が自分の知っていることを公衆の面前でしゃべったりすれば、そのときはこの保護は適用されない。

いずれにしても、議会が超党派の支持を得てこのような異例の法を成立させたということは、議会が内密の聴聞会で、この問題に真剣に向き合おうと思わせられる何かをつかんだと見ていいのではないか。研究者のダグラス・ディーン・ジョンソンが、この法制定についてのたいへん事情に通じた分析を行なっている。彼が言うには、「このたびの法制定は、議会の何人かの主要メンバーが、この件についての重要な情報があることに関して、これまではそれを機密扱いにしておくことが適切だっただろうと認めたものの、それにしても多大な量の重要データが『ストーブの配管に通されている』――つまり特定のプロジェクトやプログラムの内部に封印されていると認識して、そのせいでUAPの全面的な理解に向けての有意義な前進が阻害され、おそらくは議会による有意義な監視もかなわなくなっていると見なしたことを反映しているのだと思われる。多大な量の重要データは失われたのか、忘れられたのか、それとももはや妥当ではない根拠のもとに隠蔽されたのか」▼6。元国防総省高官クリストファー・メロンも二〇二三年一月にこう言っている。「アメリカはたしかにエイリアンのテクノロジーの証拠を手中にしていると主張する、数名の信頼できる人びとと話をした。時代はいよいよおもしろくなりそうだ」[7]

二〇二二年五月一七日、約半世紀ぶりに開かれたUAP問題に関する議会の公聴会に、国防総省から二名のトップ情報官僚が出席した。[8] ただし、両名とも宣誓させられていないということには注意しておきたい。情報・安全保障担当国防次官のロナルド・S・モールトリーと、海軍情報局副局長のスコット・W・ブレイは、UAPが航空の安全と安全保障全般に潜在的なリスクを与えていることを公に認めた。公聴会は比較的穏当に進み、二人の高官がとくに秘密を明かすようなこともなかったが、それでも二人は公の場で、UAPの予備報告書が出された二〇二一年半ばから現在までのあいだにペンタゴンのUAPチームが四〇〇件の未解決UAP事件を調査していることを認めた。UAP問題に真剣な対処が必要であることを国防総省が認めていると聞けただけでも、この公聴会は歴史的な転換点だった。

公聴会を開いた小委員会の委員長アンドレ・カーソンは、UAPに結びつけられたスティグマがいかに長いあいだまともな情報分析を妨げてきたかを強調した。「パイロットは報告を避け、報告をしようものなら笑われました。国防総省の当局者はこの問題を裏に追いやり、場合によっては完全に蓋をしました。国家安全保障部門の懐疑的な目を恐れたためです。しかし昨今では、かつてより多くのことがわかっています。UAPが説明されていないのは事実でしょうが、これは実在しています。したがって調査が必要であり、これがもたらす脅威は緩和される必要があります」とカーソンは述べた。

この場で最も鋭い質問を出したのは、ウィスコンシン州選出の下院議員マイク・ギャラガーである。「部屋の中の象」に見て見ぬふりをせず、ずっと隠し通されてきたUAPプログラム、すなわち回収された異世界のテクノロジーをリバースエンジニアリングするというプログラムの存在を、アメリカ国防総省の二人が知っていたかどうかを問いただしたのだ。このやりとりは非常に重要なので、ぜひそのまま読んでもらいたい。

ギャラガー氏：ほかに国防総省のプログラムか国防総省が契約したプログラムで、技術工学の観点から見たＵＡＰに焦点を絞ったものを何かご存じですか……？

モールトリー氏：これに関してなんらかの点に焦点を絞った契約プログラムというものは何も知りません。私が知っているのは、いまわれわれが海軍のタスクフォースでやっていることと、われわれの努力の一環としてこれから始めようとしていることだけです

ギャラガー氏：同じ質問に、ブレイさんもお答えください

ブレイ氏：同じ答えです。ＵＡＰタスクフォースでやっていること以外は、何も知りません

ギャラガー氏：では、念のための確認ですが、今日ここまでに言及されたこと以外、これらの努力にテクノロジーやエンジニアリングのリソースが集中的に向けられていた例はいっさいご存じないということでよろしいですか

モールトリー氏：繰り返しになりますが、そのような契約やプログラムをともなう努力は知らないと申し上げます……

ご覧のとおり、このような単純な質問に対する答えとしては奇妙なほど慎重な、いかにも熟慮された官僚的回答だった。ペンタゴンのプログラムとはおそらく無関係に、そしておそらく正式な契約もなしに民間航空宇宙企業の内部に何十年と隠されてきたと多数の情報筋から主張されている、噂の大切なプログラムの件についてはまったく触れていない。モールトリー氏は二〇二二年の末、一部のメディアを対象に行なわれた別のブリーフィングの場で、調査中の異常現象の目撃報告のうちどれか一つでもエイリアンだっ

たという証拠を見たことはないのかと質問された。彼はこう答えている。「たしかに調査はまだ始まったばかりではありますが、これまでのところ、目撃された物体のどれか一つでも、ご希望ならエイリアンと言いますが、それに由来するとわれわれに信じさせるようなものは見られておりません」[9]

この国防総省の回答を、かつて国防総省のUAP調査チームを率いたルイス・エリゾンドが二〇二一年の末に英国版GQ誌に語った内容とくらべてみよう。

Q：いわゆる宇宙船が回収されているとお考えですか？

A：この質問にはきわめて慎重に答えねばならないとのお達しを受けています。私がすでに何を言ったにせよ、それについて詳しく述べてはならないことになっていますので。私が言ったのは、あくまでも私の意見、個人的な思いとして――まあ強くそう思っているというか、そう取ってもらっていいんですけど――アメリカ政府がUAPに関連したエキゾチックなマテリアルを所有していると思っているということです。私に言えるのはそれだけです

Q：有機物や生物が回収されているとも思っていますか？

A：その質問に答えるのは慎んで控えさせていただきます。いくつか本当に、私が自由にしゃべれない質問があるんです。いまの質問もその一つです。あれらが知的に制御されているのは確かでしょう。こちらの行為に反応し、対応していますから。それは確実です。あれらは絶対に何かによって知的に制御されています[10]

最後に、元CIA秘密作戦本部の高官にして、この現象の経験者としても知られるジム・セミヴァンに締めの言葉をお願いしよう。彼が出演した「コースト・トゥ・コースト」のリスナーは誰一人、いまこの

ときについての彼の考えに疑問を持たなかっただろう。
「それはどこかに確実にいますよ！　なんらかの人間ならざる知的生命がいて、それがわれわれとともにこの惑星に住んでいやがるんですよ」[▼11]
謎はなお続く――こんなにも明らかな状態で。

＊＊＊

著者は情報提供をお待ちしています。追加の情報があればなんでもお寄せください。
Eメール：Muckraker@protonmail.com
著者の個人サイト：www.RossCoulthart.com
本書の公式サイト：www.InPlainSight-Book.com
著者がブライス・ゼイベルと共同で配信している大人気ポッドキャスト／ボッドキャスト番組「ニード・トゥ・ノウ」で、最新のＵＡＰ事情に触れてください：www.NeedToKnow.Today

謝辞

先達の知恵をもって私をＵＡＰの奇妙な世界に導き、その後もずっと惜しみなく調査上の助言を授けてくれたビル・チョーカー、キース・バスターフィールド、ニック・クック、ジェイムズ・リグニー、ポール・ディーンの諸氏に感謝したい。とくにキースには、原稿の校正をしてくれたことにも感謝する。本書の執筆に際しては、じつに多くの人から多大なるご厚意と身に余る信頼を寄せていただいたが、そのうちかなりの人に関しては、ここでお名前を挙げることができない。彼らは現在も安全保障上のきわめて厳しい制約下にあるためで、この未確認現象についてアメリカが何を知っているかの真相に関しても、自由に口を開くことは許されていないのだ。ともあれ、アメリカ海軍所属の卓越した科学者だった故ナット・コービッツのご家族、とくにご息女のセリア・キブラーには格別の感謝をささげたい。また、ＵＡＰの歴史を根気強く追いかけ、かけがえのない功績を残してきた不屈の研究者ジウリアーノ・マリンコヴィッチにも格別の敬意をささげる。私の不注意でこの謝辞にお名前を挙げそこねた人がいたとしたらまことに遺憾だが、以下のみなさまをはじめ、このたびの調査にご協力くださったすべての人に、私の心よりの感謝を申し上げる。「スペースマン」、アイリーン・プレヴィン、ジェイ・アンダーソン、ジョナサン・デイヴィーズ、ジェイムズ・フォックス、シェーン・ライアン、ロバート・ヘイスティングス、ロバート・ジェイコブズ博士、ディーン・アリオトー、ジェイク・マン、スティーヴン・バセット、ショーン・ケーヒル、ビリー・コックス、ケヴィン・デイ、ルイス・エリゾンド、クリストファー・メロン、レスリー・キーン、グラント・キャメロン、故マリアナ・フリン、バブキャット、ミーガン・ヒーズルウッド、ジョン・ハンフリーズ、デイヴィッド・マーラー、フランク・ミルバーン、ジョー・マージア、ダミアン・ノット、スティーヴ・オクスリー、ニック・ポープ、スコット＆スザンヌ・ラムジーとフランク・セイヤー、ドナルド・シュミット、マイケル・シュラット、ダニエル＆パディ・シーハン、ブラッド・スパークス、故クエンティン・フォガティ、デニス・グラント、「ザ・マインド・サブライム」のジェイムズ、デイヴ・ビーティ、ディープ・プラサード、ジョン・ピーターセン、ロバート・パウエル、アニー・ファリナッチオ、ニコライ・ゴードヴィッチ、ケイト・フォールマン、エイドリアン・アーノルド、コリン・ケリー、スーザン・ヒル、ジョイ・クラーク、テリー・ペック、アンドルー・G、デイヴィッド・シンデル、ボブ・サラス、P・J・ヒューズ、ゲーリー・ヴォーリス、ジョージ・ナップ、ボブ・グリーニヤー、ニール・X、ジョン・コーディー、ロバート・フィッシュ、トム・ウィルソン海軍中将。

出版社のハーパー・コリンズでは、高度な技能を有した強者ぞろいの堅固なるチームにまたもやお世話になった。テーマを調査して語り伝えることが大好きな私の思いを汲んで、いつもながら的確で有益な本に仕上げるのを可能にしてくれる。とくに本書の出版責任者のジュード・マッギー、編集者のエド・ライト、編集主任のラクラン・マクレーン、そして本書の執筆当時のハーパー・コリンズのCEO、ジェイムズ・ケローとジム・ディメトリウに感謝したい。

そして毎度のことながら、妻のケリー・ダグラスと、娘のルーシーとミリーには、まことに感謝に堪えない。私がこの仕事にすっかり没頭して不規則な生活を続けてきた二年のあいだ、寛大に見守ってくれたことを心よりありがたく思っている。

注

第1章　彼らが友好的であることを祈ろう

1　Air Marshall Sir George Jones, interview published in *Australian Flying Saucer Review,* No. 8, June 1965, p. 18. (UFOIC, Sydney edition).

2　Francis Chichester, *The Lonely Sea and the Sky*, Pan, 1967, p. 185.〔『孤独の海と空』，フランシス・チチェスター著，マックリーヴェ阿矢子訳，毎日新聞社，1965年／（角川文庫版）角川書店，1968年〕

3　RNZAF Press Release, 'RNZAF UFO Sighting Report', Jan 1979. 2020年9月17日にオンラインでアクセス：archive.org/details/NewZealandUFO/page/n75/mode/2up

4　'Interim Report on UFO Sighting on the Canterbury Coast', Minister of Science NZ, Jan 1979. 2020年9月17日にオンラインでアクセス：archive.org/details/NewZealandUFO/page/n133/mode/2up, p. 134.

5　Asimov, *The Roving Mind,* Prometheus Books, NY (revised edition) 1997.

6　Ronald L. Numbers and Kostas Kampourakis (eds), *Newton's Apple and Other Myths About Science,* Harvard University Press, 2015.

7　Carl Sagan, 'Encyclopaedia Galactica' documentary episode (December 14, 1980). *Cosmos: A Personal Voyage*. Episode 12. PBS.〔日本での放送タイトル：『コスモス』第12回「宇宙人からの電報」，市販ビデオ『宇宙人からの手紙』〕

8　Donald Prothero, 'UFOs & Aliens – What Science Says' (7 Feb 2020), TEDX. 2020年2月13日にオンラインでアクセス：www.youtube.com/watch?v=r8bgRABGLFg

9　同上，8分9秒.

10　Gallup Poll, 2020年2月4日にオンラインでアクセス：news.gallup.com/poll/266441/americansskepticalufos-say-government-knows.aspx

11　このフレーズの生みの親は，フロリダ州を拠点とする新聞サラソータ・ヘラルド・トリビューンの記者を務めるアメリカ人ジャーナリスト，ビリー・コックス（Billy Cox）で，初出は彼の秀逸なブログ，*Devoid*: devoid.blogs.heraldtribune.com/home/（現在は存在していない）．このブログは，UAP問題におそるおそる足を踏み入れようとする人や，主流ジャーナリストによるUAPの真面目な記事と分析を探している人にとって最適の手引きだったが，新聞の発行者であるガネット社（Gannett）が最近（不可解にも）これを削除してしまった。

第2章　ロズウェル事件――怪しい否定

1　Associated Press report, 'Balls of Fire Stalk U.S. Fighters in Night Assaults Over Germany', *The New York Times*, 2 Jan 1945, pp. 1 and 4.

2　Adam Janos, 'Mysterious UFOs Seen by WWII Airmen Still Unexplained', History. com, 15 Jan 2020. 2021年3月9日にオンラインでアクセス：www.history.com/news/wwii-ufosalliedairmen-orange-lights-foo-fighters

3　Joseph Campbell, *Getting It Wrong: Ten of the Greatest Misreported Stories in American Journalism*, University of California Press, Berkeley, 2010.

4 Timothy Good, *Need to Know: UFOs, the Military and Intelligence*, Pegasus Books, 2007, pp. 106–7 and 111. Document declassified in 1997, National Archives, Washington DC. USAFE Item 14, TT1524.

5 このアデレード・アドバタイザー紙の二つの報道は，研究者のキース・バスターフィールド（Keith Basterfield）がオーストラリアの代表的なＵＦＯ事件をまとめたサイトに典拠として挙げられている：www.project1947.com/kbcat/kbmoreintoz.htm. ポートオーガスタの工員の目撃証言は，the *Adelaide Advertiser*, 7 Feb 1947, p. 1. エーア半島ロックでの目撃証言は，the *Adelaide Advertiser*, 17 Feb 1947, p. 2. ニューサウスウェールズ州ゴーゲルドリーでの目撃証言は，the *Murrumbidgee Irrigator* newspaper, 8 Jul 1947, p. 2.

6 Keith Basterfield, 'Four Months Before Kenneth Arnold', Keith Basterfield blog, 23 Jun 2017. 2020年9月22日にオンラインでアクセス：ufos-scientificresearch.blogspot. com/2017/06/four-months-before-kenneth-arnold.html?m=1

7 'Supersonic Flying Saucers Sighted by Idaho Pilot', *Chicago Sun*, 26 Jun 1947, p. 2.

8 Richard Dolan, *UFOs and the National Security State*, Hampton Roads Publishing Company Inc, 2000, p. 19.

9 同上.

10 FBI Report from Project Blue Book files, in Dolan, *UFOs and the National Security State*（同上）, p. 18.

11 同上, p. 22.

12 Thomas J. Carey and Donald R. Schmitt, *Witness to Roswell*, Career Press/New Page Books (Kindle Edition), 2009, Ch 21, para. 5.〔『ロズウェルにＵＦＯが墜落した：臨終の証言者たちが語った最後の真実』，ドナルド・シュミット，トマス・キャリー著，並木伸一郎訳，学研パブリッシング，2010年〕

13 'RAAF Captures Flying Saucer on Ranch in Roswell Region', *Roswell Daily Record*, 8 Jul 1947, p. 1.

14 Stanton Friedman, co-authored with Don Berliner, *Crash at Corona: The Definitive Story of The Roswell Incident*, Paragon House, 1992.

15 Charles Berlitz and William Moore, The Roswell Incident, Granada, 1980.〔『ニューメキシコに墜ちた宇宙船：謎のロズウェル事件』，チャールズ・バーリッツ著，南山宏訳，徳間書店，1981年／（改訳・加筆版）『ロズウェルＵＦＯ回収事件』，チャールズ・バーリッツ，ウィリアム・Ｌ・ムーア著，南山宏訳，二見書房，1990年〕

16 'Report of Air Force Research Regarding the Roswell Incident', 27 Jul 1994. 2020年9月22日にオンラインでアクセス：www.afhra.af.mil/Portals/16/documents/AFD-101201-038.pdf. P. 6.

17 同上, p. 9.

18 Thomas J. Carey and Donald R. Schmitt, *Witness to Roswell*, Ch. 11, para. 3.〔『ロズウェルにＵＦＯが墜落した』〕

19 US General Accounting Office, 'Results of a Search for Records Concerning the 1947 Crash Near Roswell, New Mexico', (1995) Publication # GAO/ NSIAD-95-187.

20 ロズウェル・モーニング・ディスパッチのアート・マックィディ（Art McQuiddy）の宣誓供述書. Carey and Schmitt, *Witness to Roswell*, Ch. 21, para. 8.〔『ロズウェルにＵＦＯが墜落した』〕

21 ウォルター・Ｇ・ハウト中尉の宣誓供述書，2002年12月26日. Carey and Schmitt, *Witness*

to Roswell, Ch. 25.〔『ロズウェルにUFOが墜落した』〕
22 Schmitt, 本人への直接取材. 2019年11月20日.
23 Terry Hansen, *The Missing Times. News Media Complicity in the UFO Cover-up* (2nd edition) Xlibris, 2012, p. 178.

第3章　プロジェクト・ブルーブックの開始

1 Twining-Schulgen memo, 23 Sep 1947. 2020年9月24日にオンラインでアクセス: luforu.org/twining-schulgen-memo/
2 Edward Ruppelt, *The Report on Unidentified Flying Objects*, Ace, 1956, p. 35.〔『未確認飛行物体に関する報告』, E・J・ルッペルト著, Japan UFO project 監訳, 2002年, 開成出版〕
3 Dolan, *UFOs and the National Security State*, p. 64.
4 同上, p. 78.
5 Donald Keyhoe, *The Flying Saucers Are Real*, Fawcett Publications, 1950.
6 Ruppelt, The Report on Unidentified Flying Objects, p. 60.〔『未確認飛行物体に関する報告』〕
7 FBI Website, 'UFOs and the Guy Hottel Memo', 25 March 2013. オンラインでアクセス: www.fbi.gov/news/stories/ufos-and-the-guy-hottel-memo
8 Dolan, *UFOs and The National Security State*, p. 82.
9 Dr J. Allen Hynek, *The Hynek UFO Report*, Sphere Books Ltd, 1977, pp. 63–4.〔『ハイネック博士の未知との遭遇リポート』, J・アレン・ハイネック著, 青木栄一訳, 1978年, 二見書房〕
10 McMinville, Oregon sighting, 11 May 1950, *Condon Report*. オンラインでアクセス: www. project1947.com/shg/condon/case46.html
11 Frank Scully, *Behind the Flying Saucers*, Henry Holt and Company, 1950.〔『UFOの内幕：第3の選択騒動の発端』, フランク・スカリー著, 梶野修平, 加藤整弘共訳, 1985年, たま出版〕
12 Wilbert Smith memo, 'Memorandum to the Controller of Telecommunications', 21 November 1950. オンラインでアクセス: www.docdroid.net/F3I5xly/smith-memo-pdf. スミスの文書類はオタワ大学にある: biblio.uottawa.ca/atom/index.php/research-on-wilbert-smith
13 Grant Cameron and T. Scott Crain Jr, *UFOs, Area 51, and Government Informants*, Keyhole Publishing Co (Kindle edition), 2013, Ch. 16.
14 Michel M. Deschamps Website, 'Robert Sarbacher Confirms UFO Crash Rumors', NOUFORS, Northern Ontario UFO Research & Study. オンラインでアクセス: www. noufors.com/Dr_Robert_Sarbacher.htm
15 'Flying Saucers' [Report of OSI Study Group], 19 August 1952. CIA archives: www.cia.gov/library/readingroom/docs/CIA-RDP81R00560R000100020012-7.pdf, pp. 35–6.〔現在アクセスできず. 以下アドレスで閲覧可能 cia.gov/readingroom/docs/CIA-RDP81R00560R000100020012-7.pdf〕
16 Memo to Director CIA from Dep-Dir (Intelligence) Marshall Chadwell, 'Flying Saucers', 2 Oct 1952. CIA archives: www.cia.gov/library/readingroom/docs/DOC_0000015339.pdf〔現在アクセスできず. 以下アドレスで閲覧可能 cia.gov/readingroom/docs/DOC_0000015339.pdf〕
17 Sara Schneidman & Pat Daniels, eds, *The UFO Phenomenon*, Barnes & Noble Books, NY, 1987, p. 110.
18 Hynek, *The Hynek UFO Report*, p. 13.〔『ハイネック博士の未知との遭遇リポート』〕
19 同上, p. 14.

20 Bill Schofield, 'Have You Heard' column, *Boston Traveler Magazine*, 5 May 1952, Editorial Page. ダン・ウィルソンが2006年にプロジェクト・ブルーブックのアーカイブから発掘して全米空中現象調査委員会(NICAP)で紹介. 2021年9月22日にオンラインでアクセス: www.nicap.org/520314hawaii_dir.htm
21 Donald Keyhoe, *Aliens From Space*, Signet Press, 1973, pp. 65–6. 〔『未知なるUFO』, ドナルド・E・キーホー著, 北沢史朗訳, 1978年, 大陸書房〕
22 *Daily News*, 6 Jul 1952. 以下に記載あり. Hynek, *The Hynek UFO Report*, p. 53. 〔『ハイネック博士の未知との遭遇リポート』〕
23 Dolan, *UFOs and the National Security State*, p. 106.
24 Gerald K. Haines, 'CIA's Role in the Study of UFOs, 1947–90', Article from *CIA Studies in Intelligence*, p. 9. 文書は2002年7月に機密解除. オンラインでアクセス: www.cia.gov/library/readingroom/docs/DOC_0000838058.pdf〔現在アクセスできず. 以下アドレスで閲覧可能(順にオリジナル版/編集版/雑誌版とみられる)cia.gov/readingroom/docs/DOC_0005517742.pdf ; cia.gov/static/105bd8290b90de13ee136fecc9fe863f/cia-role-study-UFOs.pdf ; cia.gov/readingroom/docs/DOC_0000838058.pdf〕
25 Hynek, *The Hynek UFO Report*, p. 20. 〔『ハイネック博士の未知との遭遇リポート』〕
26 'Report of Meetings of Scientific Advisory Panel on Unidentified Flying Objects Convened by Office of Scientific Intelligence', CIA, 14–18 January, 1953. 2021年9月22日にオンラインでアクセス: documents.theblackvault.com/documents/ufos/robertsonpanelreport.pdf
27 Dolan, *UFOs and the National Security State*, pp. 135–6.

第4章 世界的現象

1 Timothy Good, *Beyond Top Secret*, Pan, 1996, pp. 227–9; Air Intelligence Information Report No. IR 193-55, 13 Oct 1955.
2 Good, *Beyond Top Secret*.
3 Gerald K. Haines, 'CIA's Role in the Study of UFOs, 1947–90', Article from *CIA Studies in Intelligence*, p. 9. 2002年7月に機密解除. オンラインでアクセス: www.cia.gov/library/readingroom/docs/DOC_0000838058.pdf〔現在アクセスできず. 注3-24に同じ〕; Hynek, *The Hynek UFO Report*, p. 20. 〔『ハイネック博士の未知との遭遇リポート』〕; 'Report of Meetings of Scientific Advisory Panel on Unidentified Flying Objects Convened by Office of Scientific Intelligence', CIA, 14–18 January, 1953. 2021年9月22日にオンラインでアクセス: documents.theblackvault.com/documents/ufos/robertsonpanelreport.pdf ; Gordon Thayer (U.S. National Oceanic & Atmospheric Administration), 'The Lakenheath England, Radar-Visual UFO Case, August 13–14 1956', CIA Library. 2021年9月28日にオンラインでアクセス: www.cia.gov/library/readingroom/docs/CIA-RDP81R00560R000100010010-0.pdf〔現在アクセスできず. 以下アドレスで閲覧可能 cia.gov/readingroom/docs/CIA-RDP81R00560R000100010010-0.pdf〕
4 Gordon Thayer, 同上.
5 US Air Attaché Afghanistan to COMATIC. WPAFB Ohio, (1956) Identifier: 1956-01-7340421 National Security Internet Archive.
6 Sydney Baker, 'Report on a Flying Object Sighting on 5th May 1954', in Dept of Supply, 'Reports

on Unidentified Aircraft, Strange Occurrences etc Pt 1 1952–1968', National Archives of Australia, Series number D250, Control Symbol 56/483 Pt. 1, Barcode: 975473, p. 136. オンラインでアクセス: recordsearch.naa.gov.au/SearchNRetrieve/Interface/ViewImage.aspx?B=975473

7 Dept of Supply, 'Reports on Unidentified Aircraft, Strange Occurrences etc Pt 1 1952–1968', p. 166–168, 'Flying Saucer Observed Over Woomera', 2 Oct 1952.

8 同上, p. 168.

9 Bill Chalker, 'The Secret Turner Report', 'UFOs Sub Rosa Down Under. The Australian Military & Government Role in the UFO Controversy' (1996). 2021年9月22日にオンラインでアクセス: www.project1947.com/forum/bcoz1.htm

10 Chalker, 'The Secret Turner Report'.

11 J. Hanlon, Report to the Range Commander, Maralinga, 'Unidentified Light – Wewak Area', 24 Jul 1960, Weapons Research Establishment Salisbury, SA, Dept of Supply and Royal Commission into British Nuclear Tests in Australia During the 1950s and 1960s, A6456, R029/284, Item number 417175 (Maralinga Project, Policy & Administration), p. 74 and 76. National Archives of Australia. オンラインでアクセス: recordsearch.naa.gov.au/SearchNRetrieve/Interface/DetailsReports/ItemDetail.aspx?Barcode=417175&isAv=N

12 UPI wire story, 'Air Force Order on Saucers Cited. Pamphlet by the Inspector General Called Objects a "Serious Business"', *The New York Times*, 28 Feb 1960, p. 30.

13 NICAP, 'Statement on Unidentified Flying Objects by Admiral Delmer S. Fahrney USN (Ret) Chairman of the Board of Governors of NICAP', 16 Jan 1957. オンラインでアクセス: vault.fbi.gov/National%20Investigations%20Committee%20on%20Aerial%20Phenomena%20%28NICAP%29, p. 8.

14 Dolan, *UFOs and The National Security State*, p. 193.

15 Major Donald Keyhoe, *Flying Saucers: Top Secret*, G.P. Putnam's Sons NY, 1960, pp. 266–7.

16 'Air Force Order on "Saucers" Cited. Pamphlet by the Inspector General Called Objects a "Serious Business"', *The New York Times*, 28 Feb 1960, p. 30.

17 'UFOs Serious Business', Inspector General Brief, USAF, No. 26, Vol XI, 24 December 1959.

第5章　確かな証拠

1 Leslie Kean, 'The Retrieval of Objects of Unknown Origin. Project Moon Dust and Operation BlueFly', 2002. オンラインでアクセス: www.bibliotecapleyades.net/sociopolitica/esp_sociopol_mj12_3k.htm

2 Colonel Betz Memo, Dept of the Air Force, 'AFCIN Intelligence Team Personnel', 3 Nov 1961. Aka 'AFCIN-1E-0 Draft Policy', first released to Robert Todd, August 1979.

3 Howard Blum, *Out There*, Simon & Schuster, 1990, pp. 71–2.〔『アウトゼア：米政府の地球外生物秘密探査』，ハワード・ブラム著，南山宏訳，1992年，読売新聞社〕

4 Incoming Message, Dept of Air Force, (25 Apr 1961). Identifier: 1961-04-8677021 Pakistan Karachi. National Security Internet Archive.

5 Message from USDAO La Pas Bolivia to DIA, (17 Aug 1979), Defence Intelligence Agency FOIA documents.

6 CIA Information Report, 'Particulars of Bright Objects Seen Over South Ladakh, North East

Nepal, North Sikkim and Western Bhutan' (11 Apr 1968). Released under FOIA 2001/04/02: CIA-RDP81R00560R000100070007-8

7 Kevin D. Randle, *Project Moon Dust*, Avon Books, NY, 1998, pp. 154–5.

8 同上, p. 154.

9 Dr Robert Jacobs, 本人への直接取材, 2020年4月20日.

10 Hector Quintanilla, 'The Investigation of UFO's', Released 22 Sept 1993. オンラインでアクセス: cia.gov/resources/csi/studies-in-intelligence/archives/vol-10-no-4/the-investigation-of-ufos/

11 Dolan, *UFOs and The National Security State*, pp. 294–5.

12 Timothy Good, *Beyond Top Secret*, Sidgwick & Jackson, London, 1997, p. 162.

13 ジョイ・クラーク(Joy Clarke)とコリン・ケリー(Colin Kelly)の談話はすべて本人への直接取材より. 取材は2019年11月16日, 目撃現場のウェストール・ハイスクールで行なった.

14 Terry Peck, 本人への直接取材, 2021年2月14日.

15 Andrew Greenwood, 本人への直接取材, 2021年3月16日.

16 Bill Chalker, 'Westall '66 – UFO or HIBAL? The answer is perhaps not "blowing in the wind"', 10 Aug 2014. オンラインでアクセス: TheOzfiles.blogspot.com.

17 Shane Ryan, 本人への直接取材, 2020年7月22日.

18 *Tully Times*, 'I've Seen A Flying Saucer', Friday 28 Jan 1966, p. 1.

19 Edward U. Condon and Daniel S. Gillmor (eds), *Final Report of the Scientific Study of Unidentified Flying Objects*, Dutton/University of Colorado, 1969.

20 Dolan, *UFOs and The National Security State*, p. 308.

21 Condon and Gillmor, Final Report, 'Case 2: USAF/RAF Radar Sighting'.

22 Hynek, *The Hynek UFO Report*, p. 287.〔『ハイネック博士の未知との遭遇リポート』〕

23 US Air Force, 'UFOs and Project Blue Book. Fact Sheet', Public Affairs Division, Wright-Patterson AFB, Ohio, Jan 1985.

24 Good, Beyond Top Secret, Ibid, p. 537.

第6章　隠蔽をこじあける

1 O.H. Turner, 'Scientific and Intelligence Aspects of the UFO Problem', Minute Paper, Joint Intelligence Organisation, DoD Australia, 27 May 1971. Obtained by Australian researcher Keith Basterfield 2008 from National Archives Australia file 'Scientific Intelligence – General – Unidentified Flying Objects' Files series A13693, control symbol 3092/2/000, Barcode 300306606. デジタル版はオンラインで閲覧可能: recordsearch.naa.gov.au/SearchNRetrieve/Interface/ViewImage.aspx?B=30030606

2 Bill Chalker, 本人への直接取材, 2021年10月3日.

3 '269: Memorandum for the Record. Washington, October 24/25, 1973, 10:30 p.m.–3:30 a.m'. CJCS [Chairman of the Joint Chiefs of Staff] Memo M–88–7. history.state.gov/historical documents/frus1969-76v25/d269

4 これらオーストラリア空軍の目撃報告書は, 1974-5年にシドニーのUFO研究団体UFOICのモニカ・マッギー(Moira McGhee)に提供され, その後, コピーがUFO研究者のビル・チョーカー(Bill Chalker)に提供された. 著者はそのコピーをチョーカーから提供してもらった. この事件についてのチョーカーの解説は, 彼の著作, *The Oz Files*, Duffy & Snellgrove,

1996, pp. 154–9に書かれている．この事件についての概要は，研究者キース・バスターフィールド（Keith Basterfield）のブログでも確認できる: ufos-scientificresearch.blogspot.com/2013/12/north-west-cape-25-october-1973-initial.html
5 ビル・リン（Bill Lynn）の キース・バスターフィールド（Keith Basterfield）への通信，オンラインでアクセス: ufos-scientificresearch.blogspot.com/2014/07/william-gordon-lynn-25-october-1973.html
6 ケイト・リン（Kate Lynn）のキース・バスターフィールド（Keith Basterfield）への通信，オンラインでアクセス: ufos-scientificresearch.blogspot.com/2014/07/william-gordon-lynn-25-october-1973.html
7 Affidavit of Eugene F. Yeates, *Citizens Against Unidentified Flying Objects Secrecy* v *National Security Agency*, Civil Action No 80-1562. オンラインでアクセス: www.nsa.gov/Portals/70/documents/news-features/declassified-documents/ufo/in_camera_affadavit_yeates.pdf
8 Grant Cameron，本人への直接取材，2020年2月12日．
9 Dan Sheehan，本人への直接取材，2019年10月17日と2020年7月10日．
10 Daniel Sheehan，本人への直接取材，2019年10月17日と2020年7月10日．
11 Dolan, *The Cover-up Exposed, 1973-1991 (UFOs and the National Security State Book 2)*, Keyhole Publishing Co (Kindle edition), 2010, p. 136.
12 この話は以下に詳しい．Richard. C. Henry, 'UFOs and NASA', *Journal of Scientific Exploration*, 1988, vol. 2, no. 2, pp. 93–142 (Permagon Press PLC).

第7章　誤認か、それとも隠蔽か

1 John Cordy，本人への直接取材，ウェリントン，ニュージーランド，2020年9月17日．
2 John Cordy，本人への直接取材，2020年7月8日．
3 Letter to Frank O'Flynn, NZ Minister of Defence, 25 Aug 1984. NZ Defence Force UFO Files 1984-89, p. 121. 2020年9月18日にオンラインでアクセス: ia600201.us.archive.org/11/items/NewZealandUFO/AIR-1630-2-Volume-1-1984-1989.pdf
4 Quentin Fogarty，本人への直接取材，2016年2月12日．
5 Dennis Grant，本人への直接取材，2020年9月18日．
6 Timothy Good, *Beyond Top Secret*, pp. 56–77.
7 Nick Pope，本人への直接取材，2009年4月．放射線量が異常な値になったというポープの主張には懐疑派の科学者イアン・リドパス（Ian Ridpath）が反論している: www.ianridpath.com/ufo/rendlesham4.html
8 Ian Ridpath, 'Rendlesham Forest UFO Case',（日付なし）www.ianridpath.com/ufo/rendlesham1a.html
9 Col Charles Halt (retd)，本人への直接取材，2009年4月．
10 Georgina Bruni, *You Can't Tell the People: The Definitive Account of the Rendlesham Forest UFO Mystery*, Sidgwick & Jackson, 2000.
11 Paul Steucke, Office of Public Affairs, Alaskan Region, Federal Aviation Administration, 'FAA Releases Documents on Reported UFO Sighting Last November', 5 March 1987, FAA/US Dept of Transport.
12 Philip Klass, 'FAA Data Sheds New Light on JAL Pilot's UFO Report', *The Skeptical Inquirer*,

Summer 1987.
13 James W. Moseley and Karl T. Pflock, *Shockingly Close to the Truth: Confessions of a Grave-Robbing Ufologist*, Amherst, NY, 2002, pp 323–4.
14 Steven Greer, *Disclosure: Military & Government Witnesses Reveal the Greatest Secrets in Modern History,* Crossing Point Inc, 2001, pp. 79–93.〔『ディスクロージャー：軍と政府の証人たちにより暴露された現代史における最大の秘密』，スティーブン・M・グリア編著，廣瀬保雄訳，2017年，ナチュラルスピリット〕
15 Interview with FAA Official John Callahan, 'FAA Official John Callahan – The Anchorage Incident', Sirius Disclosure. 2020年5月20日にオンラインでアクセス: www.youtube.com/watch?v=HUak1jfA2Hg (15:24から).
16 Report of Squadron Leader Biddington, '[RAAF Headquarters Support Command, Victoria Barracks Victoria] UFO's [Unidentified Flying Object] reports [UAS Unusual Aerial Sightings]' Series No: A9755 Control Symbol 5. Item ID: 3533434, p. 103.
17 John Alexander, *UFOs – Myths, Conspiracies and Realities*, St Martin's Press, NY, 2011, pp. 263–4.
18 UK Ministry of Defence, 'Unidentified Aerial Phenomena (UAP) in the UK Air Defence Region', Ch4 'UAP Work in Other Countries' (2000). 2012年11月10日に機密解除. The National Archives. オンラインでアクセス: webarchive. nationalarchives.gov.uk/20121110115327/www.mod.uk/DefenceInternet/FreedomOfInformation/PublicationScheme/SearchPublicationScheme/UnidentifiedAerialPhenomenauapInTheUkAirDefenceRegion.htm

第8章　黒の三角

1 Retd Major Gen Wilfried de Brouwer, National Press Club Press UFO Conference for the Coalition for Freedom of Information, 12 November 2007, Washington DC.
2 Leslie Kean, *UFOs. Generals, Pilots, and Government Officials Go on the Record*, Three Rivers Press, NY, 2010, p. 19.〔『UFOs：世界の軍・政府関係者たちの証言録』，レスリー・キーン著，原澤亮訳，2022年，二見書房〕
3 Brian Dunning, Skeptoid Podcast Episode 538 'The Belgian UFO Wave', 27 September 2016. 2021年3月28日にオンラインでアクセス: skeptoid.com/episodes/4538
4 Sighting report: 11 Jun 1990 0208 hrs Exmouth, WA. Keith Basterfield, 'A Catalogue of the more interesting Australian UAP Reports 1793-2014', 15 Sep 2018. www.project1947.com. As provided to author.
5 Timothy Good, Need To Know: UFOs, The Military & Intelligence, (2006) Sidgwick & Jackson, p. 382.
6 Nick Pope, 'Britain's Real X-Files', 2 Feb 2005, Daily Mail, p. 13.8
7 Nick Pope, April 2009, Sunday Night, Seven Network Australia.
8 Martin Willis, *Podcast UFO*.
9 Bill Sweetman, 'Secret Warplanes of Area 51', *Popular Science*, 4 June 2006.
10 Leslie Kean, 'Is There a UFO Cover-up? A Government Insider Speaks Out', *Huffington Post*, 9 May 2016. 2017年12月11日にオンラインでアクセス: www.huffpost.com/entry/is-there-a-ufo-coverup-a-_b_9865184
11 Jim Goodall, 本人への直接取材，2020年4月4日.

12 ハーザンは民間UFO研究団体MUFONの事務局長だったが，13歳の少女を性行為に誘ったとの申し立てを受け，2020年7月に辞任した．
13 T. L. Keller, *The Total Novice's Guide to UFOs: What You Need To Know*, 2FS Publishing LLC, 2010.
14 Richard Beckwith, interview with Jan Harzan of MUFON, 'Ben Rich: We Now Have the technology To Take ET Home', 29 August 2013. 2020年7月7日にオンラインでアクセス：www.youtube.com/watch?v=FB3ngWGwShs
15 ジョン・アンドルーズ（John Andrews）からベン・リッチ（Ben Rich）への1986年7月10日付の手書きの書簡の署名入り写し．ジム・グドール（Jim Goodall）より著者にコピー提供．
16 ベン・リッチからジョン・アンドルーズへの1986年7月21日付の署名入り書簡．ジム・グドールより著者にコピー提供．
17 Interview with Dave Fruehauf, 'The Storming of Area 51', 15 November 2019, *Ancient Aliens*, Season 14, Ep 20.
18 Jeremy Corbell, *Bob Lazar: Area 51 & Flying Saucers*, Netflix documentary, 2018, at 1:03:47.
19 Captain Bradley R. Townsend USAF, 'Space Based Satellite Tracking and Characterization Utilizing Non-Imaging Passive Sensors', March 2008, Thesis, Department of the Air Force, Air Force Institute of Technology, Wright-Patterson Air Force Base, Ohio.
20 ボブ・フィッシュ（Bob Fish）からポデスタ（Podesta）への電子メール，'Leslie Kean book – DSP Program', 3 June 2015, *Wikileaks*, 2020年7月22日にオンラインでアクセス：wikileaks.org/podesta-emails/emailid/54211
21 ボブ・フィッシュからポデスタへの電子メール，'Leslie Kean book comment', 3 May 2015, *Wikileaks*. 2020年7月22日にオンラインでアクセス：wikileaks.org/podesta-emails/emailid/47433
22 ボブ・フィッシュからポデスタへの電子メール，'Leslie Kean book – Blue Book', 3 June 2015, *Wikileaks*. 2020年7月22日にオンラインでアクセス：wikileaks.org/podesta-emails/emailid/31721
23 ボブ・フィッシュから著者への電子メール，2020年2月．
24 Jacques Vallée, *Forbidden Science Vol Four: Journals 1990–1999 The Spring Hill Chronicles*, Lulu.com (Kindle edition), 2019, p 47. 1990年6月21日の会話についての記述．
25 Jacques Vallée, *Forbidden Science Vol Four*, pp. 92–3 (Kindle edition). 1991年5月24日の会話についての記述．
26 ディック・ダマト（Dick D'Amato）の声明は，現在消滅している彼のウェブサイト，cricharddamato.com から，ポッドキャスト局「オムニトーク・レディオ」（Omnitalk Radio）の研究者ジウリアーノ・マリンコヴィッチ（Giuliano Marinkovic）により，Archive.org を通じてリトリーブされた．2020年5月26日．以下も参照：www.megalomediadesigns.com/dickdamato.html 2020年7月17日にオンラインでアクセス：www.theufochronicles.com/2020/05/senate-staffer-dick-damatos-ufo-statement.html?m=1

第9章　ディスクロージャー・プロジェクト

1 Webb Hubbell, *Friends in High Places*, Beaufort Books (Kindle edition), 1997, p. 269.
2 以下ほか：Joe Martin and William J. Birnes, 'Bill Clinton and UFOs: Did He Ever Find Out if the Truth Was Out There?', Salon.com, 29 January 2018.
3 Paul Davies, *Are We Alone?: Philosophical Implications of the Discovery of Extraterrestrial Life*,

Perseus, 1996.〔『宇宙に隣人はいるのか』, ポール・デイヴィス著, 青木薫訳, 草思社, 1997年〕
4 Dan Good, 'Bill Clinton Wouldn't Be Surprised if Aliens Exist', ABCNews.go.com, 3 April 2014.
5 グリア博士の返答: siriusdisclosure.com/dr-greers-response-to-former-cia-director-woolseys-denial-of-meeting/
6 スティーヴン・グリア博士への書状, ジェイムズおよびスザンヌ・ウールジーと, ジョンおよびダイアン・ピーターセンより, 1999年9月16日. 2020年5月4日にオンラインでアクセス: siriusdisclosure.com/wp-content/uploads/2013/03/1999-Woolsey-Petersen-letter.pdf.
7 ジョン・ピーターセン(John L. Petersen)から著者への電子メール, 2020年5月15日.
8 Dr Steven Greer interview on Jimmy Church, 'Breaking: Dr Steven Greer speaks on the Davis/Wilson UFO Document Leak', 18 June 2019.
9 Steven M. Greer, *Hidden Truth: Forbidden Knowledge*, Crossing Point, 2006, pp. 149–51.〔『UFOテクノロジー隠蔽工作』, スチーヴン・M・グリア著, 前田樹子訳, 2008年, めるくまーる〕
10 Leslie Kean, 'Third Cometa Article in VSD', UFO Updates. オンラインでアクセス: ufoupdateslist.com/2000/sep/m15-016.shtml〔現在アクセスできず. 以下アドレスで同記事を閲覧可能 https://www.bibliotecapleyades.net/sociopolitica/esp_sociopol_mj12_3h.htm〕. これは草稿で, もっと長い記事が後日フランスのニュース雑誌VSD, www.vsd.fr に掲載された.
11 Tim McMillan and Tyler Rogoway, 'Special Access Programs and the Pentagon's Ecosystem of Secrecy', *The War Zone/The Drive*, 22 July 2019. 2020年5月5日にオンラインでアクセス: www.thedrive.com/the-war-zone/29092/special-access-programs-andthepentagons-ecosystem-of-secrecy
12 USAF NRO/Central Security Service, 'Memorandum for Record', 28 July 1991. 2020年5月5日に SiriusDislosure.com のサイトでアクセス: siriusdisclosure.com/wp-content/uploads/2012/12/NRO-Doc.pdf
13 Steven Greer DVD, 'Dr Greer Presents Expose of the National Security State, Washington DC, November 21, 2015', DVD from Sirius-Disclosure.com.
14 Greer, *Hidden Truth: Forbidden Knowledge*, p. 151.
15 John Audette, 本人への直接取材, 2020年2月4日の電子メール.
16 Dr Steven Greer and Ret. Commander Willard Miller, 'Insight into New Energy', 8 February 2013. 2020年5月11日にオンラインでアクセス: www.youtube.com/watch?v=XdoHAeaTc2A (at 29:42)
17 Steven Greer, interview with Art Bell, *Coast to Coast AM*, 8 May 1997: web.archive.org/web/19970605171829/www.artbell.com/topics.html
18 Steven M. Greer, *Hidden Truth: Forbidden Knowledge*, Crossing Point, 2006, p. 150.〔『UFOテクノロジー隠蔽工作』〕
19 Shari Adamiak/CSETI, Project Starlight, interview with Jeff Rense, 29 April 1997. www.renseradio.com. 2020年5月8日にオンラインでアクセス: archive.org/details/Sheri_Adamiak_-_CSETI_Project_Starlight (from 12:09)
20 Greer, *Hidden Truth: Forbidden Knowledge*, p. 152.〔『UFOテクノロジー隠蔽工作』〕
21 Greer, *Hidden Truth: Forbidden Knowledge*, p. xii.〔『UFOテクノロジー隠蔽工作』〕
22 Richard Dolan, *The Cover-Up Exposed, 1973-1991 (UFOs and the National Security State Book 2)*, Keyhole Publishing (Kindle edition), 2010, p. 539.

23 トム・ウィルソン海軍中将から著者への署名入り書状，‘Coulthart response. pdf’, 電子メールの添付ファイルで受領，2020年6月30日.
24 ファイフ・サイミントン（Fife Symington）のCNNインタビュー．‘Symington: I Saw a UFO in the Arizona Sky Event’, CNN, 2007年9月11日.
25 ポデスタ記者会見，2002年10月22日．ジェイムズ・フォックス（James Fox）制作のドキュメンタリー，‘I Know What I Saw’より抜粋. YouTube.com. 2020年10月16日にオンラインでアクセス: www.youtube.com/watch?v=smwQau3HtKM

第10章　スキンウォーカー牧場

1 Zack Van Eyck, ‘Frequent Fliers?’, *Deseret News*, 30 June 1996. 2020年3月2日にオンラインでアクセス: www.deseret.com/1996/6/30/19251541/frequent-fliers
2 同上.
3 Jessica Johnston, ‘Cattle Mutilated in North Queensland’, *North Queensland Register*, 7 Sep 2018: www.northqueenslandregister.com.au/story/5633519
4 Mick Cook, 本人への直接取材，2021年3月21日.
5 James R. Stewart, ‘Cattle Mutilations – An Episode of Collective Delusion’, *Sceptical Inquirer*, vol. 1, no. 2, Spring/Summer 1977, pp. 55–66.
6 Ben Mezrich, *The 37th Parallel: The Secret Truth Behind America's UFO Highway*, Thorndike Press, 2017.
7 以下を参照．Amy Bickel, ‘Recent Cattle Mutilations Bring Memories of 1970s Attacks’, *The Hutchinson News – Capital Press*, 15 January 2016; Jim Robbins, ‘Unsolved Mystery Resurfaces in Montana: Who's Killing Cows?’, *The New York Times*, 17 September 2001, Section B, p. 1.
8 Ben Mezrich, ‘Why I Believe in UFOs, and You Should Too’, 19 December 2016, TEDxBeaconStreet. 2020年3月2日にオンラインでアクセス: www.youtube.com/watch?v=urKhVssiygA
9 Erica Lukes, ‘Dr Eric Davis, Skinwalker Ranch, NIDS and To The Stars Academy’, 29 July 2018. UFO Classified, YouTube. 2019年12月19日にオンラインでアクセス: www.youtube.com/watch?v=nqBeuxB-9IM
10 同上.
11 同上.
12 Interview Dr Eric Davis with Alejandro Rojas, www.openminds.tv.
13 同上.
14 たとえば以下: Mick West, ‘Black UFO at Skinwalker Ranch (a Fly)’, 22 May 2020: www.metabunk.org
15 Dr Eric Davis Interview with Erica Lukes, *UFO Classified*, 28 July 2018.
16 Colm A. Kelleher Ph.D. and George Knapp, *Hunt for the Skinwalker: Science Confronts the Unexplained at a Remote Ranch in Utah*, Paraview Pocket Books, 2005.
17 同上，p. 147.
18 同上，p. 6.
19 Howard Blum, *Out There*.〔『アウトゼア：米政府の地球外生物秘密探査』〕
20 John B. Alexander, *UFOs, Myths, Conspiracies and Realities*, St Martin's Griffin ed, p. 353.

21 同上，p. 354.

22 同上，p. 355.

23 Colm Kelleher, 'Summary Report of Utah Trip 7/30/1997-8/6/1997', NIDS. 故エドガー・ミッチェルが所有していた文書を著者が入手.

24 Colm Kelleher, 'Report on Trip to New Mexico 9/15-9/19/1997', NIDS. 故エドガー・ミッチェルが所有していた文書を著者が入手.

25 同上.

26 同上.

27 同上.

28 同上.

29 Greg Bishop, *Project Beta, The Story of Paul Bennewitz, National Security, and the Creation of a Modern UFO Myth*, Simon & Schuster, 2005.

30 同上.

31 同上.

第11章　宇宙から来たチクタク

1 Kevin Day, 本人への直接取材，2021年3月22日と23日; Robert Powell, Scientific Coalition for Ufology, Interview with Kevin Day. 2020年2月8日にオンラインでアクセス: www.explorescu.org/post/nimitz_strike_group_2004

2 Kevin Day, 本人への直接取材，2021年3月22日と23日; Dave Beaty Interview with Kevin Day from documentary *The Nimitz Encounters*, first published 26 May 2019. 2020年2月4日にオンラインでアクセス: www.youtube.com/watch?v=PRgoisHRmUE

3 Gary Voorhis, 本人への直接取材，2021年3月10日.

4 Voorhis, 本人への直接取材，2021年3月10日; Tim McMillan, 'The Witnesses', *Popular Mechanics*, 12 November 2019. 2019年12月20日にオンラインでアクセス: www.popularmechanics.com/military/research/a29771548

5 Joe Murgia/UFO Joe website, 'Notes and Quotes from the Military "Tic Tac" Witness Group Interview at UFO MegaCon', 27 March 2019. 2020年2月6日にオンラインでアクセス: www.ufojoe.net/?p=805

6 Kevin Day, 本人への直接取材.

7 Robert Powell, Peter Reali, Tim Thompson, Morgan Beall, Doug Kimzey, Larry Cates and Richard Hoffman, 'A Forensic Analysis of Navy Carrier Strike Group Eleven's Encounter with an Anomalous Aerial Vehicle', SCU – Scientific Coalition for Ufology, (published online 25 April 2019). 2019年4月にオンラインでアクセス: www.explorescu.org, p. 16.

8 Paco Chierici, 'There I Was: The X-Files Edition', *Fighter Sweep*, 14 March 2015. 2019年12月2日にオンラインでアクセス: sofrep.com/fightersweep/x-files-edition/

9 'A Forensic Analysis of Navy Carrier Strike Group Eleven's Encounter with an Anomalous Aerial Vehicle', SCU – Scientific Coalition for Ufology, p. 8.

10 David Fravor, interview, *Fox News/Tucker Carlson Tonight*, 20 Dec 2017. YouTube, オンラインでアクセス: www.youtube.com/watch?v=EDj9ZZQY2kA

11 'A Forensic Analysis of Navy Carrier Strike Group Eleven's Encounter with an Anomalous Aerial

Vehicle', p. 14

12 同上. p. 12.

13 Dave Beaty Interview with Kevin Day.

14 Slaight Interview with ret'd USN Capt Tim Thompson, 'A Forensic Analysis of Navy Carrier Strike Group Eleven's Encounter with an Anomalous Aerial Vehicle', p. 12.

15 Paco Chierici, 'There I Was: The X Files Edition'.

16 Tucker Carlson, interview with Fravor.

17 Robert Powell SCU interview with Kevin Day, from 6:15.

18 Frank Chung, 'What the Hell Is That? Navy Pilot Reveals Creepy Incident of Dark Mass Coming up from the Depths', *www.news.com.au*, 7 October 2019. 2020年2月8日にオンラインでアクセス: www.news.com.au/technology/science/space/what-thehellis-that-navy-pilot-reveals-creepy-incident-of-dark-mass-coming-up-from-thedepths/news-story/6a96202a189a58300b4c717e14b15422

19 同上.

20 Matthew Phelan, 'Navy Pilot Who Filmed the "Tic Tac" UFO Speaks: It Wasn't Behaving by the Normal Laws of Physics', *New York Magazine*, 19 December 2019. 2020年2月9日にオンラインでアクセス: nymag.com/intelligencer/2019/12/tic-tac-ufo-video-q-and-a-with-navy-pilot-chad-underwood.html

21 Beaty, 'The Nimitz Encounters'.

22 Kevin Day, 本人への直接取材.

23 Phelan, 上掲〔注11−20〕.

24 Eli Rosenberg, 'Former Navy Pilot Describes UFO Encounter Studied by Secret Pentagon Program', *Washington Post*, 19 December 2017.

25 Robert Powell SCU, interview with Kevin Day, from 8:50.

26 Hughes, interview, *UFO Joe*.

27 Tyler Rogoway, 'What the Hell Is Going on with UFOs and the Department of Defence?', *The Drive/The War Zone*, 26 April 2019. 2020年2月6日にオンラインでアクセス: www.thedrive.com/the-war-zone/27666/what-the-hell-is-going-on-with-ufos-anddepartmentof-Defence?

第12章　「ビッグ・シークレット」狩り

1 Robert Bigelow, interview with George Knapp, Part 2, 6 February 2021, *Mystery Wire/YouTube*. オンラインでアクセス: www.youtube.com/watch?v=9Sv66dG6Ldc

2 Eric Lach, 'Harry Reid Misses George W. Bush and Always Kind of Liked Bernie Sanders', *New Yorker*, 21 February 2020. 2020年2月27日にオンラインでアクセス: www.newyorker.com/news/the-new-yorker-interview/harry-reid-misses-george-w-bush-and-always-kind-of-liked-bernie-sanders

3 同上.

4 Senator Daniel Inouye, Closing Statement, US Senate Select Committee on Secret Military Assistance to Iran and the Nicaraguan Opposition, 3 August 1987. 2020年2月28日, 以下にオンラインでアクセス. C-Span (Inouye quote at 3:44:28-3:52:18): www.c-span.org/video/?9648-1/iran-contra-investigation-day-40

5 Eric Lach, 'Harry Reid Misses George Bush and Always Kind of Liked Bernie Sanders.

6 Lara Logan, 'Bigelow Aerospace Founder Says Commercial World Will Lead in Space', 28 May 2017, *60 Minutes*/CBS. トランスクリプトは以下．2020年2月29日にオンラインでアクセス：www.cbsnews.com/news/bigelow-aerospace-founder-says-commercial-world-will-lead-in-space/
7 Tim McMillan, 'Inside the Pentagon's Secret UFO Program', *Popular Mechanics*, 14 February 2020. 2020年2月15日にオンラインでアクセス：www.popularmechanics.com/military/research/a30916275/government-secret-ufo-program-investigation/
8 同上．
9 George Knapp, Eric Davis interview *Coast to Coast AM*, 24 June 2018. 2020年3月21日にオンラインでアクセス：www.coasttocoastam.com/shows/2018/06/24〔現在アクセスできず．以下アドレスで閲覧可能 https://www.coasttocoastam.com/show/2018-06-24-show/〕
10 Robert Hastings, *UFOs & Nukes, Extraordinary Encounters at Nuclear Weapons Sites*, 2nd ed., 2017. 私家版原稿．〔『UFOと核兵器：核兵器施設における驚異的遭遇事件』，ロバート・ヘイスティングス著，天宮清監訳，ヒロ・ヒラノ，桑原恭男，山川進訳，2011年，環健出版社〕
11 Robert Hastings, 本人への直接取材，2020年4月7日．
12 Knapp, *Coast to Coast AM*, 24 June 2018.
13 Scott and Suzanne Ramsey and Dr Frank Thayer, *The Aztec UFO Incident. The case, Evidence, and Elaborate Cover-up of One of the Most Perplexing Crashes in History*, The Career Press Inc, NJ, 2016.
14 Art Bell Interview with Dr Colm Kelleher, 'Black Triangle Phenomenon', *Coast to Coast AM*, 24 April 2004. 2019年12月15日にオンラインでアクセス：www.coasttocoastam.com/show/2004-04-24-show/
15 上院議員ハリー・リード（Harry Reid）から国防副長官ウィリアム・リン（William Lynn）への書状．2009年6月24日付．KLAS-TVのジョージ・ナップによって初めて公開．2018年8月2日にKLAS-TVのウェブサイトを通じてアクセス：media.lasvegasnow.com/nxsglobal/lasvegasnow/document_dev/2018/07/ 25/Reid_letter_2009_1532565293943_49621615_ver1.0.pdf
16 McMillan, 前に同じ．
17 George Knapp, 'I-Team: Former Sen. Reid calls for Congressional Hearings into UFOs', *8NewsNow*, 31 January 2019. 2019年12月16日にオンラインでアクセス：www.8newsnow.com/news/local-news/i-team-former-sen-reid-calls-for-congressional-hearings-into-ufos/1743467461/
18 Gideon Lewis-Kraus, 'How The Pentagon Started Taking UFO's Seriously', *The New Yorker*, 10 May 2021, 2021年5月3日にオンラインでアクセス：www.newyorker.com/magazine/2021/05/10/how-the-pentagon-started-taking-ufos-seriously
19 Christopher Mellon interview with Joe Rogan, *The Joe Rogan Experience*, Ep1645, 5 May 2021. 2021年5月6日にオンラインでアクセス：open.spotify.com/show/4rOoJ6Egrf8K2IrywzwOMk

第13章　大統領なら知っているか

1 Melissa Bell, 'White House Denies Aliens Exist on Earth', *Washington Post*, 7 November 2011.
2 Steve Tetreault, 'Believers in Nevada Scoff as White House Denies UFOs Are Real', *Las Vegas Review-Journal*, 13 November 2011, p. 18A.
3 Annie Jacobsen, *Area 51: An Uncensored History of America's Top Military Base*, Orion Books/Hachette UK (Kindle edition), 2011, pp. 36–7.〔『エリア51：世界でもっとも有名な秘密基地の

真実』，アニー・ジェイコブセン著，田口俊樹訳，2012年，太田出版〕
4 同上，pp. 367–8.
5 Jimmy Kimmel, 'President Barack Obama Denies Knowledge of Aliens', *Jimmy Kimmel Live*, 13 March 2015. 2019年12月12日にオンラインでアクセス: www.youtube.com/watch?v=EYzRY2XpLBk
6 Michael Tedder, 'Blink-182's Tom DeLonge on UFOs, Government Coverups and Why Aliens Are Bigger Than Jesus', 17 February 2015, www.papermag.com. 2020年3月9日にオンラインでアクセス: www.papermag.com/tom-delonge-ufos-interview-1427513207.html〔現在アクセスできず，インターネットアーカイブ経由で閲覧可能〕
7 同上.
8 Sam Law, 'Blink-182: The Inside Story of Enema of the State', Kerrang.com, 1 June 2019. 2020年3月9日にオンラインでアクセス: www.kerrang.com/features/blink-182-the-inside-story-of-enema-of-the-state/
9 Geoff Boucher, 'Hangin' Out with Rock's Rude Boys', *Los Angeles Times*, 11 May 2000. 2020年3月9日にオンラインでアクセス: www.latimes.com/archives/la-xpm-2000-may-11-ca-28718-story.html
10 Gavin Edwards, 'Punk Guitar + Fart Jokes = Blink-182', *Rolling Stone*, 20 January 2020. 2020年3月9日にアクセス: www.rollingstone.com/music/music-news/punk-guitar-fart-jokes-blink-182-63042/
11 Michael Tedder, *Papermag*.
12 Kelly Dickerson, 'Tom DeLonge Took a Break from Blink-182 to Focus on UFOs', 18 June 2016, www.mic.com. 2020年3月9日にオンラインでアクセス: www.mic.com/articles/140196/why-tom-de-longe-took-a-break-from-blink-182-to-expose-the-truth-about-aliens
13 Tyler Rogoway, 'Tom DeLonge's Origin Story for To The Stars Academy Describes a Government UFO Info Operation', *The War Zone*, 5 June 2019. 2019年8月8日にオンラインでアクセス: www.thedrive.com/the-war-zone/28377/tom-delonges-origin-storyforto-the-stars-academy-describes-a-government-info-operation
14 Tom DeLonge, *SeKret Machines Book 1: Chasing Shadows*, p. XIII.
15 同上，p. XIV.
16 同上.
17 同上.
18 George Knapp, Interview with Tom DeLonge, *Coast to Coast AM*, 27 March 2016. 2018年8月5日にオンラインでアクセス: www.coasttocoastam.com/show/2016/03/27
19 Tom DeLonge with Peter Levenda, *SeKret Machines: Man. Volume 2: Gods, Man, & War. An Official SeKret Machines Investigation of the UFO Phenomenon*, To The Stars Inc, 2019, Prologue, p. XIII.
20 Joe Rogan, Interview with Tom DeLonge, 26 October 2017, *Joe Rogan Experience #1029*. 2019年2月2日にオンラインでアクセス: www.youtube.com/watch?v=5n_3mnJfHzY

第14章　われわれは真実を受けとめられる

1 George Knapp, interview with Tom DeLonge, *Coast to Coast AM*, 27 March 2016. 2018年8月5日にオンラインでアクセス: www.coasttocoastam.com/show/2016/03/27

2 Tom DeLonge and A.J. Hartley, *SeKret Machines Book 1: Chasing Shadows*, To The Stars Academy, 2016, p. XV.
3 Knapp, *Coast to Coast AM*, hour 3 at approximately 07:05.
4 同上，hour 3 at approximately 24:37.
5 DeLonge, *SeKret Machines/Chasing Shadows*, p. XXX.
6 Joe Rogan，前に同じ．
7 同上．
8 George Knapp, *Coast To Coast AM*, hour 3 at approximately 9:03.
9 同上．
10 同上．
11 同上．
12 同上．
13 同上．

第15章　罪深い秘密を漏らす

1 ネティクショは2018年7月13日，アメリカ政府から被告不在のまま起訴された．起訴状の写しは以下: www.justice.gov/file/1080281/download. 解説記事として，Zack Whittaker, 'Mueller Report sheds new light on how the Russians hacked the DNC and the Clinton campaign', 19 April 2018, Techcrunch. com. 2019年12月12日にオンラインでアクセス: techcrunch.com/2019/04/18/mueller-clinton-arizona-hack/
2 Ashley Parker and David E. Sanger, 'Donald Trump Calls on Russia to Find Hillary Clinton's Missing Emails', *New York Times*, 27 July 2016, p. A2.
3 Nigel M. Smith, 'Ariana Grande's Donut-licking Cost Her a Gig at White House, Wikileaks Reveals', *The Guardian*, 26 July 2016.
4 Michael Weiss, 'The Long, Dark History of Russia's Murder, Inc', *The New York Review of Books*, 18 December 2019.
5 デロングからポデスタへの電子メール，2015年10月26日付．2019年2月2日にオンラインでアクセス: wikileaks.org/podesta-emails/emailid/2125〔現在アクセスできず．インターネットアーカイブ経由で閲覧可能．以下ポデスタメールについては同様〕
6 DeLonge, *Sekret Machines: Chasing Shadows*, back cover.
7 ニール・マックからポデスタほかへの電子メール，2016年1月24日付．2019年12月2日にオンラインでアクセス: wikileaks.org/podesta-emails/emailid/5078
8 スーザン・マッカスランド・ウィルカーソンからポデスタへの電子メール，2016年1月24日付．2019年12月2日にオンラインでアクセス: wikileaks.org/podesta-emails/emailid/2635
9 デロングからポデスタへの電子メール，2016年1月25日付，2019年12月3日にオンラインでアクセス: wikileaks.org/podesta-emails/emailid/3099
10 George Knapp, interview with Tom DeLonge, Coast to Coast AM, 27 March 2016. 2018年8月5日にオンラインでアクセス: www.coasttocoastam.com/show/2016/03/27
11 トム・デロングからポデスタへの電子メール，2016年2月23日付．2019年12月2日にオンラインでアクセス: wikileaks.org/podesta-emails/emailid/19062
12 トム・デロングからポデスタへの電子メール，'Tom DeLonge Here', 2015年9月24日付，

Wikileaks.org. 2019年12月2日にオンラインでアクセス: wikileaks.org/podesta-emails/emailid/33739
13 デロングからポデスタへの電子メール, 24 September 2015年9月24日付. 2019年12月2日にオンラインでアクセス: wikileaks.org/podesta-emails/emailid/33739
14 George Knapp, 'I-Team: Clinton Aide Seeks UFO files'.
15 同上.
16 Space Force website. 'Star Delta Fact Sheet'. 2021年3月24日にオンラインでアクセス: www.spaceforce.mil/About-Us/STAR-DELTA/〔現在アクセスできず. インターネットアーカイブ経由で閲覧可能〕
17 Devan Cole, 'Trump Calls Newly released UFO Footage a "Hell of a Video"', CNN, 30 April 2020. 2020年5月21日にオンラインでアクセス: edition.cnn.com/2020/04/30/politics/donald-trump-ufo-videos-response/index.html

第16章 「トゥ・ザ・スターズ・アカデミー・オブ・アーツ・アンド・サイエンス」
1 Overview of TTSA mission, To The Stars Academy. 2020年3月8日にオンラインでアクセス: dpo.tothestarsacademy.com/〔現在アクセスできず. インターネットアーカイブ経由で閲覧可能〕
2 Transcript of Mellon speech by Alejandro Rojas/OpenMindsTV website, 'Transcript of TTSA Press Conference'. Posted 11 October 2017: www.openminds.tv/transcript-of-to-the-stars-academy-press-conference/41145
3 Joe Rogan, interview with Tom DeLonge, 26 October 2017, Joe Rogan Experience #1029.
4 News Release, 'To The Stars Academy of Arts & Sciences Launches Today', Cision PR Newswire, 11 October 2017. 2021年3月26日にオンラインでアクセス: www. prnewswire.com/news-releases/to-the-stars-academy-of-arts--science-launchestoday300534912.html
5 US Securities and Exchange Commission, 'Offering Circular dated July 12, 2019, To The Stars Academy of Arts & Sciences Inc'. 2020年3月30日にオンラインでアクセス: www.sec.gov/Archives/edgar/data/1710274/000114420419034515/tv525071_253g2.htm
6 Joe Rogan, Interview with Tom DeLonge, 26 Oct 2017, Joe Rogan Experience #1029, 前に同じ.
7 トム・デロングは2020年7月25日にこうツイートした. 'Working on the first plans for @TTSAcademy's first anti-gravitic experiment. More to come'. 2020年7月28日にオンラインでアクセス: twitter.com/tomdelonge/status/1287067919243808769
8 Ralph Blumenthal, 'U.F.O.s, the Pentagon and The Times', *The New York Times*, 19 December 2017, p. A2.
9 エリゾンドのウェブサイト, 'Lue at a Glance'. 2021年3月26日にオンラインでアクセス: luiselizondo-official.com/
10 Helene Cooper, Ralph Blumenthal and Leslie Kean, 'Real U.F.O.'s? Pentagon Unit Tried to Know', *The New York Times*, 17 December 2017, p. A1. オンライン版は以下. 'Glowing Auras and "Black Money": The Pentagon's Mysterious U.F.O. Program': www.nytimes.com/2017/12/16/us/politics/pentagon-program-ufo-harry-reid.html
11 Joby Warrick, 'Head of Pentagon's Secret "UFO" Office Sought to Make Evidence Public', *The Washington Post*, 17 December 2017. 2020年3月26日にオンラインでアクセス: www.washington post.com/world/national-security/head-of-pentagons-secret-ufo-office-sought-to-make-

evidence-public/2017/12/16/90bcb7cc-e2b2-11e7-8679-a9728984779c_story.html
12 Erin Burnett, interview with Luis Elizondo, 'Ex-UFO Program Chief: We May Not Be Alone', CNN Outfront, 19 December 2017. 2019年12月12日にオンラインでアクセス: www.youtube.com/watch?v=-2b4qSoMnKE
13 Lindsey Ellefson, 'Neil deGrasse Tyson on UFOs: "Call Me When You Have a Dinner Invite from an Alien"', CNN, 21 December 2017. 2020年3月28日にオンラインでアクセス: edition.cnn.com/2017/12/20/us/neil-degrasse-tyson-ufos-new-day-cnntv/index.html
14 Helene Cooper, Ralph Blumenthal and Leslie Kean, 'Real U.F.O.'s? Pentagon Unit Tried to Know', *The New York Times*, 17 December 2017, p. A1. オンライン版は以下. 'Glowing Auras and "Black Money": The Pentagon's Mysterious U.F.O. Program': www.nytimes.com/2017/12/16/us/politics/pentagon-program-ufo-harry-reid.html
15 Project Unity, interview with Ralph Blumenthal and Leslie Kean, *The New York Times*, 26 July 2020, Ibid. At 12:18. オンラインでアクセス: www.youtube.com/watch?v=KvOWnhNv-ys
16 US Securities and Exchange Commission, 'Offering Circular dated July 12, 2019, To The Stars Academy of Arts & Sciences Inc', p. 10.
17 Joe Rogan, interview with Tom DeLonge, 26 October 2017, *Joe Rogan Experience* #1029.
18 Bryan Bender, 'The Pentagon's Secret Search for UFOs', *Politico* Magazine, 16 December 2017. 2018年1月12日にオンラインでアクセス: www.politico.com/magazine/story/2017/12/16/pentagon-ufo-search-harry-reid-216111
19 Bryan Bender, 'The Pentagon's Secret Search for UFOs', Politico ; Eli Rosenberg, 'Former Navy Pilot Describes UFO Encounter Studied by Secret Pentagon Program', *Washington Post*, 19 December 2017; Helene Cooper, Leslie Kean and Ralph Blumenthal, '2 Navy Airmen and an Object That "Accelerated Like Nothing I've Ever Seen"', *The New York Times*, 16 December 2017, p. A27.
20 US Dept of Defence, '2004 USS *Nimitz* FLIR1 Video', 13 December 2017, TheVaulttothestarsacademy.com. 2020年5月29日にオンラインでアクセス: thevault.tothestarsacademy.com/2004-nimitz-flir1-video〔現在アクセスできず. インターネットアーカイブ経由で閲覧可能〕
21 US Dept of Defence, 'Gimbal: Authenticated UAP Video', 13 December 2017, TheVaulttothestarsacademy.com. 2020年3月29日にオンラインでアクセス: thevault.tothestarsacademy.com/gimbal〔現在アクセスできず. インターネットアーカイブ経由で閲覧可能〕
22 Department of Defence, '2015 Go Fast Footage', thevaulttothestarsacademy. com. 9 March 2018. 2020年3月29日にオンラインでアクセス: thevault.tothestarsacademy.com/2015-go-fast-footage〔現在アクセスできず. インターネットアーカイブ経由で閲覧可能〕
23 Christopher Mellon, 'The Military Keeps Encountering UFOs. Why Doesn't the Pentagon Care?', *The Washington Post*, 9 March 2018. 2020年3月20日にオンラインでアクセス: www.washingtonpost.com/outlook/the-military-keeps-encountering-ufos-why-doesnt-the-pentagon-care/2018/03/09/242c125c-22ee-11e8-94da-ebf9d112159c_story.html
24 Form 1U SEC filing by Tom DeLonge, 'Other Events', 17 February 2021. 2021年3月26日にオンラインでアクセス: www.sec.gov/Archives/edgar/data/0001710274/000149315221004131/form1-u.htm
25 Form 1U SEC filing by Tom DeLonge, 'Other Events', 24 March 2021. 2021年3月26日にオ

ンラインでアクセス: www.sec.gov/Archives/edgar/data/0001710274/000149315221006682/form1-u.htm

第17章　検証される未確認物体

1 Helene Cooper, Ralph Blumenthal and Leslie Kean, '"Wow, What Is That?" Navy Pilots Report Unexplained Flying Objects', *The New York Times*, 27 May 2019, p. A14.
2 Ryan Graves, interview with Luis Elizondo and David Fravor, 'Unidentified: Inside America's UFO Investigation' Ep 4, History Channel. 2019年6月に初回放送. 2019年12月12日にオンラインでアクセス: www.history.com/shows/unidentified-inside-americas-ufo-investigation
3 Christopher Mellon, interview with Harris Faulkner, 'Transcript – Mellon: Eight Members of Congress Can Gain Access to The Most Sacred and Tightly Held Special Access Programs (Crashed UFOs & Bodies?)', Fox News Channel – The Fox News Breakdown, 5 June 2019.
4 Helene Cooper, Ralph Blumenthal and Leslie Kean, '"Wow, What Is That?" Navy Pilots Report Unexplained Flying Objects'.
5 Tyler Rogoway, 'Recent UFO Encounters with Navy Pilots Occurred Constantly Across Multiple Squadrons', *The War Zone*, 20 June 2019. 2019年8月8日にオンラインでアクセス: www.thedrive.com/the-war-zone/28627/recent-ufo-encounters-with-navypilotsoccurred-constantly-across-multiple-squadrons
6 Helene Cooper, Ralph Blumenthal and Leslie Kean, '"Wow, What Is That?" Navy Pilots Report Unexplained Flying Objects', 前に同じ.
7 *Unidentified: Inside America's UFO Investigation* Season One, Ep 4, History Channel.
8 Ryan Graves Interview with Luis Elizondo and David Fravor, 'Unidentified: Inside America's UFO Investigation' Ep 4, History Channel.
9 Tyler Rogoway, 'Navy F/A-18 Pilot Shares New Details About UFO Encounters During Middle East Deployment', *The War Zone*, 10 June 2019. 2019年12月18日にオンラインでアクセス: www.thedrive.com/the-war-zone/28453/navy-f-a-18-pilot-sharesnewdetails-about-ufo-encounters-during-middle-east-deployment
10 Jan Tegler and Cat Hofacker, 'Mystery of the "Damn Things"', Aerospace America, November 2019. 2020年1月12日にオンラインでアクセス: aerospaceamerica.aiaa.org/features/mystery-of-the-damn-things/
11 Congressman Mark Walker, Letter to Hon Richard Spencer, Secretary of the US Navy, 16 July 2019.
12 Bryan Bender, 'Navy Withholding Data on UFO Sightings, Congressman Says', *Politico*, 6 September 2019. 2019年12月12日にオンラインでアクセス: www.politico.com/story/2019/09/06/navy-withholding-ufo-sightings-1698396
13 同上.
14 John Greenewald Jr, 'U.S. Navy Releases Dates of Three Officially Acknowledged Encounters with Phenomena', The Black Vault, 11 September 2019. 2019年12月18日にオンラインでアクセス: www.theblackvault.com/documentarchive/u-s-navyreleasesdates-of-three-officially-acknowledged-encounters-with-phenomena/
15 Bryan Bender, 'Military and Spy Agencies Accused of Stiff-arming Investigators on UFO

Sightings', 25 March 2021. 2021年3月26日にオンラインでアクセス: www.politico.com/news/2021/03/25/ufo-sightings-report-478104

16 *Unidentified: Inside America's UFO Investigation* Ep 4, History Channel.〔『解禁！米政府UFO機密調査ファイル』〕

17 同上.

18 同上.

19 同上.

20 Bryan Bender, 'U.S. Navy Drafting New Guidelines for Reporting UFOs', *Politico*, 23 April 2019. 2019年12月12日にオンラインでアクセス: www.politico.com/story/2019/04/23/us-navy-guidelines-reporting-ufos-1375290

21 US DoD statement, 'Statement by the Department of Defence on the Release of Historical Navy Videos', 27 April 2020. 2020年5月24日にオンラインでアクセス: www.Defense.gov/Newsroom/Releases/Release/Article/2165713/statement-by-the-department-of-Defence-on-the-release-of-historical-navy-videos/

22 *Unidentified: Inside America's UFO Investigation*, Ep 4, History Channel.〔『解禁！米政府UFO機密調査ファイル』〕

23 Paul Dean, 'Office of Naval Intelligence (ONI) Admits to "Top Secret" Records and "Secret" Video from USS *Nimitz* "Tic Tac" UFO Incident', *UFOs – Documenting The Evidence Blog*, 8 January 2020. 2020年1月8日にオンラインでアクセス: ufos-documenting-the-evidence.blogspot.com/

24 *Unidentified: Inside America's UFO Investigation*, Ep 4, History Channel.〔『解禁！米政府UFO機密調査ファイル』〕

25 George Knapp, *Coast to Coast AM*, interview with Tom DeLonge, 27 March 2016.

26 同上.

第18章　アートのパーツ

1 Linda Moulton Howe, '7-Part Mysterious Bismuth and Magnesium Zinc Metal From Bottom of Wedge-Shaped UFO', Earthfiles.com, 6 September 2019. 2020年1月12日にオンラインでアクセス: www.earthfiles.com/bismuth/

2 同上.

3 同上.

4 Mick West, 'Identified: Art Bell's "UFO" Aluminum Louvered Sheets – Heat Exchanger Fins', Metabunk.org, 30 July 2019. 2020年4月20日にオンラインでアクセス: www.metabunk.org/threads/identified-art-bells-ufo-aluminum-louvered-sheetsheatexchanger-fins.11012/

5 2nd letter of 22 Apr 1996, '7-Part Mysterious Bismuth and Magnesium Zinc Metal from Bottom of Wedge-Shaped UFO', Earthfiles.com, 6 September 2019. 2020年1月12日にオンラインでアクセス: www.earthfiles.com/bismuth/

6 3rd letter of 27 May 1996, '7-Part Mysterious Bismuth and Magnesium Zinc Metal from Bottom of Wedge-Shaped UFO', Earthfiles.com, 6 September 2019. 2020年1月12日にオンラインでアクセス: www.earthfiles.com/bismuth/

7 Linda Moulton Howe, '7-Part Mysterious Bismuth and Magnesium Zinc Metal from Bottom of

Wedge-Shaped UFO'.
8 同上.
9 Fifth letter of 5 July 1996, '7-Part Mysterious Bismuth and Magnesium Zinc Metal from Bottom of Wedge-Shaped UFO', Earthfiles.com, 6 September 2019. 2020年1月12日にオンラインでアクセス: www.earthfiles.com/bismuth/
10 C-130E 68-10936 crash, 30 November 1978, Charleston, Sth Carolina, 'Crash of a Lockheed C-130-E Hercules in Cottageville: 6 Killed', Bureau of Aircraft Accidents Archives, www.baaa-acro.com. 2020年4月17日にオンラインでアクセス: www.baaa-acro.com/crash/crash-lockheed-c-130e-hercules-cottageville-6-killed
11 TTSA, 'TTSA Announces CRADA with The U.S. Army Combat Capabilities Development Command to Advance Materiel and Technology Innovations', 17 October 2019. 2020年4月16日にオンラインでアクセス: www.prnewswire.com/news-releases/to-the-stars-academy-of-arts--science-announces-crada-with-the-us-army-combat-capabilities-development-command-to-advance-materiel-and-technology-innovations-300940211.html
12 SEC Form 1-SA TTSA, 27 September 2019. 2020年4月19日にオンラインでアクセス: www.sec.gov/Archives/edgar/data/1710274/000114420419046318/tv530141_1sa.htm
13 Keith Basterfield/Unidentified Aerial Phenomena – scientific research, 'TTSA's Metamaterials Acquisition – Some Details Revealed', 2 October 2019. 2020年4月20日にオンラインでアクセス: ufos-scientificresearch.blogspot.com/2019/10/ttsas-metamaterials-acquisition-some.html
14 John Greenewald/TheBlackVault.com, 'U.S. Army Releases Agreement with To The Stars Academy of Arts & Science', 18 October 2019. 2020年4月19日にオンラインでアクセス: www.theblackvault.com/documentarchive/u-s-army-releases-crada-with-to-the-stars-academy-of-arts-science/
15 TTSA Press Release, 'To The Stars Academy of Arts & Sciences Announces CRADA with The U.S. Army Combat Capabilities Development Command to Advance Materiel and Technology Innovations'.
16 TTSA Inc, 'U.S. Securities and Exchange Commission Form 1-SA Semi Annual Report Pursuant to Regulation A'. 25 September 2018. SEC. gov. 2020年3月12日にオンラインでアクセス: www.sec.gov/Archives/edgar/data/1710274/000114420418050766/tv503167_1sa.htm
17 @TTSAcademy tweet, Untitled, 26 July 2019. Twitter.com. 2020年12月12日にオンラインでアクセス: twitter.com/TTSAcademy/status/1154478173909766144
18 Joe Murgia transcript of Glenn Beck interview 8 May 2020 with Christopher Mellon and Lue Elizondo, 'Transcript: Mellon & Elizondo on Beck: F-18 Pilots Testified About Tic Tac UFO Before "Very Senior DoD Staff" In Secretary Mattis' Suite', 9 May 2020. UfoJoe.net. 2020年5月10日にオンラインでアクセス: www.ufojoe.net/mellon-elizondo
19 Form 1-U SEC Report, 24 March 2021.

第19章　メタマテリアルという新たな科学

1 George Knapp/INews-Channel 8 Las Vegas, 'I-Team: UFO Meta Materials', 31 October 2018. 2019年6月16日にオンラインでアクセス: www.youtube.com/watch?v=t-T4Aa4UPI8
2 M.J. Banias, 'UFO Researcher Explains Why She Sold "Exotic" Metal to Tom DeLonge', Vice.com, 15 November 2019. 2020年4月20日にオンラインでアクセス: www.vice.com/en_au/article/

8xwp9z/ufo-researcher-explains-why-she-sold-exotic-metaltotom-delonge

3 Dr Hal Puthoff, 'Dr Hal Puthoff Address to the SSE/IRVA Conference, Las Vegas', 8 June 2018. 2019年3月12日にオンラインで講演録にアクセス:paradigmresearchgroup.org/2018/06/12/dr-hal-puthoff-presentation-at-the-sse-irva-conference-las-vegas-nv-15-june-2018/

4 Federation of American Scientists, 'Project on Government Secrecy/Invention Secrecy Activity FY2019'. 2020年1月12日にオンラインでアクセス: fas.org/sgp/othergov/invention/

5 *Unidentified: Inside America's UFO Investigation*, History Channel.〔『解禁!米政府UFO機密調査ファイル』〕

6 TTSA Tweet, 26 July 2019. 2019年12月19日にオンラインでアクセス: twitter.com/TTSAcademy/status/1154436582021009408

7 Shutterstock stock photo, 'Malachite, Unique Background of Natural Stone'. 2019年12月19日にオンラインでアクセス: www.shutterstock.com/image-photo/malachite-unique-background-natural-stone-353092580

8 Hal Puthoff review of Paul Hill book, *Synopsis of Unconventional Flying Objects*, 7 March 1997. 2020年4月23日にオンラインでアクセス: www.ldolphin.org/hill.html

9 Peter Andrew Sturrock/Center for Space Science & Astrophysics, Stanford University, 'Composition Analysis of the Brazil Magnesium', *Journal of Scientific Exploration*, 2001, vol. 15, no. 1, 2001, pp. 69–95. オンラインでアクセス: citeseerx.ist.psu.edu/viewdoc/download?doi=10.1.1.557.5849&rep=rep1&type=pdf

10 Robert Powell YouTube presentation, 'Analysis of the "Ubatuba" Material by Robert Powell', 6 May 2020, Scientific Coalition for UAP Studies. 2020年7月26日にオンラインでアクセス: www.youtube.com/watch?v=NamnxaADugo

11 Tucker Carlson, Luis Elizondo interview, Fox News Channel, 4 October 2019. 2019年12月12日にオンラインでアクセス: youtu.be/Z7-DhPCG_II

12 Image from Luis Elizondo speech SCUAP Conference video 15 Mar 2019 'Luis Elizondo – UFOs ARE Real – SCAAP' @ 40', Slide entitled 'TTSA Material Collection And Analysis', YouTube. 2020年4月24日にオンラインでアクセス: www.youtube.com/watch?v=rhxmOAEFAh8

13 Luis Elizondo speech SCUAP Conference Video, 'Luis Elizondo – UFOs ARE Real – SCAAP', 15 March 2019.

14 Tucker Carlson/Fox News/Tucker Carlson Tonight, 'Foreign Military Intelligence Official: "Low Probability" UFO Technology Is of This World', YouTube.com/ The DC Shorts, 31 May 2019. 2020年4月24日にオンラインでアクセス: www.youtube.com/watch?v=3Q5dbHj70i4

15 Eric Davis response to James Iandoli, *Engaging the Phenomenon*, 2 June 2019, Twitter.com. 2020年4月24日にオンラインでアクセス: twitter.com/EngagingThe/status/1135129992457838592

16 Iandoli, 本人からの電子メールより, 2020年5月13日付.

17 Ralph Blumenthal and Leslie Kean, 'U.F.O. Unit at Pentagon Will Publish Its Findings', *The New York Times*, 24 July 2020, p. A17.

18 John Horgan, 'Should Scientists Take UFOs and Ghosts More Seriously?', *Scientific American*, 18 May 2020. 2020年5月18日にオンラインでアクセス: blogs.scientificamerican.com/cross-check/should-scientists-take-ufos-and-ghosts-more-seriously/

第20章　宇宙飛行士と「スペースマン」

1　Alex Pasternack, 'The Moon-Walking, Alien-Hunting, Psychic Astronaut Who Got Sued by NASA', Motherboard/Vice.com, 14 May 2016. 2020年4月27日にオンラインでアクセス: www.vice.com/en_us/article/aek7ez/astronaut-edgar-mitchell-outer-spaceinnerspace-and-aliens

2　*Good Morning Britain* interview with Worden, 'Al Worden: The Man Who Flew Around the Moon 75 Times', 29 September 2017. 2020年5月18日にオンラインでアクセス: www.youtube.com/watch?v=yP05nhB2WLU

3　Dr Eric Davis, 'Semiotics, Incommensurability and the UFO Problem', Special for the NIDS Science Advisory Board, 7 April 1999. Edgar Mitchell Archive.

4　クリストファー・メロンが当時開設していた個人サイトは，www.globalsecurityissues.com.「ザ・マインド・サブライム」(The Mind Sublime)の運営者は匿名のままでいることを望んでいるが，サイトのアドレスは挙げておく．ウェブサイト: mindsublime.blogspot.com. ユーチューブサイト: www.youtube.com/channel/UCa54syVyf7iNrpVLlXeiAzw

5　*The Mind Sublime* blog, 'Advanced Aerospace Threat and Identification Program (AATIP)', 20 January 2020. 2020年1月21日にオンラインでアクセス: mindsublime.blogspot.com/2020/01/advanced-aerospace-threat-and.html

6　同上．

7　スティーヴン・グリア博士が自身の運営するウェブサイト SiriusDisclosure.com の購読者に送った電子メール，'Dr Greer's comments re NYT article', 29 July 2020.

8　Col. Philip Corso with William J. Birnes, *The Day After Roswell*, Simon & Schuster Pocket Books, 1997.〔抄訳『ペンタゴンの陰謀』，フィリップ・J・コーソー著，中村三千恵訳，1998年，二見書房〕

9　無署名記事，'UFO Book Gives Thurmond Conspiracy-sized Headache', *Chicago Tribune*, 5 June 1997.

10　ホイットリー・ストリーバー(Whitley Strieber)からストロム・サーモンド上院議員(Senator Strom Thurmond)への手紙，1997年6月16日付，Edgar Mitchell archive.

11　エドガー・ミッチェル(Edgar Mitchell)からストロム・サーモンド上院議員(Senator Strom Thurmond)へのファックス，'The Corso Matter', 1997年6月17日付.

第21章　人間の手によるものではない

1　James Rigney, 本人への直接取材，2020年7月22日.

2　Richard Dolan, 'UFO Leak of the Century: Richard Dolan Analyzes the Admiral Wilson Leak', 9 June 2019. 2020年5月17日にオンラインでアクセス: richarddolanmembers.com/articles/article-ufo-leak-of-the-century-richard-dolan-analyzes-the-admiral-wilson-leak/

3　Eric Davis Notes, 'EWD Notes – Eric Davis Meeting with Adm Wilson', 16 October 2002, p. 6. Edgar Mitchell Archive.

4　Eric Davis Notes, 'EWD Notes – Eric Davis Meeting with Adm Wilson', p. 13.

5　Steven Greenstreet, interview with Dr Eric Davis, 'Eric Davis on Working for Pentagon UFO Program', *The Basement Office/New York Post*, 27 May 2020, 2020年5月28日にオンラインでアクセス: www.youtube.com/watch?v=X3CcaP3yAkc

6　Dr Hal Puthoff, Q&A session after speech 'DOD Unidentified Aerial Phenomena: The Back

Story. The Forward Story', The Arlington Institute Berkley Springs VA, 8 February 2020. Private Audio of Puthoff courtesy of Giuliano Marinkovic.

7 Hal Puthoff statement to Keith Basterfield, 'Unidentified Aerial Phenomena – Scientific Research', 9 February 2020/Update 20 February 2020. 2020年5月18日にオンラインでアクセス: ufos-scientificresearch.blogspot.com/2020/02/dr-hal-puthoffs-8-february-2020-talk.html

8 Oke Shannon comments to Billy Cox, 'You Can't Always Get What You Want', 11 July 2019. 2020年5月18日にオンラインでアクセス: devoid.blogs.heraldtribune.com/15854/you-cant-always-get-what-you-want/〔現在アクセスできず．以下アドレスで閲覧可能 devoidlives.com/15854/you-cant-always-get-what-you-want/〕

9 Bill Sweetman, 'In Search of the Pentagon's Billion Dollar Hidden Budgets. How the U.S. Keeps Its R&D Spending Under Wraps', 5 January 2000. 初出は，*Jane's Defence Weekly*. オンラインで閲覧可能: www.exopoliticssouthafrica.org/download/Sweetman_In_search_of_the_Pentagon_Dollars.pdf

10 'Cranium', 本人への直接取材，2020年7月.

第22章　ゴードン・ノヴェル——これは事実かフィクションか

1 Gordon Novel, *Supreme Cosmic Secret – How the U.S. Government ReverseEngineered An Extra-terrestrial Spacecraft*, 私家版原稿，2010年.

2 Gordon Novel, *Supreme Cosmic Secret*, p. 190.

3 同上，p. 318.

4 同上，p. 82.

5 Sur Novel, 本人への直接取材，2020年1月16日.

6 Thomas Carey and Don Schmitt, *UFO Secrets – Inside Wright-Patterson*, New Page Books, 2019, p. 22.

7 同上，p. 61. 1994年10月1日の *Larry King Live* での発言.

第23章　サルヴァトア・パイス博士の不可解な特許

1 Isaac Newton, *Philosophiae naturalis Principia Mathematica, General Scholium*, Third Edition, 1726, translated by I. Bernard Cohen and Anne Whitman, University of California Press, 1999, p. 943.「ヒポテセス・ノン・フィンゴ」のくだりは同書の1713年版（第2版）で初めて付加された．〔『プリンシピア：自然哲学の数学的原理』，アイザック・ニュートン著，中野猿人訳・注，講談社，1977年／（前掲書の新書版3分冊）『物体の運動』『抵抗を及ぼす媒質内での物体の運動』『世界体系』，講談社（ブルーバックス），2019年／ほか〕

2 Inventor, Salvatore Pais, 'Piezoelectricity-induced Room Temperature Superconductor', Patent application filed 16 August 2017, Google Patents. 2020年7月15日にオンラインでアクセス: patents.google.com/patent/US20190058105A1

3 Inventor, Salvatore Pais, 'Electromagnetic Field Generator and Method to Generate an Electromagnetic Field', Patent application filed 24 July 2015, Google Patents. 2020年7月15日にオンラインでアクセス: patents.google.com/patent/US10135366B2

4 Inventor, Salvatore Pais, 'High Frequency Gravitational Wave Generator', Patent application filed 14 February 2017, Google Patents. 2020年7月15日にオンラインでアクセス: patents.google.

com/patent/US10322827B2
5 Inventor, Salvatore Pais, 'Craft Using an Inertial Mass Reduction Device', Patent application filed 28 April 2016, Google Patents. 2020年7月15日にオンラインでアクセス: patents.google.com/patent/US10144532B2
6 Press Statement, 'To The Stars Academy of Arts & Sciences Launches Today', 11 October 2017. 2020年7月16日にアクセス: www.prnewswire.com/news-releases/to-the-stars-academy-of-arts--science-launches-today-300534912.html
7 Salvatore Cezar Pais, 'Room Temperature Superconducting System for Use on a Hybrid Aerospace-Undersea Craft', 6 January 2019, American Institute of Aeronautics and Astronautics 2019-0869. Conference Session: Robotic Precursor Missions and Technologies. 2020年7月16日にオンラインでアクセス: arc.aiaa.org/doi/abs/10.2514/6.2019-0869
8 Salvatore Cezar Pais, 'Room Temperature Superconducting System for Use on a Hybrid Aerospace-Undersea Craft'.
9 Military.com, 'TR-3B Anti Gravity Spacecrafts', 23 November 2013. 2020年7月20日にオンラインでアクセス: www.military.com/video/aircraft/military-aircraft/tr-3b-aurora-anti-gravity-spacecrafts/2860314511001
10 クリストファー・メロンの電子メール, 'Re Video – Lockheed Antigravity Craft 1997 – Electrostatic – Electrogravitic propulsion', 2020年2月11日付. 内密の情報源から入手.
11 S101 of 35 U.S. Code Title 35 – Patents, Part II Patentability of Inventions and Grant of Patents, Ch. 10. Patentability of Inventions, *US Patent Act*.
12 Daniel Rislove, 'A Case Study of Inoperable Inventions: Why Is the USPTO Patenting Pseudoscience?', (2006: 1275) *Wisconsin Law Review*.
13 Letter from James B. Sheehy, CTO, U.S. Navy NAE to Philip Bonzell, Primary Patent Examiner USTPO, 15 December 2017. この嘆願書はオンラインで閲覧できる. 米国特許商標局のサイトから出願番号15/141,270で検索し, 文書一覧から2018年8月提出のAppeal Briefを指定する. 2020年7月16日にオンラインでアクセス: portal.uspto.gov/pair/PublicPair
14 2018年11月27日付のシーリーの書状. オンラインで閲覧可能. 米国特許商標局のサイトから出願番号15/678,672で検索し, 2019年1月23日提出の文書'Affidavit-traversing rejectns or objectns rule 132'を指定. portal.uspto.gov/pair/PublicPair
15 海軍からの書状. オンラインで閲覧可能. 米国特許商標局のサイト, portal.uspto.gov/pair/PublicPair から, 出願番号15/678,672で検索し, 2019年1月23日提出の文書 'Applicant Arguments/Remarks Made in an Amendment'を指定.
16 犯罪となる違反は合衆国法典第18編1001条(18 U.S. Code S1001)に'Statements of Entries Generally'として定められている. www.law.cornell.edu/uscode/text/18/1001. 不正な主張がなされた場合の特許の取り消しについては以下のとおり: S. 2016 of the *USPTO Manual of Patent Examining Procedures* Chapter 2000, 'Fraud, Inequitable Conduct or Violation of Duty of Disclosure Affects all Claims'.「出願または特許での請求項に関して『詐欺』や『不正行為』や開示義務違反が認められた場合, そのすべての請求項は特許取得不可能もしくは無効となる」.
17 US Patent Office Applicant-Initiated Interview Summary, Thomas Dougherty USPTO with Mark Glut, Attorney and Dr Salvatore Pais, Date of interview 10 July 2018. 2019年12月16日に

アクセス：この文書はオンラインで閲覧可能．米国特許商標局のサイト：portal.uspto.gov/pair/PublicPair. 特許出願番号14/807,943で検索し，2018年7月19日提出の文書 'Applicant-Initiated Interview Summary'を指定．
18 特許出願書：15/928,703, 2018年3月22日提出．この文書は閲覧できる．米国特許商標局：portal.uspto.gov/pair/PublicPair. 出願番号15/928,703で検索し，'Specification' と題された文書を指定．
19 *Institute of Electronic and Electronics Engineers, Transactions on Plasma Science.*
20 Brett Tingley, 'The Secretive Inventor of the Navy's Bizarre "UFO Patents" Finally Talks', *The War Zone*, 22 January 2020. 2020年7月18日にオンラインでアクセス：www.thedrive.com/the-war-zone/31798/the-secretive-inventor-of-the-navys-bizarre-ufo-patents-finally-talks
21 Nick Cook, *The Hunt for Zero Point*, Penguin Random House UK/Arrow Books, 2001, pp. 15–16.
22 Nick Cook, 本人への直接取材，2020年7月22日．
23 クリストファー・メロンのツイッターアカウント，@ChristopherKMe4 の2020年7月21日のツイート．2020年7月22日にオンラインでアクセス：twitter.com/ChristopherKMe4/status/1285691560991088640
24 Kopparapu and Haqq-Misra, '"Unidentified Aerial Phenomena", Better Known as UFOs, Deserve Scientific Investigation', *Scientific American*, 27 July 2020. 2020年7月28日にオンラインでアクセス：www.scientificamerican.com/article/unidentified-aerial-phenomena-better-known-as-ufos-deserve-scientific-investigation/
25 このコメントと返信は，以下のオンライン記事の末尾にある「コメント」タブをクリックすると出てくる．Ralph Blumenthal and Leslie Kean, 'No Longer in Shadows, Pentagon's U.F.O. Unit Will Make Some Findings'.
26 Project Unity/Jay Anderson interview with Ralph Blumenthal and Leslie Kean, 'First Interview on Their NYT Article', YouTube/Project Unity, 26 July 2020. 2020年7月28日にオンラインでアクセス：www.youtube.com/watch?v=KvOWnhNv-ys
27 同上．
28 Aamer Madhani/AP, 'Trump Says He's Heard "Interesting" Things about Roswell', MilitaryTimes.com, 19 June 2020. 2020年6月20日にオンラインでアクセス：www.militarytimes.com/news/pentagon-congress/2020/06/19/trump-says-hes-heard-interesting-things-about-roswell/
29 Bryan Bender, 'Senators Want the Public to See the Government's UFO Reports', *Politico*.com, 23 June 2020.
30 Blumenthal and Kean, 'No Longer in Shadows, Pentagon's U.F.O. Unit Will Make Some Findings Public'.

第24章　ドアに鍵を！

1 Alexandra Hutzler, 'US Tracked Chinese Balloon From Launch, may Have Accidentally Drifted: Official', ABC News, 16 Feb 2023. 2023年3月1日にオンラインでアクセス：abcnews.go.com/Politics/us-watched-chinese-balloon-launch-accidentally-drifted-official/story?id=97220283
2 Andrea Shalal, Steve Holland & Phil Stewart, Reuters, 'US Shoots Down Unidentified Object Flying Above Alaska', 11 Feb 2023. 2023年3月1日にオンラインでアクセス：www.reuters.com/

world/us/us-says-it-shot-down-object-over-alaska-size-small-car-2023-02-10/

3 Haley Britzky, Natasha Bertrand & Aaron Pellish 'What We Know About The Unidentified Object Shot Down Over Alaska', CNN, 11 Feb 2023. 2023年3月2日にオンラインでアクセス: edition.cnn.com/2023/02/11/politics/unidentified-object-alaska-military-latest/index.html

4 Ellie Cook, 'Senator Warns People to "lock your doors" After Classified Hearing on UFOs',15 Feb 2023, *Newsweek*. 2023年3月6日にオンラインでアクセス: www.newsweek.com/louisiana-senator-warns-lock-doors-classified-ufo-briefing-unidentified-objects-1781314

5 Canadian PM JustinTrudeau Tweet, 12 Feb 2023. 2023年3月2日にオンラインでアクセス: twitter.com/JustinTrudeau/status/1624527581331554306

6 Julian E. Barnes, Helene Cooper & Edward Wong, 'What's Going On Up There? Theories But No Answers In Shootdowns Of Mystery Craft', 14 Feb 2023. 2023年3月2日にオンラインでアクセス: www.nytimes.com/2023/02/12/us/politics/us-shoots-down-object-michigan.html

7 Dan Zack, 'There's a Ton of Crap In The Sky We Haven't Shot Down (Yet)', 17 Feb 2023, *Washington Post*.

8 AP & CNBC.com, 'A New High-Altitude Flying Object Shot Down Over Northern Canada, Prime Minister Justin Trudeau Says', 11 Feb 2023. 2023年3月3日にオンラインでアクセス: www.cnbc.com/2023/02/11/high-altitude-object-spotted-flying-over-northern-canada-norad.html

9 Phil Stewart & Idrees Ali, 'Ruling Out Aliens. Senior US General Says Not Ruling Anything Out Yet', Reuters News Agency, 13 Feb 2023. 2023年3月2日にオンラインでアクセス: www.reuters.com/world/us/ruling-out-aliens-senior-us-general-says-not-ruling-out-anything-yet-2023-02-13/

10 Karine Jean-Pierre, Transcript 'Press Briefing by Press Secretary Karine Jean-Pierre and National Security Council Coordinator for Strategic Communications John Kirby', White House Press Briefings, 13 Feb 2023. 2023年3月2日にオンラインでアクセス: www.whitehouse.gov/briefing-room/press-briefings/2023/02/13/press-briefing-by-press-secretary-karine-jean-pierre-and-national-security-council-coordinator-for-strategic-communications-john-kirby-february-13-2023/

11 同上.

12 Alex Gangitano, 'Biden Establishing Interagency Team To Study Unidentified Objects In US Airspace', 13 Feb 2023. The Hill.com, 2023年3月2日にオンラインでアクセス: thehill.com/homenews/administration/3856099-biden-establishing-interagency-team-to-study-unidentified-objects-in-us-airspace/

13 C. Todd Lopez, 'DOD Office Moving Ahead In Mission To Identify Anomalous Phenomena', US Defence Department News, 17 Dec 2022. 2023年3月2日にオンラインでアクセス: www.defense.gov/News/News-Stories/Article/Article/3249317/dod-office-moving-ahead-in-mission-to-identify-anomalous-phenomena/

14 上掲〔注24−10〕, White House Press Briefing, 13 Feb 2023.

15 Christopher Mellon, 'Statement for the Press & Public Regarding Recent UAP Shoot-downs', 15 Feb 2023. 2023年2月16日にオンラインでアクセス: www.christophermellon.net/post/statement-for-the-press-and-public-regarding-recent-uap-shoot-downs

16 Julian E. Barnes, 'Many Military UFO Reports Are Just Foreign Spying or Airborne Trash', 28 Oct 2022, *New York Times*.

17 Rep. Jim Hines, interview with Stephen Colbert, 'The Late Show', CBS, 6 Mar 2023. S.8 Ep:85.

2023年3月8日にオンラインでアクセス: www.cbs.com/shows/video/_jQAesiAP2KuVFKuuXKCkn4UY6rIsGDI/

18 Ryan Graves, 'We Have A Real UFO Problem. And It's Not Balloons', 28 Feb 2023, Politico. 2023年2月28日にオンラインでアクセス: www.politico.com/news/magazine/2023/02/28/ufo-uap-navy-intelligence-00084537

19 Graves, 同上.

20 Kerry Breen, 'Sen. Marco Rubio Criticises Biden's Response to Chinese Spy Balloon and Pushes for Answers on Unidentified Objects', 15 Feb 2023, CBS News/CBS Mornings. 2023年3月6日にオンラインでアクセス: www.cbsnews.com/news/marco-rubio-chinese-spy-balloon-unidentified-objects-shot-down-biden-response-answers/

21 上掲〔注24−4〕, Ellie Cook, 'Senator Warns People to 'lock your doors' After Classified Hearing on UFOs', 15 Feb 2023, *Newsweek*.

第25章　史上最大の秘話……

1 この法についての優れた分析と，議会議事録にある法案へのリンクを提供するものとして，以下の記事はすばらしい手引きである: Douglas Dean Johnson, 'Unidentified Anomalous Phenomena': A preliminary look at the UAP-related provisions of the final FY 2023 National Defense Authorization Act (H.R. 7776)', Updated 23 December 2022. 2023年1月25日にオンラインでアクセス: douglasjohnson.ghost.io/uap-related-provisions-of-the-final-proposed-fy-2023-national-defense-authorization-act/

2 Erik W. Lentz, 'Breaking the warp barrier: hyper-fast solitons in Einstein-Maxwell-plasma theory', 9 Mar 2021, *Classical & Quantum Gravity*, Vol 38 075015 DOI 10.1088/1361-6382/abe692, IOP Publishing Ltd.

3 Alien Con conference, 5 Mar 2023, Pasadena Convention Centre, Pasadena, CA, USA.

4 Colm Kelleher & George Knapp, *Skinwalkers At Th e Pentagon: An Insiders' Account of the Secret Government UFO Program*, (Oct 2021) RTMA LLC.

5 同上, Kindle edition, P146.

6 上掲〔注25−1〕, Douglas Dean Johnson.

7 Christopher Mellon, 'Key Takeaways from 2023 ODNI UAP Report', 12 Jan 2023. 2023年1月13日にオンラインでアクセス: www.christophermellon.net/post/key-takeaways-from-2023-odni-uap-report

8 Transcript UAP hearing, U.S. House of Representatives, Permanent Select Committee on Intelligence, Subcommittee on Counterterrorism, Counterintelligence, and Counterproliferation. 17 May 2022. 2022年5月18日にオンラインでアクセス: www.congress.gov/117/meeting/house/114761/documents/HHRG-117-IG05-Transcript-20220517.pdf

9 Transcript, 'USD (I&S) Ronald Moultrie & Dr Sean Kirkpatrick Media Roundtable on the All-Domain Anomaly Resolution Office', 16 Dec 2022, US Defense Dept. 2023年1月12日にオンラインでアクセス: www.defense.gov/News/Transcripts/Transcript/Article/3249303/usdis-ronald-moultrie-and-dr-sean-kirkpatrick-mediaroundtable-on-the-all-domai/

10 Charlie Burton interview with Luis Elizondo, 'This man ran the Pentagon's secretive UFO programme for a decade. We had some questions', 9 Nov 2021, *GQ* magazine UK. 2022年3月

12日にオンラインでアクセス: www.gq-magazine.co.uk/politics/article/luis-elizondo-interview-2021?utm_source=twitter&utm_medium=social&utm_campaign=onsite-share&utm_brand=gq-uk&utm_social-type=earned.

11 Semivan, 'UFOs & The CIA', 30 Jan 2022, *Coast to Coast AM* podcast with George Knapp. 2022年6月6日にオンラインでアクセス: www.coasttocoastam.com/show/2022-01-30-show/

参考文献

Alexander, John, *UFOs – Myths, Conspiracies and Realities*, 2011, St Martin's Press

Asimov, Isaac, *The Roving Mind* (Revised Edition), 1997, Prometheus Books NY

Berlitz, Charles and Moore, William, *The Roswell Incident*, 1980, Granada〔『ロズウェルUFO回収事件』，チャールズ・バーリッツ，ウィリアム・L・ムーア著，南山宏訳，1990年，二見書房（『ニューメキシコに墜ちた宇宙船：謎のロズウェル事件』，1981年，徳間書店刊の改訳・加筆・改題）〕

Bishop, Greg, *Project Beta, The Story of Paul Bennewitz, National Security, and The Creation of a Modern UFO Myth*, 2005, Simon & Schuster

Blum, Howard, *Out There*, 1990, Simon & Schuster〔『アウトゼア：米政府の地球外生物秘密探査』，ハワード・ブラム著，南山宏訳，1992年，読売新聞社〕

Bruni, Georgina, *You Can't Tell The People: The Definitive Account of the Rendlesham Forest UFO Mystery*, 2000, Sidgwick & Jackson

Cameron, Grant & Crain, T. Scott Jr, *UFOs, Area 51, and Government Informants*, 2013, Keyhole Publishing Co

Campbell, Joseph, *Getting it Wrong: Ten of the Greatest Misreported Stories in American Journalism*, 2010, Berkeley, University of California Press

Carey, Thomas J. & Schmitt, Donald R., *Witness to Roswell*, 2009, Career Press/New Page Books〔『ロズウェルにUFOが墜落した：臨終の証言者たちが語った最後の真実』，ドナルド・シュミット，トマス・キャリー著，並木伸一郎訳，2010年，学研パブリッシング〕

Carey, Thomas & Schmitt, Don, *UFO Secrets-Inside Wright-Patterson*, 2019, New Page Books

Chalker, Bill, *The Oz Files*, 1996, Duffy & Snellgrove

Chichester, Francis, *The Lonely Sea and the Sky*, 1967, Pan〔『孤独の海と空』，フランシス・チチェスター著，マックリーヴェ阿矢子訳，1965年，毎日新聞社／1968年，角川書店（角川文庫）〕

Condon, Edward U. & Gillmor, Daniel S. (editors), *Final Report of the Scientific Study of Unidentified Flying Objects*, 1969, Dutton/University of Colorado.

Cook, Nick, *The Hunt For Zero Point*, 2001, Penguin Random House UK/Arrow Books

Corso, Col. Philip with Birnes, William J., *The Day After Roswell*, 1997, Simon & Schuster Pocket Books〔抄訳『ペンタゴンの陰謀』，フィリップ・J・コーソー著，中村三千恵訳，1998年，二見書房〕

Davies, Paul, *Are We Alone?: Philosophical Implications of The Discovery of Extra-terrestrial Life*, 1996, Perseus〔『宇宙に隣人はいるのか』，ポール・デイヴィス著，青木薫訳，1997年，草思社〕

DeLonge, Tom with Levenda, Peter, *SeKret Machines: Man. Volume 2: Gods, Man, & War. An Official SeKret Machines investigation of the UFO Phenomenon*, 2019, To The Stars Inc

DeLonge, Tom & Hartley, A.J., *SeKret Machines Book 1: Chasing Shadows* 2016, To The Stars Academy

Dolan, Richard, *UFOs and the National Security State*, 2000, Hampton Roads Publishing Company

Dolan, Richard, *The Cover-up Exposed, 1973–1991 (UFOs and the National Security State Book 2)*,

2010, Keyhole Publishing
Friedman, Stanton co-authored with Berliner, Don, *Crash at Corona: The Definitive Story of The Roswell Incident*, 1992, Paragon House
Good, Timothy, *Need to Know: UFOs, the Military and Intelligence*, 2007, Pegasus Books
Good, Timothy, *Beyond Top Secret*, 1997, Pan
Greer, Steven, *Disclosure: Military & Government Witnesses Reveal the Greatest Secrets in Modern History*, 2001, Crossing Point Inc〔『ディスクロージャー：軍と政府の証人たちにより暴露された現代史における最大の秘密』，スティーブン・M・グリア編著，廣瀬保雄訳，2017年，ナチュラルスピリット〕
Greer, Steven, *Hidden Truth: Forbidden Knowledge*, 2006, Crossing Point〔『UFOテクノロジー隠蔽工作』，スチーヴン・M・グリア著，前田樹子訳，2008年，めるくまーる〕
Hastings, Robert, *UFOs & Nukes, Extraordinary Encounters at Nuclear Weapons Sites* 2017, 2nd Ed, Published by the Author〔『UFOと核兵器：核兵器施設における驚異的遭遇事件』，ロバート・ヘイスティングス著，天宮清監訳，ヒロ・ヒラノ，桑原恭男，山川進訳，2011年，環健出版社〕
Hansen, Terry, *The Missing Times. News Media Complicity in the UFO Cover-up*, 2nd Ed. 2012
Hubbell, Webb, *Friends in High Places*, 1997, Beaufort Books.
Hynek, Dr J. Allen, *The Hynek UFO Report*, 1977, Sphere Books Ltd〔『ハイネック博士の未知との遭遇リポート』，J・アレン・ハイネック著，青木栄一訳，1978年，二見書房〕
Jacobsen, Annie, *Area 51: An Uncensored History of America's Top Military Base*, 2011, Orion Books/Hachette UK.〔『エリア51：世界でもっとも有名な秘密基地の真実』，アニー・ジェイコブセン著，田口俊樹訳，2012年，太田出版〕
Kean, Leslie, *UFOs: Generals, Pilots, and Government Officials Go on the Record*, 2010, Three Rivers Press, NY
Kelleher, Colm A. Ph.D. & Knapp, George: *Hunt for The Skinwalker: Science Confronts the Unexplained at a Remote Ranch in Utah*, 2005, Paraview Pocket Books
Keller, T.L., *The Total Novice's Guide to UFOs: What you Need to Know*, 2010, 2FS Publishing
Keyhoe, Donald, *The Flying Saucers Are Real*, 1950, Fawcett Publications
Keyhoe, Donald, *Aliens From Space*, 1973, Signet Press〔『未知なるUFO』，ドナルド・E・キーホー著，北沢史朗訳，1978年，大陸書房〕
Keyhoe, Donald, *Flying Saucers: Top Secret*, 1960, G.P. Putnam's Sons, NY
Mezrich, Ben, *The 37th Parallel: The Secret Truth Behind America's UFO Highway*, 2017, Thorndike Press
Moseley, James W. & Pflock, Karl T., *Shockingly Close to the Truth: Confessions of a Grave-Robbing Ufologist* 2002, Amherst, NY
Numbers, Ronald L. & Kampourakis, Kostas, *Newton's Apple & Other Myths About Science* 2015, Harvard University Press
Ramsey, Scott & Suzanne & Dr Frank Thayer, *The Aztec UFO Incident. The case, evidence, and elaborate cover-up of one of the most perplexing crashes in history*, 2016, The Career Press Inc, NJ
Randle, Kevin D., *Project Moon Dust*, 1998, Avon Books, NY
Ruppelt, Edward, *The Report on Unidentified Flying Objects*, 1956, Ace〔『未確認飛行物体に関す

る報告』，E・J・ルッペルト著，Japan UFO project 監訳，2002年，開成出版〕
Scully, Frank, *Behind the Flying Saucers*, 1950, Henry Holt and Company〔『UFOの内幕：第3の選択騒動の発端』，フランク・スカリー著，梶野修平，加藤整弘共訳，1985年，たま出版〕
Vallée, Jacques, *Forbidden Science Vol Four: Journals 1990–1999 The Spring Hill Chronicles*, 2019, Lulu.com

略称一覧

AATIP　Advanced Aerospace Threat Identification Program (US Department of Defense)：先端航空宇宙脅威特定計画（アメリカ国防総省）
AAWSAP　Advanced Aerospace Weapons Systems Applications Program (US Department of Defense)：先端航空宇宙兵器システム適用計画（アメリカ国防総省）
AISS　Air Intelligence Service Squadron (US Air Force)：航空諜報部隊（アメリカ空軍）
ATFLIR　Advanced Targeting Forward Looking Infrared (airborne weapon targeting and vision system)：先進前方監視赤外線（軍用機搭載の目標捕捉・撮像システム）
BAASS　Bigelow Aerospace Advanced Space Studies：ビゲロー・エアロスペース先進宇宙研究
CIA　Central Intelligence Agency：中央情報局
CRADA　Cooperative Research and Development Agreement (US Army)：共同研究開発契約（アメリカ陸軍）
CSETI　Center for the Study of Extra-terrestrial Intelligence：SETI（地球外知的生命研究）センター
CSI　Committee for Skeptical Inquiry：懐疑主義的研究委員会
CSICOP　Committee for the Scientific Investigation of Claims of the Paranormal：超常現象科学的調査委員会（サイコップ）
DAFI　Directorate of Air Force Intelligence (Australia)：空軍情報本部（オーストラリア）
DIA　US Defence Intelligence Agency：アメリカ国防情報局
DSP　Defence Support Program (US satellite system)：国防支援計画（アメリカ衛星システム）
DSTI　Directorate of Scientific and Technical Intelligence (Australia)：科学技術情報本部（オーストラリア）
ET　extra terrestrial：地球外生命
FBI　Federal Bureau of Investigation：連邦捜査局
GRU　Glavnoje Razvedyvatel'noje Upravlenije：ロシア連邦軍参謀本部情報総局
NASA　National Aeronautics and Space Administration：アメリカ航空宇宙局
NICAP　National Investigations Committee on Aerial Phenomena：全米空中現象調査委員会（ナイキャップ）
NIDS　National Institute for Discovery Science：全米ディスカバリーサイエンス研究所
NORAD　North American Aerospace Defence Command：北米航空宇宙防衛司令部（ノーラッド）
NRO　National Reconnaissance Office (US)：国家偵察局（アメリカ）
NSA　National Security Agency (US)：国家安全保障局（アメリカ）
ONI　Office of Naval Intelligence (US)：海軍情報局（アメリカ）
OSI　Office of Special Investigations (US Air Force)：特別捜査部（アメリカ空軍）
OUSDI　Office of the Under-Secretary of Defence for Intelligence and Security：情報・安全保障担当国防次官室
RAAF　Royal Australian Air Force also Roswell Army Air Field：オーストラリア空軍／ロズウェル陸軍飛行場
SAP　Special Access Program (US security access protocol)：特別アクセスプログラム（アメリカの安全保障上のアクセス規定）
SCI　Sensitive Compartmented Information：機密隔離情報
SETI　Search for Extra-Terrestrial Intelligence：地球外知的生命体探査
TTSA　To The Stars Academy of Arts & Sciences：トゥ・ザ・スターズ・アカデミー・オブ・アーツ・アンド・サイエンス
UAP　Unidentified Aerial Phenomenon：未確認空中現象
UFO　Unidentified Flying Object：未確認飛行物体
USAF　United States Air Force：アメリカ空軍
USAP　Unacknowledged Special Access Program：非承認特別アクセスプログラム
WUSAP　Waived Unacknowledged Special Access Program：放棄済み非承認特別アクセスプログラム

訳者あとがき

UFO（unidentified flying object）――未確認飛行物体――は、当代最大の謎の一つだ。と同時に、これは「まとも」な人なら誰もまじめに取りあおうとしない、当代最大のタブーの一つでもある。もともとは文字どおり「正体不明の飛行物体」を意味する航空・軍事用語だったのだが、「空飛ぶ円盤」の俗称が広まってから、大衆のあいだですっかり超常現象と結びつけられて「宇宙人の乗り物」とほぼ同義語のようになってしまったからである。そんなものは小説や映画の題材か、または想像力がたくましすぎる人の信じるもので、主流メディアが論ずるものでなく、ましてや国家が注意を払うようなものではない――と、オーストラリアのジャーナリストである本書の著者も思っていたそうだ。

たしかに一昔前なら、科学で説明できる物理現象や天文現象がUFOと誤解されることも多かっただろう。しかし二一世紀の現在も、世界各地で、航空のプロ中のプロである軍のパイロットやレーダーオペレーターからUFOの目撃報告があいついでいる。彼らはそれを宇宙人の乗り物だと言っているわけではない。自分の知識では説明がつかないものを見たと言っているだけだ。では、それはなんなのか？　それが機密軍事施設の周辺で、宇宙人など信じていそうもない軍人の前に姿を現すのにはわけがあるのか？　それはひょっとしてどこかの国の秘密兵器なのか？――おのずと著者の目は、世界最大の軍事力を持つ国、そして世界で最も有名なUFO事件が起きた国に向く。アメリカだ。

アメリカ国防総省は二〇二〇年四月、海軍パイロットが二〇〇四年と二〇一五年に撮影したというUFO映像を三本公開し、同年八月には、UFO調査のためのタスクフォースを設置すると発表した。翌二〇二一年六月には、アメリカの情報機関を統括する国家情報長官室から、UFOに関する調査報告書が公表された。疑わしい現象のほとんどは依然として正体不明ながら、あらゆる可能性を考慮して――地球外生命の存在可能性も排除はせずに――調査を続けていく方針だという。さらに二〇二二年五月には、アメリカ議会において五〇年ぶりとなるUFOについての公聴会も開かれた。

ここ数年のこうした動きが起きるまで、アメリカの当局は長いあいだ一貫してUFOに否定的な態度をとってきた。UFOがオカルト扱いされるようになったのも、一つにはそれが原因だった。ところがいまや、そのUFOという呼び名を捨てて新たにUAP（unidentified aerial phenomenon）――未確認空中現象――という呼称を用い、これが国家安全保障上の脅威にあたるかを真剣に検討すると公言している。この態度の変わりようはなんなのだろう。何か新たな発見があったのか。それともアメリカはずっと何かを隠してきて、いま秘密を少しずつ表に出そうとしているのか。それを読み解く鍵を、著者は入念に追いかけてきた。

本書では、過去の有名なUFO事件――ロズウェル事件から、ベルギーUFOウェーブ事件、レンデルシャムの森事件、スキンウォーカー牧場事件、チクタク事件、さらに日航ジャンボ機UFO遭遇事件まで――をひととおり詳しく紹介しつつ、しだいに現在に近づきながら、そのときどきの各国当局がどのような対応をしたのかを、事件の目撃者や調査関係者への直接取材の成果もふまえて明らかにしていく。そこから浮かび上がってくるのは、UFOに関する国家内部での情報隠匿と開示要求をめぐるスリリングな攻防であり、UFOの正体についてのいくつかの可能性だ。さらに現在の不穏な国際情勢にかんがみれば、「未確認」のままのUFOが国家安全保障上の脅威としてふたたび注目される未来も見えなくはない。ふとしたきっかけから真剣にUFO問題に関心を抱き、疑念と好奇心半々で「ウサギの穴」にもぐりこんだ著者の冒険をぜひ本書で追体験していただきたい。

著者のロス・コーサートはニュージーランドの出身で、大学卒業後にオーストラリアに移住してジャーナリストになった。オーストラリアの新聞シドニー・モーニング・ヘラルド、テレビ番組の「フォー・コーナーズ」や「サンデー・ナイト」などで報道に携わったのち、オーストラリア版「60ミニッツ」(本家はアメリカCBSの看板ニュースショー)で調査報道の主任を務めた。担当した番組で、オーストラリアテレビ界の最高峰ロギー賞を受賞。個人としては、オーストラリア報道界の名誉あるウォークリー賞を五回受賞、二〇〇八年には最優秀賞であるゴールド・ウォークリーも受賞している。ノンフィクション作家としては、これまでに共著を二冊、単著を四冊出版しており、そのうちの一冊である*Charles Bean*(オーストラリアの著名な歴史家で、第一次世界大戦時の特派員だったチャールズ・ビーンの評伝)は、二〇一五年のオーストラリア首相文芸賞を歴史部門で受賞した。

本書の翻訳の過程では多くの人にお世話になったが、とくに訳稿の仕上げにあたり校正の労をとってくださった津山明宏氏と、企画段階から出版直前まで長きにわたって細やかに支えてくださった作品社編集部の田中元貴氏に深く感謝する。

(追記)
本書は、二〇二一年出版の原書の全訳として二〇二三年四月に出版される予定だった。ところが出版直前に、著者が本年九月の原書改訂版の出版にあわせて大幅な加筆をするとの情報が入った。折しも前月のアメリカ軍による中国偵察気球の撃墜がいまだメディアを騒がせていたころで、加筆部分では、この事件を契機としたアメリカ国内でのUFO熱の再燃、国家当局の態度の変容などについて詳述されるという。この内容を邦訳版にも加えない手はない——ということで、急きょ出版時期を延ばし、このたび増補二章を含めた完全版として本書をお届けすることになった。最後の第24章と第25章が、その増補部分にあたる。読んでいただければおわかりのように、「当代最大の謎」の解明への期待は、ここにきていよいよ高まっているのである。

二〇二三年八月

塩原通緒

photo: Ross Coulthart

【著者略歴】

ロス・コーサート(Ross Coulthart)

ニュージーランド出身。1985年からオーストラリアに移住。ジャーナリストとして、オーストラリアの新聞『シドニー・モーニング・ヘラルド』、テレビ番組「フォー・コーナーズ」「サンデー・ナイト」などで報道に携わったのち、オーストラリア版「60ミニッツ」(本家はアメリカCBSの看板ニュースショー)で調査報道の主任を務めた。担当した番組で、オーストラリアテレビ界の最高峰ロギー賞を受賞。個人としては、オーストラリア報道界の名誉あるウォークリー賞を5回受賞、最優秀賞であるゴールド・ウォークリーも1回受賞している(2008年)。ノンフィクション作家としては、これまでに共著を2冊、単著を4冊出版しており、そのうちの一冊で、2015年のオーストラリア首相文芸賞(歴史部門)を受賞した。

【訳者略歴】

塩原通緒(しおばら・みちお)

翻訳家。立教大学文学部英米文学科卒業。訳書にスティーヴン・W・ホーキング『ホーキング・ブラックホールを語る――BBCリース講義』(佐藤勝彦監修、早川書房)、スティーブン・ピンカー『暴力の人類史』(共訳、青土社)、マーティン・リース『私たちが、地球に住めなくなる前に』(作品社)など多数。

UFO vs. 調査報道ジャーナリスト

——彼らは何を隠しているのか

2023年10月 5日　初版第 1 刷印刷
2023年10月10日　初版第 1 刷発行

著　者　ロス・コーサート
訳　者　塩原通緒

発行者　福田隆雄
発行所　株式会社 作品社
〒102-0072 東京都千代田区飯田橋 2-7-4
電　話　03-3262-9753
ＦＡＸ　03-3262-9757
振　替　00160-3-27183
ウエブサイト　https://www.sakuhinsha.com

装　丁　小川惟久
本文組版　米山雄基
印刷・製本　シナノ印刷株式会社

Printed in Japan
ISBN978-4-86182-974-1　C0031